办公软件应用（Windows平台）

Windows 7, Office 2010 试题解答

（操作员级）

孙平　王雅男　张瑜　编写

北京希望电子出版社
Beijing Hope Electronic Press
www.bhp.com.cn

内 容 简 介

本书包含办公软件应用模块（Windows 平台）Windows 7、Office 2010 操作员级考试全部试题的解答。全部解答根据试题特点，重点突出，详略得当，使读者尽快掌握操作系统应用、文字录入与编辑、文档的格式设置与编排、文档表格的创建与设置、文档的版面设置与编排、电子表格工作簿的操作、电子表格中的数据处理、Word 和 Excel 的进阶应用等知识和技巧。

本书以培训教材和试题汇编为依据，试题解答正确清晰，不但能满足培训考试需要，还可供广大读者学习办公软件应用模块的操作技能使用，也可作为普通高等院校、中等专业学校、技工学校、职业高中及社会培训机构进行办公软件应用技能培训与测评的首选教材。

为方便考生练习，全部的题库素材将在北京希望电子出版社微信公众号、北京希望电子出版社微博、北京希望电子出版社网站（www.bhp.com.cn）上提供。

图书在版编目（CIP）数据

办公软件应用（Windows 平台）Windows 7、Office 2010 试题解答：操作员级 / 孙平，王雅男，张瑜编写. —北京：北京希望电子出版社，2013.10

ISBN 978-7-83002-125-2

Ⅰ. ①办… Ⅱ. ①孙… ②王… ③张… Ⅲ. ①Windows 操作系统－技术培训－题解②办公自动化－应用软件－技术培训－题解 Ⅳ. ①TP316.7-44②TP317.1-44

中国版本图书馆 CIP 数据核字(2013)第 223864 号

出版：北京希望电子出版社

地址：北京市海淀区中关村大街 22 号

中科大厦 A 座 10 层

邮编：100190

网址：www.bhp.com.cn

电话：010-82620818（总机）转发行部

010-82626237（邮购）

传真：010-62543892

经销：各地新华书店

封面：张　洁

编辑：石文涛　刘　霄

校对：全　卫

开本：787mm×1092mm　1/16

印张：20.75

字数：492 千字

印刷：北京市密东印刷有限公司

版次：2022 年 7 月 1 版 11 次印刷

定价：49.80 元

国家职业技能鉴定专家委员会
计算机专业委员会名单

主任委员：路甬祥

副主任委员：张亚男　周明陶

委　　员：（按姓氏笔画排序）

丁建民　王　林　王　鹏　尤晋元　石　峰

冯登国　刘　旸　刘永澎　孙武钢　杨守君

李　华　李一凡　李京申　李建刚　李明树

求伯君　肖　睿　何新华　张训军　陈　钟

陈　禹　陈　敏　陈　蕾　陈孟锋　季　平

金志农　金茂忠　郑人杰　胡昆山　赵宏利

赵曙秋　钟玉琢　姚春生　袁莉娅　顾　明

徐广懋　高　文　高晓红　唐　群　唐韶华

桑桂玉　葛恒双　谢小庆　雷　毅

秘　书　长：赵伯雄

副秘书长：刘永澎　陈　彤　何文莉　陈　敏

出 版 说 明

本书包含办公软件应用模块（Windows 平台）Windows 7、Office 2010 操作员级考试全部试题的解答。全部解答根据试题特点，重点突出，详略得当，使读者尽快掌握操作系统应用、文字录入与编辑、文档的格式设置与编排、文档表格的创建与设置、文档的版面设置与编排、电子表格工作簿的操作、电子表格中的数据处理、Word 和 Excel 的进阶应用等知识和技巧。

本书以培训教材和试题汇编为依据，试题解答正确清晰，不但能满足培训考试需要，还可供广大读者学习办公软件应用模块的操作技能使用，更是各类大中专院校、技校、职高作为办公软件应用模块技能培训的优秀参考书。

本书执笔人有孙平、张彦菲、王雅男、张瑜和王晶晶等，并感谢北京智源时代科技有限公司提供技术支持，本书的不足之处敬请批评指正。

目　录

第一单元　操作系统应用

1.1　第 1 题解答

1. 操作系统的基本操作

第 1 步：进入 Windows 7 操作系统后执行“开始”→“所有程序”→“附件”→“Windows 资源管理器”命令，如图 1-1 所示。或在“开始”按钮上右击，在弹出的快捷菜单中执行“打开 Windows 资源管理器”命令，也可打开资源管理器的窗口。

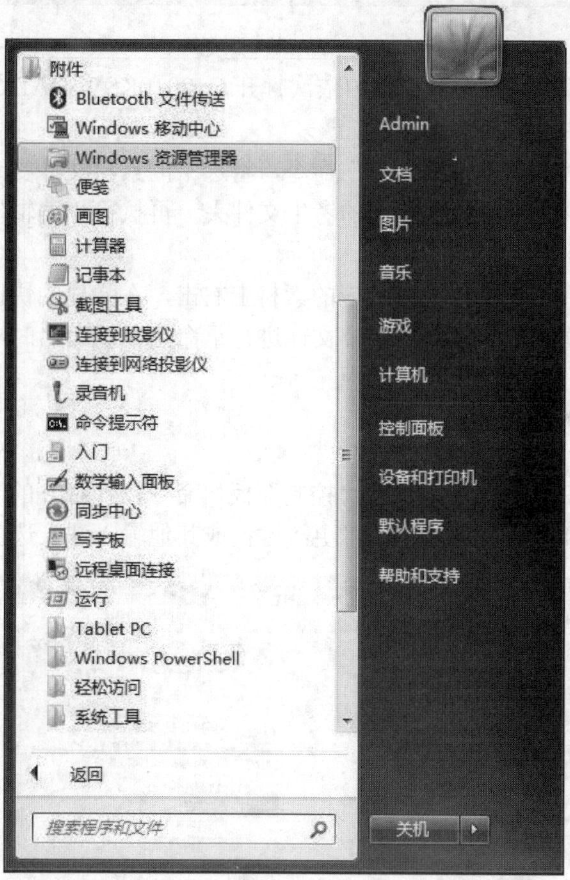

图 1-1

第 2 步：在资源管理器左侧窗格中选择“本地磁盘（C:）”，在右侧窗格的空白位置右击，在弹出的快捷菜单中执行“新建”→“文件夹”命令。

第 3 步：在右侧窗格中出现了一个新建的文件夹，并且该文件夹名处于可编辑状态，输入考生准考证后 7 位作为该文件夹名称，如图 1-2 所示。

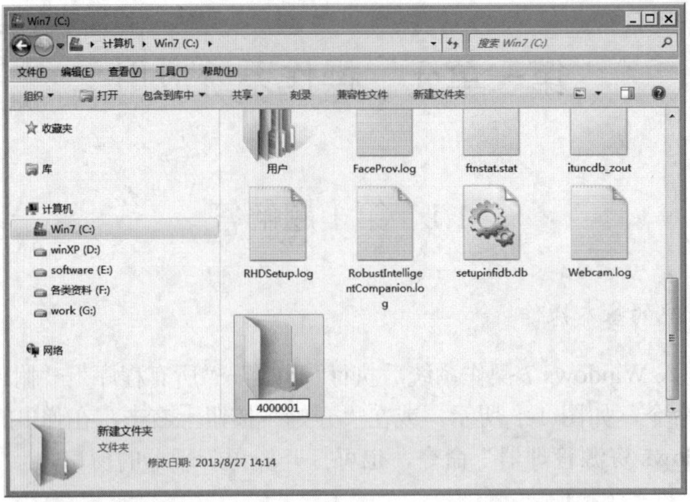

图 1-2

第 4 步：在资源管理器左侧窗格中依次打开 C:\2010KSW\DATA1 文件夹，根据选题单在右侧内容窗格中选择相应的文件。

第 5 步：执行“编辑”→“复制”命令，将选中的素材文件复制到剪切板中。在资源管理器左侧文件夹窗口中打开新建的考生文件夹，再执行“编辑”→“粘贴”命令，则素材文件被复制到考生文件中。

第 6 步：依次在考生文件夹中相应的素材上右击，在弹出的快捷菜单中执行“重命名”命令，根据操作要求对复制的每个文件进行重命名，重命名时注意不要改变原考题文件的扩展名。

2. 操作系统的设置与优化

第 7 步：在“开始”菜单中执行“控制面板”命令，在打开的“控制面板”窗口中单击“时钟、语言和区域”选项下的“更改键盘或其他输入法”选项，如图 1-3 所示。

图 1-3

第 8 步：打开“区域和语言”对话框，在“键盘和语言”选项卡下单击“更改键盘”按钮，如图 1-4 所示。

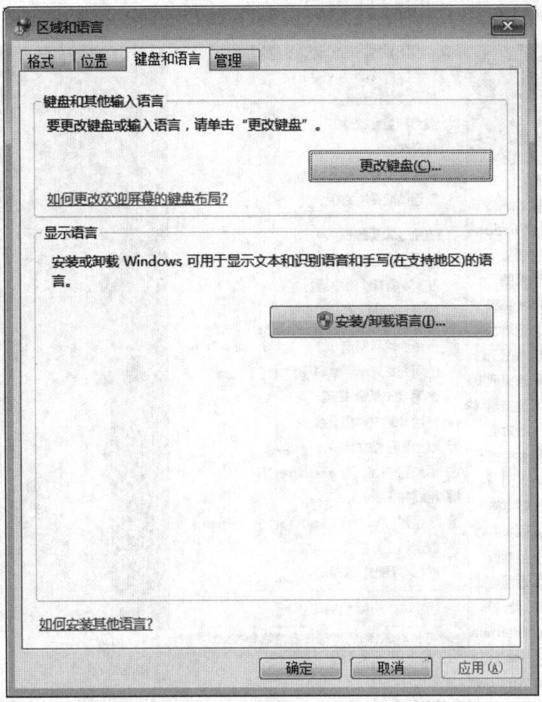

图 1-4

第 9 步：在打开的“文本服务和输入语言”对话框中单击“添加”按钮，打开“添加输入语言”对话框，在“使用下面的复选框选择要添加的语言。”列表框中选中“微软拼音 - 简捷 2010”复选框，如图 1-5 所示。单击“确定”按钮返回至“文本服务和输入语言”对话框，再次单击“确定”按钮即可完成输入法的添加。

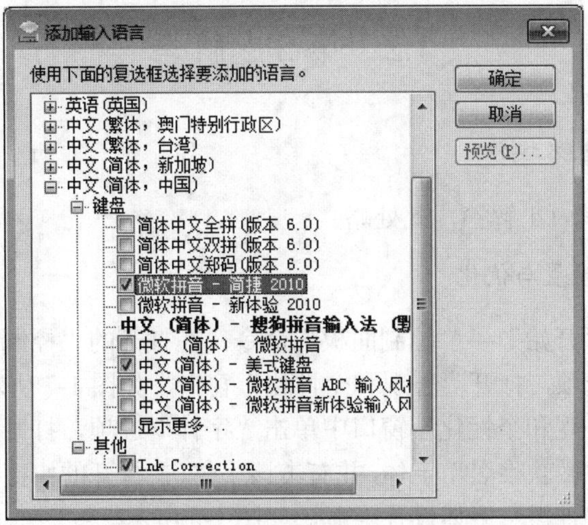

图 1-5

第 10 步：执行“开始”→“所有程序”→“附件”命令，右击“截图工具”选项，在打开的下拉菜单中执行“发送到”选项下的“桌面快捷方式”命令，如图 1-6 所示，即可在桌面创建“截图工具”的快捷方式。

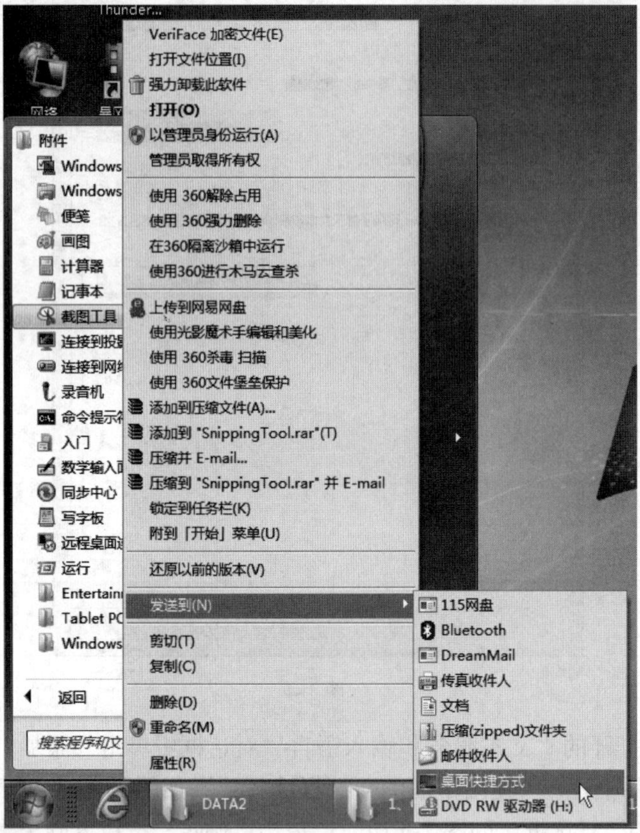

图 1-6

1.2　第 2 题解答

1. 操作系统的基本操作

第 1～6 步请参考 1.1 解答，此处略。

2. 操作系统的设置与优化

第 7 步：执行“开始”→“控制面板”命令，在打开的“控制面板”对话框中单击“外观和个性化”选项，打开“外观和个性化”窗口，如图 1-7 所示。

第 8 步：在“外观和个性化”窗口中单击“字体”选项，打开“字体”对话框，在字体列表框中找到“微软雅黑”字体，并右击该字体，在打开的快捷菜单中执行“隐藏”命令，即可对“微软雅黑”字体设置隐藏，如图 1-8 所示。

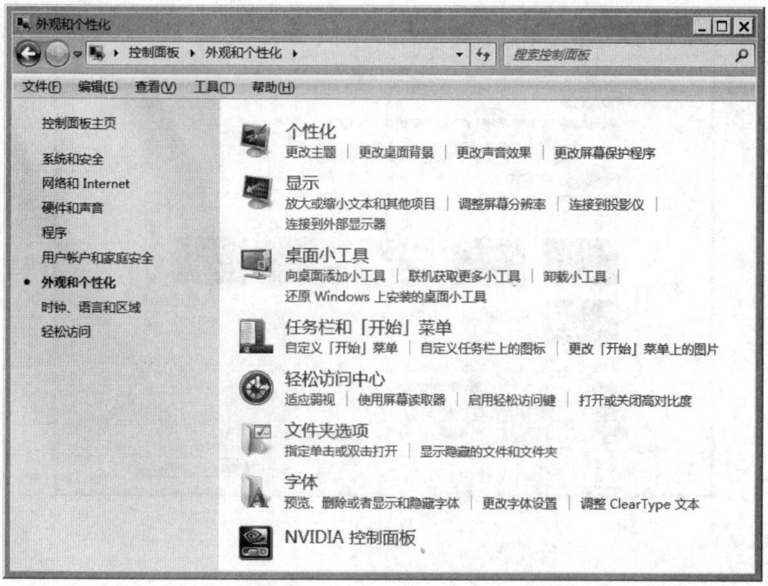

图 1-7

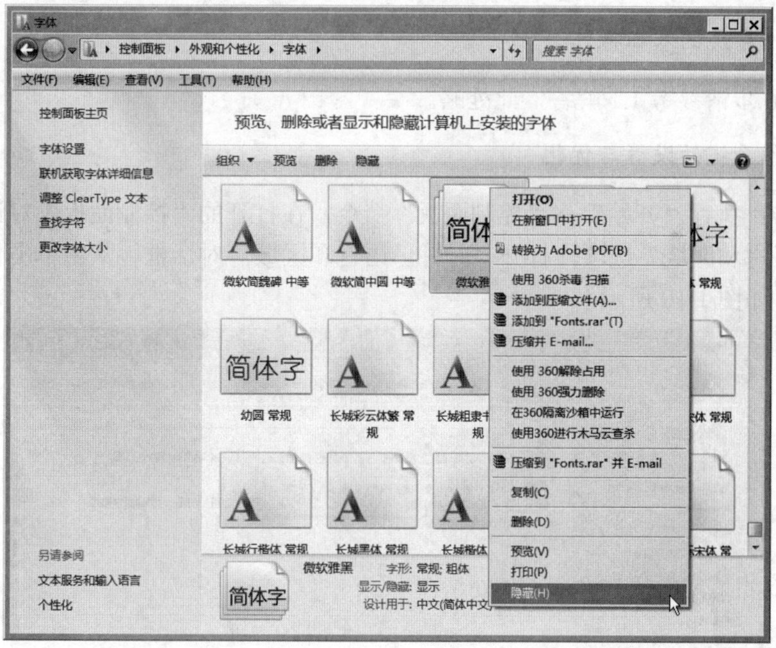

图 1-8

第 9 步：执行“开始”→“控制面板”命令，单击“外观和个性化”选项下的“更改桌面背景”选项。

第 10 步：在“桌面背景”窗口中，图片位置选择“Windows 桌面背景”，在下方预览窗格中选择“建筑”类中的第 4 张图片，单击“保存修改”按钮，即可完成对桌面背景的更改，如图 1-9 所示。

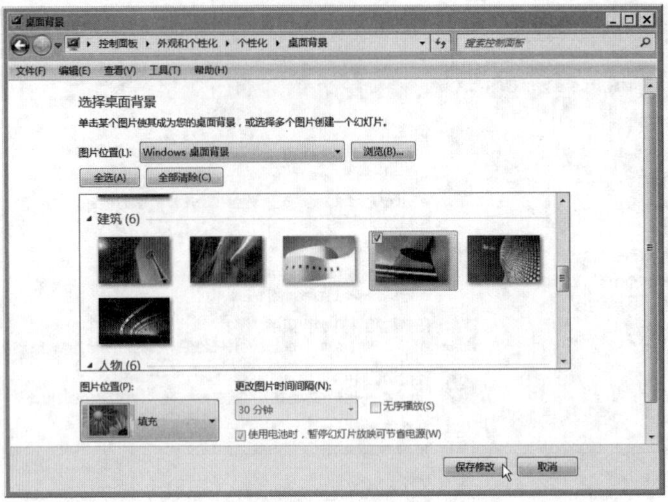

图 1-9

1.3　第 3 题解答

1. 操作系统的基本操作

第 1～6 步请参考 1.1 解答，此处略。

2. 操作系统的设置与优化

第 7 步：执行“开始”→“控制面板”命令，在打开的“控制面板”对话框中单击“时钟、语言和区域”选项，打开“时钟、语言和区域”对话框，从中单击“日期和时间”选项，如图 1-10 所示。

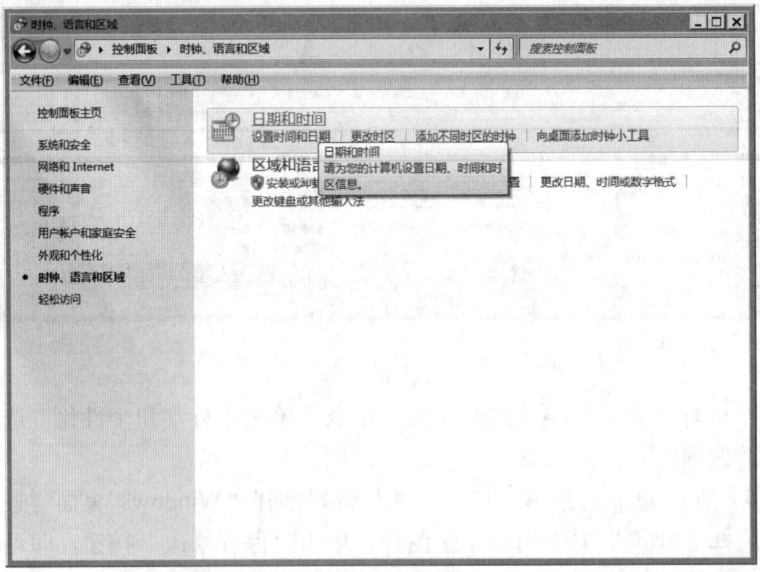

图 1-10

第 8 步：在弹出的“日期和时间”对话框的“日期和时间”选项卡下，单击“更改日期和时间”按钮，如图 1-11 所示，打开“日期和时间设置”对话框。

第 9 步：在“日期和时间设置”对话框中，将“日期”区域微调至“2010 年 10 月”，并在日期列表中单击“1”为选中状态；在“时间”区域的时间微调框中调整或输入“10:50:30”，如图 1-12 所示。单击“确定”按钮返回至“日期和时间”对话框，再次单击“确定”按钮即可完成对系统时间的更改。

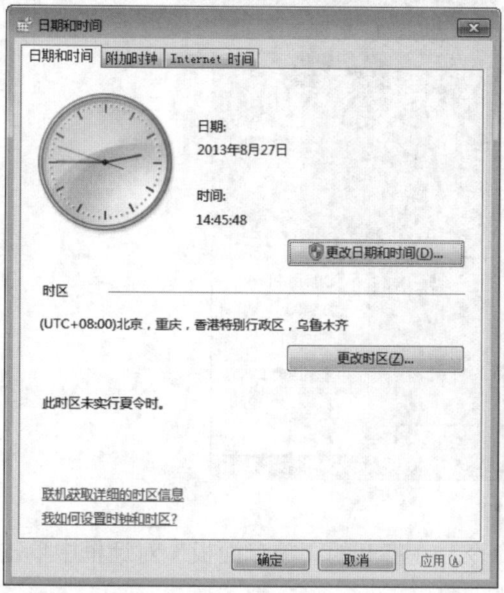

图 1-11

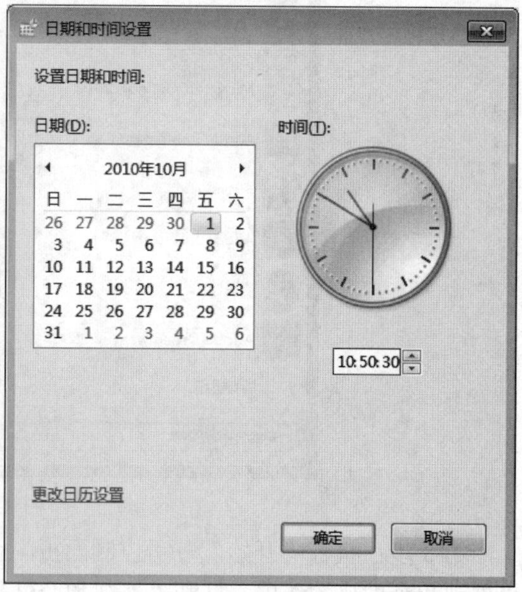

图 1-12

第 10 步：右击“开始”按钮，在弹出的快捷菜单中执行“打开 Windows 资源管理器”命令，打开资源管理器的窗口。

第 11 步：在资源管理器窗口中，单击左侧窗格中的“桌面”选项，在右侧内容窗格中选中并右击“便笺”快捷方式，从打开的快捷菜单中执行“删除”命令，即可删除桌面上“便笺”的快捷方式。

1.4　第 4 题解答

1. 操作系统的基本操作

第 1～6 步请参考 1.1 解答，此处略。

2. 操作系统的设置与优化

第 7 步：进入 Windows 7 操作系统后，打开“开始”菜单，单击“关机”按钮右侧的下拉按钮，在打开的快捷菜单中执行“重新启动”命令，即可完成对操作系统的“重新启动”操作，如图 1-13 所示。

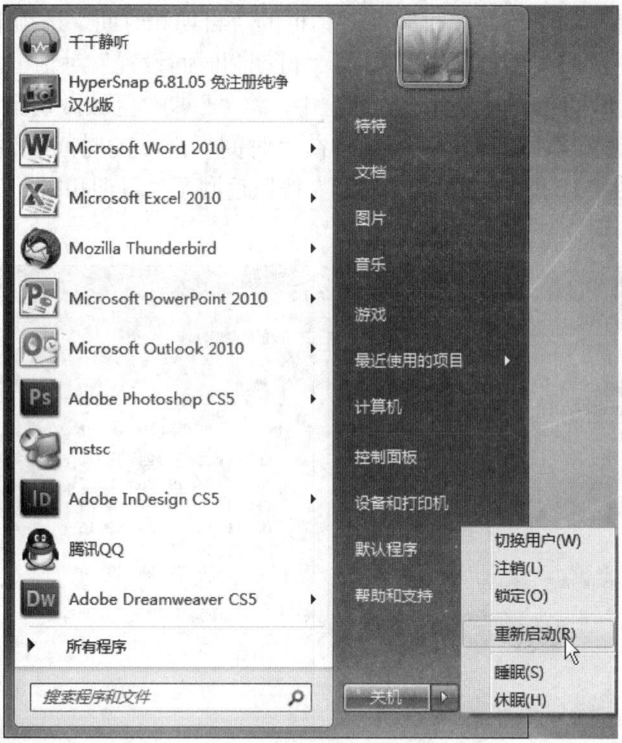

图 1-13

第 8 步：执行“开始”→“控制面板”命令，在打开的“控制面板”对话框中单击“外观和个性化”选项，打开“外观和个性化”窗口。

第 9 步：单击“桌面小工具”选项下的“向桌面添加小工具”选项，在打开的“小工具”窗口中选择“日历”并右击，从弹出的快捷菜单中执行“添加”命令即可，如图 1-14 所示。

图 1-14

第 10 步：在桌面上右击已添加的“日历”小工具，从打开的快捷菜单中执行“大小”选项下的“大尺寸”命令，如图 1-15 所示。

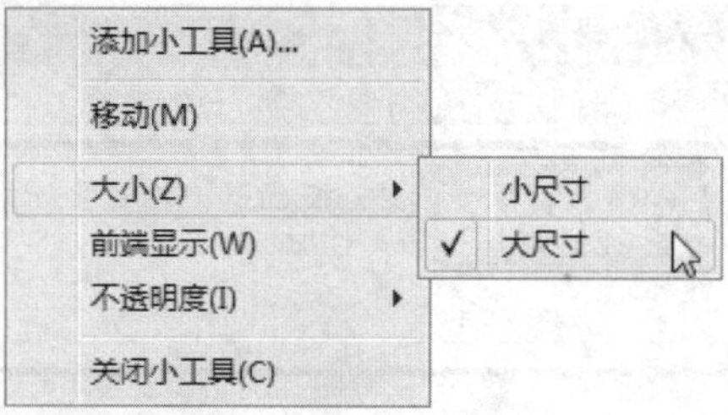

图 1-15

1.5　第 5 题解答

1. 操作系统的基本操作

第 1～6 步请参考 1.1 解答，此处略。

2. 操作系统的设置与优化

第 7 步：依次执行“开始”→“控制面板”→“外观和个性化”→“个性化”命令。在打开的“个性化”窗口中，单击左侧窗格中的“更改桌面图标”选项，如图 1-16 所示。

图 1-16

第 8 步：在弹出的“桌面图标设置”对话框中，在“桌面图标”选项下取消选中各个图标复选框，单击“确定”按钮，即可隐藏桌面上所有的图标，如图 1-17 所示。

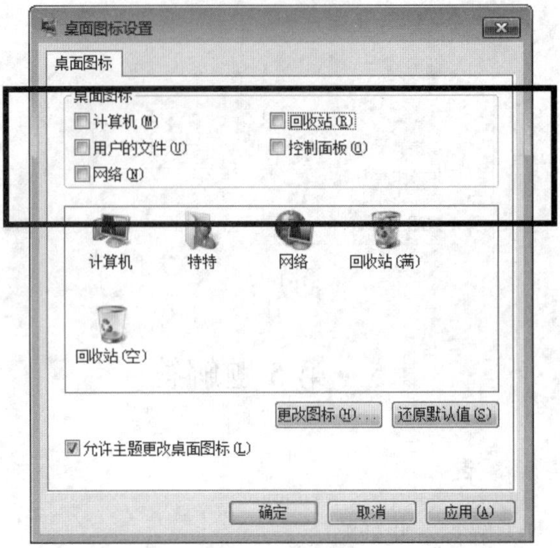

图 1-17

第 9 步：右击“开始”按钮，在弹出的快捷菜单中执行“打开 Windows 资源管理器”命令，打开资源管理器的窗口。

第 10 步：在资源管理器窗口左侧窗格中选择“本地磁盘 C：”，在右侧窗格的菜单栏上单击“更改您的视图”按钮后面的下拉按钮，从打开的快捷菜单中执行“中等图标”命令，如图 1-18 所示。

图 1-18

第 11 步：单击菜单栏上的“显示预览窗格”按钮，完成对所有文件及文件夹的预览。

1.6　第 6 题解答

1. 操作系统的基本操作

第 1～6 步请参考 1.1 解答，此处略。

2. 操作系统的设置与优化

第 7 步：右击“语言栏”，在打开的快捷菜单中执行“设置”命令。弹出“文本服务和输入语言”对话框，选中中文键盘下的“微软拼音 - 新体验 2010”输入法，单击“删除”按钮，再单击“确定”按钮。

第 8 步：执行“开始”→“控制面板”命令，单击“外观和个性化”选项下的“更改桌面背景”选项。

第 9 步：在“选择桌面背景”窗口中，单击“图片位置”后的“浏览”按钮，按照指定路径打开 C:\2010KSW\DATA2 文件夹，在下方预览窗格中选择图片文件 TuPian1-6.jpg 作为桌面背景，单击“保存修改”按钮，即可完成对桌面背景的修改，如图 1-19 所示。

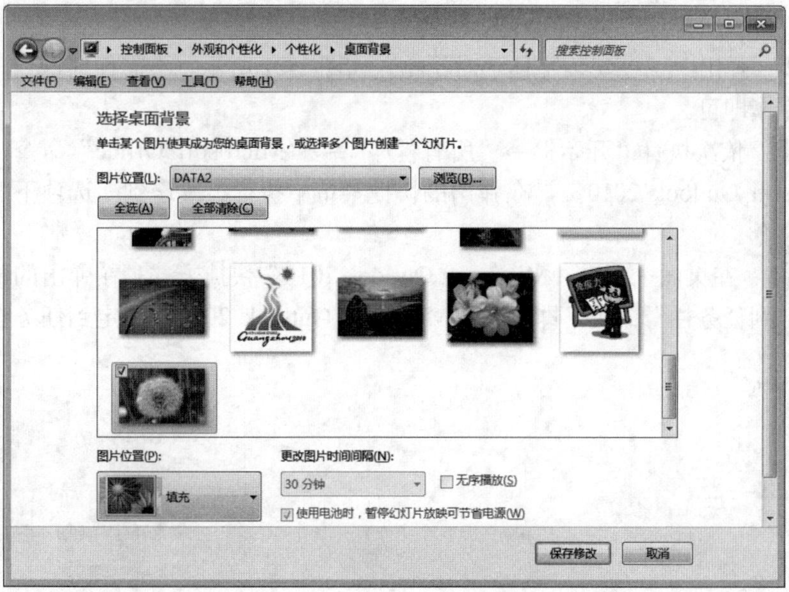

图 1-19

1.7　第 7 题解答

1. 操作系统的基本操作

第 1～6 步请参考 1.1 解答，此处略。

2. 操作系统的设置与优化

第 7 步：打开 C:\2010KSW\DATA2 文件夹，找到并双击 ZiTi1-7.ttf 文件，弹出字体预览对话框，单击“安装”按钮，如图 1-20 所示。

图 1-20

第 8 步：弹出“正在安装字体”对话框，如图 1-21 所示。不需任何操作，等待字体自动安装完毕即可。

第 9 步：依次执行“开始”→“所有程序”→“Microsoft Office”命令，选中并右击“Microsoft Outlook 2010”，在弹出的快捷菜单中执行“发送到”选项下的“桌面快捷方式”命令。

第 10 步：在桌面上右击“Microsoft Outlook 2010”快捷方式，在弹出的快捷菜单中执行“锁定到任务栏”命令，即可将“Microsoft Outlook 2010”锁定到任务栏上，如图 1-22 所示。

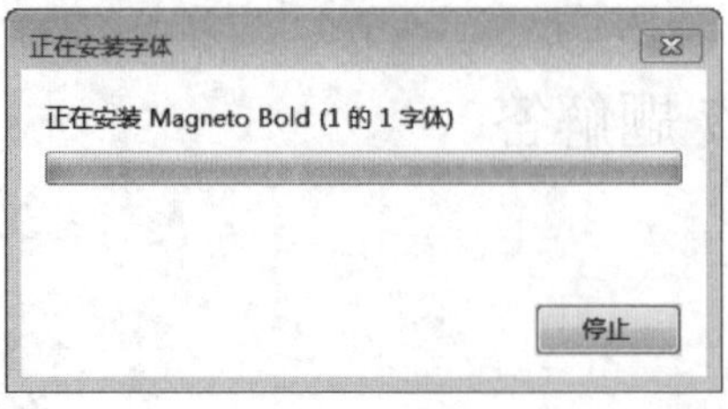

图 1-21

图 1-22

1.8　第 8 题解答

1．操作系统的基本操作

第 1～6 步请参考 1.1 解答，此处略。

2．操作系统的设置与优化

第 7 步：执行“开始”→“控制面板”命令，在打开的“控制面板”对话框中单击“时钟、语言和区域”选项，打开“时钟、语言和区域”窗口，单击“日期和时间”选项下的“更改时区”选项。

第 8 步：在弹出的“日期和时间”对话框中，单击“更改时区”按钮。

第 9 步：在弹出的“时区设置”对话框中，从“时区”选项的下拉列表中选择“(UTC+08:00) 台北”选项，单击“确定”按钮完成对时区的修改，如图 1-23 所示。

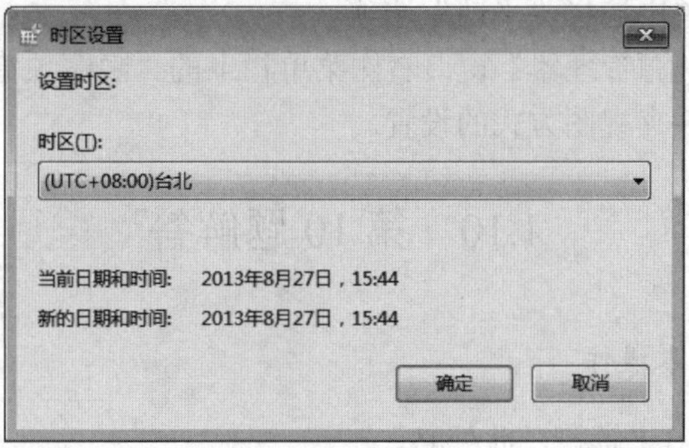

图 1-23

第 10 步：执行“开始”→“控制面板”命令，在打开的“控制面板”对话框中单击“外观和个性化”选项，打开“外观和个性化”窗口。

第 11 步：在“外观和个性化”窗口中，单击“桌面小工具”选项，打开“小工具”窗口，从中选择“时钟”并右击，在弹出的快捷菜单中执行“卸载”命令即可，如图 1-24 所示。

图 1-24

1.9 第 9 题解答

1. 操作系统的基本操作

第 1～6 步请参考 1.1 解答，此处略。

2. 操作系统的设置与优化

第 7 步：进入 Windows 7 操作系统后，打开“开始”菜单，单击“关机”按钮右侧的下拉按钮，在弹出的快捷菜单中执行“切换用户”命令，即可完成对操作系统进行用户切换的操作。

第 8 步：右击“开始”按钮，在弹出的快捷菜单中执行“打开 Windows 资源管理器”命令。在打开的“资源管理器”窗口中，在左侧窗格中执行“库”→“图片”命令，即可打开“图片库”。在右侧窗格的菜单栏中单击“更改您的视图”按钮后面的下拉按钮，从打开的快捷菜单中选择“平铺”选项。

第 9 步：单击“资源管理器”窗口右侧菜单栏上的“隐藏预览窗格”按钮，即可完成对所有文件及文件夹视图方式的设置。

1.10 第 10 题解答

1. 操作系统的基本操作

第 1～6 步请参考 1.1 解答，此处略。

2. 操作系统的设置与优化

第 7 步：依次执行“开始”→“控制面板”→“外观和个性化”→“个性化”命令，在打开的“个性化”窗口中，单击左侧窗格中的“更改桌面图标”选项。

第 8 步：在弹出的“桌面图标设置”对话框中，选中预览区域的“计算机”图标，单击下方的“更改图标”按钮，如图 1-25 所示。

图 1-25

第 9 步：在弹出的“更改图标”对话框中，单击“浏览”按钮，选择 C:\2010KSW\DATA2 路径下的图标文件 TuBiao1-10.ico，单击“确定”按钮，如图 1-26 所示。返回至“桌面图标设置”对话框。再次单击“确定”按钮，即可完成对桌面图标的更改。

第 10 步：执行“开始”→“控制面板”命令，选择“外观和个性化”选项下的“更改桌面背景”选项。

第 11 步：在“桌面背景”窗口中，图片位置选择“Windows 桌面背景”，在下方预览窗格中选择“自然”类中的第 1 张图片，单击“保存修改”按钮，即可完成对桌面背景的更改。

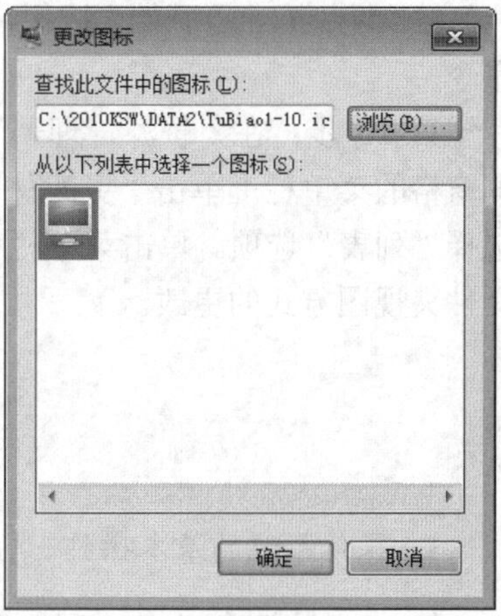

图 1-26

1.11　第 11 题解答

1. 操作系统的基本操作

第 1～6 步请参考 1.1 解答，此处略。

2. 操作系统的设置与优化

第 7 步：在任务栏上右击“语言栏”，在弹出的快捷菜单中选择“设置”选项，如图 1-27 所示。

第 8 步：在弹出的“文本服务和输入语言”对话框中单击“默认输入语言”栏中的下拉按钮，并从中选择“微软拼音 - 简捷 2010”输入法，单击“确定”按钮，完成默认输入语言的设置，如图 1-28 所示。

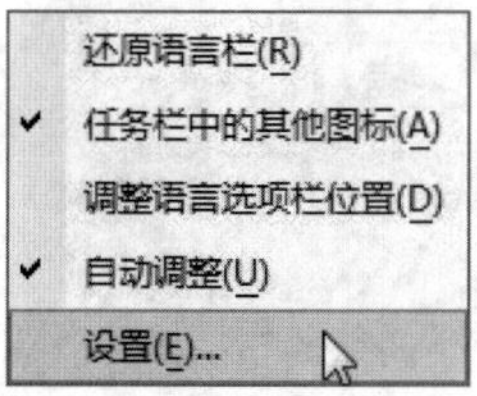

图 1-27

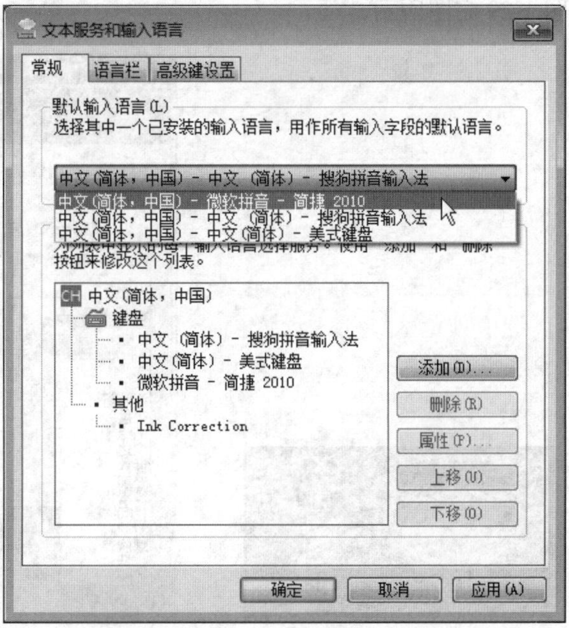

图 1-28

第 9 步：右击“开始”按钮，在弹出的快捷菜单中执行“打开 Windows 资源管理器”命令。

第 10 步：在“资源管理器”窗口中，选中左侧窗格中的“本地磁盘（D:）”，在右侧窗格的菜单栏上单击“更改您的视图”按钮后面的下拉按钮，从打开的快捷菜单中选择“列表”选项。单击菜单栏上的“显示预览窗格”按钮，即可完成对所有文件及文件夹视图方式的更改。

1.12　第 12 题解答

1. 操作系统的基本操作

第 1～6 步请参考 1.1 解答，此处略。

2. 操作系统的设置与优化

第 7 步：依次执行“开始”→“控制面板”→“外观和个性化”→“个性化”命令。在打开的“个性化”窗口中，单击左边窗格中的“更改桌面图标”选项。

第 8 步：在弹出的“桌面图标设置”对话框中，勾选“桌面图标”选项卡下的“计算机”和“回收站”复选框，其他各项均取消选中状态，单击“确定”按钮完成图标的显示设置。

第 9 步：在桌面上单击小工具“幻灯片放映”右侧工具栏中的“选项”按钮，如图 1-29 左图所示。打开“幻灯片放映”对话框，在“每张图片显示的时间：”下拉列表框中选择“10 秒”，在“图片之间的转换”下拉列表框中选择“旋转”，单击“确定”按钮，如图 1-29 右图所示。

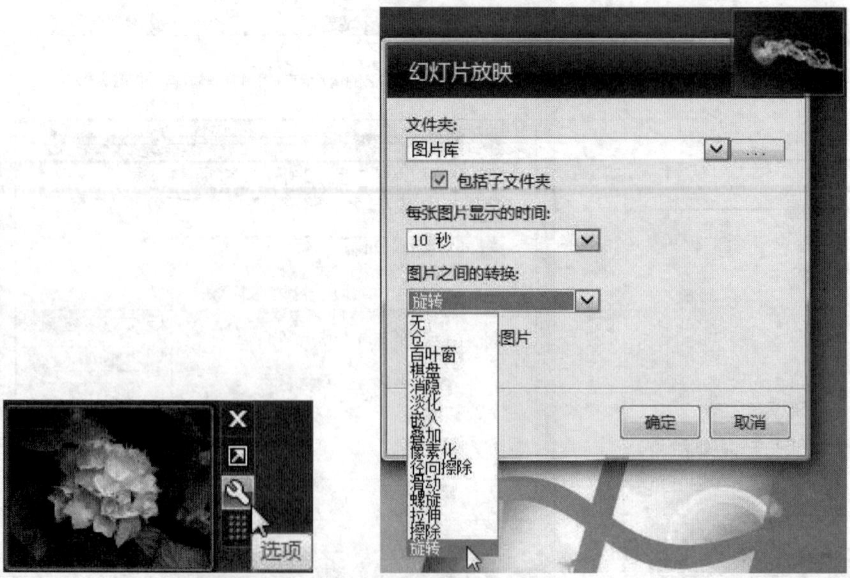

图 1-29

1.13　第 13 题解答

1. 操作系统的基本操作

第 1～6 步请参考 1.1 解答，此处略。

2. 操作系统的设置与优化

第 7 步：执行“开始”→“控制面板”命令，在打开的“控制面板”对话框中单击“外观和个性化”选项，打开“外观和个性化”窗口。

第 8 步：在“外观和个性化”窗口中选择“字体”选项下的“预览、删除或者显示和隐藏字体”，在该窗口中找到“华文细黑 常规”字体，并右击该字体，在打开的快捷菜单中执行“删除”命令，即可删除该字体，如图 1-30 所示。

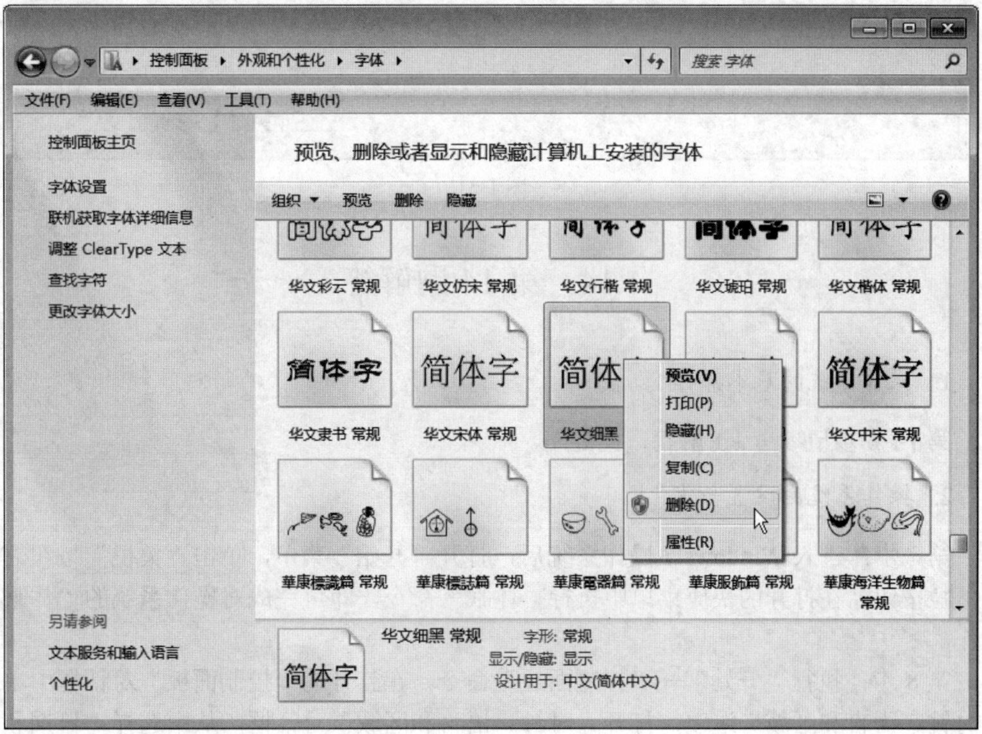

图 1-30

第 9 步：执行“开始”→“控制面板”命令，单击“外观和个性化”选项下的“更改桌面背景”选项。

第 10 步：在“桌面背景”窗口中，图片位置选择“纯色”，在预览区域选择最后一个颜色，单击“保存修改”按钮，即可完成对桌面背景的更改，如图 1-31 所示。

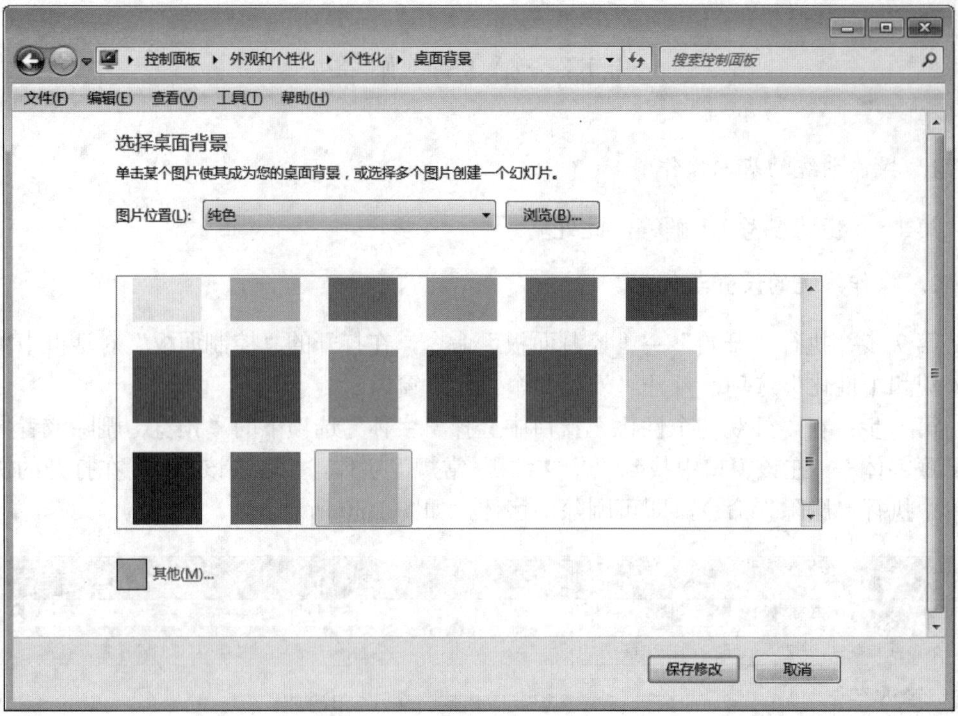

图 1-31

1.14　第 14 题解答

1. 操作系统的基本操作

第 1～6 步请参考 1.1 解答，此处略。

2. 操作系统的设置与优化

第 7 步：进入 Windows 7 操作系统后，打开“开始”菜单，单击“关机”按钮右侧的下拉按钮，在打开的快捷菜单中执行“休眠”命令，即可完成对操作系统的“休眠”操作。

第 8 步：执行“开始”→“控制面板”命令，在打开的“控制面板”对话框中单击“时钟、语言和区域”选项，打开“时钟、语言和区域”对话框，从中选择“日期和时间”选项。

第 9 步：在弹出的“日期和时间”对话框的“日期和时间”选项卡下，单击“更改日期和时间”按钮，打开“日期和时间设置”对话框。

第 10 步：在“日期和时间设置”对话框中，将“日期”区域微调至“2010 年 8 月”，并在日期列表中选中“8”；在“时间”区域的时间微调框中调整或输入“22:22:00”，单击“确定”按钮返回至“日期和时间”对话框，再次单击“确定”按钮，即可完成对系统时间的更改。

1.15　第 15 题解答

1. 操作系统的基本操作

第 1～6 步请参考 1.1 解答，此处略。

2. 操作系统的设置与优化

第 7 步：右击“语言栏”，在弹出的快捷菜单中执行“设置”命令，打开“文本服务和输入语言”对话框，选中中文键盘下的“微软拼音 - 简捷 2010”输入法，单击“删除”按钮，再单击“确定”按钮。

第 8 步：右击“开始”按钮，在弹出的快捷菜单中执行“打开 Windows 资源管理器”命令，打开资源管理器的窗口。

第 9 步：在资源管理器窗口中，单击左侧窗格中的“桌面”选项，在右侧内容窗格中选中并右击 Internet Explorer 快捷方式，从打开的快捷菜单中执行“删除”命令，即可删除桌面上的 Internet Explorer 快捷方式。

1.16　第 16 题解答

1. 操作系统的基本操作

第 1～6 步请参考 1.1 解答，此处略。

2. 操作系统的设置与优化

第 7 步：在“开始”菜单中执行“控制面板”命令，在打开的“控制面板”窗口中单击“时钟、语言和区域”选项下的“更改键盘或其他输入法”选项。打开“区域和语言”对话框，在“键盘和语言”选项卡下单击“更改键盘”按钮。

第 8 步：在“文本服务和输入语言”对话框中单击“添加”按钮，打开“添加输入语言”对话框，在“使用下面的复选框选择要添加的语言。”复选框中选中“微软拼音 - 简捷 2010”输入法，单击“确定”按钮返回至“文本服务和输入语言”对话框，再次单击“确定”按钮即可完成输入法的添加。

第 9 步：执行“开始”→“所有程序”→“附件”命令，右击“录音机”，在打开的下拉菜单中执行“发送到”选项下的“桌面快捷方式”命令，即可在桌面创建“录音机”的快捷方式。

第 10 步：右击“录音机”，在打开的下拉菜单中执行“附到「开始」菜单”命令，即可完成将“录音机”附到“开始”菜单中的操作，如图 1-32 所示。

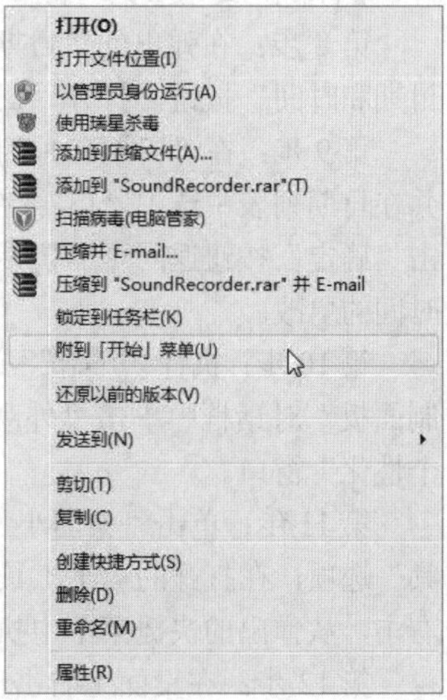

图 1-32

1.17　第 17 题解答

1. 操作系统的基本操作

第 1～6 步请参考 1.1 解答，此处略。

2. 操作系统的设置与优化

第 7 步：执行“开始”→“控制面板”命令，在打开的“控制面板”对话框中单击“外观和个性化”选项，打开“外观和个性化”窗口。在“外观和个性化”窗口中选择“字体”选项下的“预览、删除或者显示和隐藏字体”，在该窗口中找到“华文新魏 常规”字体，并右击该字体，在打开的快捷菜单中执行“预览”命令，即可预览该字体。

第 8 步：执行“开始”→“控制面板”命令，选择“外观和个性化”选项下的“更改桌面背景”选项。

第 9 步：在“桌面背景”窗口中，单击图片位置后的“浏览”按钮，按照指定路径选择 C:\2010KSW\DATA2 文件夹，在下方预览窗格中选择图片文件 TuPian1-17.jpg 作为桌面背景，单击“保存修改”按钮，即可完成对桌面背景的设置。

1.18　第 18 题解答

1. 操作系统的基本操作

第 1～6 步请参考 1.1 解答，此处略。

2. 操作系统的设置与优化

第 7 步：执行“开始”→“控制面板”命令，在打开的“控制面板”对话框中单击“时钟、语言和区域”选项，打开“时钟、语言和区域”对话框，从中选择“日期和时间”选项。

第 8 步：在弹出的“日期和时间”对话框的“日期和时间”选项卡下，单击“更改日期和时间”按钮，打开“日期和时间设置”对话框。

第 9 步：在“日期和时间设置”对话框中，将“日期”区域微调至“2010 年 9 月”，并在日期列表中选中“15”；在“时间”区域的时间微调框中调整或输入“18:25:30”，单击“确定”按钮返回至“日期和时间”对话框，再次单击“确定”按钮即可完成对系统时间的更改。

第 10 步：执行“开始”→“控制面板”命令，在打开的“控制面板”对话框中单击“外观和个性化”选项，打开“外观和个性化”窗口。

第 11 步：单击“桌面小工具”选项下的“向桌面添加小工具”选项，在打开的“小工具”窗口中选择“CPU 仪表盘”并右击，从弹出的快捷菜单中执行“添加”命令即可。

第 12 步：在桌面上右击已添加的“CPU 仪表盘”小工具，从打开的快捷菜单中执行“前端显示”命令，如图 1-33 所示。

图 1-33

1.19　第 19 题解答

1. 操作系统的基本操作

第 1～6 步请参考 1.1 解答，此处略。

2. 操作系统的设置与优化

第 7 步：进入 Windows 7 操作系统后，打开“开始”菜单，单击“关机”按钮右侧的下拉按钮，在打开的快捷菜单中执行“注销”命令，即可完成对操作系统的“注销”操作。

第 8 步：右击“开始”按钮，在弹出的快捷菜单中执行“打开 Windows 资源管理器”命令。在打开的“资源管理器”窗口中，在左侧窗格中执行“库”→“音乐”命令，即可打开“音乐库”。

第 9 步：在“资源管理器”右侧窗格的菜单栏中单击“更改您的视图”按钮后面的下拉按钮，从打开的快捷菜单中选择“列表”。

第 10 步：单击“资源管理器”右侧窗口菜单栏上的“显示预览窗格”按钮，即可完成对所有文件及文件夹视图方式的设置。

1.20　第 20 题解答

1. 操作系统的基本操作

第 1～6 步请参考 1.1 解答，此处略。

2. 操作系统的设置与优化

第 7 步：依次执行“开始”→“控制面板”→“外观和个性化”→“个性化”命令，在打开的“个性化”窗口中，单击左侧窗格中的“更改桌面图标”选项。

第 8 步：在弹出的“桌面图标设置”对话框中，选中预览区域的“回收站（满）”图标，单击下方的“更改图标”按钮。

第 9 步：在弹出的“更改图标”对话框中，单击“浏览”按钮，选择 C:\2010KSW\DATA2 路径下的图标文件 TuBiao1-20.ico，单击“确定”按钮，返回“桌面图标设置”对话框。再次单击“确定”按钮，即可完成对桌面图标的更改。

第 10 步：执行“开始”→“控制面板”命令，在打开的“控制面板”对话框中单击“外观和个性化”选项，打开“外观和个性化”设置窗口。

第 11 步：在“外观和个性化”窗口中选择“字体”选项下的“预览、删除或者显示和隐藏字体”，在该窗口中找到“方正姚体 常规”字体，并右击该字体，在打开的快捷菜单中执行“删除”命令，即可删除该字体。

第二单元　文字录入与编辑

2.1　第 1 题解答

1. 新建文件

第 1 步：执行“开始”→“所有程序”→“Microsoft Office”→“Microsoft Word 2010”命令，打开一个空白的 Word 文档。

第 2 步：执行“文件”→“保存”命令。打开“另存为”对话框，在“保存位置”下拉列表中选择考生文件夹所在的位置，在“文件名”文本框中输入“A2”，单击“保存”按钮即可，如图 2-1 所示。

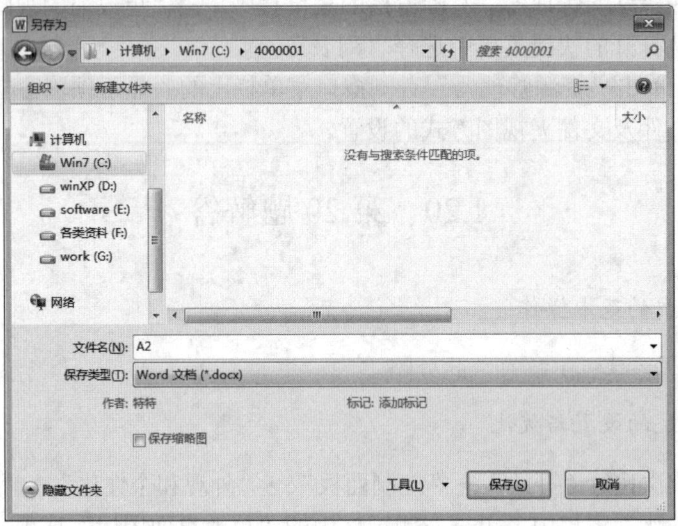

图 2-1

2. 录入文本与符号

第 3 步：选择一种常用的中文输入法，按【样文 2-1A】所示录入文字、数字、标点符号。

第 4 步：先将插入点定位在要插入符号的位置，然后在“插入”选项卡下“符号”组中单击“符号”下拉按钮，在弹出的下拉列表中执行“其他符号”命令，如图 2-2 所示。

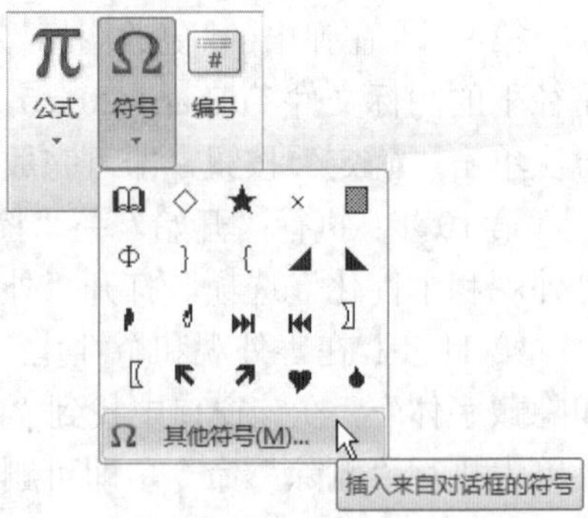

图 2-2

第 5 步：打开“符号”对话框，在“符号”选项卡下的“字体”下拉列表框中选择相应的字体，在符号列表框中选择需要插入的特殊符号后，单击“插入”按钮即可，如图 2-3 所示。

图 2-3

3. 复制粘贴

第 6 步：执行“文件”→“打开”命令，打开“打开”对话框。在“查找范围”下拉列表中选择文件夹 C:\2010KSW\DATA2，在文件列表框中选择文件 TF2-1.docx，单击“打开”按钮即可打开该文档，如图 2-4 所示。

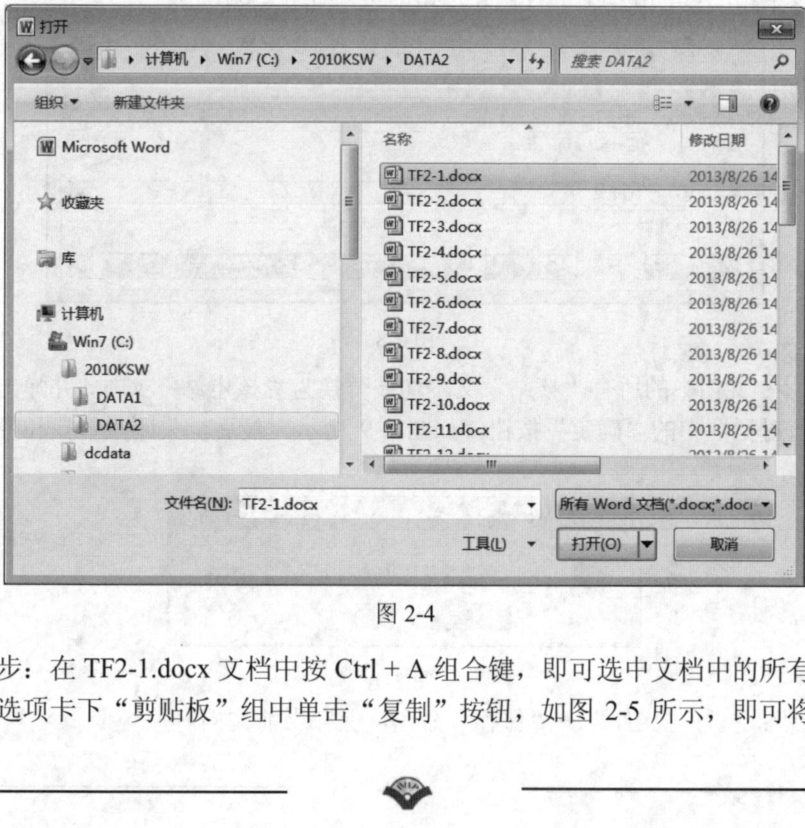

图 2-4

第 7 步：在 TF2-1.docx 文档中按 Ctrl + A 组合键，即可选中文档中的所有文字。在“开始”选项卡下“剪贴板”组中单击“复制”按钮，如图 2-5 所示，即可将复制的内容暂时存放在剪贴板中。

第 8 步：切换至考生文档 A2.docx 中，将光标定位在录入的文档内容之后，在“开始”选项卡下“剪贴板”组中单击“粘贴”按钮，如图 2-6 所示，即可将复制的内容粘贴至录入的文档内容之后。

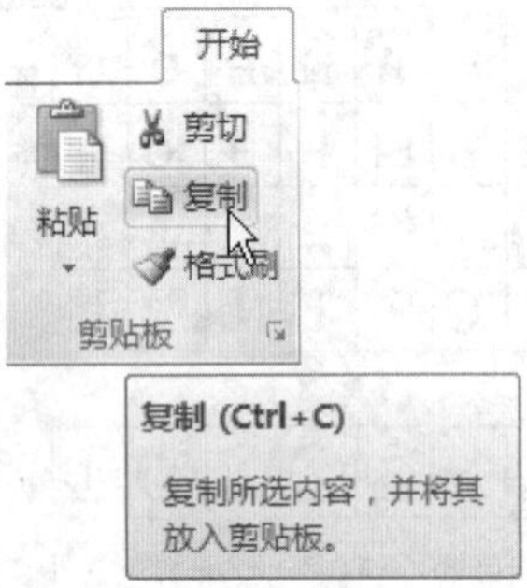

图 2-5

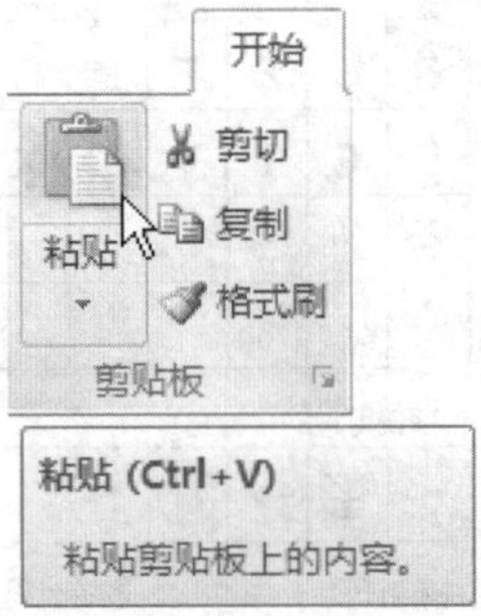

图 2-6

4. 查找替换

第 9 步：在 A2.docx 文档中，将光标定位在文档的起始处，在“开始”选项卡下“编辑”组中单击“替换”按钮，如图 2-7 所示。

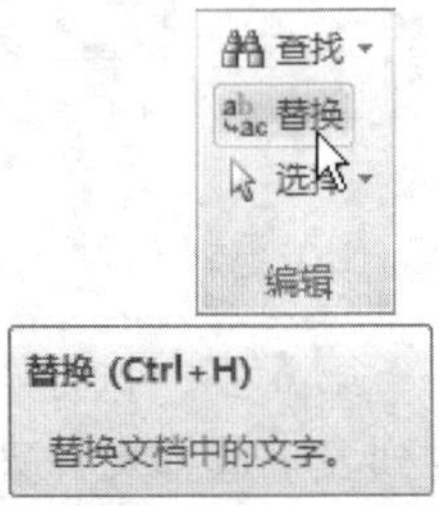

图 2-7

第 10 步：弹出“查找和替换”对话框，在“替换”选项卡下的“查找内容”文本框中输入“核站”，在“替换为”文本框中输入“核电站”，单击“全部替换”按钮即可，如图 2-8 所示。

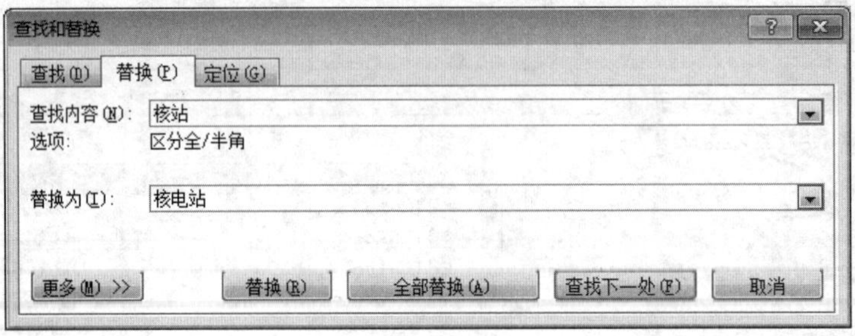

图 2-8

第 11 步：文档中的所有“核站”文本均被替换为“核电站”文本，并弹出确认对话框，单击该对话框中的“确定”按钮，如图 2-9 所示。最后，关闭“查找和替换”对话框即可。

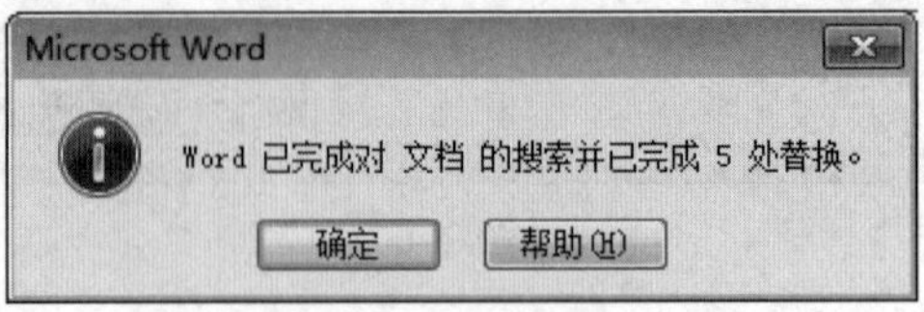

图 2-9

第 12 步：执行“文件”→“保存”命令，保存当前文档。

2.2 第2题解答

1. 新建文件

第1步：执行“开始”→“所有程序”→“Microsoft Office”→“Microsoft Word 2010”命令，打开一个空白的Word文档。

第2步：执行“文件”→“保存”命令。打开“另存为”对话框，在“保存位置”下拉列表中选择考生文件夹所在的位置，在“文件名”文本框中输入“A2”，单击“保存”按钮即可。

2. 录入文本与符号

第3步：选择一种常用的中文输入法，按【样文2-2A】所示录入文字、标点符号。

第4步：先将插入点定位在要插入符号的位置，然后在“插入”选项卡下“符号”组中单击“符号”下拉按钮，在弹出的下拉列表中执行“其他符号”命令。

第5步：打开“符号”对话框，在“符号”选项卡下的“字体”列表中选择相应的字体，在符号列表框中选择需要插入的特殊符号后，单击“插入”按钮即可。

3. 复制粘贴

第6步：执行“文件”→“打开”命令，弹出“打开”对话框。在“查找范围”下拉列表中选择文件夹C:\2010KSW\DATA2，在文件列表框中选择文件TF2-2.docx，单击“打开”按钮即可打开该文档。

第7步：在TF2-2.docx文档中按Ctrl + A组合键，即可选中文档中的所有文字。在“开始”选项卡下“剪贴板”组中单击“复制”按钮，即可将复制的内容暂时存放在剪贴板中。

第8步：切换至考生文档A2.docx中，将光标定位在录入的文档内容之后，在“开始”选项卡下“剪贴板”组中单击“粘贴”按钮。选中录入的文档，在“开始”选项卡下单击“剪切”按钮，将光标定位在复制的文档第1段内容后，在“开始”选项卡下“剪贴板”组中单击“粘贴”按钮，即可将考生录入文档作为第2段插入到复制文档中。

4. 查找替换

第9步：在A2.docx文档中，将光标定位在文档的起始处，在“开始”选项卡下“编辑”组中单击“替换”按钮。

第10步：弹出“查找和替换”对话框，在“替换”选项卡下的“查找内容”文本框中输入“网购”，在“替换为”文本框中输入“网上购物”，单击“全部替换”按钮即可。

第11步：文档中的所有“网购”文本均被替换为“网上购物”文本，并弹出确认对话框，单击该对话框中的“确定”按钮。最后，关闭“查找和替换”对话框即可。

第12步：执行“文件”→“保存”命令，保存当前文档。

2.3 第 3 题解答

1. 新建文件

第 1 步：执行“开始”→“所有程序”→“Microsoft Office”→“Microsoft Word 2010”命令，打开一个空白的 Word 文档。

第 2 步：执行“文件”→“保存”命令。打开“另存为”对话框，在“保存位置”下拉列表中选择考生文件夹所在的位置，在“文件名”文本框中输入“A2”，单击“保存”按钮即可。

2. 录入文本与符号

第 3 步：选择一种常用的中文输入法，按【样文 2-3A】所示录入文字、字母、数字、标点符号，录入字母时请注意中英文、英文大小写之间的转换。

第 4 步：先将插入点定位在要插入符号的位置，然后在“插入”选项卡下“符号”组中单击“符号”下拉按钮，在弹出的下拉列表中执行“其他符号”命令。

第 5 步：打开“符号”对话框后，在“符号”选项卡下的“字体”列表中选择相应的字体，在符号列表框中选择需要插入的特殊符号后，单击“插入”按钮即可。

3. 复制粘贴

第 6 步：执行“文件”→“打开”命令，打开“打开”对话框。在“查找范围”下拉列表中选择文件夹 C:\2010KSW\DATA2，在文件列表框中选择文件 TF2-3.docx，单击“打开”按钮即可打开该文档。

第 7 步：在 TF2-3.docx 文档中按 Ctrl + A 组合键，即可选中文档中的所有文字。在“开始”选项卡下“剪贴板”组中单击“复制”按钮，即可将复制的内容暂时存放在剪贴板中。

第 8 步：切换至考生文档 A2.docx 中，将光标定位在录入的文档内容之后，在“开始”选项卡下“剪贴板”组中单击“粘贴”按钮，即可将复制的内容粘贴至录入的文档内容之后。

4. 查找替换

第 9 步：在 A2.docx 文档中，将光标定位在文档的起始处，在“开始”选项卡下“编辑”组中单击“替换”按钮。

第 10 步：打开“查找和替换”对话框，在“替换”选项卡下的“查找内容”文本框中输入“极速运动”，在“替换为”文本框中输入“极限运动”，单击“全部替换”按钮即可。

第 11 步：文档中的所有“极速运动”文本均被替换为“极限运动”文本，并弹出确认对话框，单击该对话框中的“确定”按钮。最后，关闭“查找和替换”对话框即可。

第 12 步：执行“文件”→“保存”命令，保存当前文档。

2.4　第 4 题解答

1. 新建文件

第 1 步：执行“开始”→“所有程序”→“Microsoft Office”→“Microsoft Word 2010”命令，打开一个空白的 Word 文档。

第 2 步：执行“文件”→“保存”命令。打开“另存为”对话框，在“保存位置”下拉列表中选择考生文件夹所在的位置，在“文件名”文本框中输入“A2”，单击“保存”按钮即可。

2. 录入文本与符号

第 3 步：选择一种常用的中文输入法，按【样文 2-4A】所示录入文字、数字、标点符号。

第 4 步：先将插入点定位在要插入符号的位置，然后在“插入”选项卡下“符号”组中单击“符号”下拉按钮，在弹出的下拉列表中执行“其他符号”命令。

第 5 步：打开“符号”对话框后，在“符号”选项卡下的“字体”列表中选择相应的字体，在符号列表框中选择需要插入的特殊符号后，单击“插入”按钮即可。

3. 复制粘贴

第 6 步：执行“文件”→“打开”命令，弹出“打开”对话框。在“查找范围”下拉列表中选择文件夹 C:\2010KSW\DATA2，在文件列表框中选择文件 TF2-4.docx，单击“打开”按钮即可打开该文档。

第 7 步：在 TF2-4.docx 文档中按 Ctrl + A 组合键，即可选中文档中的所有文字。在“开始”选项卡下“剪贴板”组中单击“复制”按钮，即可将复制的内容暂时存放在剪贴板中。

第 8 步：切换至考生文档 A2.docx 中，将光标定位在录入的文档内容之后，在“开始”选项卡下“剪贴板”组中单击“粘贴”按钮，即可将复制的内容粘贴至录入的文档内容之后。

4. 查找替换

第 9 步：在 A2.docx 文档中，将光标定位在文档的起始处，在“开始”选项卡下“编辑”组中单击“替换”按钮。

第 10 步：弹出“查找和替换”对话框，在“替换”选项卡下的“查找内容”文本框中输入“南美”，在“替换为”文本框中输入“南美洲”，单击“全部替换”按钮即可。

第 11 步：文档中的所有“南美”文本均被替换为“南美洲”文本，并弹出确认对话框，单击该对话框中的“确定”按钮。最后，关闭“查找和替换”对话框即可。

第 12 步：执行“文件”→“保存”命令，保存当前文档。

2.5　第 5 题解答

1. 新建文件

第 1 步：执行“开始”→“所有程序”→“Microsoft Office”→“Microsoft Word 2010”命令，打开一个空白的 Word 文档。

第 2 步：执行“文件”→“保存”命令。打开“另存为”对话框，在“保存位置”下拉列表中选择考生文件夹所在的位置，在“文件名”文本框中输入“A2”，单击“保存”按钮即可。

2. 录入文本与符号

第 3 步：选择一种常用的中文输入法，按【样文 2-5A】所示录入文字、数字、标点符号。

第 4 步：先将插入点定位在要插入符号的位置，然后在“插入”选项卡下“符号”组中单击“符号”下拉按钮，在弹出的下拉列表中执行“其他符号”命令。

第 5 步：打开“符号”对话框后，在“符号”选项卡下的“字体”列表中选择相应的字体，在符号列表框中选择需要插入的特殊符号后，单击“插入”按钮即可。

3. 复制粘贴

第 6 步：执行“文件”→“打开”命令，弹出“打开”对话框。在“查找范围”下拉列表中选择文件夹 C:\2010KSW\DATA2，在文件列表框中选择文件 TF2-5.docx，单击“打开”按钮即可打开该文档。

第 7 步：在 TF2-5.docx 文档中按 Ctrl + A 组合键，即可选中文档中的所有文字。在“开始”选项卡下“剪贴板”组中单击“复制”按钮，即可将复制的内容暂时存放在剪贴板中。

第 8 步：切换至考生文档 A2.docx 中，将光标定位在录入的文档内容之后，在“开始”选项卡下“剪贴板”组中单击“粘贴”按钮，即可将复制的内容粘贴至录入的文档内容之后。

4. 查找替换

第 9 步：在 A2.docx 文档中，将光标定位在文档的起始处，在“开始”选项卡下“编辑”组中单击“替换”按钮。

第 10 步：弹出“查找和替换”对话框，在“替换”选项卡下的“查找内容”文本框中输入“玄空寺”，在“替换为”文本框中输入“悬空寺”，单击“全部替换”按钮即可。

第 11 步：文档中的所有“玄空寺”文本均被替换为“悬空寺”文本，并弹出确认对话框，单击该对话框中的“确定”按钮。最后，关闭“查找和替换”对话框即可。

第 12 步：执行“文件”→“保存”命令，保存当前文档。

2.6 第6题解答

1. 新建文件:

第1步：执行“开始”→“所有程序”→“Microsoft Office”→“Microsoft Word 2010”命令，打开一个空白的Word文档。

第2步：执行“文件”→“保存”命令。打开“另存为”对话框，在“保存位置”下拉列表中选择考生文件夹所在的位置，在“文件名”文本框中输入“A2”，单击“保存”按钮即可。

2. 录入文本与符号

第3步：选择一种常用的中文输入法，按【样文2-6A】所示录入文字、数字、标点符号。

第4步：先将插入点定位在要插入符号的位置，然后在“插入”选项卡下“符号”组中单击“符号”下拉按钮，在弹出的下拉列表中执行“其他符号”命令。

第5步：打开“符号”对话框后，在“符号”选项卡下的“字体”列表中选择相应的字体，在符号列表框中选择需要插入的特殊符号后，单击“插入”按钮即可。

3. 复制粘贴

第6步：执行“文件”→“打开”命令，打开“打开”对话框。在“查找范围”下拉列表中选择文件夹C:\2010KSW\DATA2，在文件列表框中选择文件TF2-6.docx，单击“打开”按钮即可打开该文档。

第7步：在TF2-6.docx文档中按Ctrl + A组合键，即可选中文档中的所有文字。在“开始”选项卡下“剪贴板”组中单击“复制”按钮，即可将复制的内容暂时存放在剪贴板中。

第8步：切换至考生文档A2.docx中，将光标定位在录入的文档内容之后，在“开始”选项卡下“剪贴板”组中单击“粘贴”按钮，即可将复制的内容粘贴至录入的文档内容之后。

4. 查找替换

第9步：在A2.docx文档中，将光标定位在文档的起始处，在“开始”选项卡下“编辑”组中单击“替换”按钮。

第10步：弹出“查找和替换”对话框，在“替换”选项卡下的“查找内容”文本框中输入“寿花”，在“替换为”文本框中输入“长寿花”，单击“全部替换”按钮即可。

第11步：文档中的所有“寿花”文本均被替换为“长寿花”文本，并弹出确认对话框，单击该对话框中的“确定”按钮。最后，关闭“查找和替换”对话框即可。

第12步：执行“文件”→“保存”命令，保存当前文档。

2.7 第 7 题解答

1. 新建文件

第 1 步：执行“开始”→“所有程序”→“Microsoft Office”→“Microsoft Word 2010”命令，打开一个空白的 Word 文档。

第 2 步：执行“文件”→“保存”命令。打开“另存为”对话框，在“保存位置”下拉列表中选择考生文件夹所在的位置，在“文件名”文本框中输入“A2”，单击“保存”按钮即可。

2. 录入文本与符号

第 3 步：选择一种常用的中文输入法，按【样文 2-7A】所示录入文字、数字、标点符号。

第 4 步：先将插入点定位在要插入符号的位置，然后在“插入”选项卡下“符号”组中单击“符号”下拉按钮，在弹出的下拉列表中执行“其他符号”命令。

第 5 步：打开“符号”对话框后，在“符号”选项卡下的“字体”列表中选择相应的字体，在符号列表框中选择需要插入的特殊符号后，单击“插入”按钮即可。

3. 复制粘贴

第 6 步：执行“文件”→“打开”命令，弹出“打开”对话框。在“查找范围”下拉列表中选择文件夹 C:\2010KSW\DATA2，在文件列表框中选择文件 TF2-7.docx，单击“打开”按钮即可打开该文档。

第 7 步：在 TF2-7.docx 文档中按 Ctrl + A 组合键，即可选中文档中的所有文字。在“开始”选项卡下“剪贴板”组中单击“复制”按钮，即可将复制的内容暂时存放在剪贴板中。

第 8 步：切换至考生文档 A2.docx 中，将光标定位在录入的文档内容之后，在“开始”选项卡下“剪贴板”组中单击“粘贴”按钮。选中录入的文档，在“开始”选项卡下单击“剪切”按钮，将光标定位在复制的文档第 1 段内容后，在“开始”选项卡下“剪贴板”组中单击“粘贴”按钮，即可将考生录入文档作为第 2 段插入到复制文档中。

4. 查找替换

第 9 步：在 A2.docx 文档中，将光标定位在文档的起始处，在“开始”选项卡下“编辑”组中单击“替换”按钮。

第 10 步：弹出“查找和替换”对话框，在“替换”选项卡下的“查找内容”文本框中输入“境泊湖”，在“替换为”文本框中输入“镜泊湖”，单击“全部替换”按钮即可。

第 11 步：文档中的所有“境泊湖”文本均被替换为“镜泊湖”文本，并弹出确认对话框，单击该对话框中的“确定”按钮。最后，关闭“查找和替换”对话框即可。

第 12 步：执行“文件”→“保存”命令，保存当前文档。

2.8 第 8 题解答

1. 新建文件

第 1 步：执行“开始”→“所有程序”→“Microsoft Office”→“Microsoft Word 2010”命令，打开一个空白的 Word 文档。

第 2 步：在“文件”选项卡下执行“保存”命令，打开“另存为”对话框，在“保存位置”下拉列表中选择考生文件夹所在的位置，在“文件名”文本框中输入“A2”，单击“保存”按钮即可。

2. 录入文本与符号

第 3 步：选择一种常用的中文输入法，按【样文 2-8A】所示录入文字、标点符号。

第 4 步：先将插入点定位在要插入符号的位置，然后在“插入”选项卡下“符号”组中单击“符号”下拉按钮，在弹出的下拉列表中执行“其他符号”命令。

第 5 步：打开“符号”对话框后，在“符号”选项卡下的“字体”列表中选择相应的字体，在符号列表框中选择需要插入的特殊符号后，单击“插入”按钮即可。

3. 复制粘贴

第 6 步：执行“文件”→“打开”命令，弹出“打开”对话框。在“查找范围”下拉列表中选择文件夹 C:\2010KSW\DATA2，在文件列表框中选择文件 TF2-8.docx，单击“打开”按钮即可打开该文档。

第 7 步：在 TF2-8.docx 文档中按 Ctrl + A 组合键，即可选中文档中的所有文字。在“开始”选项卡下“剪贴板”组中单击“复制”按钮，即可将复制的内容暂时存放在剪贴板中。

第 8 步：切换至考生文档 A2.docx 中，将光标定位在录入的文档内容之前，在“开始”选项卡下“剪贴板”组中的“粘贴”命令，即可将复制的内容粘贴至录入的文档内容之前。

4. 查找替换

第 9 步：在 A2.docx 文档中，将光标定位在文档的起始处，在“开始”选项卡下“编辑”组中单击“替换”按钮。

第 10 步：弹出“查找和替换”对话框，在“替换”选项卡下的“查找内容”文本框中输入“红草莓”，在“替换为”文本框中输入“草莓”，单击“全部替换”按钮即可。

第 11 步：文档中的所有“红草莓”文本均被替换为“草莓”文本，并弹出确认对话框，单击该对话框中的“确定”按钮。最后，关闭“查找和替换”对话框即可。

第 12 步：执行“文件”→“保存”命令，保存当前文档。

2.9 第 9 题解答

1. 新建文件

第 1 步：执行“开始”→“所有程序”→“Microsoft Office”→“Microsoft Word 2010”命令，打开一个空白的 Word 文档。

第 2 步：执行“文件”→“保存”命令。打开“另存为”对话框，在“保存位置”下拉列表中选择考生文件夹所在的位置，在“文件名”文本框中输入“A2”，单击“保存”按钮即可。

2. 录入文本与符号

第 3 步：选择一种常用的中文输入法，按【样文 2-9A】所示录入文字、字母、数字、标点符号，录入字母时请注意中英文、英文大小写之间的转换。

第 4 步：先将插入点定位在要插入符号的位置，然后在“插入”选项卡下“符号”组中单击“符号”下拉按钮，在弹出的下拉列表中执行“其他符号”命令。

第 5 步：打开“符号”对话框后，在“符号”选项卡下的“字体”列表中选择相应的字体，在符号列表框中选择需要插入的特殊符号后，单击“插入”按钮即可。

3. 复制粘贴

第 6 步：执行“文件”→“打开”命令，弹出“打开”对话框。在“查找范围”下拉列表中选择文件夹 C:\2010KSW\DATA2，在文件列表框中选择文件 TF2-9.docx，单击“打开”按钮即可打开该文档。

第 7 步：在 TF2-9.docx 文档中按 Ctrl + A 组合键，即可选中文档中的所有文字。在“开始”选项卡下“剪贴板”组中单击“复制”按钮，即可将复制的内容暂时存放在剪贴板中。

第 8 步：切换至考生文档 A2.docx 中，将光标定位在录入的文档内容之后，在“开始”选项卡下“剪贴板”组中单击“粘贴”按钮。选中录入的文档，在“开始”选项卡下单击“剪切”按钮，将光标定位在复制的文档第 1 段内容后，在“开始”选项卡下“剪贴板”组中单击“粘贴”按钮，即可将考生录入文档作为第 2 段插入到复制文档中。

4. 查找替换

第 9 步：在 A2.docx 文档中，将光标定位在文档的起始处，在“开始”选项卡下“编辑”组中单击“替换”按钮。

第 10 步：弹出“查找和替换”对话框，在“替换”选项卡下的“查找内容”文本框中输入“光传输”，在“替换为”文本框中输入“光纤传输”，单击“全部替换”按钮即可。

第 11 步：文档中的所有“光传输”文本均被替换为“光纤传输”文本，并弹出确认对话框，单击该对话框中的“确定”按钮。最后，关闭“查找和替换”对话框即可。

第 12 步：执行“文件”→“保存”命令，保存当前文档。

2.10　第10题解答

1．新建文件

第1步：执行“开始”→“所有程序”→“Microsoft Office”→“Microsoft Word 2010”命令，打开一个空白的Word文档。

第2步：在“文件”选项卡下执行“保存”命令，打开“另存为”对话框，在“保存位置”下拉列表中选择考生文件夹所在的位置，在“文件名”文本框中输入“A2”，单击“保存”按钮即可。

2．录入文本与符号

第3步：选择一种常用的中文输入法，按【样文2-10A】所示录入文字、数字、标点符号。

第4步：先将插入点定位在要插入符号的位置，然后在“插入”选项卡下“符号”组中单击“符号”下拉按钮，在弹出的下拉列表中执行“其他符号”命令。

第5步：打开“符号”对话框后，在“符号”选项卡下的“字体”列表中选择相应的字体，在符号列表框中选择需要插入的特殊符号后，单击“插入”按钮即可。

3．复制粘贴

第6步：执行“文件”→“打开”命令，打开“打开”对话框。在“查找范围”下拉列表中选择文件夹C:\2010KSW\DATA2，在文件列表框中选择文件TF2-10.docx，单击“打开”按钮即可打开该文档。

第7步：在TF2-10.docx文档中按Ctrl + A组合键，即可选中文档中的所有文字。在“开始”选项卡下“剪贴板”组中单击“复制”按钮，即可将复制的内容暂时存放在剪贴板中。

第8步：切换至考生文档A2.docx中，将光标定位在录入的文档内容之后，在“开始”选项卡下“剪贴板”组中单击“粘贴”按钮，即可将复制的内容粘贴至录入的文档内容之后。

4．查找替换

第9步：在A2.docx文档中，将光标定位在文档的起始处，在“开始”选项卡下“编辑”组中单击“替换”按钮。

第10步：弹出“查找和替换”对话框，在“替换”选项卡下的“查找内容”文本框中输入“广灵简纸”，在“替换为”文本框中输入“广灵剪纸”，单击“全部替换”按钮即可。

第11步：文档中的所有“广灵简纸”文本均被替换为“广灵剪纸”文本，并弹出确认对话框，单击该对话框中的“确定”按钮。最后，关闭“查找和替换”对话框即可。

第12步：执行“文件”→“保存”命令，保存当前文档。

2.11　第 11 题解答

1. 新建文件

第 1 步：执行“开始”→“所有程序”→“Microsoft Office”→“Microsoft Word 2010”命令，打开一个空白的 Word 文档。

第 2 步：在“文件”选项卡下执行“保存”命令，打开“另存为”对话框，在“保存位置”下拉列表中选择考生文件夹所在的位置，在“文件名”文本框中输入“A2”，单击“保存”按钮即可。

2. 录入文本与符号

第 3 步：选择一种常用的中文输入法，按【样文 2-11A】所示录入文字、标点符号。

第 4 步：先将插入点定位在要插入符号的位置，然后在“插入”选项卡下“符号”组中单击“符号”下拉按钮，在弹出的下拉列表中执行“其他符号”命令。

第 5 步：打开“符号”对话框后，在“符号”选项卡下的“字体”列表中选择相应的字体，在符号列表框中选择需要插入的特殊符号后，单击“插入”按钮即可。

3. 复制粘贴

第 6 步：执行“文件”→“打开”命令，打开“打开”对话框。在“查找范围”下拉列表中选择文件夹 C:\2010KSW\DATA2，在文件列表框中选择文件 TF2-11.docx，单击“打开”按钮即可打开该文档。

第 7 步：在 TF2-11.docx 文档中按 Ctrl + A 组合键，即可选中文档中的所有文字。在“开始”选项卡下“剪贴板”组中单击“复制”按钮，即可将复制的内容暂时存放在剪贴板中。

第 8 步：切换至考生文档 A2.docx 中，将光标定位在录入的文档内容之前，在“开始”选项卡下“剪贴板”组中单击“粘贴”按钮，即可将复制的内容粘贴至录入的文档内容之前。

4. 查找替换

第 9 步：在 A2.docx 文档中，将光标定位在文档的起始处，在“开始”选项卡下“编辑”组中单击“替换”按钮。

第 10 步：弹出“查找和替换”对话框，在“替换”选项卡下的“查找内容”文本框中输入“高耳夫”，在“替换为”文本框中输入“高尔夫”，单击“全部替换”按钮即可。

第 11 步：文档中的所有“高耳夫”文本均被替换为“高尔夫”文本，并弹出确认对话框，单击该对话框中的“确定”按钮。最后，关闭“查找和替换”对话框即可。

第 12 步：执行“文件”→“保存”命令，保存当前文档。

2.12　第 12 题解答

1. 新建文件

第 1 步：执行“开始”→“所有程序”→“Microsoft Office”→“Microsoft Word 2010”命令，打开一个空白的 Word 文档。

第 2 步：在“文件”选项卡下执行“保存”命令，打开“另存为”对话框，在“保存位置”下拉列表中选择考生文件夹所在的位置，在“文件名”文本框中输入“A2”，单击“保存”按钮即可。

2. 录入文本与符号

第 3 步：选择一种常用的中文输入法，按【样文 2-12A】所示录入文字、字母、标点符号，录入字母时请注意中英文、英文大小写之间的转换。

第 4 步：先将插入点定位在要插入符号的位置，然后在“插入”选项卡下“符号”组中单击“符号”下拉按钮，在弹出的下拉列表中执行“其他符号”命令。

第 5 步：打开“符号”对话框后，在“符号”选项卡下的“字体”列表中选择相应的字体，在符号列表框中选择需要插入的特殊符号后，单击“插入”按钮即可。

3. 复制粘贴

第 6 步：执行“文件”→“打开”命令，打开“打开”对话框。在“查找范围”下拉列表中选择文件夹 C:\2010KSW\DATA2，在文件列表框中选择文件 TF2-12.docx，单击“打开”按钮即可打开该文档。

第 7 步：在 TF2-12.docx 文档中按 Ctrl + A 组合键，即可选中文档中的所有文字。在“开始”选项卡下“剪贴板”组中单击“复制”按钮，即可将复制的内容暂时存放在剪贴板中。

第 8 步：切换至考生文档 A2.docx 中，将光标定位在录入的文档内容之后，在“开始”选项卡下“剪贴板”组中单击“粘贴”按钮。选中录入的文档，在“开始”选项卡下单击“剪切”按钮，将光标定位在复制的文档第 1 段内容后，在“开始”选项卡下“剪贴板”组中单击“粘贴”按钮，即可将考生录入文档作为第 2 段插入到复制文档中。

4. 查找替换

第 9 步：在 A2.docx 文档中，将光标定位在文档的起始处，在“开始”选项卡下“编辑”组中单击“替换”按钮。

第 10 步：打开“查找和替换”对话框，在“替换”选项卡下的“查找内容”文本框中输入“网银”，在“替换为”文本框中输入“网上银行”，单击“全部替换”按钮即可。

第 11 步：文档中的所有“网银”文本均被替换为“网上银行”文本，并弹出确认对话框，单击该对话框中的“确定”按钮。最后，关闭“查找和替换”对话框即可。

第 12 步：执行“文件”→“保存”命令，保存当前文档。

2.13 第 13 题解答

1. 新建文件

第 1 步：执行“开始”→“所有程序”→“Microsoft Office”→“Microsoft Word 2010”命令，打开一个空白的 Word 文档。

第 2 步：在“文件”选项卡下执行“保存”命令，打开“另存为”对话框，在“保存位置”下拉列表中选择考生文件夹所在的位置，在“文件名”文本框中输入“A2”，单击“保存”按钮即可。

2. 录入文本与符号

第 3 步：选择一种常用的中文输入法，按【样文 2-13A】所示录入文字、数字、标点符号。

第 4 步：先将插入点定位在要插入符号的位置，然后在“插入”选项卡下“符号”组中单击“符号”下拉按钮，在弹出的下拉列表中执行“其他符号”命令。

第 5 步：打开“符号”对话框后，在“符号”选项卡下的“字体”列表中选择相应的字体，在符号列表框中选择需要插入的特殊符号后，单击“插入”按钮即可。

3. 复制粘贴

第 6 步：执行“文件”→“打开”命令，打开“打开”对话框。在“查找范围”下拉列表中选择文件夹 C:\2010KSW\DATA2，在文件列表框中选择文件 TF2-13.docx，单击“打开”按钮即可打开该文档。

第 7 步：在 TF2-13.docx 文档中按 Ctrl + A 组合键，即可选中文档中的所有文字。在“开始”选项卡下“剪贴板”组中单击“复制”按钮，即可将复制的内容暂时存放在剪贴板中。

第 8 步：切换至考生文档 A2.docx 中，将光标定位在录入的文档内容之后，在“开始”选项卡下“剪贴板”组中单击“粘贴”按钮，即可将复制的内容粘贴至录入的文档内容之后。

4. 查找替换

第 9 步：在 A2.docx 文档中，将光标定位在文档的起始处，在“开始”选项卡下“编辑”组中单击“替换”按钮。

第 10 步：打开“查找和替换”对话框，在“替换”选项卡下的“查找内容”文本框中输入“高铁”，在“替换为”文本框中输入“高速铁路”，单击“全部替换”按钮即可。

第 11 步：文档中的所有“高铁”文本均被替换为“高速铁路”文本，并弹出确认对话框，单击该对话框中的“确定”按钮。最后，关闭“查找和替换”对话框即可。

第 12 步：执行“文件”→“保存”命令，保存当前文档。

2.14 第14题解答

1. 新建文件

第1步：执行“开始”→“所有程序”→“Microsoft Office”→“Microsoft Word 2010”命令，打开一个空白的Word文档。

第2步：在“文件”选项卡下执行“保存”命令，打开“另存为”对话框，在“保存位置”下拉列表中选择考生文件夹所在的位置，在“文件名”文本框中输入“A2”，单击“保存”按钮即可。

2. 录入文本与符号

第3步：选择一种常用的中文输入法，按【样文2-14A】所示录入文字、数字、标点符号。

第4步：先将插入点定位在要插入符号的位置，然后在“插入”选项卡下“符号”组中单击“符号”下拉按钮，在弹出的下拉列表中执行“其他符号”命令。

第5步：打开“符号”对话框后，在“符号”选项卡下的“字体”列表中选择相应的字体，在符号列表框中选择需要插入的特殊符号后，单击“插入”按钮即可。

3. 复制粘贴

第6步：执行“文件”→“打开”命令，打开“打开”对话框。在“查找范围”下拉列表中选择文件夹C:\2010KSW\DATA2，在文件列表框中选择文件TF2-14.docx，单击“打开”按钮即可打开该文档。

第7步：在TF2-14.docx文档中按Ctrl + A组合键，即可选中文档中的所有文字。在“开始”选项卡下“剪贴板”组中单击“复制”按钮，即可将复制的内容暂时存放在剪贴板中。

第8步：切换至考生文档A2.docx中，将光标定位在录入的文档内容之后，在“开始”选项卡下“剪贴板”组中单击“粘贴”按钮。选中录入的文档，在“开始”选项卡下单击“剪切”按钮，将光标定位在复制的文档第1段内容后，在“开始”选项卡下“剪贴板”组中单击“粘贴”按钮，即可将考生录入文档作为第2段插入到复制文档中。

4. 查找替换

第9步：在A2.docx文档中，将光标定位在文档的起始处，在“开始”选项卡下“编辑”组中单击“替换”按钮。

第10步：打开“查找和替换”对话框，在“替换”选项卡下的“查找内容”文本框中输入“温水泉”，在“替换为”文本框中输入“温泉”，单击“全部替换”按钮即可。

第11步：文档中的所有“温水泉”文本均被替换为“温泉”文本，并弹出确认对话框，单击该对话框中的“确定”按钮。最后，关闭“查找和替换”对话框即可。

第12步：执行“文件”→“保存”命令，保存当前文档。

2.15 第 15 题解答

1. 新建文件

第 1 步：执行“开始”→“所有程序”→“Microsoft Office”→“Microsoft Word 2010”命令，打开一个空白的 Word 文档。

第 2 步：执行“文件”→“保存”命令。打开“另存为”对话框，在“保存位置”下拉列表中选择考生文件夹所在的位置，在“文件名”文本框中输入“A2”，单击“保存”按钮即可。

2. 录入文本与符号

第 3 步：选择一种常用的中文输入法，按【样文 2-15A】所示录入文字、字母、数字、标点符号，录入字母时请注意中英文、英文大小写之间的转换。

第 4 步：先将插入点定位在要插入符号的位置，然后在“插入”选项卡下“符号”组中单击“符号”下拉按钮，在弹出的下拉列表中执行“其他符号”命令。

第 5 步：打开“符号”对话框后，在“符号”选项卡下的“字体”列表中选择相应的字体，在符号列表框中选择需要插入的特殊符号后，单击“插入”按钮即可。

3. 复制粘贴

第 6 步：执行“文件”→“打开”命令，打开“打开”对话框。在“查找范围”下拉列表中选择文件夹 C:\2010KSW\DATA2，在文件列表框中选择文件 TF2-15.docx，单击“打开”按钮即可打开该文档。

第 7 步：在 TF2-15.docx 文档中按 Ctrl + A 组合键，即可选中文档中的所有文字。在“开始”选项卡下“剪贴板”组中单击“复制”按钮，即可将复制的内容暂时存放在剪贴板中。

第 8 步：切换至考生文档 A2.docx 中，将光标定位在录入的文档内容之后，在“开始”选项卡下“剪贴板”组中单击“粘贴”按钮。选中录入的文档，在“开始”选项卡下单击“剪切”按钮，将光标定位在复制的文档第 1 段内容后，在“开始”选项卡下“剪贴板”组中单击“粘贴”按钮，即可将考生录入文档作为第 2 段插入到复制文档中。

4. 查找替换

第 9 步：在 A2.docx 文档中，将光标定位在文档的起始处，在“开始”选项卡下“编辑”组中单击“替换”按钮。

第 10 步：打开“查找和替换”对话框，在“替换”选项卡下的“查找内容”文本框中输入“2D”，在“替换为”文本框中输入“3D”，单击“全部替换”按钮即可。

第 11 步：文档中的所有“2D”文本均被替换为“3D”文本，并弹出确认对话框，单击该对话框中的“确定”按钮。最后，关闭“查找和替换”对话框即可。

第 12 步：执行“文件”→“保存”命令，保存当前文档。

2.16　第16题解答

1. 新建文件

第1步：执行“开始”→“所有程序”→“Microsoft Office”→“Microsoft Word 2010”命令，打开一个空白的Word文档。

第2步：在“文件”选项卡下执行“保存”命令，打开“另存为”对话框，在“保存位置”下拉列表中选择考生文件夹所在的位置，在“文件名”文本框中输入“A2”，单击“保存”按钮即可。

2. 录入文本与符号

第3步：选择一种常用的中文输入法，按【样文2-16A】所示录入文字、标点符号。

第4步：先将插入点定位在要插入符号的位置，然后在“插入”选项卡下“符号”组中单击“符号”下拉按钮，在弹出的下拉列表中执行“其他符号”命令。

第5步：打开“符号”对话框后，在“符号”选项卡下的“字体”列表中选择相应的字体，在符号列表框中选择需要插入的特殊符号后，单击“插入”按钮即可。

3. 复制粘贴

第6步：执行“文件”→“打开”命令，打开“打开”对话框。在“查找范围”下拉列表中选择文件夹 C:\2010KSW\DATA2，在文件列表框中选择文件 TF2-16.docx，单击“打开”按钮即可打开该文档。

第7步：在TF2-16.docx文档中按Ctrl + A组合键，即可选中文档中的所有文字。在“开始”选项卡下“剪贴板”组中单击“复制”按钮，即可将复制的内容暂时存放在剪贴板中。

第8步：切换至考生文档A2.docx中，将光标定位在录入的文档内容之后，在“开始”选项卡下“剪贴板”组中单击“粘贴”按钮。选中录入的文档，在“开始”选项卡下单击“剪切”按钮，将光标定位在复制的文档第1段内容后，在“开始”选项卡下“剪贴板”组中单击“粘贴”按钮，即可将考生录入文档作为第2段插入到复制文档中。

4. 查找替换

第9步：在A2.docx文档中，将光标定位在文档的起始处，在“开始”选项卡下“编辑”组中单击“替换”按钮。

第10步：打开“查找和替换”对话框，在“替换”选项卡下的“查找内容”文本框中输入“触屏”，在“替换为”文本框中输入“触摸屏”，单击“全部替换”按钮即可。

第11步：文档中的所有“触屏”文本均被替换为“触摸屏”文本，并弹出确认对话框，单击该对话框中的“确定”按钮。最后，关闭“查找和替换”对话框即可。

第12步：执行“文件”→“保存”命令，保存当前文档。

2.17 第 17 题解答

1. 新建文件

第 1 步：执行“开始”→“所有程序”→“Microsoft Office”→“Microsoft Word 2010”命令，打开一个空白的 Word 文档。

第 2 步：在“文件”选项卡下执行“保存”命令，打开“另存为”对话框，在“保存位置”下拉列表中选择考生文件夹所在的位置，在“文件名”文本框中输入“A2”，单击“保存”按钮即可。

2. 录入文本与符号

第 3 步：选择一种常用的中文输入法，按【样文 2-17A】所示录入文字、标点符号。

第 4 步：先将插入点定位在要插入符号的位置，然后在“插入”选项卡下“符号”组中单击“符号”下拉按钮，在弹出的下拉列表中执行“其他符号”命令。

第 5 步：打开“符号”对话框后，在“符号”选项卡下的“字体”列表中选择相应的字体，在符号列表框中选择需要插入的特殊符号后，单击“插入”按钮即可。

3. 复制粘贴

第 6 步：执行“文件”→“打开”命令，打开“打开”对话框。在“查找范围”下拉列表中选择文件夹 C:\2010KSW\DATA2，在文件列表框中选择文件 TF2-17.docx，单击“打开”按钮即可打开该文档。

第 7 步：在 TF2-17.docx 文档中按 Ctrl + A 组合键，即可选中文档中的所有文字。执行“开始”选项卡下“剪贴板”组中单击“复制”按钮，即可将复制的内容暂时存放在剪贴板中。

第 8 步：切换至考生文档 A2.docx 中，将光标定位在录入的文档内容之前，在“开始”选项卡下“剪贴板”组中单击“粘贴”按钮，即可将复制的内容粘贴至录入的文档内容之前。

4. 查找替换

第 9 步：在 A2.docx 文档中，将光标定位在文档的起始处，在“开始”选项卡下“编辑”组中单击“替换”按钮。

第 10 步：打开“查找和替换”对话框，在“替换”选项卡下的“查找内容”文本框中输入“唐陶瓷”，在“替换为”文本框中输入“唐三彩”，单击“全部替换”按钮即可。

第 11 步：文档中的所有“唐陶瓷”文本均被替换为“唐三彩”文本，并弹出确认对话框，单击该对话框中的“确定”按钮。最后，关闭“查找和替换”对话框即可。

第 12 步：执行“文件”→“保存”命令，保存当前文档。

2.18　第18题解答

1. 新建文件

第1步：执行“开始”→“所有程序”→“Microsoft Office”→“Microsoft Word 2010”命令，打开一个空白的Word文档。

第2步：在“文件”选项卡下执行“保存”命令，打开“另存为”对话框，在“保存位置”下拉列表中选择考生文件夹所在的位置，在“文件名”文本框中输入“A2”，单击“保存”按钮即可。

2. 录入文本与符号

第3步：选择一种常用的中文输入法，按【样文2-18A】所示录入文字、数字、标点符号。

第4步：先将插入点定位在要插入符号的位置，然后在“插入”选项卡下“符号”组中单击“符号”下拉按钮，在弹出的下拉列表中执行“其他符号”命令。

第5步：打开“符号”对话框后，在“符号”选项卡下的“字体”列表中选择相应的字体，在符号列表框中选择需要插入的特殊符号后，单击“插入”按钮即可。

3. 复制粘贴

第6步：执行“文件”→“打开”命令，打开“打开”对话框。在“查找范围”下拉列表中选择文件夹C:\2010KSW\DATA2，在文件列表框中选择文件TF2-18.docx，单击“打开”按钮即可打开该文档。

第7步：在TF2-18.docx文档中按Ctrl + A组合键，即可选中文档中的所有文字。在“开始”选项卡下“剪贴板”组中单击“复制”按钮，即可将复制的内容暂时存放在剪贴板中。

第8步：切换至考生文档A2.docx中，将光标定位在录入的文档内容之后，在“开始”选项卡下“剪贴板”组中单击“粘贴”按钮。选中录入的文档，在“开始”选项卡下单击“剪切”按钮，将光标定位在复制的文档第1段内容后，在“开始”选项卡下“剪贴板”组中单击“粘贴”命令，即可将考生录入文档作为第2段插入到复制文档中。

4. 查找替换

第9步：在A2.docx文档中，将光标定位在文档的起始处，在“开始”选项卡下“编辑”组中单击“替换”按钮。

第10步：打开“查找和替换”对话框，在“替换”选项卡下的“查找内容”文本框中输入“合田玉”，在“替换为”文本框中输入“和田玉”，单击“全部替换”按钮即可。

第11步：文档中的所有“合田玉”文本均被替换为“和田玉”文本，并弹出确认对话框，单击该对话框中的“确定”按钮。最后，关闭“查找和替换”对话框即可。

第12步：执行“文件”→“保存”命令，保存当前文档。

2.19 第 19 题解答

1. 新建文件

第 1 步：执行“开始”→“所有程序”→“Microsoft Office”→“Microsoft Word 2010”命令，打开一个空白的 Word 文档。

第 2 步：在“文件”选项卡下执行“保存”命令，打开“另存为”对话框，在“保存位置”下拉列表中选择考生文件夹所在的位置，在“文件名”文本框中输入“A2”，单击“保存”按钮即可。

2. 录入文本与符号

第 3 步：选择一种常用的中文输入法，按【样文 2-19A】所示录入文字、标点符号。

第 4 步：先将插入点定位在要插入符号的位置，然后在“插入”选项卡下“符号”组中单击“符号”下拉按钮，在弹出的下拉列表中执行“其他符号”命令。

第 5 步：打开“符号”对话框后，在“符号”选项卡下的“字体”列表中选择相应的字体，在符号列表框中选择需要插入的特殊符号后，单击“插入”按钮即可。

3. 复制粘贴

第 6 步：执行“文件”→“打开”命令，打开“打开”对话框。在“查找范围”下拉列表中选择文件夹 C:\2010KSW\DATA2，在文件列表框中选择文件 TF2-19.docx，单击“打开”按钮即可打开该文档。

第 7 步：在 TF2-19.docx 文档中按 Ctrl + A 组合键，即可选中文档中的所有文字。在“开始”选项卡下“剪贴板”组中单击“复制”按钮，即可将复制的内容暂时存放在剪贴板中。

第 8 步：切换至考生文档 A2.docx 中，将光标定位在录入的文档内容之后，在“开始”选项卡下“剪贴板”组中单击“粘贴”按钮，即可将复制的内容粘贴至录入的文档内容之后。

4. 查找替换

第 9 步：在 A2.docx 文档中，将光标定位在文档的起始处，在“开始”选项卡下“编辑”组中单击“替换”按钮。

第 10 步：打开“查找和替换”对话框，在“替换”选项卡下的“查找内容”文本框中输入“商业信”，在“替换为”文本框中输入“商业信用”，单击“全部替换”按钮即可。

第 11 步：文档中的所有“商业信”文本均被替换为“商业信用”文本，并弹出确认对话框，单击该对话框中的“确定”按钮。最后，关闭“查找和替换”对话框即可。

第 12 步：执行“文件”→“保存”命令，保存当前文档。

2.20　第 20 题解答

1. 新建文件

第 1 步：执行“开始”→“所有程序”→“Microsoft Office”→“Microsoft Word 2010”命令，打开一个空白的 Word 文档。

第 2 步：在“文件”选项卡下执行“保存”命令，打开“另存为”对话框，在“保存位置”下拉列表中选择考生文件夹所在的位置，在“文件名”文本框中输入“A2”，单击“保存”按钮即可。

2. 录入文本与符号

第 3 步：选择一种常用的中文输入法，按【样文 2-20A】所示录入文字、数字、标点符号。

第 4 步：先将插入点定位在要插入符号的位置，然后在“插入”选项卡下“符号”组中单击“符号”下拉按钮，在弹出的下拉列表中执行“其他符号”命令。

第 5 步：打开“符号”对话框后，在“符号”选项卡下的“字体”列表中选择相应的字体，在符号列表框中选择需要插入的特殊符号后，单击“插入”按钮即可。

3. 复制粘贴

第 6 步：执行“文件”→“打开”命令，打开“打开”对话框。在“查找范围”下拉列表中选择文件夹 C:\2010KSW\DATA2，在文件列表框中选择文件 TF2-20.docx，单击“打开”按钮即可打开该文档。

第 7 步：在 TF2-20.docx 文档中按 Ctrl + A 组合键，即可选中文档中的所有文字。在“开始”选项卡下“剪贴板”组中单击“复制”按钮，即可将复制的内容暂时存放在剪贴板中。

第 8 步：切换至考生文档 A2.docx 中，将光标定位在录入的文档内容之后，在“开始”选项卡下“剪贴板”组中单击“粘贴”按钮，即可将复制的内容粘贴至录入的文档内容之后。

4. 查找替换

第 9 步：在 A2.docx 文档中，将光标定位在文档的起始处，在“开始”选项卡下“编辑”组中单击“替换”按钮。

第 10 步：打开“查找和替换”对话框，在“替换”选项卡下的“查找内容”文本框中输入“国券”，在“替换为”文本框中输入“国库券”，单击“全部替换”按钮即可。

第 11 步：文档中的所有“国券”文本均被替换为“国库券”文本，并弹出确认对话框，单击该对话框中的“确定”按钮。最后，关闭“查找和替换”对话框即可。

第 12 步：执行“文件”→“保存”命令，保存当前文档。

第三单元　文档的格式设置与编排

3.1　第 1 题解答

执行“文件”→“打开”命令，在“查找范围”文本框中找到指定路径，选择 A3.docx 文件，单击“打开”按钮。

一、设置【文本 3-1A】如【样文 3-1A】所示

1. 设置字体格式

第 1 步：选中文章的标题行“《沁园春·雪》”，在“开始”选项卡下“字体”组中的“字体”下拉列表中选择“华文行楷”，在“字号”下拉列表中选择“一号”，单击“文本效果”下拉按钮，在弹出的库中选择“填充 - 蓝色，透明强调文字颜色 1，轮廓 – 强调文字颜色 1”的文本效果，如图 3-1 所示。

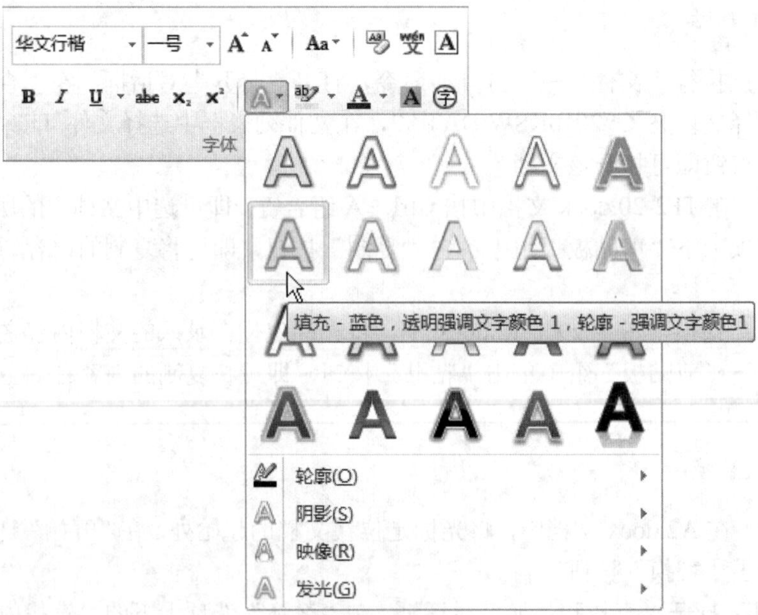

图 3-1

第 2 步：选中文章的副标题行“毛泽东（1936 年 2 月）”，在“开始”选项卡下“字体”组中的“字体”下拉列表中选择“华文新魏”，在“字号”下拉列表中选择“四号”，在“字体颜色”下拉列表中选择标准色中的“深红”色，如图 3-2 所示。

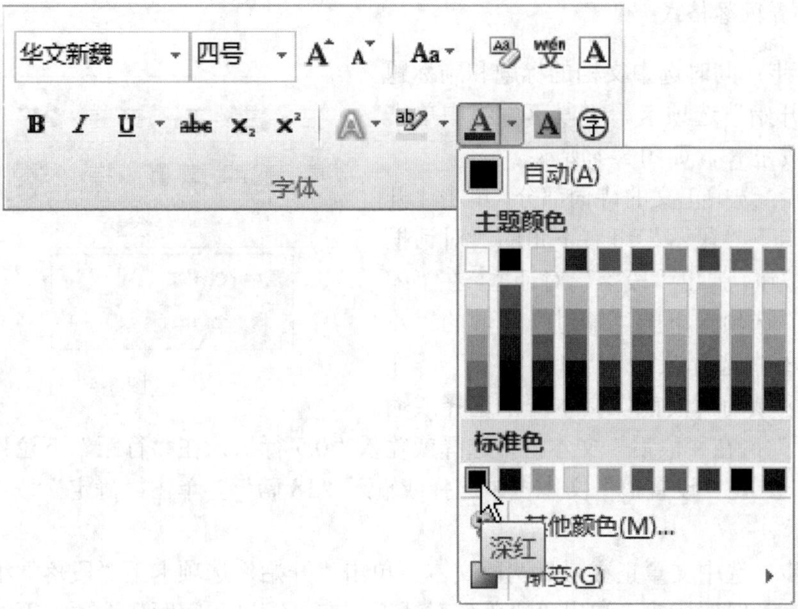

图 3-2

第 3 步：选中正文诗词部分，在“开始”选项卡下“字体”组中的“字体”下拉列表中选择“方正姚体”，在“字号”下拉列表中选择“小四”，单击“倾斜”按钮。

第 4 步：选中文本“注释译文”一词，单击“开始”选项卡下“字体”组右下角的“对话框启动器”按钮，弹出“字体”对话框，在“字体”选项卡下，在“中文字体”和“西文字体”下拉列表框中均选择“微软雅黑”，在“字号”下拉列表中选择“小四”；在“下划线线型”下拉列表中选择“双波浪线”下划线，单击“确定”按钮，如图 3-3 所示。

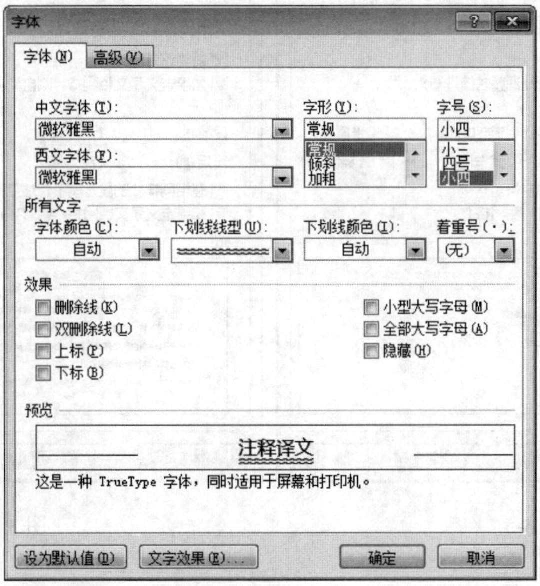

图 3-3

2. 设置段落格式

第 5 步：同时选中文档的标题和副标题行，在“开始”选项卡下“段落”组中单击“居中”按钮，如图 3-4 所示。

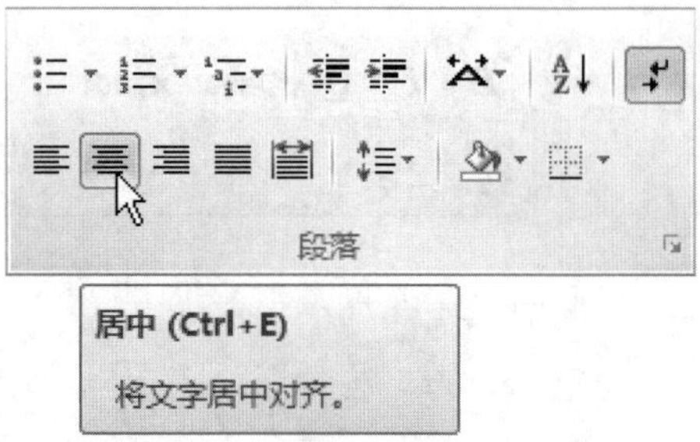

图 3-4

第 6 步：选中正文的诗词部分，单击“开始”选项卡下“段落”组右下角的“对话框启动器”按钮，弹出“段落”对话框。在“缩进和间距”选项卡下的“缩进”区域的“左侧”文本框中选择或输入“10 字符”，在“间距”区域的“段前”文本框中选择或输入“0.5 行”，在“段后”文本框中选择或输入“0.5 行”，在“行距”下拉列表中选择“固定值”，在“设置值”文本框中选择或输入“18 磅”，单击“确定”按钮即可，如图 3-5 所示。

第 7 步：选中文章正文最后两段文本，单击“开始”选项卡下“段落”组右下角的“对话框启动器”按钮，弹出“段落”对话框。在“缩进和间距”选项卡下的“特殊格式”下拉列表中选择“首行缩进”选项，在“磅值”文本框中选择或输入“2 字符”，在“行距”下拉列表中选择“1.5 倍行距”选项，单击“确定”按钮即可，如图 3-6 所示。

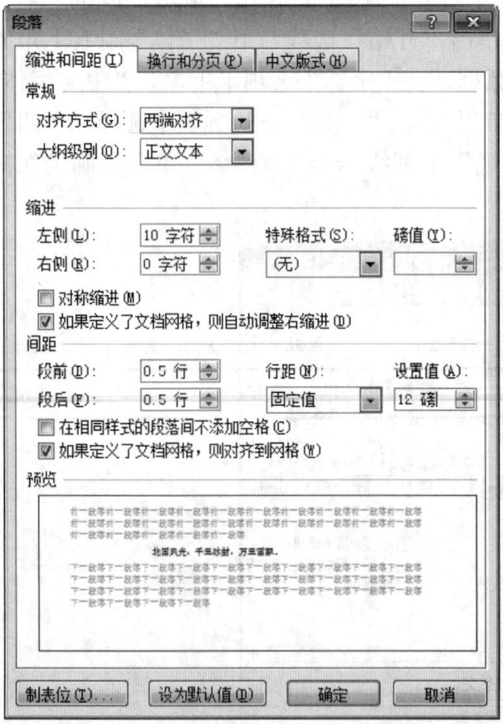

图 3-5

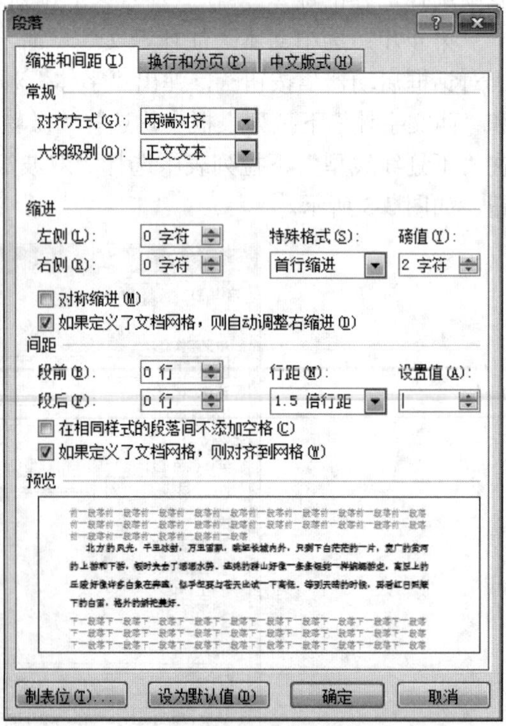

图 3-6

二、设置【文本 3-1B】如【样文 3-1B】所示

1. 拼写检查

第 8 步：将光标定位在【文本 3-1B】的起始处，在“审阅”选项卡下“校对”组中单击“拼写和语法”按钮，如图 3-7 所示，弹出“拼写和语法”对话框。

第 9 步：在“拼写和语法”对话框的“不在词典中”文本框中，显示为红色的单词为错误的单词，在“建议”文本框中选择正确的单词，单击“更改”按钮，如图 3-8 所示。系统会自动在文档中查找下一个拼写错误的单词，并以红色显示在“不在词典中”文本框中，在“建议”文本框中选择正确的单词，直至文本中所有错误的单词更改完毕，最后单击“关闭”按钮。

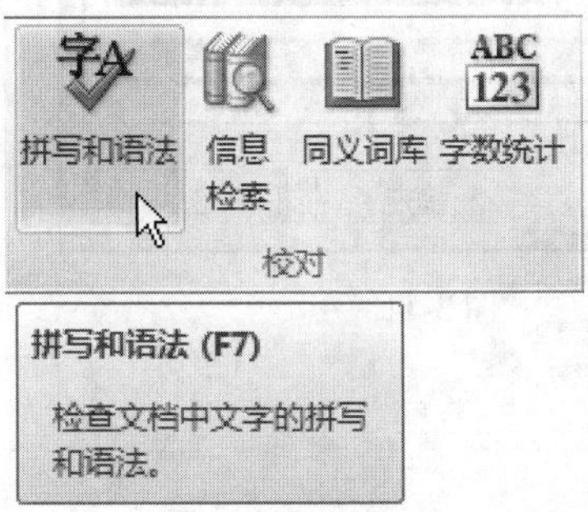

图 3-7

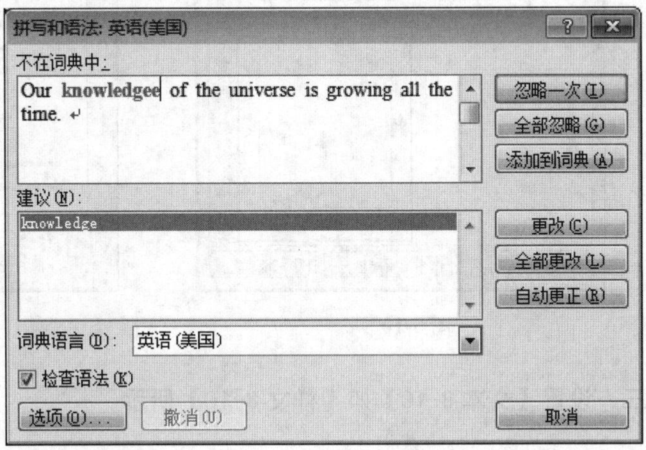

图 3-8

2. 设置项目符号或编号

第 10 步：选中【文本 3-1B】下的所有英文文本，在“开始”选项卡下“段落”组中单击“项目符号”下拉按钮，在打开的下拉列表中执行“定义新项目符号”命令，如图 3-9 所示，打开“定义新项目符号”对话框。

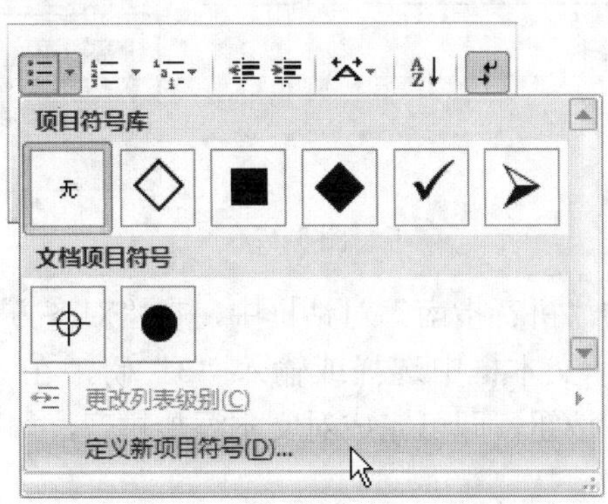

图 3-9

第 11 步：在“定义新项目符号”对话框中单击“图片”按钮 图片(P)... ，打开“图片项目符号”对话框，从中选择【样文 3-1B】所示的符号样式作为项目符号，单击“确定”按钮，如图 3-10 所示。返回到“定义新项目符号”对话框，可以从“预览”列表框中查看设置后的样式，最后单击“确定”按钮即可，如图 3-11 所示。

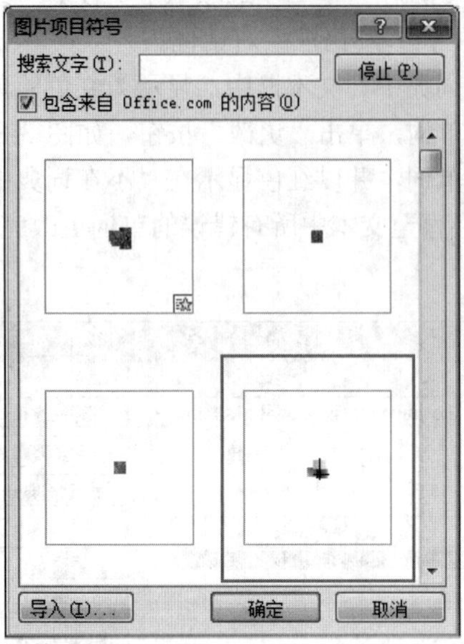

图 3-10

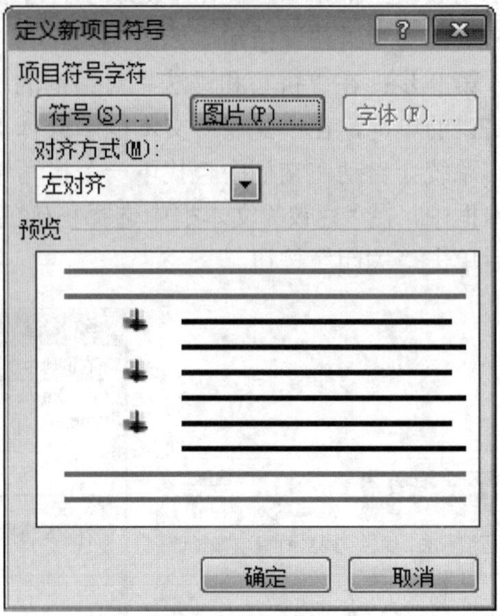

图 3-11

三、设置【文本 3-1C】如【样文 3-1C】所示

第 12 步：选中【文本 3-1C】下面的所有诗句内容，在“开始”选项卡下“字体”组中单击“拼音指南”按钮，如图 3-12 所示。

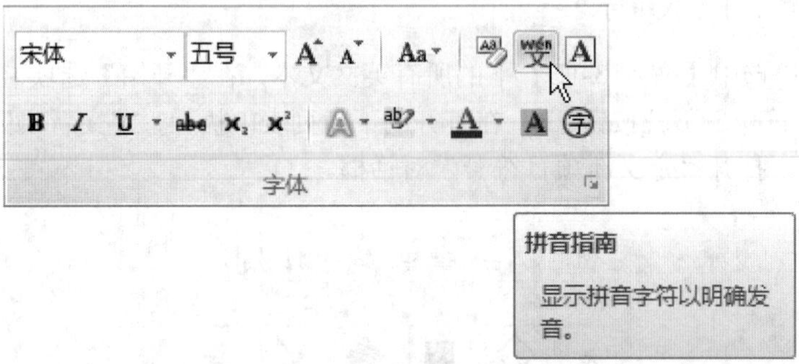

图 3-12

第 13 步：在打开的“拼音指南”对话框中，在“对齐方式”下拉列表中选择“居中”选项，在“偏移量”文本框中选择或输入“3”磅，在“字号”下拉列表中选择“14”磅，单击“确定”按钮，即可完成对文本添加拼音，如图 3-13 所示。

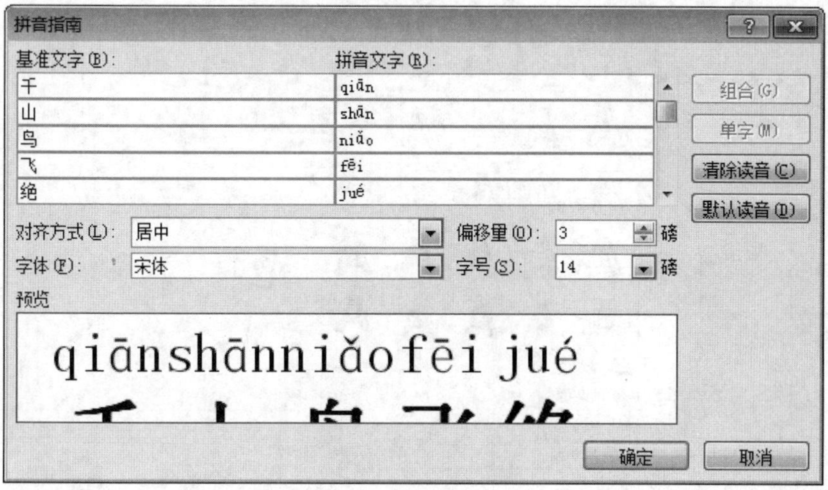

图 3-13

第 14 步：执行“文件”→“保存”命令。

3.2　第 2 题解答

执行“文件”→“打开”命令，在“查找范围”文本框中找到指定路径，选择 A3.docx 文件，单击“打开”按钮。

一、设置【文本 3-2A】如【样文 3-2A】所示

1. 设置字体格式

第 1 步：选中文章的标题行“歌曲《北京精神》”，在“开始”选项卡下“字体”组中的“字体”下拉列表中选择“华文中宋”，在“字号”下拉列表中选择“小初”，单击“文本效果”下拉按钮，在弹出的库中选择“渐变填充 － 紫色，强调文字颜色 4，映像”的文本效果。

第 2 步：选中文章的副标题“（作词：云剑　作曲：鹏来　演唱：韩琳）”，在“开始”选项卡下“字体”组中的“字体”下拉列表中选择“隶书”，在“字号”下拉列表中选择“四号”，单击“文本效果”下拉按钮，在弹出的库中选择“发光”选项下的“红色，8 pt 发光，强调文字颜色 2”的文本效果，如图 3-14 所示。

第 3 步：选中正文歌词部分，在“开始”选项卡下“字体”组中的“字体”下拉列表中选择“楷体_GB2312”，在“字号”下拉列表中选择“四号”，单击“加粗”按钮。

第 4 步：选中文本最后一段，在“开始”选项卡下“字体”组中的“字体”下拉列表中选择“微软雅黑”，在“字号”下拉列表中选择“小四”；选中文本“《北京精神》”，单击“开始”选项卡下“字体”组右下角的“对话框启动器”按钮，弹出“字体”对话框，在“着重号”下拉列表中选择“·”选项，单击“确定”按钮，如图 3-15 所示。

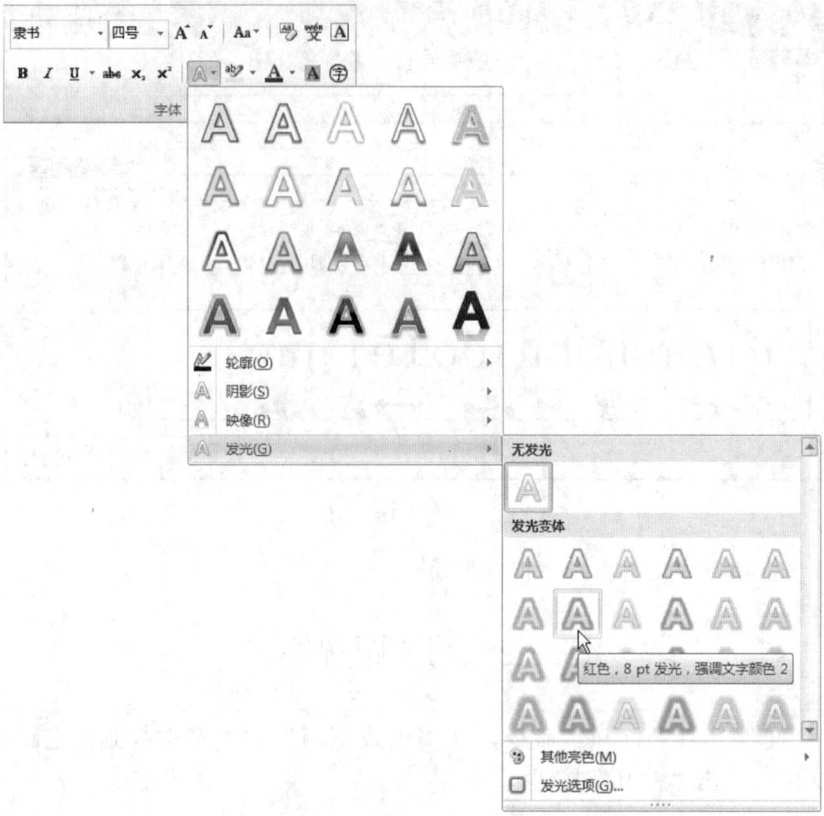
隶书
四号
字体
轮廓(O)
阴影(S)
映像(R)
发光(G)
无发光
发光变体
红色，8 pt 发光，强调文字颜色 2
其他亮色(M)
发光选项(G)...

图 3-14

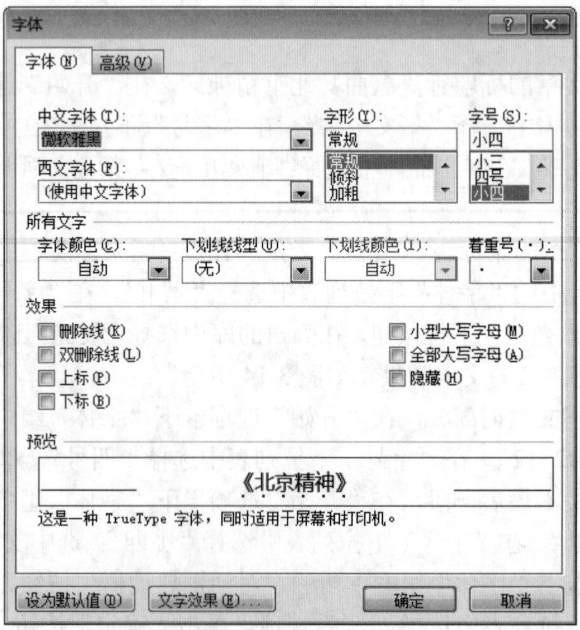
字体
字体(N)
高级(V)
中文字体(T):
微软雅黑
西文字体(F):
(使用中文字体)
字形(Y):
常规
常规
倾斜
加粗
字号(S):
小四
小三
四号
小四
所有文字
字体颜色(C):
自动
下划线线型(U):
(无)
下划线颜色(I):
自动
着重号(·):
效果
删除线(K)
双删除线(L)
上标(P)
下标(B)
小型大写字母(M)
全部大写字母(A)
隐藏(H)
预览
《北京精神》
这是一种 TrueType 字体，同时适用于屏幕和打印机。
设为默认值(D)
文字效果(E)...
确定
取消

图 3-15

2. 设置段落格式

第 5 步：选中文档的标题，在“开始”选项卡下“段落”组中单击“居中”按钮。选中文档的副标题行，在“开始”选项卡下“段落”组中单击“文本右对齐”按钮。

第 6 步：选中歌词部分，单击“开始”选项卡下“段落”组右下角的“对话框启动器”按钮，弹出“段落”对话框。在“缩进和间距”选项卡下的“缩进”区域的“左侧”文本框中选择或输入“10 字符”，在“右侧”文本框中选择或输入“10 字符”，在“常规”区域的“对齐方式”下拉列表中选择“分散对齐”，在“间距”区域的“行距”下拉列表中选择“1.5 倍行距”，单击“确定”按钮即可。

第 7 步：选中文章正文最后一段文本，单击“开始”选项卡下“段落”组右下角的“对话框启动器”按钮，弹出“段落”对话框。在“缩进和间距”选项卡下的“特殊格式”下拉列表中选择“首行缩进”选项，在“磅值”文本框中选择或输入“2 字符”，在“间距”区域下的“段前”文本框中选择或输入“1 行”，在“行距”下拉列表中选择“单倍行距”选项，单击“确定”按钮即可。

二、设置【文本 3-2B】如【样文 3-2B】所示

1. 拼写检查

第 8 步：将光标定位在【文本 3-2B】的起始处，在“审阅”选项卡下“校对”组中单击“拼写和语法”按钮，弹出“拼写和语法”对话框。

第 9 步：在“拼写和语法”对话框的“不在词典中”文本框中，显示为红色的单词为错误的单词，在“建议”文本框中选择正确的单词，单击“更改”按钮。系统会自动在文档中查找下一个拼写错误的单词，并以红色显示在“不在词典中”文本框中，在“建议”文本框中选择正确的单词，直至文本中所有错误的单词更改完毕，最后单击“关闭”按钮。

2. 设置项目符号或编号

第 10 步：选中【文本 3-2B】下的所有英文文本，在“开始”选项卡下“段落”组中单击“项目符号”下拉按钮，在打开的下拉列表中执行“定义新项目符号”命令，弹出“定义新项目符号”对话框。

第 11 步：在“定义新项目符号”对话框中单击“符号”按钮，打开“符号”对话框，从中选择【样文 3-2B】所示的符号样式作为项目符号，单击“确定”按钮，如图 3-16 所示；返回到“定义新项目符号”对话框，可以从“预览”列表框中查看设置后的样式，最后单击“确定”按钮即可。

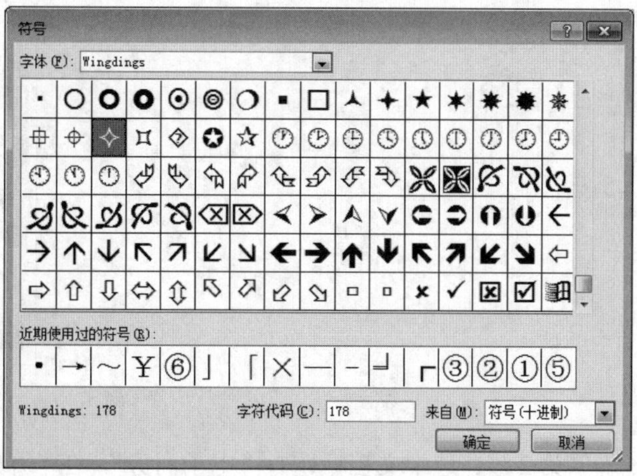

图 3-16

三、设置【文本 3-2C】如【样文 3-2C】所示

第 12 步：选中【文本 3-2C】下面的所有诗句内容，在“开始”选项卡下“字体”组中单击“拼音指南”按钮。

第 13 步：在打开的“拼音指南”对话框中，在“对齐方式”下拉列表中选择“1-2-1”选项，在“偏移量”文本框中选择或输入“2”磅，在“字号”下拉列表中选择“16”磅，单击“确定”按钮，即可完成对文本添加拼音。

第 14 步：执行“文件”→“保存”命令。

3.3 第 3 题解答

执行“文件”→“打开”命令，在“查找范围”文本框中找到指定路径，选择 A3.docx 文件，单击“打开”按钮。

一、设置【文本 3-3A】如【样文 3-3A】所示

1. 设置字体格式

第 1 步：选中文档第 1 行“科普读物”，在“开始”选项卡下“字体”组中的“字体”下拉列表中选择“华文行楷”，在“字号”下拉列表中选择“三号”，在“字体颜色”下拉列表中选择标准色中的“深蓝”色，如图 3-17 所示。

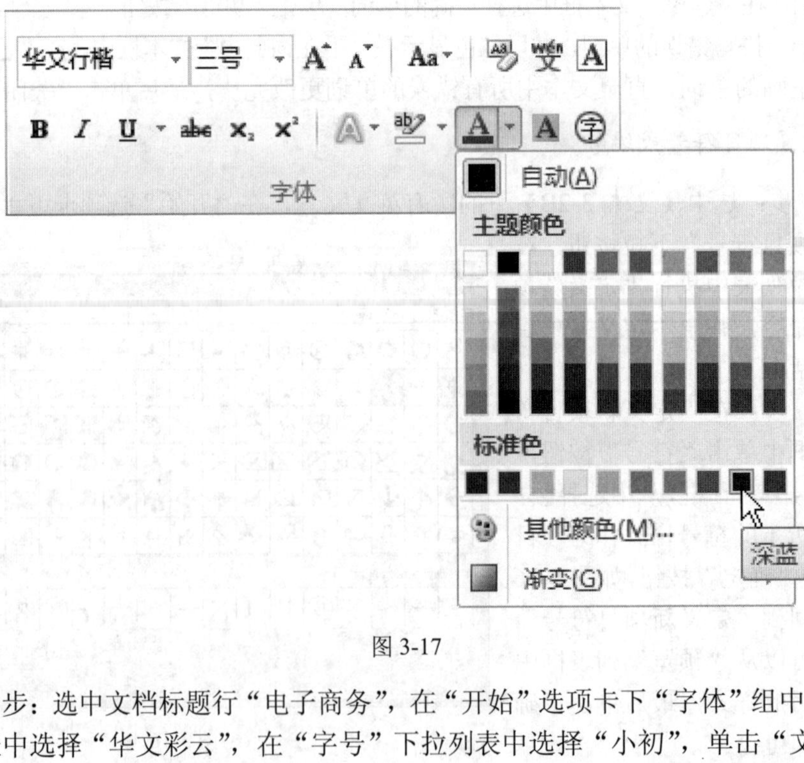

图 3-17

第 2 步：选中文档标题行“电子商务”，在“开始”选项卡下“字体”组中的“字体”下拉列表中选择“华文彩云”，在“字号”下拉列表中选择“小初”，单击“文本效果”

下拉按钮，在弹出的库中选择“填充 - 橙色，强调文字颜色 6，渐变轮廓 - 强调文字颜色 6”的文本效果。

第 3 步：选中正文第 1 段，在“开始”选项卡下“字体”组中的“字体”下拉列表中选择“仿宋_GB2312”，在“字号”下拉列表中选择“四号”，单击“倾斜”按钮。

第 4 步：选中正文第 2～6 段的文本，在“开始”选项卡下“字体”组中的“字体”下拉列表中选择“华文细黑”，在“字号”下拉列表中选择“小四”，按下 Ctrl 键同时选中文本“普遍性”、“方便性”、“整体性”、“安全性”和“协调性”，在“开始”选项卡下单击“字体”组中的“下划线”下拉按钮，在打开的线型列表中选择“双下划线”，如图 3-18 所示。

图 3-18

2. 设置段落格式

第 5 步：选中文档的第 1 行，在“开始”选项卡下“段落”组中单击“文本右对齐”按钮。选中标题行，在“开始”选项卡下“段落”组中单击“居中”按钮。

第 6 步：选中正文第 1 段，单击“开始”选项卡下“段落”组右下角的“对话框启动器”按钮，弹出“段落”对话框。在“缩进和间距”选项卡下的“特殊格式”下拉列表中选择“首行缩进”选项，在“磅值”文本框中选择或输入“2 字符”，在“间距”区域的“段前”文本框中选择或输入“0.5 行”，在“段后”文本框中选择或输入“0.5 行”，在“行距”下拉列表中选择“固定值”，在“设置值”文本框中选择或输入“20 磅”，单击“确定”按钮即可。

第 7 步：选中正文第 2~6 段文本，单击“开始”选项卡下“段落”组右下角的“对话框启动器”按钮，弹出“段落”对话框。在“缩进和间距”选项卡下的“特殊格式”下拉列表中选择“悬挂缩进”选项，在“磅值”文本框中选择或输入“4 字符”，在“行距”下拉列表中选择“固定值”，在“设置值”文本框中选择或输入“20 磅”，单击“确定”按钮即可。

二、设置【文本 3-3B】如【样文 3-3B】所示

1. 拼写检查

第 8 步：将光标定位在【文本 3-3B】的起始处，在“审阅”选项卡下“校对”组中单击“拼写和语法”按钮，弹出“拼写和语法”对话框。

第 9 步：在“拼写和语法”对话框的“不在词典中”文本框中，显示为红色的单词为错误的单词，在“建议”文本框选择正确的单词，单击“更改”按钮。系统会自动在文档中查找下一个拼写错误的单词，并以红色显示在“不在词典中”文本框中，在“建

议”文本框中选择正确的单词，直至文本中所有错误的单词更改完毕，最后单击“关闭”按钮。

2. 设置项目符号或编号

第 10 步：选中【文本 3-3B】下的所有英文文本，在“开始”选项卡下“段落”组中单击“项目符号”下拉按钮，在打开的下拉列表中执行“定义新项目符号”命令，弹出“定义新项目符号”对话框。

第 11 步：在“定义新项目符号”对话框中单击“符号”按钮，打开“符号”对话框，从中选择【样文 3-3B】所示的符号样式作为项目符号，单击“确定”按钮；返回到“定义新项目符号”对话框，可以从“预览”列表框中查看设置后的样式，最后单击“确定”按钮即可。

三、设置【文本 3-3C】如【样文 3-3C】所示

第 12 步：选中【文本 3-3C】下面的所有诗句内容，在“开始”选项卡下“字体”组中单击“拼音指南”按钮。

第 13 步：在弹出“拼音指南”对话框中，在“对齐方式”下拉列表中选择“左对齐”选项，在“偏移量”文本框中选择或输入“3”磅，在“字体”下拉列表中选择“华文隶书”，单击“确定”按钮，即可完成对文本添加拼音指南。

第 14 步：执行“文件”→“保存”命令。

3.4　第 4 题解答

执行“文件”→“打开”命令，在“查找范围”文本框中找到指定路径，选择 A3.docx 文件，单击“打开”按钮。

一、设置【文本 3-4A】如【样文 3-4A】所示

1. 设置字体格式

第 1 步：选中文档标题行“有一种朋友”，在“开始”选项卡下“字体”组中的“字体”下拉列表中选择“华文中宋”，在“字号”下拉列表中选择“一号”，单击“文本效果”下拉按钮，在弹出的库中选择“渐变填充 - 橙色，强调文字颜色 6，内部阴影”的文本效果。

第 2 步：选中正文第 1 段，在“开始”选项卡下“字体”组中的“字体”下拉列表中选择“华文新魏”，在“字号”下拉列表中选择“四号”，单击“倾斜”按钮，单击“下划线”下拉按钮，在打开的线型列表中选择“点式下划线”。

第 3 步：选中正文第 2、3、4 段的文本，在“开始”选项卡下“字体”组中的“字体”下拉列表中选择“隶书”，在“字号”下拉列表中选择“四号”。在“字体颜色”下拉列表中单击“其他颜色”按钮，如图 3-19 所示。弹出“颜色”对话框，在“自定义”选项卡下的“颜色模式”下拉列表中选择“RGB”，在“红色”后的微调框中输入“100”，

在“绿色”后的微调框中输入“150”，在“蓝色”后的微调框中输入“255”，单击“确定”按钮即可，如图 3-20 所示。

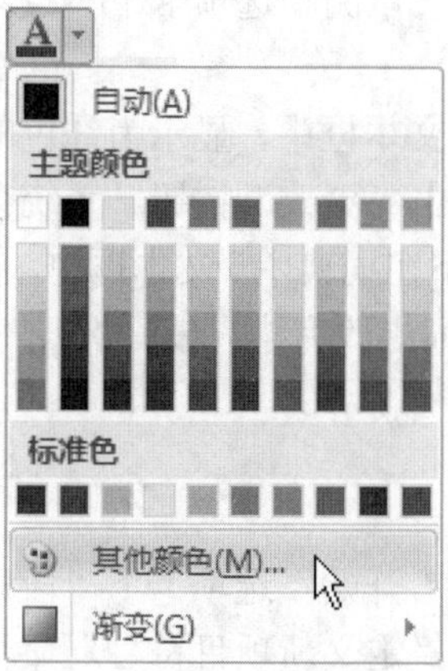

图 3-19

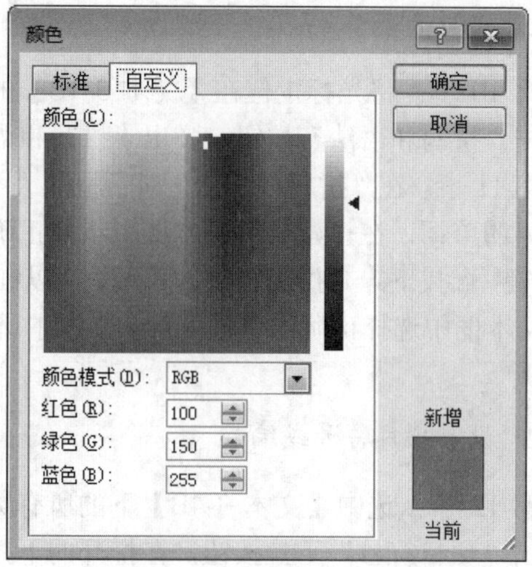

图 3-20

第 4 步：选中文档最后一行，在“开始”选项卡下“字体”组中的“字体”下拉列表中选择“方正姚体”，在“字号”下拉列表中选择“小四”，单击“加粗”按钮。

2. 设置段落格式

第 5 步：选中文档标题行，在“开始”选项卡下“段落”组中单击“居中”按钮。选中文档最后一行，在“开始”选项卡下“段落”组中单击“文本右对齐”按钮。

第 6 步：选中文档正文部分，单击“开始”选项卡下“段落”组右下角的“对话框启动器”按钮，弹出“段落”对话框。在“缩进和间距”选项卡下的“特殊格式”下拉列表中选择“首行缩进”选项，在“磅值”文本框中选择或输入“2 字符”，在“缩进”区域的“左侧”文本框中选择或输入“1.5 字符”，在“右侧”文本框中选择或输入“1.5 字符”，单击“确定”按钮即可。

第 7 步：选中全部文本，单击“开始”选项卡下“段落”组右下角的“对话框启动器”按钮，弹出“段落”对话框。在“缩进和间距”选项卡下的“间距”区域的“段前”文本框中选择或输入“0.5 行”，在“段后”文本框中选择或输入“0.5 行”，单击“确定”按钮。

第 8 步：选中文档第 1 段文本，单击“开始”选项卡下“段落”组右下角的“对话框启动器”按钮，弹出“段落”对话框。在“缩进和间距”选项卡下的“行距”下拉列表中选择“1.5 倍行距”选项，单击“确定”按钮。

第 9 步：选中文档第 2、3、4 段文本，单击“开始”选项卡下“段落”组右下角的“对话框启动器”按钮，弹出“段落”对话框。在“缩进和间距”选项卡下的“行距”下拉列表中选择“固定值”，在“设置值”文本框中选择或输入“18 磅”，单击“确定”按钮即可。

二、设置【文本 3-4B】如【样文 3-4B】所示

1. 拼写检查

第 10 步：将光标定位在【文本 3-4B】的起始处，在“审阅”选项卡下“校对”组中单击“拼写和语法”按钮，弹出“拼写和语法”对话框。

第 11 步：在“拼写和语法”对话框的“不在词典中”文本框中，显示为红色的单词为错误的单词，在“建议”文本框中选择正确的单词，单击“更改”按钮。系统会自动在文档中查找下一个拼写错误的单词，并以红色显示在“不在词典中”文本框中，在“建议”文本框中选择正确的单词，直至文本中所有错误的单词更改完毕，最后单击“关闭”按钮。

2. 设置项目符号或编号

第 12 步：选中【文本 3-4B】下的所有英文文本，在“开始”选项卡下“段落”组中单击“项目符号”下拉按钮，在打开的下拉列表中执行“定义新项目符号”命令，弹出“定义新项目符号”对话框。

第 13 步：在“定义新项目符号”对话框中单击“符号”按钮，打开“符号”对话框，从中选择【样文 3-4B】所示的符号样式作为项目符号，单击“确定”按钮；返回到“定义新项目符号”对话框，可以从“预览”列表框中查看设置后的样式，最后单击“确定”按钮即可。

三、设置【文本 3-4C】如【样文 3-4C】所示

第 14 步：选中【文本 3-4C】下面的所有诗句内容，在“开始”选项卡下“字体”组中单击“拼音指南”按钮。

第 15 步：在弹出“拼音指南”对话框中的“对齐方式”下拉列表中选择“居中”选项，在“偏移量”文本框中选择或输入“2”磅，在“字体”下拉列表中选择“华文中宋”，在“字号”文本框中输入“13 磅”，单击“确定”按钮，即可完成对文本添加拼音指南。

第 16 步：执行“文件”→“保存”命令。

3.5 第 5 题解答

执行“文件”→“打开”命令，在“查找范围”文本框中找到指定路径，选择 A3.docx 文件，单击“打开”按钮。

一、设置【文本 3-5A】如【样文 3-5A】所示

1. 设置字体格式

第 1 步：选中文档标题行“荷塘月色（节选）”，在“开始”选项卡下“字体”组中的“字体”下拉列表中选择“华文琥珀”，在“字号”下拉列表中选择“小初”，单击“文

本效果”下拉按钮，在弹出的库中选择“填充 – 橄榄色，强调文字颜色 3，轮廓 – 文本 2”的文本效果。

第 2 步：选中文档副标题“·朱自清·”，单击“开始”选项卡下“字体”组右下角的“对话框启动器”按钮，弹出“字体”对话框。在“字体”选项卡下，在“中文字体”和“西文字体”下拉列表中均选择“黑体”，在“字号”下拉列表中选择“小三”，在“下划线线型”下拉列表中选择“双波浪线”，单击“确定”按钮。

第 3 步：选中文本“——摘自《朱自清作品集》”，在“开始”选项卡下“字体”组中的“字体”下拉列表中选择“方正舒体”，在“字号”下拉列表中选择“四号”，单击“倾斜”按钮。

第 4 步：选中文本最后一段，单击“开始”选项卡下“字体”组右下角的“对话框启动器”按钮，弹出“字体”对话框。在“字体”选项卡下，在“中文字体”和“西文字体”下拉列表中均选择“华文新魏”，在“字号”下拉列表中选择“五号”，在“字体颜色”下拉列表中选择“标准色”中的“紫色”，在“着重号”下拉列表中选择“·”，单击“确定”按钮。

2. 设置段落格式

第 5 步：选中文档标题行和副标题行，在“开始”选项卡下“段落”组中单击“居中”按钮。选中文本“——摘自《朱自清作品集》”，在“开始”选项卡下“段落”组中单击“文本右对齐”按钮。

第 6 步：选中正文第 1、2 段，单击“开始”选项卡下“段落”组右下角的“对话框启动器”按钮，弹出“段落”对话框。在“缩进和间距”选项卡下的“特殊格式”下拉列表中选择“首行缩进”选项，在“磅值”文本框中选择或输入“2 字符”。在“间距”区域的“段前”文本框中选择或输入“0.5 行”，在“行距”下拉列表中选择“1.5 倍行距”，单击“确定”按钮即可。

第 7 步：选中正文最后一段，单击“开始”选项卡下“段落”组右下角的“对话框启动器”按钮，弹出“段落”对话框。在“缩进和间距”选项卡下的“缩进”区域的“左侧”文本框中选择或输入“1 字符”，在“右侧”文本框中选择或输入“1 字符”，在“特殊格式”下拉列表中选择“首行缩进”选项，在“磅值”文本框中选择或输入“2 字符”。在“行距”下拉列表中选择“固定值”，在“设置值”文本框中选择或输入“20 磅”，单击“确定”按钮即可。

二、设置【文本 3-5B】如【样文 3-5B】所示

1. 拼写检查

第 8 步：将光标定位在【文本 3-5B】的起始处，在“审阅”选项卡下“校对”组中单击“拼写和语法”按钮，弹出“拼写和语法”对话框。

第 9 步：在“拼写和语法”对话框的“不在词典中”文本框中，显示为红色的单词为错误的单词，在“建议”文本框选择正确的单词，单击“更改”按钮。系统会自动在文档中查找下一个拼写错误的单词，并以红色显示在“不在词典中”文本框中，在“建

议”文本框中选择正确的单词，直至文本中所有错误的单词更改完毕，最后单击“关闭”按钮。

2. 设置项目符号或编号

第 10 步：选中【文本 3-5B】下的所有英文文本，在“开始”选项卡下“段落”组中单击“项目符号”下拉按钮，在打开的下拉列表中执行“定义新项目符号”命令，弹出“定义新项目符号”对话框。

第 11 步：在“定义新项目符号”对话框中单击“符号”按钮，打开“符号”对话框，从中选择【样文 3-5B】所示的符号样式作为项目符号，单击“确定”按钮；返回到“定义新项目符号”对话框，可以从“预览”列表框中查看设置后的样式，最后单击“确定”按钮即可。

三、设置【文本 3-5C】如【样文 3-5C】所示

第 12 步：选中【文本 3-5C】下面的所有诗句内容，在“开始”选项卡下“字体”组中单击“拼音指南”按钮。

第 13 步：弹出“拼音指南”对话框，在“对齐方式”下拉列表中选择“右对齐”选项，在“偏移量”文本框中选择或输入“4”磅，在“字体”下拉列表中选择“方正姚体”，在“字号”下拉列表中选择“12”磅，单击“确定”按钮，即可完成对文本添加拼音指南。

第 14 步：执行“文件”→“保存”命令。

3.6 第 6 题解答

在“文件”选项卡中执行“打开”命令，在“查找范围”文本框中找到指定路径，选择 A3.docx 文件，单击“打开”按钮。

一、设置【文本 3-6A】如【样文 3-6A】所示

1. 设置字体格式

第 1 步：选中文档标题行“面朝大海，春暖花开”，在“开始”选项卡下“字体”组中的“字体”下拉列表中选择“华文新魏”，在“字号”下拉列表中选择“一号”，单击“文本效果”下拉按钮，在弹出的库中选择“填充 – 橄榄色，强调文字颜色 3，轮廓 – 文本 2”的文本效果。

第 2 步：选中文档副标题“海子”，在“开始”选项卡下“字体”组中的“字体”下拉列表中选择“华文仿宋”，在“字号”下拉列表中选择“四号”，单击“倾斜”按钮，单击“文本效果”下拉按钮，在弹出的库中选择“发光”选项下的“蓝色，8 pt 发光，强调文字颜色 1”的文本效果。

第 3 步：选中正文诗词部分，在“开始”选项卡下“字体”组中的“字体”下拉列表中选择“华文楷体”，在“字号”下拉列表中选择“四号”。

第 4 步：选中文本“作者简介”，在“开始”选项卡下“字体”组中的“字体”下拉列表中选择“黑体”，在“字号”下拉列表中选择“小四”，在“字体颜色”下拉列表中选择“标准色”中的“蓝色”。单击“开始”选项卡下“字体”组右下角的“对话框启动器”按钮，弹出“字体”对话框，在“着重号”下拉列表中选择“·”，单击“确定”按钮。

2. 设置段落格式

第 5 步：选中文档标题行和副标题行，在“开始”选项卡下“段落”组中单击“居中”按钮。

第 6 步：选中正文的诗词部分，单击“开始”选项卡下“段落”组右下角的“对话框启动器”按钮，弹出“段落”对话框。在“缩进和间距”选项卡下的“缩进”区域的“左侧”文本框中选择或输入“11 字符”，在“间距”区域的“段前”文本框中选择或输入“0.5 行”，“段后”文本框中选择或输入“0.5 行”，在“行距”下拉列表中选择“固定值”，在“设置值”文本框中选择或输入“14 磅”，单击“确定”按钮即可。

第 7 步：选中正文最后两段，单击“开始”选项卡下“段落”组右下角的“对话框启动器”按钮，弹出“段落”对话框。在“缩进和间距”选项卡下的“特殊格式”下拉列表中选择“首行缩进”选项，在“磅值”文本框中选择或输入“2 字符”，在“行距”下拉列表中选择“固定值”，在“设置值”文本框中选择或输入“20 磅”，单击“确定”按钮即可。

二、设置【文本 3-6B】如【样文 3-6B】所示

1. 拼写检查

第 8 步：将光标定位在【文本 3-6B】的起始处，在“审阅”选项卡下“校对”组中单击“拼写和语法”按钮，弹出“拼写和语法”对话框。

第 9 步：在“拼写和语法”对话框的“不在词典中”文本框中，显示为红色的单词为错误的单词，在“建议”文本框中选择正确的单词，单击“更改”按钮。系统会自动在文档中查找下一个拼写错误的单词，并以红色显示在“不在词典中”文本框中，在“建议”文本框中选择正确的单词，直至文本中所有错误的单词更改完毕，最后单击“关闭”按钮。

2. 设置项目符号或编号

第 10 步：选中【文本 3-6B】下的所有英文文本，在“开始”选项卡下“段落”组中单击“项目符号”下拉按钮，在打开的下拉列表中执行“定义新项目符号”命令，打开“定义新项目符号”对话框。

第 11 步：在“定义新项目符号”对话框中单击“符号”按钮，打开“符号”对话框，从中选择【样文 3-6B】所示的符号样式作为项目符号，单击“确定”按钮；返回到“定义新项目符号”对话框，可以从“预览”列表框中查看设置后的样式，最后单击“确定”按钮即可。

三、设置【文本 3-6C】如【样文 3-6C】所示

第 12 步：选中【文本 3-6C】下面的所有诗句内容，在“开始”选项卡下“字体”组中单击“拼音指南”按钮。

第 13 步：弹出“拼音指南”对话框，在“对齐方式”下拉列表中选择“居中”选项，在“偏移量”文本框中选择或输入“3”磅，在“字体”下拉列表中选择“方正姚体”，在“字号”下拉列表中选择“14”磅，单击“确定”按钮，即可完成对文本添加拼音。

第 14 步：执行“文件”→“保存”命令。

3.7 第 7 题解答

在“文件”选项卡中执行“打开”命令，在“查找范围”文本框中找到指定路径，选择 A3.docx 文件，单击“打开”按钮。

一、设置【文本 3-7A】如【样文 3-7A】所示

1. 设置字体格式

第 1 步：选中文档标题行“《雨霖铃》”，在“开始”选项卡下“字体”组中的“字体”下拉列表中选择“华文彩云”，在“字号”下拉列表中选择“小初”，单击“文本效果”下拉按钮，在弹出的库中选择“渐变填充 – 蓝色，强调文字颜色 1，轮廓 – 白色，发光 – 强调文字颜色 2”的文本效果。

第 2 步：选中文档副标题“柳永”，在“开始”选项卡下“字体”组中的“字体”下拉列表中选择“微软雅黑”，在“字号”下拉列表中选择“四号”，在“字体颜色”下拉列表中选择“标准色”中的“深红”色。

第 3 步：选中正文诗词部分，在“开始”选项卡下“字体”组中的“字体”下拉列表中选择“华文楷体”，在“字号”下拉列表中选择“四号”，单击“文本效果”下拉按钮，在弹出的库中选择“发光”选项下的“橙色，5 pt 发光，强调文字颜色 6”的文本效果。

第 4 步：选中文档最后一段，在“开始”选项卡下“字体”组中的“字体”下拉列表中选择“华文细黑”，在“字号”下拉列表中选择“小四”，单击“下划线”下拉按钮，在打开的线型列表中选择“波浪线”下划线。

2. 设置段落格式

第 5 步：选中文档标题行和副标题行，在“开始”选项卡下“段落”组中单击“居中”按钮。

第 6 步：选中正文的诗词部分，单击“开始”选项卡下“段落”组右下角的“对话框启动器”按钮，弹出“段落”对话框。在“缩进和间距”选项卡下的“缩进”区域的“左侧”文本框中选择或输入“10 字符”，在“行距”下拉列表中选择“固定值”，在“设置值”文本框中选择或输入“24 磅”，单击“确定”按钮即可。

第 7 步：选中正文最后一段，单击“开始”选项卡下“段落”组右下角的“对话框启动器”按钮，弹出“段落”对话框。在“缩进和间距”选项卡下的“特殊格式”下拉列表中选择“首行缩进”，在“磅值”文本框中选择或输入“2 字符”，在“间距”区域的“段前”文本框中选择或输入“0.5 行”，在“段后”文本框中选择或输入“0.5 行”，在“行距”下拉列表中选择“固定值”，在“设置值”下拉列表中选择或输入“22 磅”，单击“确定”按钮即可。

二、设置【文本 3-7B】如【样文 3-7B】所示

1. 拼写检查

第 8 步：将光标定位在【文本 3-7B】的起始处，在“审阅”选项卡下“校对”组中单击“拼写和语法”按钮，弹出“拼写和语法”对话框。

第 9 步：在“拼写和语法”对话框的“不在词典中”文本框中，显示为红色的单词为错误的单词，在“建议”文本框选择正确的单词，单击“更改”按钮。系统会自动在文档中查找下一个拼写错误的单词，并以红色显示在“不在词典中”文本框中，在“建议”文本框中选择正确的单词，直至文本中所有错误的单词更改完毕，最后单击“关闭”按钮。

2. 设置项目符号或编号

第 10 步：选中【文本 3-7B】下的所有英文文本，在“开始”选项卡下“段落”组中单击“项目符号”下拉按钮，在打开的下拉列表中执行“定义新项目符号”命令，弹出“定义新项目符号”对话框。

第 11 步：在“定义新项目符号”对话框中单击“符号”按钮，打开“符号”对话框，从中选择【样文 3-7B】所示的符号样式作为项目符号，单击“确定”按钮；返回到“定义新项目符号”对话框，可以从“预览”列表框中查看设置后的样式，最后单击“确定”按钮即可。

三、设置【文本 3-7C】如【样文 3-7C】所示

第 12 步：选中【文本 3-7C】下面的所有诗句内容，在“开始”选项卡下“字体”组中单击“拼音指南”按钮。

第 13 步：弹出“拼音指南”对话框，在“对齐方式”下拉列表中选择“右对齐”选项，在“偏移量”文本框中选择或输入“3”磅，在“字号”下拉列表中选择“14”磅，单击“确定”按钮，即可完成对文本添加拼音。

第 14 步：执行“文件”→“保存”命令。

3.8　第 8 题解答

执行“文件”→“打开”命令，在“查找范围”文本框中找到指定路径，选择 A3.docx 文件，单击“打开”按钮。

一、设置【文本 3-8A】如【样文 3-8A】所示

1. 设置字体格式

第 1 步：选中文档标题行“各种糊糊怎么吃”，在“开始”选项卡下“字体”组中的“字体”下拉列表中选择“华文琥珀”，在“字号”下拉列表中选择“小初”，单击“文本效果”下拉按钮，在弹出的库中选择“渐变填充 - 蓝色，强调文字颜色 1，轮廓 - 白色”的文本效果。

第 2 步：选中正文第 1 段，在“开始”选项卡下“字体”组中的“字体”下拉列表中选择“华文楷体”，在“字号”下拉列表中选择“三号”，单击“加粗”按钮，在“字体颜色”下拉列表中选择标准色中的“浅蓝”色。

第 3 步：选中正文第 2～6 段，在“开始”选项卡下“字体”组中的“字体”下拉列表中选择“微软雅黑”，在“字号”下拉列表中选择“小四”。按 Ctrl 键同时选中文本“黑芝麻糊和豆浆兑着吃”、“身体虚弱吃些藕粉”、“杏仁霜润肺止咳”、“燕麦促进肠蠕动”和“玉米糊糊最易消化”，在“开始”选项卡下“字体”组中，单击“加粗”按钮，单击“下划线”下拉按钮，在打开的线型列表中选择“粗线”下划线。

第 4 步：选中文章最后一行，在“开始”选项卡下“字体”组中的“字体”下拉列表中选择“黑体”，在“字号”下拉列表中选择“小四”，在“字体颜色”下拉列表中选择标准色中的“蓝色”。

2. 设置段落格式

第 5 步：选中文档标题行，在“开始”选项卡下“段落”组中单击“居中”按钮。选中文档最后一行，在“开始”选项卡下“段落”组中单击“文本右对齐”按钮。

第 6 步：选中正文第 1 段，单击“开始”选项卡下“段落”组右下角的“对话框启动器”按钮，弹出“段落”对话框。在“缩进和间距”选项卡下的“特殊格式”下拉列表中选择“首行缩进”选项，在“磅值”文本框中选择或输入“2 字符”，在“行距”下拉列表中选择“1.5 倍行距”，单击“确定”按钮即可。

第 7 步：选中正文第 2～6 段，单击“开始”选项卡下“段落”组右下角的“对话框启动器”按钮，弹出“段落”对话框。在“缩进和间距”选项卡下的“特殊格式”下拉列表中选择“首行缩进”选项，在“磅值”文本框中选择或输入“2 字符”，在“间距”区域的“段前”文本框中选择或输入“0.5 行”，在“行距”下拉列表中选择“固定值”，在“设置值”文本框中选择或输入“20 磅”，单击“确定”按钮即可。

二、设置【文本 3-8B】如【样文 3-8B】所示

1. 拼写检查

第 8 步：将光标定位在【文本 3-8B】的起始处，在“审阅”选项卡下“校对”组中单击“拼写和语法”按钮，弹出“拼写和语法”对话框。

第 9 步：在“拼写和语法”对话框的“不在词典中”文本框中，显示为红色的单词

为错误的单词，在“建议”文本框中选择正确的单词，单击“更改”按钮。系统会自动在文档中查找下一个拼写错误的单词，并以红色显示在“不在词典中”文本框中，在“建议”文本框中选择正确的单词，直至文本中所有错误的单词更改完毕，最后单击“关闭”按钮。

2. 设置项目符号或编号

第 10 步：选中【文本 3-8B】下的所有英文文本，在“开始”选项卡下“段落”组中单击“项目符号”下拉按钮，在打开的下拉列表中执行“定义新项目符号”命令，弹出“定义新项目符号”对话框。

第 11 步：在“定义新项目符号”对话框中单击“符号”按钮，打开“符号”对话框，从中选择【样文 3-8B】所示的符号样式作为项目符号，单击“确定”按钮；返回到“定义新项目符号”对话框，可以从“预览”列表框中查看设置后的样式，最后单击“确定”按钮即可。

三、设置【文本 3-8C】如【样文 3-8C】所示

第 12 步：选中【文本 3-8C】下面的所有诗句内容，在“开始”选项卡下“字体”组中单击“拼音指南”按钮。

第 13 步：在弹出“拼音指南”对话框中的“对齐方式”下拉列表中选择“0-1-0”选项，在“偏移量”文本框中选择或输入“2”磅，在“字体”下拉列表中选择“微软雅黑”，单击“确定”按钮，即可完成对文本添加拼音。

第 14 步：执行“文件”→“保存”命令。

3.9　第 9 题解答

执行“文件”→“打开”命令，在“查找范围”文本框中找到指定路径，选择 A3.docx 文件，单击“打开”按钮。

一、设置【文本 3-9A】如【样文 3-9A】所示

1. 设置字体格式

第 1 步：选中文档第 1 行“健康小知识”，在“开始”选项卡下“字体”组中的“字体”下拉列表中选择“华文中宋”，在“字号”下拉列表中选择“小四”，在“字体颜色”下拉列表中选择标准色中的“红色”，单击“文本效果”下拉按钮，在弹出的库中选择“发光”选项下的“橄榄色，11 pt 发光，强调文字颜色 3”的文本效果。

第 2 步：选中文档标题行“热伤风• 尽量别用解热镇痛药”，在“开始”选项卡下“字体”组中的“字体”下拉列表中选择“黑体”，在“字号”下拉列表中选择“小一”，单击“文本效果”下拉按钮，在弹出的库中选择“渐变填充 – 紫色，强调文字颜色 4，映像”的文本效果。

第 3 步：选中正文部分，在“开始”选项卡下“字体”组中的“字体”下拉列表中选择“方正姚体”，在“字号”下拉列表中选择“小四”。选中正文第 1 段文本，在“开始”选项卡下“字体”组中的“字体颜色”下拉列表中选择标准色中的“绿色”，单击“下划线”下拉按钮，在打开的线型列表中选择“点 – 短线下划线”。

第 4 步：选中文章最后一行，在“开始”选项卡下“字体”组中的“字体”下拉列表中选择“华文隶书”，在“字号”下拉列表中选择“小四”，单击“倾斜”按钮，在“字体颜色”下拉列表中选择标准色中的“深蓝”色。

2. 设置段落格式

第 5 步：选中文档标题行，在“开始”选项卡下“段落”组中单击“居中”按钮。选中文档第 1 行，在“开始”选项卡下“段落”组中单击“文本右对齐”按钮。选中文档最后一行，在“开始”选项卡下“段落”组中单击“文本右对齐”按钮。

第 6 步：选中正文第 1 段，单击“开始”选项卡下“段落”组右下角的“对话框启动器”按钮，弹出“段落”对话框。在“缩进和间距”选项卡下的“特殊格式”下拉列表中选择“首行缩进”选项，在“磅值”文本框中选择或输入“2 字符”，在“间距”区域的“段后”文本框中选择或输入“1 行”，在“行距”下拉列表中选择“固定值”，在“设置值”文本框中选择或输入“20 磅”，单击“确定”按钮即可。

第 7 步：选中正文第 2、3、4 段，单击“开始”选项卡下“段落”组右下角的“对话框启动器”按钮，弹出“段落”对话框。在“缩进和间距”选项卡下的“特殊格式”下拉列表中选择“首行缩进”选项，在“磅值”文本框中选择或输入“2 字符”，在“间距”区域的“段前”文本框中选择或输入“0.5 行”，在“行距”下拉列表中选择“固定值”，在“设置值”文本框中选择或输入“18 磅”，单击“确定”按钮即可。

二、设置【文本 3-9B】如【样文 3-9B】所示

1. 拼写检查

第 8 步：将光标定位在【文本 3-9B】的起始处，在“审阅”选项卡下“校对”组中单击“拼写和语法”按钮，弹出“拼写和语法”对话框。

第 9 步：在“拼写和语法”对话框的“不在词典中”文本框中，显示为红色的单词为错误的单词，在“建议”文本框中选择正确的单词，单击“更改”按钮。系统会自动在文档中查找下一个拼写错误的单词，并以红色显示在“不在词典中”文本框中，在“建议”文本框中选择正确的单词，直至文本中所有错误的单词更改完毕，最后单击“关闭”按钮。

2. 设置项目符号或编号

第 10 步：选中【文本 3-9B】下的所有英文文本，在“开始”选项卡下“段落”组中单击“项目符号”下拉按钮，在打开的下拉列表中执行“定义新项目符号”命令，打开“定义新项目符号”对话框。

第 11 步：在“定义新项目符号”对话框中单击“符号”按钮，打开“符号”对话框，从中选择【样文 3-9B】所示的符号样式作为项目符号，单击“确定”按钮；返回到“定

义新项目符号”对话框，可以从“预览”列表框中查看设置后的样式，最后单击“确定”按钮即可。

三、设置【文本 3-9C】如【样文 3-9C】所示

第 12 步：选中【文本 3-9C】下面的所有诗句内容，在“开始”选项卡下“字体”组中单击“拼音指南”按钮。

第 13 步：弹出“拼音指南”对话框，在“对齐方式”下拉列表中选择“居中”选项，在“偏移量”文本框中选择或输入“3”磅，在“字体”下拉列表中选择“华文行楷”，在“字号”下拉列表中选择“16”磅，单击“确定”按钮，即可完成对文本添加拼音。

第 14 步：执行“文件”→“保存”命令。

3.10　第 10 题解答

执行“文件”→“打开”命令，在“查找范围”文本框中找到指定路径，选择 A3.docx 文件，单击“打开”按钮。

一、设置【文本 3-10A】如【样文 3-10A】所示

1. 设置字体格式

第 1 步：选中文档标题行“芦荟的美容秘笈”，在“开始”选项卡下“字体”组中的“字体”下拉列表中选择“华文楷体”，在“字号”下拉列表中选择“小初”，单击“文本效果”下拉按钮，在弹出的库中选择“填充 – 蓝色，强调文字颜色 1，内部阴影 – 强调文字颜色 1”的文本效果。

第 2 步：选中正文第 1 段，单击“开始”选项卡下“字体”组右下角的“对话框启动器”按钮，弹出“字体”对话框。在“字体”选项卡下，在“中文字体”和“西文字体”下拉列表中均选择“方正舒体”，在“字号”下拉列表中选择“四号”，在“字形”下拉列表中选择“加粗”，在“着重号”下拉列表中选择“·”，单击“确定”按钮。单击“文本效果”下拉按钮，在弹出的库中选择“发光”选项下的“水绿色，5 pt 发光，强调文字颜色 5”的文本效果。

第 3 步：选中正文第 2～8 段，在“开始”选项卡下“字体”组中的“字体”下拉列表中选择“黑体”，在“字号”下拉列表中选择“小四”。按 Ctrl 键同时选中文本“美肤润颜淡化黑斑、雀斑”、“抗菌抗霉消除鸡眼”、“健胃通便”、“改善皮肤粗糙”、“解毒消炎去青春痘”、“抗癌减肥”和“润肤除皱”，在“字体颜色”下拉列表中选择标准色中的“深红”色，单击“下划线”下拉按钮，在打开的线型列表中选择“双下划线”。

第 4 步：选中文章最后一行，在“开始”选项卡下“字体”组中的“字体”下拉列表中选择“幼圆”，在“字号”下拉列表中选择“小四”，单击“倾斜”按钮。

2. 设置段落格式

第 5 步：选中文档标题行，在“开始”选项卡下“段落”组中单击“居中”按钮。

选中文档最后一行，在“开始”选项卡下“段落”组中单击“文本右对齐”按钮。

第 6 步：选中正文第 1 段，单击“开始”选项卡下“段落”组右下角的“对话框启动器”按钮，弹出“段落”对话框。在“缩进和间距”选项卡下的“特殊格式”下拉列表中选择“首行缩进”选项，在“磅值”文本框中选择或输入“2 字符”，在“行距”下拉列表中选择“固定值”，在“设置值”文本框中选择或输入“24 磅”，单击“确定”按钮即可。

第 7 步：选中正文第 2～8 段，单击“开始”选项卡下“段落”组右下角的“对话框启动器”按钮，弹出“段落”对话框。在“缩进和间距”选项卡下的“间距”区域的“段前”文本框中选择或输入“0.5 行”。选中正文第 2 段，单击“开始”选项卡下“段落”组右下角的“对话框启动器”按钮，弹出“段落”对话框。在“缩进和间距”选项卡下的“特殊格式”下拉列表中选择“悬挂缩进”选项，在“磅值”文本框中选择或输入“12 字符”，单击“确定”按钮。选中正文第 3 段，单击“开始”选项卡下“段落”组右下角的“对话框启动器”按钮，弹出“段落”对话框。在“缩进和间距”选项卡下的“特殊格式”下拉列表中选择“悬挂缩进”选项，在“磅值”文本框中选择或输入“9 字符”，单击“确定”按钮。选中正文第 4 段，单击“开始”选项卡下“段落”组右下角的“对话框启动器”按钮，弹出“段落”对话框。在“缩进和间距”选项卡下的“特殊格式”下拉列表中选择“悬挂缩进”选项，在“磅值”文本框中选择或输入“5 字符”，单击“确定”按钮。选中正文第 5 段，单击“开始”选项卡下“段落”组右下角的“对话框启动器”按钮，弹出“段落”对话框。在“缩进和间距”选项卡下的“特殊格式”下拉列表中选择“悬挂缩进”选项，在“磅值”文本框中选择或输入“7 字符”，单击“确定”按钮。选中正文第 6 段，单击“开始”选项卡下“段落”组右下角的“对话框启动器”按钮，弹出“段落”对话框。在“缩进和间距”选项卡下的“特殊格式”下拉列表中选择“悬挂缩进”选项，在“磅值”文本框中选择或输入“9 字符”，单击“确定”按钮。选中正文第 7、8 段，单击“开始”选项卡下“段落”组右下角的“对话框启动器”按钮，弹出“段落”对话框。在“缩进和间距”选项卡下的“特殊格式”下拉列表中选择“悬挂缩进”选项，在“磅值”文本框中选择或输入“5 字符”，单击“确定”按钮即可。

二、设置【文本 3-10B】如【样文 3-10B】所示

1. 拼写检查

第 8 步：将光标定位在【文本 3-10B】的起始处，在“审阅”选项卡下“校对”组中单击“拼写和语法”按钮，弹出“拼写和语法”对话框。

第 9 步：在“拼写和语法”对话框的“不在词典中”文本框中，显示为红色的单词为错误的单词，在“建议”文本框中选择正确的单词，单击“更改”按钮。系统会自动在文档中查找下一个拼写错误的单词，并以红色显示在“不在词典中”文本框中，在“建议”文本框中选择正确的单词，直至文本中所有错误的单词更改完毕，最后单击“关闭”按钮。

2. 设置项目符号或编号

第 10 步：选中【文本 3-10B】下的所有英文文本，在“开始”选项卡下“段落”组中单击“项目符号”下拉按钮，在打开的下拉列表中执行“定义新项目符号”命令，弹出“定义新项目符号”对话框。

第 11 步：在“定义新项目符号”对话框中单击“符号”按钮，从中选择【样文 3-10B】所示的符号样式作为项目符号，单击“确定”按钮；返回到“定义新项目符号”对话框，可以从“预览”列表框中查看设置后的样式，最后单击“确定”按钮即可。

三、设置【文本 3-10C】如【样文 3-10C】所示

第 12 步：选中【文本 3-10C】下面的所有诗句内容，在“开始”选项卡下“字体”组中单击“拼音指南”按钮。

第 13 步：弹出“拼音指南”对话框，在“对齐方式”下拉列表中选择“左对齐”选项，在“偏移量”文本框中选择或输入“2”磅，在“字号”文本框中输入“15”磅，单击“确定”按钮，即可完成对文本添加拼音。

第 14 步：执行“文件”→“保存”命令。

3.11　第 11 题解答

执行“文件”→“打开”命令，在“查找范围”文本框中找到指定路径，选择 A3.docx 文件，单击“打开”按钮。

一、设置【文本 3-11A】如【样文 3-11A】所示

1. 设置字体格式

第 1 步：选中文档标题行“短歌行”，在“开始”选项卡下“字体”组中的“字体”下拉列表中选择“华文彩云”，在“字号”下拉列表中选择“小初”，单击“文本效果”下拉按钮，在弹出的库中选择“填充 - 红色，强调文字颜色 2，双轮廓 - 强调文字颜色 2”的文本效果。

第 2 步：选中文档副标题“曹操”，在“开始”选项卡下“字体”组中的“字体”下拉列表中选择“华文行楷”，在“字号”下拉列表中选择“二号”，在“字体颜色”下拉列表中选择标准色中的“紫色”。

第 3 步：选中正文诗词部分，在“开始”选项卡下“字体”组中的“字体”下拉列表中选择“华文细黑”，在“字号”下拉列表中选择“小三”，单击“加粗”按钮。

第 4 步：选中文本“注释译文”一词，在“开始”选项卡下“字体”组中的“字体”下拉列表中选择“隶书”，在“字号”下拉列表中选择“小三”，单击“下划线”下拉按钮，在打开的线型列表中选择“双下划线”。

2. 设置段落格式

第 5 步：选中文章的标题和副标题，在“开始”选项卡下“段落”组中单击“居中”按钮。

第 6 步：选中正文的诗词部分，单击“开始”选项卡下“段落”组右下角的“对话框启动器”按钮，弹出“段落”对话框。在“缩进和间距”选项卡下的“缩进”区域的“左侧”文本框中选择或输入“6 字符”，在“间距”区域的“段前”文本框中选择或输入“0.5 行”，在“段后”文本框中选择或输入“0.5 行”，在“行距”下拉列表中选择“固定值”，在“设置值”文本框中选择或输入“25 磅”，单击“确定”按钮即可。

第 7 步：选中正文最后两段，单击“开始”选项卡下“段落”组右下角的“对话框启动器”按钮，弹出“段落”对话框。在“缩进和间距”选项卡下的“特殊格式”下拉列表中选择“首行缩进”选项，在“磅值”文本框中选择或输入“2 字符”，在“行距”下拉列表中选择“1.5 倍行距”，单击“确定”按钮即可。

二、设置【文本 3-11B】如【样文 3-11B】所示

1. 拼写检查

第 8 步：将光标定位在【文本 3-11B】的起始处，在“审阅”选项卡下“校对”组中单击“拼写和语法”按钮，弹出“拼写和语法”对话框。

第 9 步：在“拼写和语法”对话框的“不在词典中”文本框中，显示为红色的单词为错误的单词，在“建议”文本框中选择正确的单词，单击“更改”按钮。系统会自动在文档中查找下一个拼写错误的单词，并以红色显示在“不在词典中”文本框中，在“建议”文本框中选择正确的单词，直至文本中所有错误的单词更改完毕，最后单击“关闭”按钮。

2. 设置项目符号或编号

第 10 步：选中【文本 3-11B】下的所有英文文本，在“开始”选项卡下“段落”组中单击“项目符号”下拉按钮，在打开的下拉列表中执行“定义新项目符号”命令，弹出“定义新项目符号”对话框。

第 11 步：在“定义新项目符号”对话框中单击“符号”按钮，打开“符号”对话框，从中选择【样文 3-11B】所示的符号样式作为项目符号，单击“确定”按钮；返回到“定义新项目符号”对话框，可以从“预览”列表框中查看设置后的样式，最后单击“确定”按钮即可。

三、设置【文本 3-11C】如【样文 3-11C】所示

第 12 步：选中【文本 3-11C】下面的所有诗句内容，在“开始”选项卡下“字体”组中单击“拼音指南”按钮。

第 13 步：弹出“拼音指南”对话框，在“对齐方式”下拉列表中选择“居中”选项，在“偏移量”文本框中选择或输入“4”磅，在“字号”下拉列表中选择“16”磅，单击“确定”按钮，即可完成对文本添加拼音。

第 14 步：执行“文件”→“保存”命令。

3.12　第 12 题解答

执行“文件”→“打开”命令，在“查找范围”文本框中找到指定路径，选择 A3.docx 文件，单击“打开”按钮。

一、设置【文本 3-12A】如【样文 3-12A】所示

1. 设置字体格式

第 1 步：选中文档标题行“绿（节选）”，在“开始”选项卡下“字体”组中的“字体”下拉列表中选择“方正舒体”，在“字号”下拉列表中选择“初号”，单击“文本效果”下拉按钮，在弹出的库中选择“填充 - 橄榄色，强调文字颜色 3，轮廓 - 文本 2”的文本效果。

第 2 步：选中文档副标题“• 朱自清• ”，在“开始”选项卡下“字体”组中的“字体”下拉列表中选择“华文新魏”，在“字号”下拉列表中选择“二号”，单击“文本效果”下拉按钮，在弹出的库中选择“发光”选项下的“橙色，5 pt 发光，强调文字颜色 6”的文本效果。

第 3 步：选中正文第 1～4 段，在“开始”选项卡下“字体”组中的“字体”下拉列表中选择“楷体_GB2312”，在“字号”下拉列表中选择“四号”，单击“倾斜”按钮。

第 4 步：选中正文最后一段，在“开始”选项卡下“字体”组中的“字体”下拉列表中选择“华文中宋”，在“字号”下拉列表中选择“小四”。选中文本“作者简介”，单击“开始”选项卡下“字体”组右下角的“对话框启动器”按钮，弹出“字体”对话框，在“着重号”下拉列表中选择“•”，单击“确定”按钮。

2. 设置段落格式

第 5 步：选中文档的标题和副标题，在“开始”选项卡下“段落”组中单击“居中”按钮。

第 6 步：选中正文第 1～4 段，单击“开始”选项卡下“段落”组右下角的“对话框启动器”按钮，弹出“段落”对话框。在“缩进和间距”选项卡下的“特殊格式”下拉列表中选择“首行缩进”选项，在“磅值”文本框中选择或输入“2 字符”，在“间距”区域的“段前”文本框中选择或输入“0.5 行”，在“行距”下拉列表中选择“固定值”，在“设置值”文本框中选择或输入“25 磅”，单击“确定”按钮即可。

第 7 步：选中正文最后一段，单击“开始”选项卡下“段落”组右下角的“对话框启动器”按钮，弹出“段落”对话框。在“缩进和间距”选项卡下的“缩进”区域的“左侧”文本框中选择或输入“1 字符”，在“右侧”文本框中选择或输入“1 字符”，在“特殊格式”下拉列表中选择“首行缩进”选项，在“磅值”文本框中选择或输入“2 字符”，在“间距”区域的“段前”文本框中选择或输入“1 行”，在“行距”下拉列表中选择“1.5 倍行距”，单击“确定”按钮即可。

二、设置【文本 3-12B】如【样文 3-12B】所示

1. 拼写检查

第 8 步：将光标定位在【文本 3-12B】的起始处，在“审阅”选项卡下“校对”组中单击“拼写和语法”按钮，弹出“拼写和语法”对话框。

第 9 步：在“拼写和语法”对话框的“不在词典中”文本框中，显示为红色的单词为错误的单词，在“建议”文本框中选择正确的单词，单击“更改”按钮。系统会自动在文档中查找下一个拼写错误的单词，并以红色显示在“不在词典中”文本框中，在“建议”文本框中选择正确的单词，直至文本中所有错误的单词更改完毕，最后单击“关闭”按钮。

2. 设置项目符号或编号

第 10 步：选中【文本 3-12B】下的所有英文文本，在“开始”选项卡下“段落”组中单击“项目符号”下拉按钮，在打开的下拉列表中执行“定义新项目符号”命令，打开“定义新项目符号”对话框。

第 11 步：在“定义新项目符号”对话框中单击“图片”按钮，打开“图片项目符号”对话框，从中选择【样文 3-12B】所示的符号样式作为项目符号，单击“确定”按钮；返回到“定义新项目符号”对话框，可以从“预览”列表框中查看设置后的样式，最后单击“确定”按钮即可。

三、设置【文本 3-12C】如【样文 3-12C】所示

第 12 步：选中【文本 3-12C】下面的所有诗句内容，在“开始”选项卡下“字体”组中单击“拼音指南”按钮。

第 13 步：弹出“拼音指南”对话框，在“对齐方式”下拉列表中选择“1-2-1”选项，在“偏移量”文本框中选择或输入“2”磅，在“字号”下拉列表中选择“18”磅，单击“确定”按钮，即可完成对文本添加拼音指南。

第 14 步：执行“文件”→“保存”命令。

3.13　第 13 题解答

执行“文件”→“打开”命令，在“查找范围”文本框中找到指定路径，选择 A3.docx 文件，单击“打开”按钮。

一、设置【文本 3-13A】如【样文 3-13A】所示

1. 设置字体格式

第 1 步：选中文档标题行“别伤害自己”，在“开始”选项卡下“字体”组中的“字体”下拉列表中选择“华文琥珀”，在“字号”下拉列表中选择“小初”，单击“文本效

果”下拉按钮，在弹出的库中选择“填充 － 蓝色，透明强调文字颜色 1，轮廓 － 强调文字颜色 1”的文本效果。

第 2 步：选中文档副标题“林润瀚”，在“开始”选项卡下“字体”组中的“字体”下拉列表中选择“楷体_GB2312”，在“字号”下拉列表中选择“二号”，在“字体颜色”下拉列表中选择标准色中的“深红”色，单击“加粗”按钮。

第 3 步：选中正文第 1～3 段，在“开始”选项卡下“字体”组中的“字体”下拉列表中选择“华文中宋”，在“字号”下拉列表中选择“小四”，单击“倾斜”按钮。

第 4 步：选中正文最后一段，在“开始”选项卡下“字体”组中的“字体”下拉列表中选择“黑体”，在“字号”下拉列表中选择“小四”，单击“下划线”下拉按钮，在打开的线型列表中选择“下划线”。

2. 设置段落格式

第 5 步：选中文档的标题和副标题，在“开始”选项卡下“段落”组中单击“居中”按钮。

第 6 步：选中正文中第 1～3 段，单击“开始”选项卡下“段落”组右下角的“对话框启动器”按钮，弹出“段落”对话框。在“缩进和间距”选项卡下的“特殊格式”下拉列表中选择“首行缩进”选项，在“磅值”文本框中选择或输入“2 字符”，在“间距”区域的“段前”文本框中选择或输入“0.5 行”，在“段后”文本框中选择或输入“0.5 行”，在“行距”下拉列表中选择“固定值”，在“设置值”文本框中选择或输入“25 磅”，单击“确定”按钮即可。

第 7 步：选中正文第 4 段，单击“开始”选项卡下“段落”组右下角的“对话框启动器”按钮，弹出“段落”对话框。在“缩进和间距”选项卡下的“特殊格式”下拉列表中选择“首行缩进”选项，在“磅值”文本框中选择或输入“2 字符”，在“行距”下拉列表中选择“1.5 倍行距”，单击“确定”按钮即可。

二、设置【文本 3-13B】如【样文 3-13B】所示

1. 拼写检查

第 8 步：将光标定位在【文本 3-13B】的起始处，在“审阅”选项卡下“校对”组中单击“拼写和语法”按钮，弹出“拼写和语法”对话框。

第 9 步：在“拼写和语法”对话框的“不在词典中”文本框中，显示为红色的单词为错误的单词，在“建议”文本框中选择正确的单词，单击“更改”按钮。系统会自动在文档中查找下一个拼写错误的单词，并以红色显示在“不在词典中”文本框中，在“建议”文本框中选择正确的单词，直至文本中所有错误的单词更改完毕，最后单击“关闭”按钮。

2. 设置项目符号或编号

第 10 步：选中【文本 3-13B】下的所有英文文本，在“开始”选项卡下“段落”组中单击“项目符号”下拉按钮，在打开的下拉列表中执行“定义新项目符号”命令，弹

出“定义新项目符号”对话框。

第 11 步：在“定义新项目符号”对话框中单击“符号”按钮，打开“符号”对话框，从中选择【样文 3-13B】所示的符号样式作为项目符号，单击“确定”按钮；返回到“定义新项目符号”对话框，可以从“预览”列表框中查看设置后的样式，最后单击“确定”按钮即可。

三、设置【文本 3-13C】如【样文 3-13C】所示

第 12 步：选中【文本 3-13C】下面的所有诗句内容，在“开始”选项卡下“字体”组中单击“拼音指南”按钮。

第 13 步：弹出“拼音指南”对话框，在“对齐方式”下拉列表中选择“左对齐”选项，在“偏移量”文本框中选择或输入“4”磅，在“字体”下拉列表中选择“华文中宋”，单击“确定”按钮，即可完成对文本添加拼音。

第 14 步：执行“文件”→“保存”命令。

3.14 第 14 题解答

执行“文件”→“打开”命令，在“查找范围”文本框中找到指定路径，选择 A3.docx 文件，单击“打开”按钮。

一、设置【文本 3-14A】如【样文 3-14A】所示

1. 设置字体格式

第 1 步：选中文档标题行“芦荟”，在“开始”选项卡下“字体”组中的“字体”下拉列表中选择“方正姚体”，在“字号”下拉列表中选择“小初”，单击“文本效果”下拉按钮，在弹出的库中选择“渐变填充 - 紫色，强调文字颜色 4，映像”的文本效果。

第 2 步：选中正文第 1 段，在“开始”选项卡下“字体”组中的“字体”下拉列表中选择“华文楷体”，在“字号”下拉列表中选择“四号”，单击“加粗”按钮，单击“下划线”下拉按钮，在打开的线型列表中选择“波浪线”。

第 3 步：选中正文第 2、3 段，在“开始”选项卡下“字体”组中的“字体”下拉列表中选择“华文细黑”，在“字号”下拉列表中选择“四号”，在“字体颜色”下拉列表中选择标准色中的“绿色”。

第 4 步：选中正文最后一行，在“开始”选项卡下“字体”组中的“字体”下拉列表中选择“楷体_GB2312”，在“字号”下拉列表中选择“小四”，单击“加粗”按钮。

2. 设置段落格式

第 5 步：选中文档的标题，在“开始”选项卡下“段落”组中单击“居中”按钮。选中文档最后一行，在“开始”选项卡下“段落”组中单击“文本右对齐”按钮。

第 6 步：选中正文部分，单击“开始”选项卡下“段落”组右下角的“对话框启动器”按钮，弹出“段落”对话框。在“缩进和间距”选项卡下的“特殊格式”下拉列表

中选择“首行缩进”选项，在“磅值”文本框中选择或输入“2 字符”，在“缩进”区域“左侧”文本框中选择或输入“0.5 字符”，在“右侧”文本框中选择或输入“0.5 字符”，单击“确定”按钮即可。

第 7 步：选中全文部分，单击“开始”选项卡下“段落”组右下角的“对话框启动器”按钮，弹出“段落”对话框。在“缩进和间距”选项卡下的“间距”区域的“段前”文本框中选择或输入“1 行”，在“段后”文本框中选择或输入“1 行”，单击“确定”按钮。选中正文第 1 段，单击“开始”选项卡下“段落”组右下角的“对话框启动器”按钮，弹出“段落”对话框。在“缩进和间距”选项卡下的“行距”下拉列表中选择“1.5 倍行距”，单击“确定”按钮。选中正文第 2、3 段，单击“开始”选项卡下“段落”组右下角的“对话框启动器”按钮，弹出“段落”对话框。在“缩进和间距”选项卡下的“行距”下拉列表中选择“固定值”，在“设置值”文本框中选择或输入“25 磅”，单击“确定”按钮即可。

二、设置【文本 3-14B】如【样文 3-14B】所示

1. 拼写检查

第 8 步：将光标定位在【文本 3-14B】的起始处，在“审阅”选项卡下“校对”组中单击“拼写和语法”按钮，弹出“拼写和语法”对话框。

第 9 步：在“拼写和语法”对话框的“不在词典中”文本框中，显示为红色的单词为错误的单词，在“建议”文本框中选择正确的单词，单击“更改”按钮。系统会自动在文档中查找下一个拼写错误的单词，并以红色显示在“不在词典中”文本框中，在“建议”文本框中选择正确的单词，直至文本中所有错误的单词更改完毕，最后单击“关闭”按钮。

2. 设置项目符号或编号

第 10 步：选中【文本 3-14B】下的所有英文文本，在“开始”选项卡下“段落”组中单击“项目符号”下拉按钮，在打开的下拉列表中执行“定义新项目符号”命令，弹出“定义新项目符号”对话框。

第 11 步：在“定义新项目符号”对话框中单击“符号”按钮，打开“符号”对话框，从中选择【样文 3-14B】所示的符号样式作为项目符号，单击“确定”按钮；返回到“定义新项目符号”对话框，可以从“预览”列表框中查看设置后的样式，最后单击“确定”按钮即可。

三、设置【文本 3-14C】如【样文 3-14C】所示

第 12 步：选中【文本 3-14C】下面的所有诗句内容，在“开始”选项卡下“字体”组中单击“拼音指南”按钮。

第 13 步：在弹出“拼音指南”对话框中的“对齐方式”下拉列表中选择“1-2-1”选项，在“偏移量”文本框中选择或输入“2”磅，在“字体”下拉列表中选择“方正姚体”，在“字号”下拉列表中选择“16”磅，单击“确定”按钮，即可完成对文本添加拼音。

第 14 步：执行“文件”→“保存”命令。

3.15 第 15 题解答

执行“文件”→“打开”命令，在“查找范围”文本框中找到指定路径，选择 A3.docx 文件，单击“打开”按钮。

一、设置【文本 3-15A】如【样文 3-15A】所示

1. 设置字体格式

第 1 步：选中文档标题行“微笑，春暖花开”，在“开始”选项卡下“字体”组中的“字体”下拉列表中选择“华文行楷”，在“字号”下拉列表中选择“一号”，单击“文本效果”下拉按钮，在弹出的库中选择“填充 - 橙色，强调文字颜色 6，轮廓 - 强调文字颜色 6，发光 - 强调文字颜色 6”的文本效果。

第 2 步：选中文档副标题“覃道雄”，在“开始”选项卡下“字体”组中的“字体”下拉列表中选择“方正姚体”，在“字号”下拉列表中选择“小二”，在“字体颜色”下拉列表中选择标准色中的“浅蓝”色，单击“下划线”下拉按钮，在打开的线型列表中选择“双下划线”。

第 3 步：选中正文第 1～5 段，在“开始”选项卡下“字体”组中的“字体”下拉列表中选择“微软雅黑”，在“字号”下拉列表中选择“小四”，单击“加粗”按钮。

第 4 步：选中正文最后一段，单击“开始”选项卡下“字体”组右下角的“对话框启动器”按钮，弹出“字体”对话框，在“字体”选项卡下，在“中文字体”和“西文字体”下拉列表中均选择“华文楷体”，在“字号”下拉列表中选择“四号”，在“字体颜色”下拉列表中选择标准色中的“红色”，在“着重号”下拉列表中选择“•”，单击“确定”按钮。

2. 设置段落格式

第 5 步：选中文档的标题行和副标题行，在“开始”选项卡下“段落”组中单击“居中”按钮。

第 6 步：选中正文中第 1～5 段，单击“开始”选项卡下“段落”组右下角的“对话框启动器”按钮，弹出“段落”对话框。在“缩进和间距”选项卡下的“特殊格式”下拉列表中选择“首行缩进”选项，在“磅值”文本框中选择或输入“2 字符”，在“间距”区域的“段前”文本框中选择或输入“0.5 行”，在“段后”文本框中选择或输入“0.5 行”，在“行距”下拉列表中选择“固定值”，在“设置值”文本框中选择或输入“25 磅”，单击“确定”按钮即可。

第 7 步：选中正文最后一段，单击“开始”选项卡下“段落”组右下角的“对话框启动器”按钮，弹出“段落”对话框。在“缩进和间距”选项卡下的“缩进”区域的“左侧”文本框中选择或输入“0.5 字符”，在“右侧”文本框中选择或输入“0.5 字符”，

在“特殊格式”下拉列表中选择“首行缩进”选项，在“磅值”文本框中选择或输入“2字符”，在“行距”下拉列表中选择“1.5倍行距”，单击“确定”按钮即可。

二、设置【文本3-15B】如【样文3-15B】所示

1. 拼写检查

第8步：将光标定位在【文本3-15B】的起始处，在“审阅”选项卡下“校对”组中单击“拼写和语法”按钮，弹出“拼写和语法”对话框。

第9步：在“拼写和语法”对话框的“不在词典中”文本框中，显示为红色的单词为错误的单词，在“建议”文本框中选择正确的单词，单击“更改”按钮。系统会自动在文档中查找下一个拼写错误的单词，并以红色显示在“不在词典中”文本框中，在“建议”文本框中选择正确的单词，直至文本中所有错误的单词更改完毕，最后单击“关闭”按钮。

2. 设置项目符号或编号

第10步：选中【文本3-15B】下的所有英文文本，在“开始”选项卡下“段落”组中单击“项目符号”下拉按钮，在打开的下拉列表中执行“定义新项目符号”命令，弹出“定义新项目符号”对话框。

第11步：在“定义新项目符号”对话框中单击“符号”按钮，打开“符号”对话框，从中选择【样文3-15B】所示的符号样式作为项目符号，单击“确定”按钮；返回到“定义新项目符号”对话框，可以从“预览”列表框中查看设置后的样式，最后单击“确定”按钮即可。

三、设置【文本3-15C】如【样文3-15C】所示

第12步：选中【文本3-15C】下面的所有诗句内容，在“开始”选项卡下“字体”组中单击“拼音指南”按钮。

第13步：在弹出“拼音指南”对话框中的“对齐方式”下拉列表中选择“左对齐”选项，在“偏移量”文本框中选择或输入“2”磅，在“字体”下拉列表中选择“方正舒体”，在“字号”下拉列表中选择“14”磅，单击“确定”按钮，即可完成对文本添加拼音。

第14步：执行“文件”→“保存”命令。

3.16　第16题解答

执行“文件”→“打开”命令，在“查找范围”文本框中找到指定路径，选择A3.docx文件，单击“打开”按钮。

一、设置【文本3-16A】如【样文3-16A】所示

1. 设置字体格式

第1步：选中文档标题行“我们把春天吵醒了（节选）”，在“开始”选项卡下“字

体”组中的“字体”下拉列表中选择“华文琥珀”，在“字号”下拉列表中选择“小一”，单击“文本效果”下拉按钮，在弹出的库中选择“填充 – 橄榄色，强调文字颜色 3，轮廓 – 文本 2”的文本效果。

第 2 步：选中文档副标题“冰心”，在“开始”选项卡下“字体”组中的“字体”下拉列表中选择“华文行楷”，在“字号”下拉列表中选择“小三”，在“字体颜色”下拉列表中单击“其他颜色”按钮，打开“颜色”对话框。在“自定义”选项卡下的“颜色模式”后的下拉列表中选择“RGB”，在“红色”后的微调框中输入“255”，“绿色”后的微调框中输入“153”，“蓝色”后的微调框中输入“204”，单击“确定”按钮。单击“文本效果”下拉按钮，在弹出的库中选择“发光”选项下的“水绿色，8 pt 发光，强调文字颜色 5”的文本效果。

第 3 步：选中正文诗词部分，在“开始”选项卡下“字体”组中的“字体”下拉列表中选择“幼圆”，在“字号”下拉列表中选择“小四”。

第 4 步：选中正文最后一段，单击“开始”选项卡下“字体”组右下角的“对话框启动器”按钮，弹出“字体”对话框，在“字体”选项卡下，在“中文字体”和“西文字体”下拉列表中均选择“微软雅黑”，在“字号”下拉列表中选择“小四”，在“下划线线型”下拉列表中选择“双下划线”，在“下划线颜色”下拉列表中选择标准色中的“蓝色”，单击“确定”按钮。

2. 设置段落格式

第 5 步：选中文档的标题行和副标题行，在“开始”选项卡下“段落”组中单击“居中”按钮。

第 6 步：选中正文的诗词部分，单击“开始”选项卡下“段落”组右下角的“对话框启动器”按钮，弹出“段落”对话框。在“缩进和间距”选项卡下的“缩进”区域的“左侧”文本框中选择或输入“5 字符”，在“右侧”文本框中选择或输入“5 字符”，在“行距”下拉列表中选择“固定值”，在“设置值”文本框中选择或输入“20 磅”，单击“确定”按钮即可。

第 7 步：选中正文最后一段，单击“开始”选项卡下“段落”组右下角的“对话框启动器”按钮，弹出“段落”对话框。在“缩进和间距”选项卡下的“特殊格式”下拉列表中选择“首行缩进”选项，在“磅值”文本框中选择或输入“2 字符”，在“间距”区域的“段前”文本框中选择或输入“0.5 行”，在“行距”下拉列表中选择“固定值”，在“设置值”文本框中选择或输入“24 磅”，单击“确定”按钮即可。

二、设置【文本 3-16B】如【样文 3-16B】所示

1. 拼写检查

第 8 步：将光标定位在【文本 3-16B】的起始处，在“审阅”选项卡下“校对”组中单击“拼写和语法”按钮，弹出“拼写和语法”对话框。

第 9 步：在“拼写和语法”对话框的“不在词典中”文本框中，显示为红色的单词为错误的单词，在“建议”文本框中选择正确的单词，单击“更改”按钮。系统会自动

在文档中查找下一个拼写错误的单词，并以红色显示在“不在词典中”文本框中，在“建议”文本框中选择正确的单词，直至文本中所有错误的单词更改完毕，最后单击“关闭”按钮。

2. 设置项目符号或编号

第 10 步：选中【文本 3-16B】下的所有英文文本，在“开始”选项卡下“段落”组中单击“项目符号”下拉按钮，在打开的下拉列表中执行“定义新项目符号”命令，弹出“定义新项目符号”对话框。

第 11 步：在“定义新项目符号”对话框中单击“符号”按钮，打开“符号”对话框，从中选择【样文 3-16B】所示的符号样式作为项目符号，单击“确定”按钮；返回到“定义新项目符号”对话框，可以从“预览”列表框中查看设置后的样式，最后单击“确定”按钮即可。

三、设置【文本 3-16C】如【样文 3-16C】所示

第 12 步：选中【文本 3-16C】下面的所有诗句内容，在“开始”选项卡下“字体”组中单击“拼音指南”按钮。

第 13 步：弹出“拼音指南”对话框，在“对齐方式”下拉列表中选择“左对齐”选项，在“偏移量”文本框中选择或输入“3”磅，在“字体”下拉列表中选择“华文彩云”，在“字号”下拉列表中选择“14”磅，单击“确定”按钮，即可完成对文本添加拼音。

第 14 步：执行“文件”→“保存”命令。

3.17　第 17 题解答

执行“文件”→“打开”命令，在“查找范围”文本框中找到指定路径，选择 A3.docx 文件，单击“打开”按钮。

一、设置【文本 3-17A】如【样文 3-17A】所示

1. 设置字体格式

第 1 步：选中文档标题行“蝶恋花”，在“开始”选项卡下“字体”组中的“字体”下拉列表中选择“华文行楷”，在“字号”下拉列表中选择“初号”，单击“文本效果”下拉按钮，在弹出的库中选择“渐变填充 - 蓝色，强调文字颜色 1，轮廓 - 白色，发光 - 强调文字颜色 2”的文本效果，在“字体颜色”下拉列表中选择“标准色”中的“浅蓝”色。

第 2 步：选中文档副标题“晏殊”，在“开始”选项卡下“字体”组中的“字体”下拉列表中选择“华文新魏”，在“字号”下拉列表中选择“小三”，在“字体颜色”下拉列表中选择“标准色”中的“深蓝”色，单击“倾斜”按钮。

第 3 步：选中正文诗词部分，在“开始”选项卡下“字体”组中的“字体”下拉列表中选择“华文细黑”，在“字号”下拉列表中选择“三号”，在“字体颜色”下拉列表中选择“标准色”中的“紫色”。单击“文本效果”下拉按钮，在弹出的库中选择“发光”选项下的“水绿色，5 pt 发光，强调文字颜色 5”的文本效果。单击“文本效果”下拉按钮，在弹出的库中选择“映像”选项下的“全映像，4 pt 偏移量”的文本效果。

第 4 步：选中正文最后两段，单击“开始”选项卡下“字体”组右下角的“对话框启动器”按钮，弹出“字体”对话框，在“字体”选项卡下“中文字体”和“西文字体”下拉列表中均选择“方正姚体”，在“字号”下拉列表中选择“小四”，在“着重号”下拉列表中选择“·”，单击“确定”按钮。

2. 设置段落格式

第 5 步：选中文档的标题行和副标题行，在“开始”选项卡下“段落”组中单击“居中”按钮。

第 6 步：选中正文的诗词部分，单击“开始”选项卡下“段落”组右下角的“对话框启动器”按钮，弹出“段落”对话框。在“缩进和间距”选项卡下的“缩进”区域的“左侧”文本框中选择或输入“7 字符”，在“行距”下拉列表中选择“2 倍行距”，单击“确定”按钮即可。

第 7 步：选中正文最后一段，单击“开始”选项卡下“段落”组右下角的“对话框启动器”按钮，弹出“段落”对话框。在“缩进和间距”选项卡下的“特殊格式”下拉列表中选择“首行缩进”选项，在“磅值”文本框中选择或输入“2 字符”，在“间距”区域的“段前”文本框中选择或输入“0.5 行”，在“行距”下拉列表中选择“固定值”，在“设置值”文本框中选择或输入“26 磅”，单击“确定”按钮即可。

二、设置【文本 3-17B】如【样文 3-17B】所示

1. 拼写检查

第 8 步：将光标定位在【文本 3-17B】的起始处，在“审阅”选项卡下“校对”组中单击“拼写和语法”按钮，弹出“拼写和语法”对话框。

第 9 步：在“拼写和语法”对话框的“不在词典中”文本框中，显示为红色的单词为错误的单词，在“建议”文本框中选择正确的单词，单击“更改”按钮。系统会自动在文档中查找下一个拼写错误的单词，并以红色显示在“不在词典中”文本框中，在“建议”文本框中选择正确的单词，直至文本中所有错误的单词更改完毕，最后单击“关闭”按钮。

2. 设置项目符号或编号

第 10 步：选中【文本 3-17B】下的所有英文文本，在“开始”选项卡下“段落”组中单击“项目符号”下拉按钮，在打开的下拉列表中执行“定义新项目符号”命令，弹出“定义新项目符号”对话框。

第 11 步：在“定义新项目符号”对话框中单击“符号”按钮，打开“符号”对话框，从中选择【样文 3-17B】所示的符号样式作为项目符号，单击“确定”按钮；返回到“定

义新项目符号”对话框，可以从“预览”列表框中查看设置后的样式，最后单击“确定”按钮即可。

三、设置【文本 3-17C】如【样文 3-17C】所示

第 12 步：选中【文本 3-17C】下面的所有诗句内容，在“开始”选项卡下“字体”组中单击“拼音指南”按钮。

第 13 步：在弹出“拼音指南”对话框的“对齐方式”下拉列表中选择“居中”选项，在“偏移量”文本框中选择或输入“2”磅，在“字体”下拉列表中选择“微软雅黑”，在“字号”下拉列表中选择“14”磅，单击“确定”按钮，即可完成对文本添加拼音。

第 14 步：执行“文件”→“保存”命令。

3.18　第 18 题解答

执行“文件”→“打开”命令，在“查找范围”文本框中找到指定路径，选择 A3.docx 文件，单击“打开”按钮。

一、设置【文本 3-18A】如【样文 3-18A】所示

1. 设置字体格式

第 1 步：选中文档标题行“海底地形、地貌的特点”，在“开始”选项卡下“字体”组中的“字体”下拉列表中选择“幼圆”，在“字号”下拉列表中选择“一号”，单击“文本效果”下拉按钮，在弹出的库中选择“填充 - 蓝色，强调文字颜色 1，内部阴影 - 强调文字颜色 1”的文本效果。

第 2 步：选中正文第 1 段，在“开始”选项卡下“字体”组中的“字体”下拉列表中选择“黑体”，在“字号”下拉列表中选择“四号”，单击“加粗”按钮，单击“文本效果”下拉按钮，在弹出的库中选择“发光”选项下的“紫色，5 pt 发光，强调文字颜色 4”的文本效果。

第 3 步：选中正文第 3、5、7 段，在“开始”选项卡下“字体”组中的“字体”下拉列表中选择“华文中宋”，在“字号”下拉列表中选择“小四”。选中正文第 2、4、6 段，单击“开始”选项卡下“字体”组右下角的“对话框启动器”按钮，弹出“字体”对话框，在“字体”选项卡下“中文字体”和“西文字体”下拉列表中均选择“华文琥珀”字体选项，在“字号”下拉列表中选择“四号”，在“下划线线型”下拉列表中选择“双波浪线”下划线，在“下划线颜色”下拉列表中选择标准色中的“紫色”，单击“确定”按钮。

第 4 步：选中文档最后一行，在“开始”选项卡下“字体”组中的“字体”下拉列表中选择“方正姚体”，在“字号”下拉列表中选择“小四”，在“字体颜色”下拉列表中选择标准色中的“绿色”，单击“倾斜”按钮。

2. 设置段落格式

第 5 步：选中文档的标题行，在“开始”选项卡下“段落”组中单击“居中”按钮。选中文档的最后一行，在“开始”选项卡下“段落”组中单击“文本右对齐”按钮。

第 6 步：选中正文第 1 段，单击“开始”选项卡下“段落”组右下角的“对话框启动器”按钮，弹出“段落”对话框。在“缩进和间距”选项卡下的“特殊格式”下拉列表中选择“首行缩进”选项，在“磅值”文本框中选择或输入“2 字符”，在“行距”下拉列表中选择“固定值”，在“设置值”文本框中选择或输入“24 磅”，单击“确定”按钮即可。

第 7 步：选中正文第 3、5、7 段，单击“开始”选项卡下“段落”组右下角的“对话框启动器”按钮，弹出“段落”对话框。在“缩进和间距”选项卡下的“特殊格式”下拉列表中选择“首行缩进”选项，在“磅值”文本框中选择或输入“2 字符”，在“间距”区域的“段后”文本框中选择或输入“1 行”，在“行距”下拉列表选择“固定值”，在“设置值”文本框中选择或输入“22 磅”，单击“确定”按钮即可。

二、设置【文本 3-18B】如【样文 3-18B】所示

1. 拼写检查

第 8 步：将光标定位在【文本 3-18B】的起始处，在“审阅”选项卡下“校对”组中单击“拼写和语法”按钮，弹出“拼写和语法”对话框。

第 9 步：在“拼写和语法”对话框的“不在词典中”文本框中，显示为红色的单词为错误的单词，在“建议”文本框选择正确的单词，单击“更改”按钮。系统会自动在文档中查找下一个拼写错误的单词，并以红色显示在“不在词典中”文本表框中，在“建议”文本框中选择正确的单词，直至文本中所有错误的单词更改完毕，最后单击“关闭”按钮。

2. 设置项目符号或编号

第 10 步：选中【文本 3-18B】下的所有英文文本，在“开始”选项卡下“段落”组中单击“项目符号”下拉按钮，在打开的下拉列表中执行“定义新项目符号”命令，弹出“定义新项目符号”对话框。

第 11 步：在“定义新项目符号”对话框中单击“符号”按钮，打开“符号”对话框，从中选择【样文 3-18B】所示的符号样式作为项目符号，单击“确定”按钮；返回到“定义新项目符号”对话框，可以从“预览”列表框中查看设置后的样式，最后单击“确定”按钮即可。

三、设置【文本 3-18C】如【样文 3-18C】所示

第 12 步：选中【文本 3-18C】下面的所有诗句内容，在“开始”选项卡下“字体”组中单击“拼音指南”按钮。

第 13 步：弹出“拼音指南”对话框，在“对齐方式”下拉列表中选择“0-1-0”选

项，在“偏移量”文本框中选择或输入“1”磅，在“字体”下拉列表中选择“华文新魏”，在“字号”下拉列表中选择“11 磅”，单击“确定”按钮，即可完成对文本添加拼音。

第 14 步：执行“文件”→“保存”命令。

3.19　第 19 题解答

执行“文件”→“打开”命令，在“查找范围”文本框中找到指定路径，选择 A3.docx 文件，单击“打开”按钮。

一、设置【文本 3-19A】如【样文 3-19A】所示

1. 设置字体格式

第 1 步：选中文档第 1 行“人生哲理”，在“开始”选项卡下“字体”组中的“字体”下拉列表中选择“华文楷体”，在“字号”下拉列表中选择“四号”，在“字体颜色”下拉列表中单击“其他颜色”按钮，打开“颜色”对话框，在“自定义”选项卡下的“颜色模式”后的下拉列表中选择“RGB”，在“红色”后的微调框中输入“153”，在“绿色”后的微调框中输入“51”，在“蓝色”后的微调框中输入“102”，单击“确定”按钮。单击“文本效果”下拉按钮，在弹出的库中选择“映像”选项下的“全映像，4 pt 偏移量”的文本效果。

第 2 步：选中文档标题行“知足、知不足、不知足”，在“开始”选项卡下“字体”组中的“字体”下拉列表中选择“华文行楷”，在“字号”下拉列表中选择“一号”，单击“文本效果”下拉按钮，在弹出的库中选择“填充 – 橄榄色，强调文字颜色 3，轮廓 – 文本 2”的文本效果，在“字体颜色”下拉列表中单击“其他颜色”按钮，打开“颜色”对话框，在“自定义”选项卡下的“颜色模式”后的下拉列表中选择“RGB”，在“红色”后的微调框中输入“255”，在“绿色”后的微调框中输入“204”，在“蓝色”后的微调框中输入“0”，单击“确定”按钮。

第 3 步：选中正文 1～4 段，在“开始”选项卡下“字体”组中的“字体”下拉列表中选择“华文中宋”，在“字号”下拉列表中选择“小四”。按住 Ctrl 键的同时选中第 2、3、4 自然段每段第一句文本“知足，就是要知足常乐。”、“而知不足，就是要知道自己的不足之处。”和“不知足是与知足相对而言的，世界上没有绝对的知足与不知足，两者往往是相互交织、相互作用、相辅相成的，无论是知足还是不知足，都是一种人生的心态。”，单击“开始”选项卡下“字体”组右下角的“对话框启动器”按钮，弹出“字体”对话框，在“字体”选项卡下的“字形”下拉列表中选择“加粗”选项，在“着重号”下拉列表中选择“·”，单击“确定”按钮。

第 4 步：选中文档最后一段，单击“开始”选项卡下“字体”组右下角的“对话框启动器”按钮，弹出“字体”对话框，在“字体”选项卡下“中文字体”和“西文字体”下拉列表中均选择“方正舒体”，在“字号”下拉列表中选择“四号”，在“字体颜色”下拉列表中单击“其他颜色”按钮，打开“颜色”对话框，在“自定义”选项卡下的“颜

色模式”后的下拉列表中选择“RGB”，在“红色”后的微调框中输入“75”，在“绿色”后的微调框中输入“172”，在“蓝色”后的微调框中输入“198”，单击“确定”按钮，返回到“字体”对话框；在“下划线线型”下拉列表中选择“点式下划线”，在“下划线颜色”下拉列表选择标准色中的“橙色”，单击“确定”按钮即可。

2. 设置段落格式

第 5 步：选中文档的标题行，在“开始”选项卡下“段落”组中单击“居中”按钮。选中文档的第 1 行，在“开始”选项卡下“段落”组中单击“文本右对齐”按钮。

第 6 步：选中正文中 1～4 段，单击“开始”选项卡下“段落”组右下角的“对话框启动器”按钮，弹出“段落”对话框。在“缩进和间距”选项卡下的“特殊格式”下拉列表中选择“首行缩进”选项，在“磅值”文本框中选择或输入“2 字符”，在“行距”下拉列表中选择“固定值”，在“设置值”文本框中选择或输入“21 磅”，单击“确定”按钮即可。

第 7 步：选中正文最后一段，单击“开始”选项卡下“段落”组右下角的“对话框启动器”按钮，弹出“段落”对话框。在“缩进和间距”选项卡下的“特殊格式”下拉列表中选择“首行缩进”选项，在“磅值”文本框中选择或输入“2 字符”，在“间距”区域的“段前”文本框中选择或输入“0.5 行”，在“行距”下拉列表中选择“固定值”，在“设置值”文本框中选择或输入“18 磅”，单击“确定”按钮即可。

3. 首字下沉

第 8 步：选中正文第 1 段，在“插入”选项卡下“文本”组中单击“首字下沉”下拉按钮，在弹出的下拉菜单中执行“首字下沉选项”命令，如 3-21 所示，打开“首字下沉”对话框。在“位置”区域选择“下沉”项，在“选项”区域的“字体”下拉列表中选择“楷体_GB2312”，在“下沉行数”文本框中选择或输入“2”，单击“确定”按钮，如图 3-22 所示。

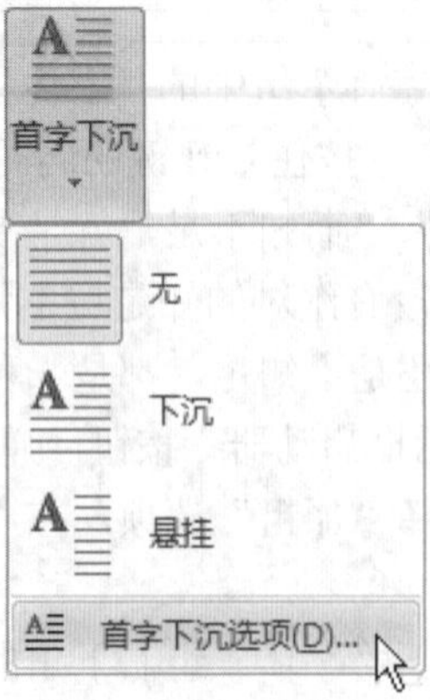

图 3-21

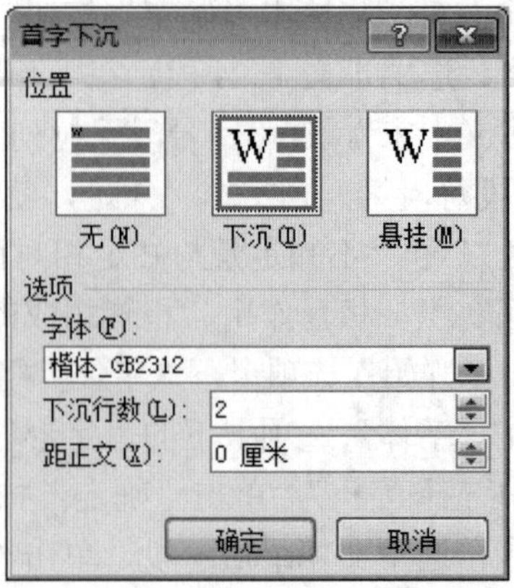

图 3-22

二、设置【文本 3-19B】如【样文 3-19B】所示

1. 拼写检查

第 9 步：将光标定位在【文本 3-19B】的起始处，在“审阅”选项卡下“校对”组中单击“拼写和语法”按钮，弹出“拼写和语法”对话框。

第 10 步：在“拼写和语法”对话框中的“不在词典中”区域，显示为红色的单词为错误的单词，在“建议”区域选择正确的单词，单击“更改”按钮。系统会自动在文档中查找下一个拼写错误的单词，并以红色显示在“不在词典中”列表框中，在“建议”列表框中选择正确的单词，直至文本中所有错误的单词更改完毕，最后单击“关闭”按钮。

2. 设置项目符号或编号

第 11 步：选中【文本 3-19B】下的所有英文文本，在“开始”选项卡下“段落”组中单击“项目符号”下拉按钮，在打开的下拉列表中执行“定义新项目符号”命令，弹出“定义新项目符号”对话框。

第 12 步：在“定义新项目符号”对话框中单击“符号”按钮，打开“符号”对话框，从中选择【样文 3-19B】所示的符号样式作为项目符号，单击“确定”按钮；返回到“定义新项目符号”对话框，可以从“预览”列表框中查看设置后的样式，最后单击“确定”按钮即可。

第 13 步：执行“文件”→“保存”命令。

3.20 第 20 题解答

执行“文件”→“打开”命令，在“查找范围”文本框中找到指定路径，选择 A3.docx 文件，单击“打开”按钮。

一、设置【文本 3-20A】如【样文 3-20A】所示

1. 设置字体格式

第 1 步：选中文档第 1 行“健康小知识”，在“开始”选项卡下“字体”组中的“字体”下拉列表中选择“幼圆”，在“字号”下拉列表中选择“小四”，在“字体颜色”下拉列表中单击“其他颜色”按钮，打开“颜色”对话框，在“自定义”选项卡下的“颜色模式”后的下拉列表中选择“RGB”，在“红色”后的微调框中输入“153”，在“绿色”后的微调框中输入“204”，在“蓝色”后的微调框中输入“0”，单击“确定”按钮。单击“文本效果”下拉按钮，在弹出的库中选择“发光”选项下的“橙色，5 pt 发光，强调文字颜色 6”的文本效果。

第 2 步：选中文档标题行“秋季蔬菜的药用价值”，在“开始”选项卡下“字体”组中的“字体”下拉列表中选择“华文中宋”，在“字号”下拉列表中选择“一号”，单击

“文本效果”下拉按钮，在弹出的库中选择“填充 – 橙色，强调文字颜色 6，渐变轮廓 – 强调文字颜色 6”的文本效果。

第 3 步：选中正文第 1 段，在“开始”选项卡下“字体”组中的“字体”下拉列表中选择“方正姚体”，在“字号”下拉列表中选择“四号”。

第 4 步：选中正文第 2～6 段，单击“开始”选项卡下“字体”组右下角的“对话框启动器”按钮，弹出“字体”对话框。在“字体”选项卡下“中文字体”和“西文字体”下拉列表中均选择“微软雅黑”，在“字号”下拉列表中选择“小四”，在“字体颜色”下拉列表中单击“其他颜色”按钮，打开“颜色”对话框，在“自定义”选项卡下的“颜色模式”后的下拉列表中选择“RGB”，在“红色”后的微调框中输入“255”，在“绿色”后的微调框中输入“124”，在“蓝色”后的微调框中输入“128”，单击“确定”按钮，返回到“字体”对话框；在“下划线线型”下拉列表中选择“粗虚下划线”，单击“确定”按钮。

2. 设置段落格式

第 5 步：选中文档的标题行，在“开始”选项卡下“段落”组中单击“居中”按钮。选中文档的第 1 行，在“开始”选项卡下“段落”组中单击“文本右对齐”按钮。

第 6 步：选中正文中第 1 段，单击“开始”选项卡下“段落”组右下角的“对话框启动器”按钮，弹出“段落”对话框。在“缩进和间距”选项卡下的“特殊格式”下拉列表中选择“首行缩进”选项，在“磅值”文本框中选择或输入“2 字符”，在“行距”下拉列表中选择“1.5 倍行距”，单击“确定”按钮即可。

第 7 步：选中正文第 2～6 段，单击“开始”选项卡下“段落”组右下角的“对话框启动器”按钮，弹出“段落”对话框。在“缩进和间距”选项卡下的“特殊格式”下拉列表中选择“首行缩进”选项，在“磅值”文本框中选择或输入“2 字符”，在“间距”区域的“段前”文本框中选择或输入“1 行”，在“段后”文本框中选择或输入“1 行”，在“行距”下拉列表中选择“固定值”，在“设置值”文本框中选择或输入“26 磅”，在“缩进”区域的“左侧”文本框中选择或输入“2 字符”，在“右侧”文本框中选择或输入“2 字符”，单击“确定”按钮即可。

3. 首字下沉

第 8 步：选中正文第 1 段，在“插入”选项卡下的“文本”组中单击“首字下沉”下拉按钮，在弹出的下拉菜单中执行“首字下沉选项”命令，打开“首字下沉”对话框。在“位置”区域选择“下沉”，在“选项”区域的“字体”下拉列表中选择“黑体”，在“下沉行数”文本框中选择或输入“2”，单击“确定”按钮。

二、设置【文本 3-20B】如【样文 3-20B】所示

1. 拼写检查

第 9 步：将光标定位在【文本 3-20B】的起始处，在“审阅”选项卡下“校对”组中单击“拼写和语法”按钮，弹出“拼写和语法”对话框。

第 10 步：在“拼写和语法”对话框中的“不在词典中”文本框中，显示为红色的单词为错误的单词，在“建议”文本框中选择正确的单词，单击“更改”按钮。系统会自动在文档中查找下一个拼写错误的单词，并以红色显示在“不在词典中”文本框中，在“建议”文本框中选择正确的单词，直至文本中所有错误的单词更改完毕，最后单击“关闭”按钮。

2. 设置项目符号或编号

第 11 步：选中【文本 3-20B】下的所有英文文本，在“开始”选项卡下“段落”组中单击“项目符号”下拉按钮，在打开的下拉列表中执行“定义新项目符号”命令，弹出“定义新项目符号”对话框。

第 12 步：在“定义新项目符号”对话框中单击“符号”按钮，打开“符号”对话框，从中选择【样文 3-20B】所示的符号样式作为项目符号，单击“确定”按钮；返回到“定义新项目符号”对话框，可以从“预览”列表框中查看设置后的样式，最后单击“确定”按钮即可。

第 13 步：执行“文件”→“保存”命令。

第四单元　文档表格的创建与设置

4.1　第 1 题解答

执行“文件”→“打开”命令，在“查找范围”文本框中找到指定路径，选择 A4.docx 文件，单击“打开”按钮。

1. 创建表格并自动套用格式

第 1 步：将光标定位在文档开头处，在“插入”选项卡下“表格”组中单击“表格”按钮，在打开的下拉列表中执行“插入表格”命令，如图 4-1 所示。

第 2 步：弹出“插入表格”对话框，在“列数”文本框中输入“7”，在“行数”文本框中输入“3”，如图 4-2 所示，单击“确定”按钮。

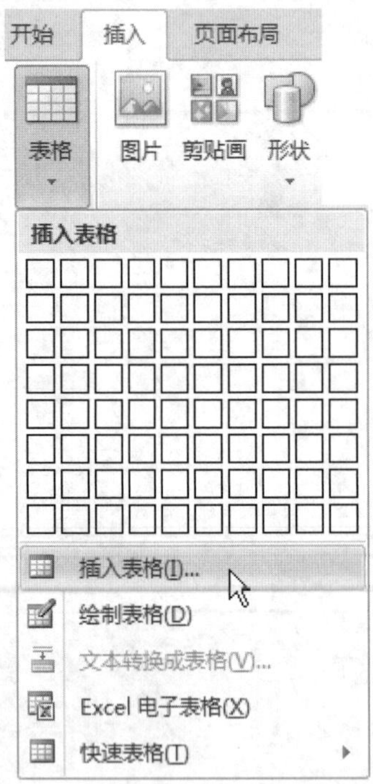

图 4-1

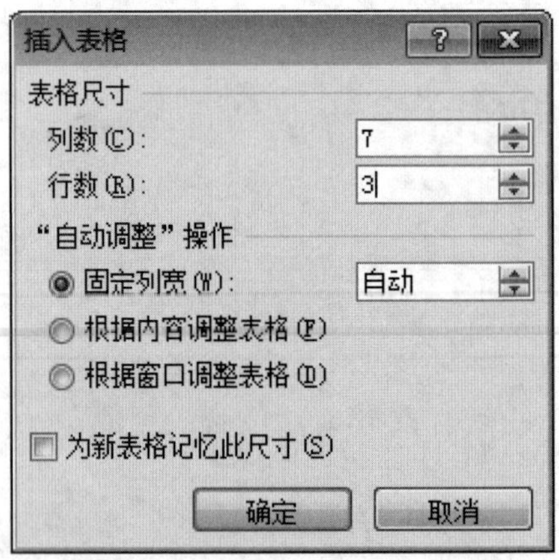

图 4-2

第 3 步：选中整个表格，打开“表格工具”的“设计”选项卡，在“表格样式”组中单击“表格样式”右侧的“其他”按钮，在打开的列表框中“内置”区域选择“中等深浅网格 1 - 强调文字颜色 4”的表格样式，如图 4-3 所示。

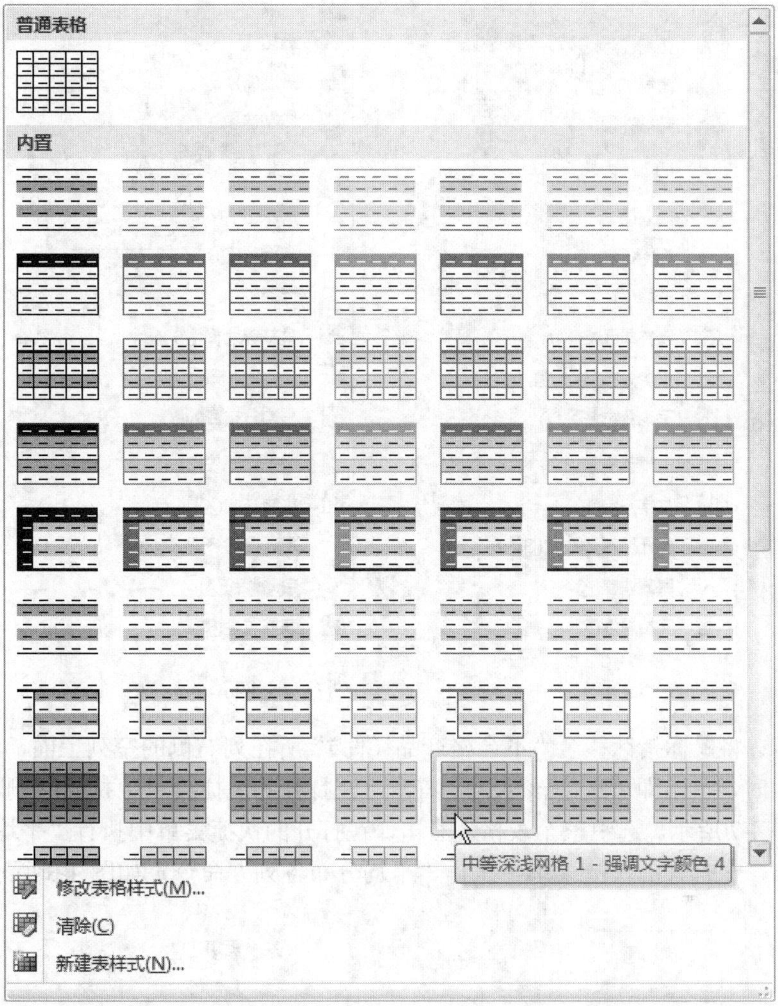

图 4-3

2. 表格的基本操作

第 4 步：选中“车间”文本所在单元格和右边的空白单元格，打开“表格工具”的“布局”选项卡，在“合并”组中单击“合并单元格”按钮，如图 4-4 所示。

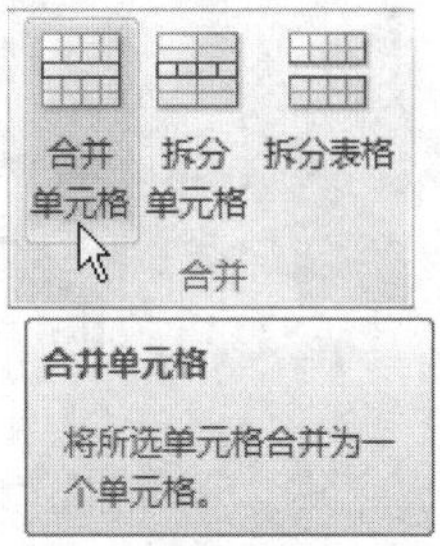

图 4-4

第 5 步：将鼠标指针移至“第四车间”所在行的左侧，当鼠标指针变成形状↗时，单击即可选中该行。右击，在打开的快捷菜单中执行“剪切”命令，将内容暂时存放在剪贴板上，如图 4-5 所示。

第 6 步：将鼠标指针移至“第五车间”所在行的左侧，当鼠标指针变成形状↗时，单击即可选中该行。右击，在打开的快捷菜单中执行“粘贴选项”下的“以新行的形式插入”命令即可，如图 4-6 所示。

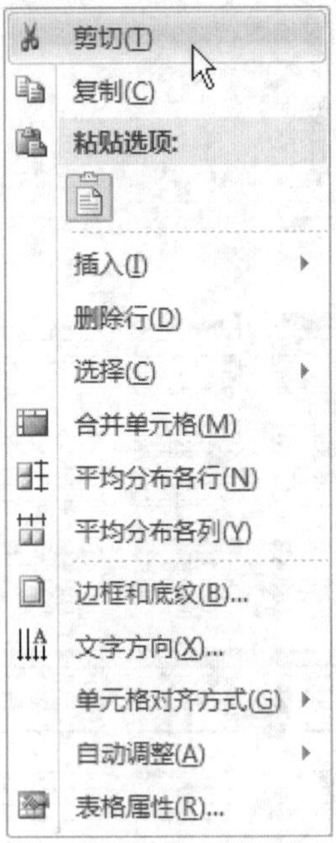

图 4-5

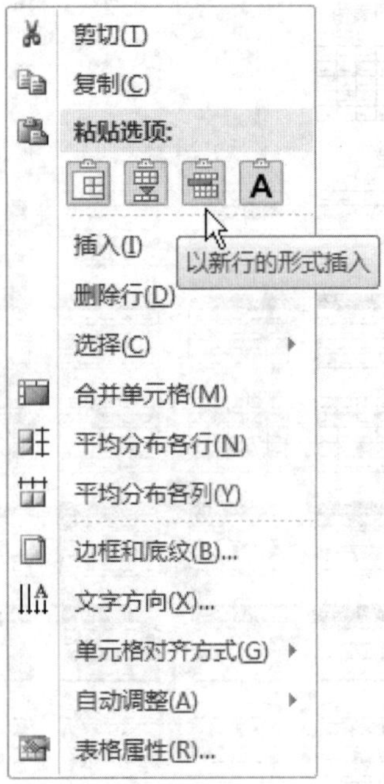

图 4-6

第 7 步：将鼠标指针移至“不合格产品（件）”所在列右侧的空列上面，当鼠标指针变成形状⬇时，单击即可选中该空列。右击，在打开的快捷菜单中执行“删除列”命令即可，如图 4-7 所示。选中整个表格，右击，在打开的快捷菜单中执行“平均分布各行”命令。右击，在打开的快捷菜单中执行“平均分布各列”命令，如图 4-8 所示。

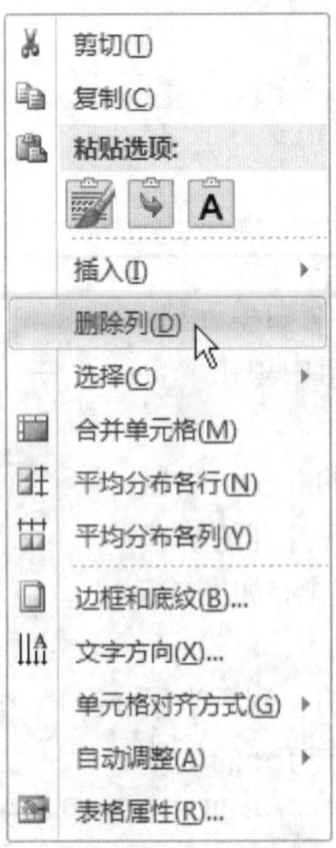

图 4-7

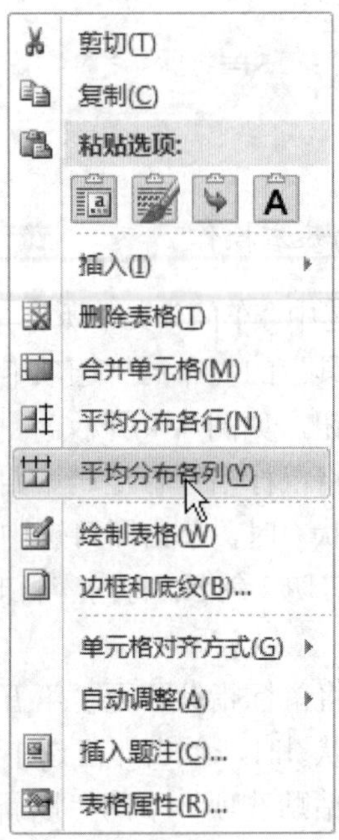

图 4-8

3．表格的格式设置

第 8 步：选中表格中包含数值的单元格，打开“表格工具”的“布局”选项卡，在“对齐方式”组中单击“水平居中”按钮，如图 4-9 所示。

第 9 步：选中表格第 1 行，打开“表格工具”的“设计”选项卡，在“表格样式”组中单击“底纹”下拉按钮底纹，在打开的下拉列表中选择标准色中的“橙色”，如图 4-10 所示。

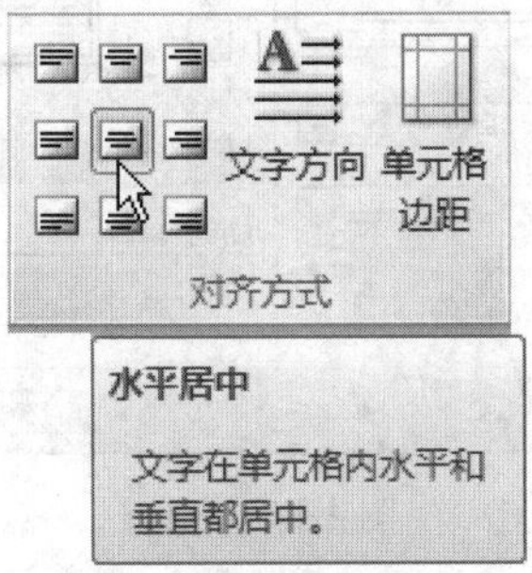

图 4-9

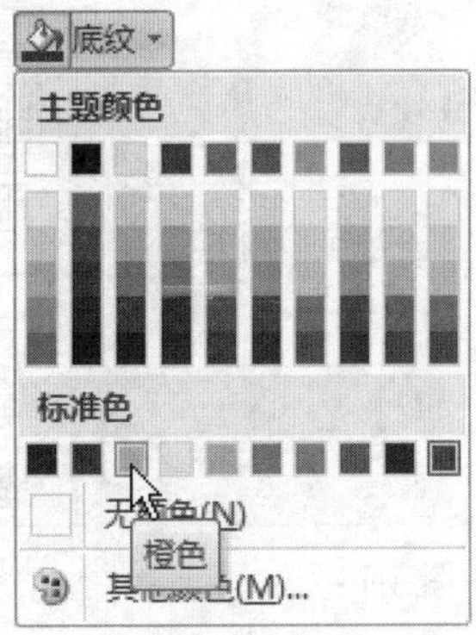

图 4-10

第 10 步：选中表格第 2～6 行，打开“表格工具”的“设计”选项卡，在“表格样式”组中单击“底纹”下拉按钮，在打开的下拉列表中执行“其他颜色”命令，如图 4-11 所示。弹出“颜色”对话框，在“自定义”选项卡下的“颜色模式”后的下拉列表中选择“RGB”，在“红色”后的微调框中输入“255”，在“绿色”后的微调框中输入“153”，在“蓝色”后的微调框中输入“204”，如图 4-12 所示，单击“确定”按钮。

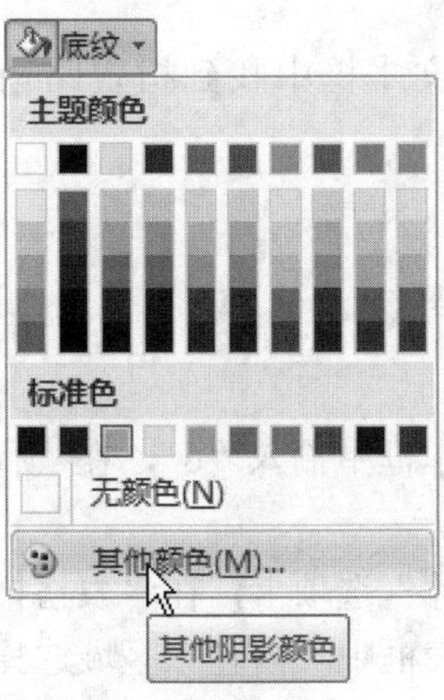

图 4-11

图 4-12

第 11 步：选中整个表格，打开“表格工具”的“设计”选项卡，在“绘图边框”组中单击右下角的“对话框启动器”按钮，如图 4-13 所示。

第 12 步：在弹出的“边框和底纹”对话框的“边框”选项卡下，单击“设置”区域的“方框”按钮，在“样式”下拉列表中选择“双实线”，在“宽度”下拉列表中选择“1.5 磅”，如图 4-14 所示。

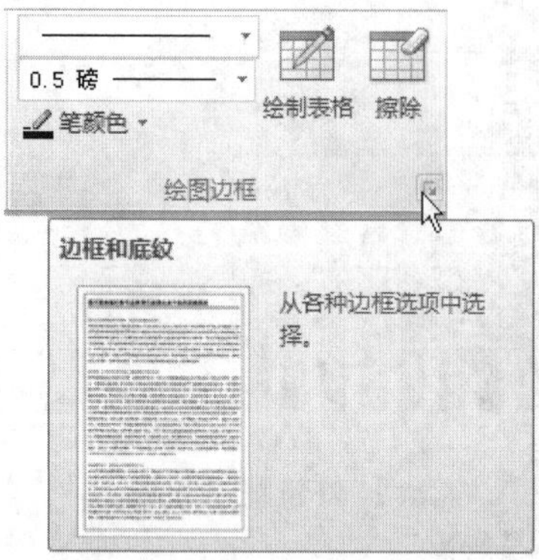

图 4-13

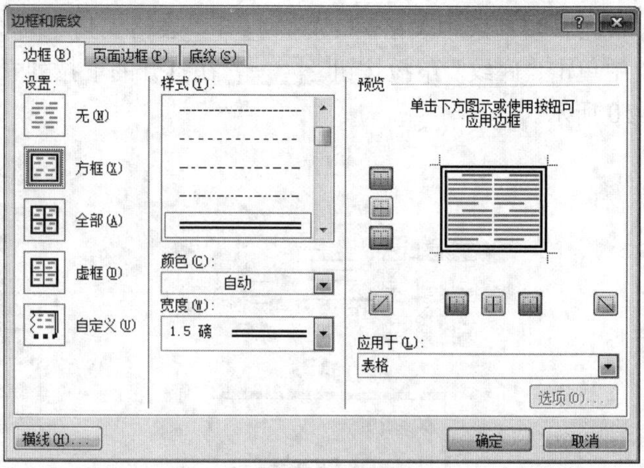

图 4-14

第 13 步：在“边框和底纹”对话框中的“边框”选项卡下，单击“设置”区域的“自定义”按钮，在“样式”下拉列表中选择“点划线”，在“宽度”下拉列表中选择“0.5 磅”，在“预览”区域中单击“横网格线”按钮。在“样式”下拉列表中选择“细实线”，在“宽度”下拉列表中选择“0.5 磅”，在预览区域中单击“竖网格线”按钮，最后单击“确定”按钮。

第 14 步：执行“文件”→“保存”命令。

4.2　第 2 题解答

执行“文件”→“打开”命令，在“查找范围”文本框中找到指定路径，选择 A4.docx 文件，单击“打开”按钮。

1. 创建表格并自动套用格式

第 1 步：将光标定位在文档开头处，在“插入”选项卡下“表格”组中单击“表格”按钮，在打开的下拉列表中执行“插入表格”命令。

第 2 步：弹出“插入表格”对话框，在“列数”文本框中输入“6”，在“行数”文本框中输入“4”，单击“确定”按钮。

第 3 步：选中整个表格，打开“表格工具”的“设计”选项卡，在“表格样式”组中单击“表格样式”右侧的“其他”按钮，在打开的列表框中“内置”区域选择“浅色网格 - 强调文字颜色 5”的表格样式。

2. 表格的基本操作

第 4 步：选中“金额”文本所在列，右击，在打开的快捷菜单中执行“插入”→“在右侧插入列”命令，如图 4-15 所示。在该列第 1 个单元格中输入文本“备注”，在其他单元格中均输入文本“已结算”。

第 5 步：选中整个表格，打开“表格工具”的“布局”选项卡，在“单元格大小”组中单击“自动调整”下拉按钮，在打开的下拉列表中执行“根据窗口自动调整表格”命令，如图 4-16 所示。

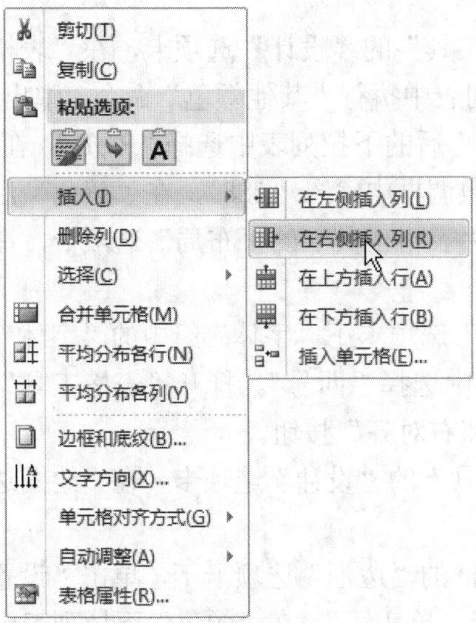

图 4-15

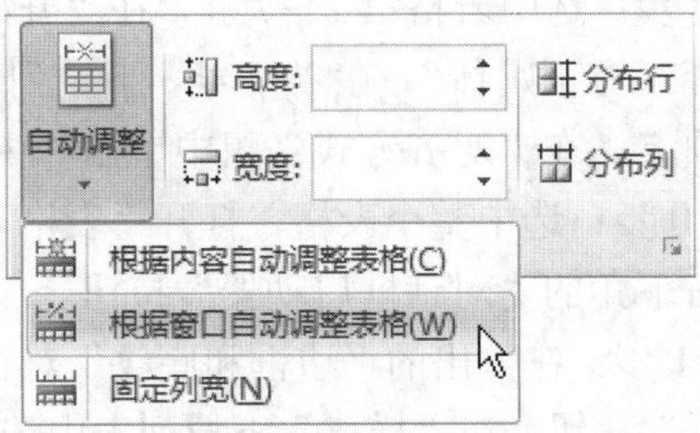

图 4-16

第 6 步：选中整个表格，右击，在打开的快捷菜单中执行“表格属性”命令，如图 4-17 所示。弹出“表格属性”对话框，在“行”选项卡下的“尺寸”区域中勾选“指定高度”复选框，后面的微调框中选择或输入“1 厘米”，在“行高值是”下拉列表中选择“固定值”，如图 4-18 所示，单击“确定”按钮即可。

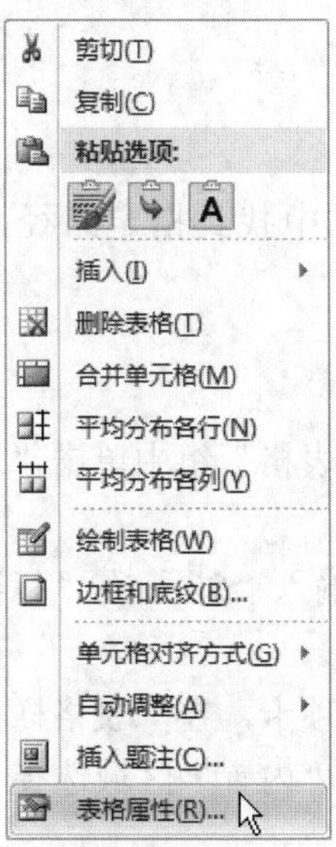

图 4-17

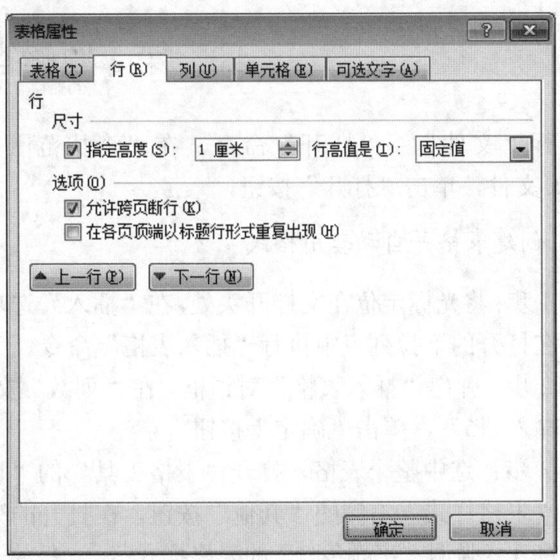

图 4-18

第 7 步：选中“12 月 22 日”文本所在单元格与其下方单元格，打开“表格工具”的“布局”选项卡，在“合并”组中单击“合并单元格”按钮。选中“差旅费”文本所在单元格与其下方单元格，打开“表格工具”的“布局”选项卡，在“合并”组中单击“合并单元格”按钮。

3. 表格的格式设置

第 8 步：选中表格第 1 行，打开“表格工具”的“设计”选项卡，在“表格样式”组中单击“底纹”下拉按钮，在打开的下拉列表中执行“其他颜色”命令，弹出“颜色”对话框。在“自定义”选项卡下的“颜色模式”后的下拉列表中选择“RGB”，在“红色”后的微调框中输入“196”，在“绿色”后的微调框中输入“188”，在“蓝色”后的微调框中输入“150”，单击“确定”按钮。打开“表格工具”的“布局”选项卡，在“对齐方式”组中单击“水平居中”按钮。

第 9 步：选中表格第 2～7 行，在“开始”选项卡下“字体”组中的“字体”下拉列表中选择“方正姚体”，在“字号”下拉列表中选择“四号”。打开“表格工具”的“布局”选项卡，在“对齐方式”组中单击“中部右对齐”按钮。

第 10 步：选中整个表格，打开“表格工具”的“设计”选项卡，在“绘图边框”组中单击右下角的“对话框启动器”按钮。

第 11 步：在弹出的“边框和底纹”对话框的“边框”选项卡下，单击“设置”区域的“方框”按钮，在“样式”下拉列表中选择“单实线”，在“颜色”下拉列表中选择标准色中的“深蓝”色，在“宽度”下拉列表中选择“1.5 磅”。单击“设置”区域的“自定义”按钮，在“样式”下拉列表中选择“点划线”，在“宽度”下拉列表中选择“1 磅”，在“预览”区域中单击“横网格线”按钮与“竖网格线”按钮。最后单击“确定”按钮即可。

第 12 步：执行“文件”→“保存”命令。

4.3 第 3 题解答

执行“文件”→“打开”命令，在“查找范围”文本框中找到指定路径，选择 A4.docx 文件，单击“打开”按钮。

1. 创建表格并自动套用格式

第 1 步：将光标定位在文档开头处，在“插入”选项卡下“表格”组中单击“表格”按钮，在打开的下拉列表中执行“插入表格”命令。

第 2 步：弹出“插入表格”对话框，在“列数”文本框中输入“5”，在“行数”文本框中输入“5”，单击“确定”按钮。

第 3 步：选中整个表格，打开“表格工具”的“设计”选项卡，在“表格样式”组中单击“表格样式”右侧的“其他”按钮，在打开的列表框中“内置”区域选择“中等深浅网格 3 - 强调文字颜色 3”的表格样式。

第 4 步：单击“表格样式”右侧的“其他”按钮，在打开的列表框中执行“修改表格样式”命令，弹出“修改样式”对话框，在“样式基准”下拉列表框中选择“流行型”，如图 4-19 所示，单击“确定”按钮。

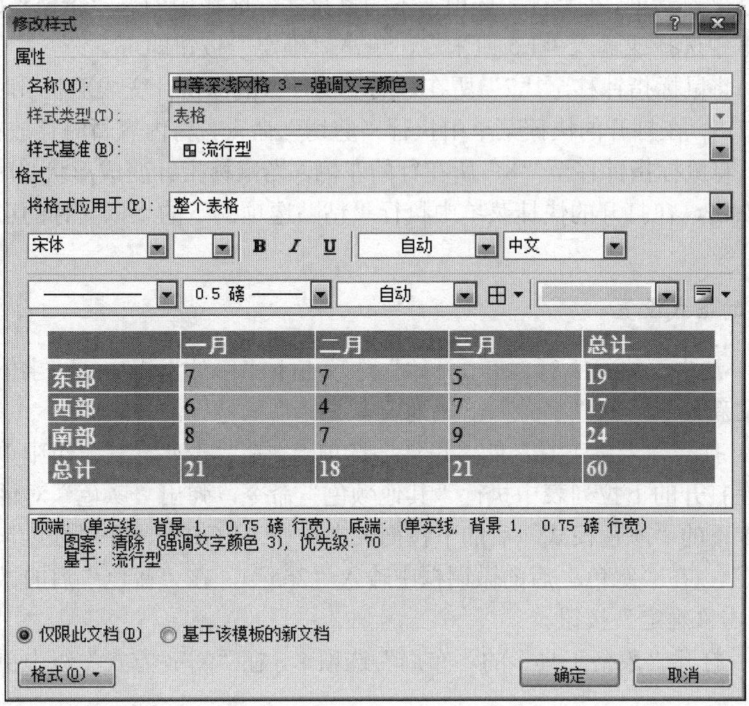

图 4-19

2. 表格的基本操作

第 5 步：选中表格第 1 行，打开“表格工具”的“布局”选项卡，在“合并”组中单击“拆分单元格”按钮，如图 4-20 所示；在弹出的“拆分单元格”对话框的“列数”文本框中输入“7”，在“行数”文本框中输入“1”，单击“确定”按钮，如图 4-21 所示；在第 1 行单元格中依次输入“学号”、“姓名”、“数学”、“语文”、“自然”、“地理”、“历史”。

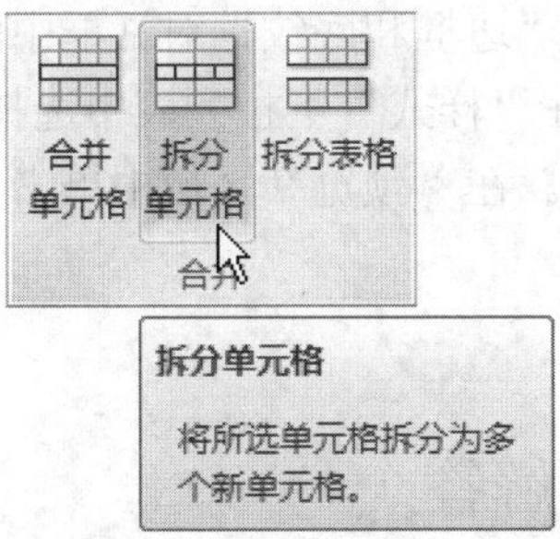

图 4-20

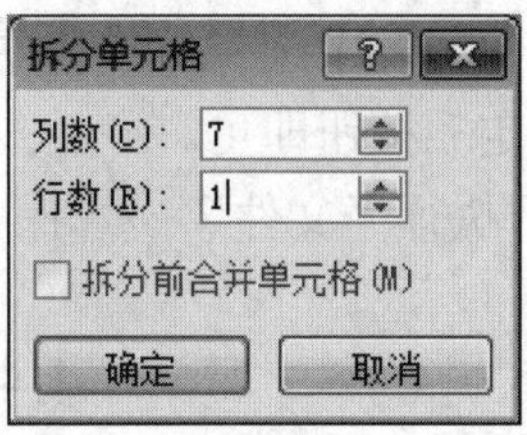

图 4-21

第 6 步：选中整个表格，打开“表格工具”的“布局”选项卡，在“单元格大小”组中单击“自动调整”下拉按钮，在打开的下拉列表中执行“根据窗口自动调整表格”

命令；右击，在打开的快捷菜单中执行“平均分布各列”命令。

第 7 步：选中表格第 1 行，右击，在打开的快捷菜单中执行“表格属性”命令，弹出“表格属性”对话框，在“行”选项卡下的“尺寸”区域中勾选“指定高度”复选框，后面的微调框中选择或输入“1.5 厘米”，单击“确定”按钮即可。

第 8 步：将鼠标指针移至“7”所在行的左侧，当鼠标指针变成形状时，单击即可选中该行。右击，在打开的快捷菜单中执行“剪切”命令，将内容暂时存放在剪贴板上。

第 9 步：将鼠标指针移至“8”所在行的左侧，当鼠标指针变成形状时，单击即可选中该行。右击，在打开的快捷菜单中执行“粘贴选项”下的“以新行的形式插入”命令即可。

3. 表格的格式设置

第 10 步：选中表格第 1 行，在“开始”选项卡下“字体”组中的“字体”下拉列表中选择“华文新魏”，在“字号”下拉列表中选择“三号”。

第 11 步：打开“表格工具”的“设计”选项卡，在“表格样式”组中单击“底纹”下拉按钮，在打开的下拉列表中执行“其他颜色”命令，弹出“颜色”对话框。在“自定义”选项卡下的“颜色模式”后的下拉列表中选择“RGB”，在“红色”后的微调框中输入“102”，在“绿色”后的微调框中输入“255”，在“蓝色”后的微调框中输入“255”，单击“确定”按钮。

第 12 步：打开“表格工具”的“布局”选项卡，在“对齐方式”组中单击“水平居中”按钮。

第 13 步：选中表格第 2～11 行，在“开始”选项卡下“字体”组中的“字体”下拉列表中选择“华文细黑”，在“字体颜色”下拉列表中选择标准色中的“深蓝”色。打开“表格工具”的“布局”选项卡，在“对齐方式”组中单击“靠下居中对齐”按钮。

第 14 步：选中整个表格，打开“表格工具”的“设计”选项卡，在“绘图边框”组中单击右下角的“对话框启动器”按钮。在弹出的“边框和底纹”对话框中的“边框”选项卡下，单击“设置”区域的“方框”按钮，在“样式”下拉列表中选择“单实线”，在“宽度”下拉列表中选择“1.5 磅”，单击“确定”按钮。

第 15 步：选中第 1 行，打开“表格工具”的“设计”选项卡，在“绘图边框”组中单击右下角的“对话框启动器”按钮。在弹出的“边框和底纹”对话框中的“边框”选项卡下，单击“设置”区域的“自定义”按钮，在“样式”下拉列表中选择“双实线”，在“颜色”下拉列表中选择标准色中的“橙色”。在“预览”区域中单击“下框线”按钮，单击“确定”按钮即可。

第 16 步：执行“文件”→“保存”命令。

4.4 第 4 题解答

执行“文件”→“打开”命令，在“查找范围”文本框中找到指定路径，选择 A4.docx 文件，单击“打开”按钮。

1. 创建表格并自动套用格式

第 1 步：将光标定位在文档开头处，在“插入”选项卡下“表格”组中单击“表格”按钮，在打开的下拉列表中执行“插入表格”命令。

第 2 步：弹出“插入表格”对话框，在“列数”文本框中输入“5”，在“行数”文本框中输入“7”，单击“确定”按钮。

第 3 步：选中整个表格，打开“表格工具”的“设计”选项卡，在“表格样式”组中单击“表格样式”右侧的“其他”按钮，在打开的列表框中“内置”区域选择“彩色网格 - 强调文字颜色 2”的表格样式。

2. 表格的基本操作

第 4 步：选中“利润”行下方的空行，右击，在打开的快捷菜单中执行“删除行”命令。

第 5 步：将鼠标指针移至“利润”所在行的左侧，当鼠标指针变成形状↗时，单击即可选中该行。右击，在打开快捷菜单中执行“剪切”命令，将内容暂时存放在剪贴板上。

第 6 步：将鼠标指针移至“可比产品成本降低率”所在行的左侧，当鼠标指针变成形状↗时，单击即可选中该行。右击，在打开的快捷菜单中执行“粘贴选项”下的“以新行的形式插入”命令即可。

第 7 步：选中除表头行以外的所有行，右击，在打开的快捷菜单中执行“平均分布各行”命令即可。

第 8 步：选中“定额资产”文本所在单元格与其前方的单元格，打开“表格工具”的“布局”选项卡，在“合并”组中单击“合并单元格”按钮即可。

3. 表格的格式设置

第 9 步：选中表格第 2～7 列，打开“表格工具”的“布局”选项卡，在“对齐方式”组中单击“水平居中”按钮；选中表格第 2～6 行，单击“水平居中”按钮。

第 10 步：选中整个表格，打开“表格工具”的“设计”选项卡，在“表格样式”组中单击“底纹”下拉按钮，在打开的下拉列表中执行“其他颜色”命令，弹出“颜色”对话框。在“自定义”选项卡下的“颜色模式”后的下拉列表中选择“RGB”，在“红色”后的微调框中输入“205”，在“绿色”后的微调框中输入“255”，在“蓝色”后的微调框中输入“50”，单击“确定”按钮。

第 11 步：选中表格所有空白单元格，打开“表格工具”的“设计”选项卡，在“表格样式”组中单击“底纹”下拉按钮，在打开的下拉列表中执行“其他颜色”命令，弹出“颜色”对话框。在“自定义”选项卡下的“颜色模式”后的下拉列表中选择“RGB”，在“红色”后的微调框中输入“200”，在“绿色”后的微调框中输入“255”，在“蓝色”后的微调框中输入“255”，单击“确定”按钮。

第 12 步：选中整个表格，打开“表格工具”的“设计”选项卡，在“绘图边框”组中单击右下角的“对话框启动器”按钮。在弹出的“边框和底纹”对话框的“边框”选项卡下，单击“设置”区域的“全部”按钮，在“样式”下拉列表中选择如【样文 4-4】所示的线型，在“宽度”下拉列表中选择“2.25 磅”，最后单击“确定”按钮即可。

第 13 步：执行“文件”→“保存”命令。

4.5 第 5 题解答

执行“文件”→“打开”命令，在“查找范围”文本框中找到指定路径，选择 A4.docx 文件，单击“打开”按钮。

1. 创建表格并自动套用格式

第 1 步：将光标定位在文档开头处，在“插入”选项卡下“表格”组中单击“表格”按钮，在打开的下拉列表中执行“插入表格”命令。

第 2 步：弹出“插入表格”对话框，在“列数”文本框中输入“5”，在“行数”文本框中输入“5”，单击“确定”按钮。

第 3 步：选中整个表格，打开“表格工具”的“设计”选项卡，在“表格样式”组中单击“表格样式”右侧的“其他”按钮。在打开的列表框中“内置”区域选择“中等深浅网格 1”的表格样式。单击“表格样式”右侧的“其他”按钮，在打开的列表框中执行“修改表格样式”命令，弹出“修改样式”对话框，在“样式基准”下拉框中选择“简明型 3”，单击“确定”按钮。

2. 表格的基本操作

第 4 步：选中“上午”行下方的空行，打开“表格工具”的“布局”选项卡，在“行和列”组中单击“删除”按钮，在打开的下拉列表中执行“删除行”命令。

第 5 步：将鼠标指针移至“星期四”所在列的上方，当鼠标指针变成形状⬇时，单击即可选中该列。右击，在打开的快捷菜单中执行“剪切”命令，将内容暂时存放在剪贴板上。

第 6 步：将鼠标指针移至“星期五”所在列的上方，当鼠标指针变成形状⬇时，单击即可选中该列。右击，在打开的快捷菜单中执行“粘贴选项”下的“插入为新列”命令即可。

第 7 步：选中表格第 1 列，打开“表格工具”的“布局”选项卡，在“单元格大小”组中“宽度”后的微调框中输入或微调至“3 厘米”即可，如图 4-22 所示。

第 8 步：选中表格第 2～6 列，打开“表格工具”的“布局”选项卡，在“单元格大小”组中单击“分布列”按钮即可。

第 9 步：选中“上午”文本所在的单元格与其下方的三个单元格。打开“表格工具”的“布局”选项卡，在“合并”组中单击“合并单元格”按钮。选中“下午”文本所在的单元格与其下方的两个单元格，单击“合并单元格”按钮即可。

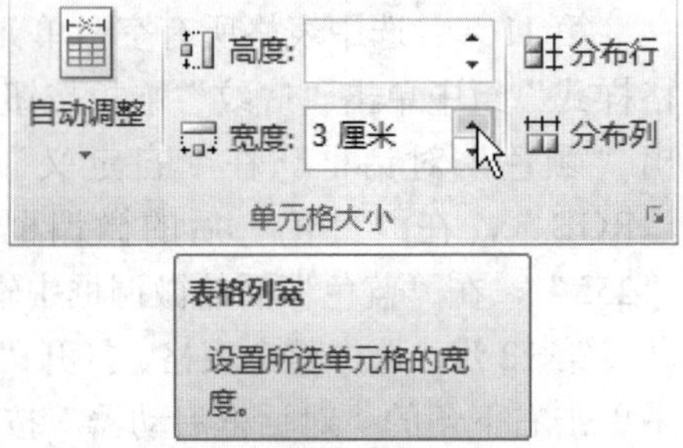

图 4-22

3. 表格的格式设置

第 10 步：选中整个表格，打开“表格工具”的“布局”选项卡，在“对齐方式”组中单击“水平居中”按钮。

第 11 步：选中表格第 1 行，在“开始”选项卡下“字体”组中的“字体”下拉列表中选择“微软雅黑”，在“字号”下拉列表中选择“五号”，单击“加粗”按钮。

第 12 步：同时选中表格第 1、3、5 列，打开“表格工具”的“设计”选项卡，在“表格样式”组中单击“底纹”下拉按钮，在打开的下拉列表中单击执行“其他颜色”命令，弹出“颜色”对话框。在“自定义”选项卡下的“颜色模式”后的下拉列表中选择“RGB”，在“红色”后的微调框中输入“180”，在“绿色”后的微调框中输入“220”，在“蓝色”后的微调框中输入“230”，单击“确定”按钮。

第 13 步：同时选中表格第 2、4、6 列，打开“表格工具”的“设计”选项卡，在“表格样式”组中单击“底纹”下拉按钮，在打开的下拉列表中执行“其他颜色”命令，弹出“颜色”对话框。在“自定义”选项卡下的“颜色模式”后的下拉列表中选择“RGB”，在“红色”后的微调框中输入“230”，在“绿色”后的微调框中输入“240”，在“蓝色”后的微调框中输入“220”，单击“确定”按钮。

第 14 步：选中整个表格，打开“表格工具”的“设计”选项卡，在“绘图边框”组中单击右下角的“对话框启动器”按钮。

第 15 步：在弹出的“边框和底纹”对话框中的“边框”选项卡下，单击“设置”区域的“方框”按钮，在“样式”下拉列表中选择【样文 4-5】所示的线型。单击“设置”区域的“自定义”按钮，在“样式”下拉列表中选择“单实线”，在“宽度”下拉列表中选择“1 磅”，在“预览”区域中单击“横网格线”按钮与“竖网格线”按钮，最后单击“确定”按钮即可。

第 16 步：执行“文件”→“保存”命令。

4.6 第 6 题解答

执行“文件”→“打开”命令，在“查找范围”文本框中找到指定路径，选择 A4.docx 文件，单击“打开”按钮。

1. 创建表格并自动套用格式

第 1 步：将光标定位在文档开头处，在“插入”选项卡下“表格”组中单击“表格”按钮，在打开的下拉列表中执行“插入表格”命令。

第 2 步：弹出“插入表格”对话框，在“列数”文本框中输入“5”，在“行数”文本框中输入“4”，单击“确定”按钮。

第 3 步：选中整个表格，打开“表格工具”的“设计”选项卡，在“表格样式”组中单击“表格样式”右侧的“其他”按钮。在打开的列表框中“内置”区域选择“彩色列表 - 强调文字颜色 3”的表格样式。

2. 表格的基本操作

第 4 步：选中“规格”文本所在单元格与其左侧的空白单元格，打开“表格工具”的“布局”选项卡，在“合并”组中单击“合并单元格”按钮。

第 5 步：将鼠标指针移至“刨花板”所在行的左侧，当鼠标指针变成形状↗时，单击即可选中该行。右击，在打开的快捷菜单中执行“剪切”命令，将内容暂时存放在剪贴板上。

第 6 步：将鼠标指针移至“进口三合板”所在行的左侧，当鼠标指针变成形状↗时，单击即可选中该行。右击，在打开的快捷菜单中执行“粘贴选项”下的“以新行的形式插入”命令即可。

第 7 步：选中整个表格，右击，在打开的快捷菜单中执行“平均分布各列”命令。选中“进口三合板”行下面的空行，右击，在打开的快捷菜单中执行“删除行”命令。

3. 表格的格式设置

第 8 步：选中表格除第 1 行和第 1 列的单元格，打开“表格工具”的“布局”选项卡，在“对齐方式”组中单击“水平居中”按钮。

第 9 步：选中表格第 1 行，在“开始”选项卡下“字体”组中的“字体”下拉列表中选择“华文宋体”，在“字号”下拉列表中选择“小三”。

第 10 步：打开“表格工具”的“设计”选项卡，单击“绘图边框”组右下角的“对话框启动器”按钮。在弹出的“边框和底纹”对话框中，在“底纹”选项卡下的“图案”区域的“样式”下拉列表中选择“浅色下斜线”图案样式。在“颜色”下拉列表中执行“其他颜色”命令，弹出“颜色”对话框。在“自定义”选项卡下的“颜色模式”后的下拉列表中选择“RGB”，在“红色”后的微调框中输入“75”，在“绿色”后的微调框中输入“172”，在“蓝色”后的微调框中输入“198”。单击“确定”按钮，返回到“边框和底纹”对话框，如图 4-23 所示，再次单击“确定”按钮即可。

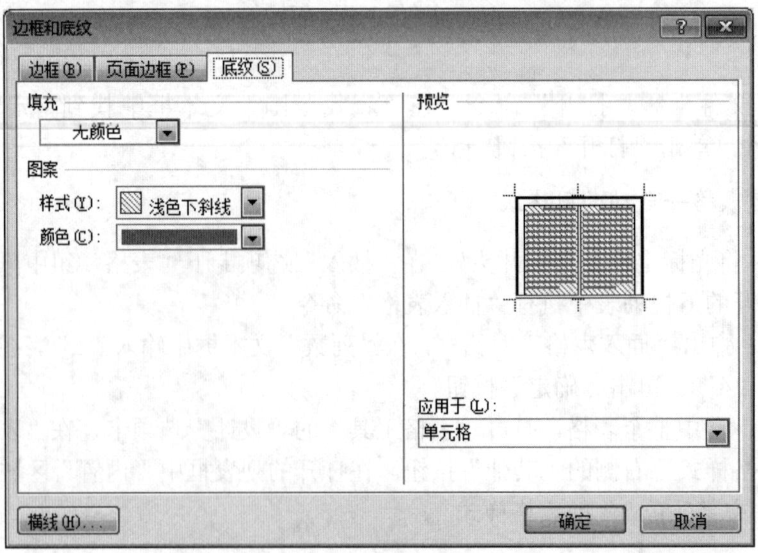

图 4-23

第 11 步：选中整个表格，打开“表格工具”的“设计”选项卡，单击“绘图边框”组中右下角的“对话框启动器”按钮。

第 12 步：在弹出的“边框和底纹”对话框中的“边框”选项卡下，单击“设置”区域的“方框”按钮，在“样式”下拉列表中选择【样文 4-6】所示的线型，在“颜色”下拉列表中选择标准色中的“深蓝”色。

第 13 步：单击“设置”区域的“自定义”按钮，在“样式”下拉列表中选择“双实线”，在“颜色”下拉列表中选择标准色中的“红色”，在“宽度”下拉列表中选择“0.5 磅”，在“预览”区域中单击“横网格线”按钮与“竖网格线”按钮，最后单击“确定”按钮即可。

第 14 步：执行“文件”→“保存”命令。

4.7　第 7 题解答

执行“文件”→“打开”命令，在“查找范围”文本框中找到指定路径，选择 A4.docx 文件，单击“打开”按钮。

1. 创建表格并自动套用格式

第 1 步：将光标定位在文档开头处，在“插入”选项卡下“表格”组中单击“表格”按钮，在打开的下拉列表中执行“插入表格”命令。

第 2 步：弹出“插入表格”对话框，在“列数”文本框中输入“6”，在“行数”文本框中输入“5”，单击“确定”按钮。

第 3 步：选中整个表格，打开“表格工具”的“设计”选项卡，在“表格样式”组中单击“表格样式”右侧的“其他”按钮。在打开的列表框中“内置”区域选择“彩色网格 - 强调文字颜色 5”的表格样式。

2. 表格的基本操作

第 4 步：选中“类别”文本所在单元格与其右侧的空白单元格，打开“表格工具”的“布局”选项卡，在“合并”组中单击“合并单元格”按钮。选中“KGX”行下面的空行，右击，在打开的快捷菜单中执行“删除行”命令即可。

第 5 步：将鼠标指针移至“单价”所在列的上方，当鼠标指针变成形状⬇时，单击即可选中该列。右击，在打开的快捷菜单中执行“剪切”命令，将内容暂时存放在剪贴板上。

第 6 步：将鼠标指针移至“页数”所在列的上方，当鼠标指针变成形状⬇时，单击即可选中该列。右击，在打开的快捷菜单中执行“粘贴选项”下的“插入为新列”命令即可。

第 7 步：选中表格第 1 行，打开“表格工具”的“布局”选项卡，在“单元格大小”组中“高度”后的微调框中输入或微调至“1 厘米”。选中表格第 2～13 行，在“高度”后的微调框中输入或微调至“0.7 厘米”；选中表格第 2 列，在“宽度”后的微调框中输入或微调至“3 厘米”即可。

3. 表格的格式设置

第 8 步：选中整个表格，打开“表格工具”的“布局”选项卡，在“对齐方式”组中单击“水平居中”按钮。

第 9 步：选中表格第 1 行，打开“表格工具”的“设计”选项卡，在“表格样式”组中单击“底纹”下拉按钮，在打开的下拉列表中选择标准色中的“橙色”。

第 10 步：选中表格第 1 列（除“名称”单元格）和第 2 列（除“类别”单元格），单击“底纹”下拉按钮，在打开的下拉列表中选择标准色中的“浅绿”色。

第 11 步：选中数值区域单元格，在“开始”选项卡下“字体”组中的“字体”下拉列表中选择“Arial”，打开“表格工具”的“设计”选项卡，“表格样式”组中单击“底纹”下拉按钮，在打开的下拉列表中执行“其他颜色”命令，弹出“颜色”对话框。在“自定义”选项卡下“颜色模式”后的下拉列表中选择“RGB”，在“红色”后的微调框中输入“178”，在“绿色”后的微调框中输入“161”，在“蓝色”后的微调框中输入“199”，单击“确定”按钮即可。

第 12 步：选中整个表格，打开“表格工具”的“设计”选项卡，单击“绘图边框”组右下角的“对话框启动器”按钮。在弹出的“边框和底纹”对话框中的“边框”选项卡下，单击“设置”区域的“方框”按钮，在“样式”下拉列表中选择【样文 4-7】所示的线型，在“颜色”下拉列表中选择标准色中的“蓝色”，最后单击“确定”按钮即可。

第 13 步：选中数值区域单元格，打开“表格工具”的“设计”选项卡，单击“绘图边框”组右下角的“对话框启动器”按钮。在弹出的“边框和底纹”对话框中的“边框”选项卡下，单击“设置”区域的“自定义”按钮，在“样式”下拉列表中选择“双实线”，在“颜色”下拉列表中选择标准色中的“红色”，在“宽度”下拉列表中选择“0.75 磅”，在“预览区”域中选中“上框线”按钮与“左框线”按钮，最后单击“确定”按钮即可。

第 14 步：执行“文件”→“保存”命令。

4.8 第 8 题解答

执行“文件”→“打开”命令，在“查找范围”文本框中找到指定路径，选择 A4.docx 文件，单击“打开”按钮。

1. 创建表格并自动套用格式

第 1 步：将光标定位在文档开头处，在“插入”选项卡下“表格”组中单击“表格”按钮，在打开的下拉列表中执行“插入表格”命令。

第 2 步：弹出“插入表格”对话框，在“列数”文本框中输入“5”，在“行数”文本框中输入“6”，单击“确定”按钮。

第 3 步：选中整个表格，打开“表格工具”的“设计”选项卡，在“表格样式”组中单击“表格样式”右侧的“其他”按钮。在打开的列表框中“内置”区域选择“中等深浅网格 1 - 强调文字颜色 4”的表格样式。

第 4 步：单击“表格样式”右侧的“其他”按钮，在打开的列表框中执行“修改表格样式”命令，弹出“修改样式”对话框，在“样式基准”下拉框中选择“精巧型 2”，单击“确定”按钮。

2. 表格的基本操作

第 5 步：选中“合计”文本所在单元格与其下面的空白单元格，打开“表格工具”的“布局”选项卡，在“合并”组中单击“合并单元格”按钮。选中表格中的第 1 列（空列），单击“拆分单元格”按钮，在弹出的“拆分单元格”对话框中，“列数”文本框中输入“1”，在“行数”文本框中输入“6”，单击“确定”按钮；在表格第 1 列中依次输入“记录号”、“1”、“2”、“3”、“4”、“5”。

第 6 步：选中整个表格，打开“表格工具”的“布局”选项卡，在“单元格大小”组中单击“自动调整”下拉按钮，在打开的下拉列表中执行“根据窗口自动调整表格”命令，然后单击“分布列”按钮。

第 7 步：选中整个表格，右击，在打开的快捷菜单中执行“表格属性”命令，弹出“表格属性”对话框，在“行”选项卡下的“尺寸”区域中勾选“指定高度”复选框，后面的微调框中选择或输入“1 厘米”，在“行高值是”下拉列表中选择“固定值”，单击“确定”按钮即可。

第 8 步：将鼠标指针移至“浮动工资”所在列的上方，当鼠标指针变成形状⬇时，单击即可选中该列。右击，在打开的快捷菜单中执行“剪切”命令，将内容暂时存放在剪贴板上。

第 9 步：将鼠标指针移至“书报费”所在列的上方，当鼠标指针变成形状⬇时，单击即可选中该列。右击，在打开的快捷菜单中执行“粘贴选项”下的“插入为新列”命令即可。

3. 表格的格式设置

第 10 步：选中整个表格，在“开始”选项卡下“字体”组中的“字体”下拉列表中选择“华文琥珀”，在“字号”下拉列表中选择“五号”；打开“表格工具”的“布局”选项卡，在“对齐方式”组中单击“水平居中”按钮。

第 11 步：选中表格第 1 行，打开“表格工具”的“设计”选项卡，在“表格样式”组中单击“底纹”下拉按钮，在打开的下拉列表中执行“其他颜色”命令，弹出“颜色”对话框。在“自定义”选项卡下的“颜色模式”后的下拉列表中选择“RGB”，在“红色”后的微调框中输入“255”，在“绿色”后的微调框中输入“204”，在“蓝色”后的微调框中输入“0”，单击“确定”按钮即可。

第 12 步：按住 Ctrl 键同时选中表格第 2、4、6 行，打开“表格工具”的“设计”选项卡，单击“绘图边框”组右下角的“对话框启动器”按钮。

第 13 步：弹出“边框和底纹”对话框，在“底纹”选项卡下的“图案”区域的“样式”下拉列表中选择“浅色下斜线”的图案样式，在“颜色”下拉列表中执行“其他颜色”命令，弹出“颜色”对话框。在“自定义”选项卡下的“颜色模式”后的下拉列表中选择“RGB”，在“红色”后的微调框中输入“255”，在“绿色”后的微调框中输入“153”，在“蓝色”后的微调框中输入“204”。单击“确定”按钮，返回到“边框和底纹”对话框，再次单击“确定”按钮。

第 14 步：按住 Ctrl 键同时选中表格第 3、5 行，打开“表格工具”的“设计”选项卡，单击“绘图边框”组右下角的“对话框启动器”按钮。

第 15 步：弹出“边框和底纹”对话框，在“底纹”选项卡下的“图案”区域的“样式”下拉列表中选择“浅色上斜线”的图案样式，在“颜色”下拉列表中执行“其他颜色”命令，弹出“颜色”对话框。在“自定义”选项卡下的“颜色模式”后的下拉列表中选择“RGB”，在“红色”后的微调框中输入“255”，在“绿色”后的微调框中输入“153”，在“蓝色”后的微调框中输入“204”。单击“确定”按钮，返回到“边框和底纹”对话框，再次单击“确定”按钮即可。

第 16 步：选中整个表格，打开“表格工具”的“设计”选项卡，单击“绘图边框”组中右下角的“对话框启动器”按钮。

第 17 步：在弹出的“边框和底纹”对话框中的“边框”选项卡下，单击“设置”区域的“方框”按钮，在“样式”下拉列表中选择“双波浪线”，在“颜色”下拉列表中选择标准色中的“深蓝”色；单击“设置”区域的“自定义”按钮，在“预览”区域中单击“横网格线”按钮与“竖网格线”按钮，取消所有的内网格线，单击“确定”按钮。

第 18 步：选中表格第 1 行，打开“表格工具”的“设计”选项卡，单击“绘图边框”组右下角的“对话框启动器”按钮。

第 19 步：在弹出的“边框和底纹”对话框中的“边框”选项卡下，单击“设置”区域的“自定义”按钮，在“样式”下拉列表中选择“双实线”，在“颜色”下拉列表中选择标准色中的“浅蓝”色。在“预览”区域中单击“下框线”按钮，最后单击“确定”按钮即可。

第 20 步：执行“文件”→“保存”命令。

4.9 第 9 题解答

执行“文件”→“打开”命令，在“查找范围”文本框中找到指定路径，选择 A4.docx 文件，单击“打开”按钮。

1. 创建表格并自动套用格式

第 1 步：将光标定位在文档开头处，在“插入”选项卡下“表格”组中单击“表格”按钮，在打开的下拉列表中执行“插入表格”命令。

第 2 步：弹出“插入表格”对话框，在“列数”文本框中输入“4”，在“行数”文本框中输入“4”，单击“确定”按钮。

第 3 步：选中整个表格，打开“表格工具”的“设计”选项卡，在“表格样式”组中单击“表格样式”右侧的“其他”按钮。在打开的列表框中“内置”区域选择“中等深浅底纹 1 - 强调文字颜色 1”的表格样式。

2. 表格的基本操作

第 4 步：选中表格中的第 1 列（空列），右击，在打开快捷菜单中选择“删除列”即可。

第 5 步：将鼠标指针移至“备注”所在行的左侧，当鼠标指针变成形状↗时，单击即可选中该行。右击，在打开的快捷菜单中执行“剪切”命令，将内容暂时存放在剪贴板上。将鼠标指针移至“总购货额”所在行的左侧，当鼠标指针变成形状↗时，单击即可选中该行。右击，在打开的快捷菜单中执行“粘贴选项”下的“以新行的形式插入”命令即可。

第 6 步：将鼠标指针移至“总购货额”所在行的左侧，当鼠标指针变成形状↗时，单击即可选中该行。右击，在打开的快捷菜单中执行“剪切”命令，将内容暂时存放在剪贴板上；将鼠标指针移至“累计总价”所在行的左侧，当鼠标指针变成形状↗时，单击即可选中该行。右击，在打开的快捷菜单中执行“粘贴选项”下的“以新行的形式插入”命令即可。

第 7 步：选中整个表格，打开“表格工具”的“布局”选项卡，在“单元格大小”组中“高度”后的微调框中输入或微调至“1 厘米”，在“宽度”后的微调框中输入或微调至“2.3 厘米”即可。

第 8 步：选中“地址”右侧的三个空白单元格，打开“表格工具”的“布局”选项卡，在“合并”组中单击“合并单元格”按钮。选中“总积分额”后面的五个空白单元格，单击“合并单元格”按钮。选中“总购货额”后面的五个空白单元格，单击“合并单元格”按钮。选中“累计总价”后面的五个空白单元格，单击“合并单元格”按钮。选中“备注”后面的五个空白单元格，单击“合并单元格”按钮。

3. 表格的格式设置

第 9 步：选中整个表格，在“开始”选项卡下“字体”组中的“字体”下拉列表中选择“微软雅黑”，在“字号”下拉列表中选择“五号”。打开“表格工具”的“布局”选项卡，在“对齐方式”组中单击“水平居中”按钮。

第 10 步：选中表格第 1、2 行，打开“表格工具”的“设计”选项卡，在“表格样式”组中单击“底纹”下拉按钮，在打开的下拉列表中执行“其他颜色”命令，弹出“颜色”对话框。在“自定义”选项卡下的“颜色模式”后的下拉列表中选择“RGB”，在“红色”后的微调框中输入“131”，在“绿色”后的微调框中输入“211”，在“蓝色”后的微调框中输入“253”，单击“确定”按钮。

第 11 步：选中表格第 3、4、5、6、7 行，打开“表格工具”的“设计”选项卡，在“表格样式”组中单击“底纹”下拉按钮。在打开的下拉列表中执行“其他颜色”命令，弹出“颜色”对话框。在“自定义”选项卡下的“颜色模式”后的下拉列表中选择“RGB”，在“红色”后的微调框中输入“156”，在“绿色”后的微调框中输入“226”，在“蓝色”后的微调框中输入“173”，单击“确定”按钮。

第 12 步：选中表格第 8、9、10、11 行，打开“表格工具”的“设计”选项卡，在“表格样式”组中单击“底纹”下拉按钮。在打开的下拉列表中执行“其他颜色”按钮，弹出“颜色”对话框。在“自定义”选项卡下的“颜色模式”后的下拉列表中选择“RGB”，在“红色”后的微调框中输入“249”，在“绿色”后的微调框中输入“217”，在“蓝色”后的微调框中输入“140”，单击“确定”按钮即可。

第 13 步：选中整个表格，打开“表格工具”的“设计”选项卡，单击“绘图边框”

组右下角的“对话框启动器”按钮。在弹出的“边框和底纹”对话框中的“边框”选项卡下，单击“设置”区域的“方框”按钮，在“样式”下拉列表中选择【样文 4-9】所示的线型，单击“确定”按钮。

第 14 步：选中表格第 2 行，打开“表格工具”的“设计”选项卡，单击“绘图边框”组右下角的“对话框启动器”按钮。在弹出的“边框和底纹”对话框中的“边框”选项卡下，单击“设置”区域的“自定义”按钮，在“样式”下拉列表中选择“单实线”，在“颜色”下拉列表中选择标准色中的“深蓝”色，在“宽度”下拉列表中选择“2.25 磅”，在“预览”区域中单击“下框线”按钮，最后单击“确定”按钮即可。

第 15 步：选中表格第 7 行，打开“表格工具”的“设计”选项卡，单击“绘图边框”组右下角的“对话框启动器”按钮。在弹出的“边框和底纹”对话框中的“边框”选项卡下，单击“设置”区域的“自定义”按钮，在“样式”下拉列表中选择“单实线”，在“颜色”下拉列表中选择标准色中的“深蓝”色，在“宽度”下拉列表中选择“2.25 磅”，在“预览”区域中单击“下框线”按钮，最后单击“确定”按钮即可。

第 16 步：执行“文件”→“保存”命令。

4.10 第 10 题解答

执行“文件”→“打开”命令，在“查找范围”文本框中找到指定路径，选择 A4.docx 文件，单击“打开”按钮。

1. 创建表格并自动套用格式

第 1 步：将光标定位在文档开头处，在“插入”选项卡下“表格”组中单击“表格”按钮，在打开的下拉列表中执行“插入表格”命令。

第 2 步：弹出“插入表格”对话框，在“列数”文本框中输入“6”，在“行数”文本框中输入“3”，单击“确定”按钮。

第 3 步：选中整个表格，打开“表格工具”的“设计”选项卡，在“表格样式”组中单击“表格样式”右侧的“其他”按钮。在打开的列表框中“内置”区域选择“浅色列表 - 强调文字颜色 2”的表格样式。单击“表格样式”右侧的“其他”按钮，在打开的列表框中执行“修改表格样式”命令，弹出“修改样式”对话框，在“样式基准”下拉列表框中选择“列表型 7”，单击“确定”按钮。

2. 表格的基本操作

第 4 步：选中“菊花”行下方的空行，右击，在打开的快捷菜单中执行“删除行”命令即可。

第 5 步：将鼠标指针移至“2009 年”所在列的上方，当鼠标指针变成形状⬇时，单击即可选中该列。右击，在打开的快捷菜单中执行“剪切”命令，将内容暂时存放在剪贴板上；将鼠标指针移至“2010 年”所在列的上方，当鼠标指针变成形状⬇时，单击即可选中该列。右击，在打开的快捷菜单中执行“粘贴选项”下的“插入为新列”命令即可。

第 6 步：选中“2007 年”文本所在单元格与其下面的空单元格，打开“表格工具”的“布局”选项卡，在“合并”组中单击“合并单元格”按钮。按照相同方法，分别将“2008 年”、“2009 年”、“2010 年”文本所在单元格与其下面的空单元格合并。

第 7 步：选中表格第 1 行，打开“表格工具”的“布局”选项卡，在“单元格大小”组中“高度”后的微调框中输入或微调至“1.5 厘米”；选中表格第 2～8 行，在“高度”后的微调框中输入或微调至“0.8 厘米”即可。

3. 表格的格式设置

第 8 步：选中表格第 2～8 行，打开“表格工具”的“布局”选项卡，在“对齐方式”组中单击“水平居中”按钮。选中表格第 2～5 列，单击“水平居中”按钮。

第 9 步：同时选中表格第 1 行和第 1 列，在“开始”选项卡下“字体”组中的“字体”下拉列表中选择“隶书”，在“字号”下拉列表中选择“小四”，单击“加粗”按钮。

第 10 步：切换至“表格工具”的“设计”选项卡，在“表格样式”组中单击“底纹”下拉按钮，在打开的下拉列表中执行“其他颜色”命令，弹出“颜色”对话框。在“自定义”选项卡下的“颜色模式”后的下拉列表中选择“RGB”，在“红色”后的微调框中输入“153”，在“绿色”后的微调框中输入“204”，在“蓝色”后的微调框中输入“0”，单击“确定”按钮。

第 11 步：选中表格数值区域单元格，在“开始”选项卡下“字体”组中的“字体”下拉列表中选择“Arial”，在“字号”下拉列表中选择“小四”。打开“表格工具”的“设计”选项卡，单击“表格样式”组中的“底纹”下拉按钮，在打开的下拉列表中执行“其他颜色”命令，弹出“颜色”对话框。在“自定义”选项卡下的“颜色模式”后的下拉列表中选择“RGB”，在“红色”后的微调框中输入“250”，在“绿色”后的微调框中输入“191”，在“蓝色”后的微调框中输入“143”，单击“确定”按钮。

第 12 步：选中整个表格，打开“表格工具”的“设计”选项卡，单击“绘图边框”组右下角的“对话框启动器”按钮。

第 13 步：在弹出的“边框和底纹”对话框中的“边框”选项卡下，单击“设置”区域的“方框”按钮，在“样式”下拉列表中选择“双实线”，在“颜色”下拉列表中执行“其他颜色”命令，弹出“颜色”对话框。在“自定义”选项卡下的“颜色模式”后的下拉列表中选择“RGB”，在“红色”后的微调框中输入“153”，在“绿色”后的微调框中输入“51”，在“蓝色”后的微调框中输入“0”，单击“确定”按钮，返回到“边框和底纹”对话框中的“边框”选项卡下，在“宽度”下拉列表中选择“1.5 磅”。

第 14 步：单击“设置”区域的“自定义”按钮，在“样式”下拉列表中选择【样文 4-10】所示的线型，在“颜色”下拉列表中选择标准色中的“浅蓝”色，在“宽度”下拉列表中选择“1 磅”，在预览区域中单击“横网格线”按钮；在“样式”下拉列表中选择“点划线”，在“颜色”下拉列表中选择标准色中的“紫色”，在“宽度”下拉列表中选择“1 磅”，在预览区域中单击“竖网格线”按钮，单击“确定”按钮。

第 15 步：选中表格第 1 个单元格，打开“表格工具”的“设计”选项卡，单击“绘图边框”组右下角的“对话框启动器”按钮。在弹出的“边框和底纹”对话框中的“边框”选项卡下，单击“设置”区域的“自定义”按钮，在“样式”下拉列表中选择“双点划线”，在“颜色”下拉列表中选择标准色中的“红色”，在“预览”区域中单击“斜线”按钮，单击“确定”按钮即可。

第 16 步：执行“文件”→“保存”命令。

4.11 第 11 题解答

执行“文件”→“打开”命令，在“查找范围”文本框中找到指定路径，选择 A4.docx 文件，单击“打开”按钮。

1. 创建表格并自动套用格式

第 1 步：将光标定位在文档开头处，在“插入”选项卡下“表格”组中单击“表格”按钮，在打开的下拉列表中执行“插入表格”命令。

第 2 步：弹出“插入表格”对话框，在“列数”文本框中输入“6”，在“行数”文本框中输入“3”，单击“确定”按钮。

第 3 步：选中整个表格，打开“表格工具”的“设计”选项卡，在“表格样式”组中单击“表格样式”右侧的“其他”按钮。在打开的列表框的“内置”区域中选择“中等深浅网格 1 - 强调文字颜色 6”的表格样式。

2. 表格的基本操作

第 4 步：选中“第四季度”列右侧的空列，右击，在打开的快捷菜单中执行“删除列”命令即可。

第 5 步：将鼠标指针移至“第二季度”所在列的上方，当鼠标指针变成形状⬇时，单击即可选中该列。右击，在打开的快捷菜单中执行“剪切”命令，将内容暂时存放在剪贴板上。将鼠标指针移至“第三季度”所在列的上方，当鼠标指针变成形状⬇时，单击即可选中该列。右击，在打开的快捷菜单中执行“粘贴选项”下的“插入为新列”命令即可。

第 6 步：选中“类别”文本所在单元格与其右侧的空白单元格，打开“表格工具”的“布局”选项卡，在“合并”组中单击“合并单元格”按钮即可。

第 7 步：选中整个表格，打开“表格工具”的“布局”选项卡，在“单元格大小”组中分别单击“分布行”按钮和“分布列”按钮即可。

3. 表格的格式设置

第 8 步：选中表格数值区域单元格，打开“表格工具”的“布局”选项卡，在“对齐方式”组中单击“水平居中”按钮。

第 9 步：选中表格第 1 行，打开“表格工具”的“设计”选项卡，在“表格样式”组中单击“底纹”下拉按钮，在打开的下拉列表中选择标准色中的“浅绿”色。选中表格第 2～6 行，单击“底纹”下拉按钮，在打开的下拉列表中执行“其他颜色”命令，弹出“颜色”对话框。在“自定义”选项卡下的“颜色模式”后的下拉列表中选择“RGB”，在“红色”后的微调框中输入“255”，在“绿色”后的微调框中输入“255”，在“蓝色”

后的微调框中输入“153”，单击“确定”按钮。

第 10 步：选中整个表格，打开“表格工具”的“设计”选项卡，单击“绘图边框”组右下角的“对话框启动器”按钮。在弹出的“边框和底纹”对话框中的“边框”选项卡下，单击“设置”区域的“方框”按钮，在“样式”下拉列表中选择“单实线”，在“颜色”下拉列表中选择标准色中的“深蓝”色，在“宽度”下拉列表中选择“1.5 磅”；单击“设置”区域的“自定义”按钮，在“样式”下拉列表中选择“点划线”，在“颜色”下拉列表中选择标准色中的“深蓝”色，在“宽度”下拉列表中选择“1 磅”，在“预览”区域中单击“横网格线”按钮和“竖网格线”按钮，单击“确定”按钮即可。

第 11 步：执行“文件”→“保存”命令。

4.12　第 12 题解答

执行“文件”→“打开”命令，在“查找范围”文本框中找到指定路径，选择 A4.docx 文件，单击“打开”按钮。

1. 创建表格并自动套用格式

第 1 步：将光标定位在文档开头处，在“插入”选项卡下“表格”组中单击“表格”按钮，在打开的下拉列表中执行“插入表格”命令。

第 2 步：弹出“插入表格”对话框，在“列数”文本框中输入“5”，在“行数”文本框中输入“3”，单击“确定”按钮。

第 3 步：选中整个表格，打开“表格工具”的“设计”选项卡，在“表格样式”组中单击“表格样式”右侧的“其他”按钮。在打开的列表框的“内置”区域中选择“浅色网格 - 强调文字颜色 4”的表格样式。

2. 表格的基本操作

第 4 步：选中“姓名”列，打开“表格工具”的“布局”选项卡，在“行和列”组中单击“在右侧插入”按钮。在插入列的第 1 个单元格中输入文本“性别”，其他单元格均输入文本“女”。

第 5 步：选中“李梅”文本所在单元格与其右侧的空白单元格，打开“表格工具”的“布局”选项卡，在“合并”组中单击“合并单元格”按钮即可。

第 6 步：选中表格第 2～6 列，右击，在打开的快捷菜单中执行“平均分布各列”命令即可。

3. 表格的格式设置

第 7 步：选中表格的第 1 行，打开“表格工具”的“设计”选项卡，在“表格样式”组中单击“底纹”下拉按钮。在打开的下拉列表中执行“其他颜色”命令，弹出“颜色”对话框。在“自定义”选项卡下的“颜色模式”后的下拉列表中选择“RGB”，在“红色”后的微调框中输入“93”，在“绿色”后的微调框中输入“213”，在“蓝色”后的微调框中输入“255”，单击“确定”按钮。打开“表格工具”的“布局”选项卡，在“对齐方式”组中单击“水平居中”按钮即可。

第 8 步：选中表格第 2～6 行，打开“表格工具”的“设计”选项卡，在“表格样式”组中单击“底纹”下拉按钮。在打开的下拉列表中执行“其他颜色”命令，弹出“颜色”对话框。在“自定义”选项卡下的“颜色模式”后的下拉列表中选择“RGB”，在“红色”后的微调框中输入“251”，在“绿色”后的微调框中输入“212”，在“蓝色”后的微调框中输入“180”，单击“确定”按钮。在“开始”选项卡下“字体”组中的“字体”下拉列表中选择“华文楷体”。打开“表格工具”的“布局”选项卡，在“对齐方式”组中单击“中部两端对齐”按钮即可。

第 9 步：选中整个表格，打开“表格工具”的“设计”选项卡，单击“绘图边框”组右下角的“对话框启动器”按钮。在弹出的“边框和底纹”对话框中的“边框”选项卡下，单击“设置”区域的“方框”按钮，在“样式”下拉列表中选择“双实线”，在“颜色”下拉列表中选择标准色中的“深红”色，在“宽度”下拉列表中选择“1.5 磅”；单击“设置”区域的“自定义”按钮，在“样式”下拉列表中选择“点划线”，在“宽度”下拉列表中选择“1 磅”，在“预览”区域中单击“横网格线”按钮和“竖网格线”按钮，单击“确定”按钮即可。

第 10 步：执行“文件”→“保存”命令。

4.13　第 13 题解答

执行“文件”→“打开”命令，在“查找范围”文本框中找到指定路径，选择 A4.docx 文件，单击“打开”按钮。

1. 创建表格并自动套用格式

第 1 步：将光标定位在文档开头处，在“插入”选项卡下“表格”组中单击“表格”按钮，在打开的下拉列表中执行“插入表格”命令。

第 2 步：弹出“插入表格”对话框，在“列数”文本框中输入“4”，在“行数”文本框中输入“4”，单击“确定”按钮。

第 3 步：选中整个表格，打开“表格工具”的“设计”选项卡，在“表格样式”组中单击“表格样式”右侧的“其他”按钮。在打开的列表框的“内置”区域中选择“中等深浅网格 3 - 强调文字颜色 2”的表格样式。单击“表格样式”右侧的“其他”按钮，在打开的列表框中执行“修改表格样式”命令，弹出“修改样式”对话框，在“样式基准”下拉列表框中选择“典雅型”，单击“确定”按钮。

2. 表格的基本操作

第 4 步：选中表格中的第 1 列（空行），打开“表格工具”的“布局”选项卡，在“合并”组中单击“拆分单元格”按钮，弹出“拆分单元格”对话框。在“列数”文本框中输入“1”，在“行数”文本框中输入“7”，单击“确定”按钮；在表格第 1 列依次输入“学号”、“1”、“2”、“3”、“4”、“5”、“6”。

第 5 步：将鼠标指针移至“英语”所在列的上方，当鼠标指针变成形状⬇时，单击即可选中该列，右击，在打开的快捷菜单中执行“剪切”命令，将内容暂时存放在剪贴板上；将鼠标指针移至“计算机操作”所在列的上方，当鼠标指针变成形状⬇时，单击即可选中该列，右击，在打开的快捷菜单中执行“粘贴选项”下的“插入为新列”命令即可。

第 6 步：选中整个表格，打开“表格工具”的“布局”选项卡，在“单元格大小”组中单击“自动调整”下拉按钮，在打开的下拉列表中执行“根据窗口自动调整表格”命令，然后单击“分布列”按钮。选中表格第 1 行，在“高度”后的微调框中输入或微调至“1 厘米”即可。

3. 表格的格式设置

第 7 步：选中表格第 1 行，在“开始”选项卡下“字体”组中的“字体”下拉列表中选择“方正姚体”，在“字号”下拉列表中选择“小四”；打开“表格工具”的“设计”选项卡，在“表格样式”组中单击“底纹”下拉按钮，在打开的下拉列表中执行“其他颜色”命令，弹出“颜色”对话框。在“自定义”选项卡下的“颜色模式”后的下拉列表中选择“RGB”，在“红色”后的微调框中输入“244”，在“绿色”后的微调框中输入“116”，在“蓝色”后的微调框中输入“128”；打开“表格工具”的“布局”选项卡，在“对齐方式”组中单击“水平居中”按钮即可。

第 8 步：选中表格第 2～7 行，在“开始”选项卡下“字体”组中的“字体”下拉列表中选择“华文细黑”，在“字体颜色”下拉列表中选择标准色中的“红色”；打开“表格工具”的“布局”选项卡，在“对齐方式”组中单击“靠下居中对齐”按钮即可。

第 9 步：选中整个表格，打开“表格工具”的“设计”选项卡，单击“绘图边框”组右下角的“对话框启动器”按钮。在弹出的“边框和底纹”对话框中的“边框”选项卡下，单击“设置”区域的“方框”按钮，在“样式”下拉列表中选择“双实线”，在“宽度”下拉列表中选择“1.5 磅”；单击“设置”区域的“自定义”按钮，在“样式”下拉列表中选择“细实线”，在“宽度”下拉列表中选择“1 磅”，在预览区域中单击“横网格线”按钮；单击“设置”区域的“自定义”按钮，在“样式”下拉列表中选择“点划线”，在“宽度”下拉列表中选择“1 磅”。在“预览”区域中单击“竖网格线”按钮，单击“确定”按钮即可。

第 10 步：执行“文件”→“保存”命令。

4.14　第 14 题解答

执行“文件”→“打开”命令，在“查找范围”文本框中找到指定路径，选择 A4.docx 文件，单击“打开”按钮。

1. 创建表格并自动套用格式

第 1 步：将光标定位在文档开头处，在“插入”选项卡下“表格”组中单击“表格”按钮，在打开的下拉列表中执行“插入表格”命令。

第 2 步：弹出“插入表格”对话框，在“列数”文本框中输入“5”，在“行数”文本框中输入“6”，单击“确定”按钮。

第 3 步：选中整个表格，打开“表格工具”的“设计”选项卡，在“表格样式”组中单击“表格样式”右侧的“其他”按钮。在打开的列表框中“内置”区域选择“彩色列表 - 强调文字颜色 4”的表格样式。单击“表格样式”右侧的“其他”按钮，在打开的列表框中执行“修改表格样式”命令，弹出“修改样式”对话框，在“样式基准”下拉框中选择“专业型”，单击“确定”按钮。

2. 表格的基本操作

第 4 步：选中表格中“冲压车间”行下方的空行，右击，在打开的快捷菜单中执行“删除行”命令即可。

第 5 步：将鼠标指针移至“拉丝车间”所在行的左侧，当鼠标指针变成形状↗时，单击即可选中该行。右击，在打开的快捷菜单中执行“剪切”命令，将内容暂时存放在剪贴板上。

第 6 步：将鼠标指针移至“冲压车间”所在行的左侧，当鼠标指针变成形状↗时，单击即可选中该行。右击，在打开的快捷菜单中执行“粘贴选项”下的“以新行的形式插入”命令即可。

第 7 步：选中“实际发生值”文本所在单元格与其右侧的空白单元格，打开“表格工具”的“布局”选项卡，在“合并”组中单击“合并单元格”按钮即可。

第 8 步：选中整个表格，打开“表格工具”的“布局”选项卡，在“单元格大小”组中单击“自动调整”下拉按钮，在打开的下拉列表中执行“根据内容自动调整表格”命令。选中表格中除表头行以外的所有行，单击“分布行”按钮。

3. 表格的格式设置

第 9 步：选中表格中的表头行，打开“表格工具”的“布局”选项卡，在“对齐方式”组中单击“水平居中”按钮；选中表格第 2～5 行，单击“中部两端对齐”按钮即可。

第 10 步：选中整个表格，打开“表格工具”的“设计”选项卡，在“表格样式”组中单击“底纹”下拉按钮，在打开的下拉列表中执行“其他颜色”命令，弹出“颜色”对话框。在“自定义”选项卡下的“颜色模式”后的下拉列表中选择“RGB”，在“红色”后的微调框中输入“255”，在“绿色”后的微调框中输入“204”，在“蓝色”后的微调框中输入“102”，单击“确定”按钮；选中表格中所有空白单元格，单击“底纹”下拉按钮，在打开的下拉列表中执行“其他颜色”命令，弹出“颜色”对话框。在“自定义”选项卡下的“颜色模式”后的下拉列表中选择“RGB”，在“红色”后的微调框中输入“255”，在“绿色”后的微调框中输入“204”，在“蓝色”后的微调框中输入“255”，单击“确定”按钮即可。

第 11 步：选中整个表格，打开“表格工具”的“设计”选项卡，单击“绘图边框”组右下角的“对话框启动器”按钮。在弹出的“边框和底纹”对话框中的“边框”选项卡下，单击“设置”区域的“方框”按钮，在“样式”下拉列表中选择【样文 4-14】所示的线型，在“宽度”下拉列表中选择“3 磅”；单击“设置”区域的“自定义”按钮，在“样式”下拉列表中选择“点划线”，在“宽度”下拉列表中选择“1 磅”，在“预览”

区域中单击“横网格线”按钮与“竖网格线”按钮，单击“确定”按钮即可。

第 12 步：执行“文件”→“保存”命令。

4.15 第 15 题解答

执行“文件”→“打开”命令，在“查找范围”文本框中找到指定路径，选择 A4.docx 文件，单击“打开”按钮。

1. 创建表格并自动套用格式

第 1 步：将光标定位在文档开头处，在“插入”选项卡下“表格”组中单击“表格”按钮，在打开的下拉列表中执行“插入表格”命令。

第 2 步：弹出“插入表格”对话框，在“列数”文本框中输入“5”，在“行数”文本框中输入“6”，单击“确定”按钮。

第 3 步：选中整个表格，打开“表格工具”的“设计”选项卡，在“表格样式”组中单击“表格样式”右侧的“其他”按钮。在打开的列表框的“内置”区域中选择“彩色底纹 - 强调文字颜色 3”的表格样式。单击“表格样式”右侧的“其他”按钮，在打开的列表框中执行“修改表格样式”命令，弹出“修改样式”对话框，在“样式基准”下拉列表框中选择“网页型 1”，单击“确定”按钮。

2. 表格的基本操作

第 4 步：选中表格中“幼师 VS 计算机 8:30AM”列右侧的空列，右击，在打开快捷菜单中执行“删除列”命令。

第 5 步：将鼠标指针移至“第 2 节”所在行的左侧，当鼠标指针变成形状↗时，单击鼠标左键即可选中该行。右击，在打开快捷菜单中选择“剪切”命令，将内容暂时存放在剪贴板上。

第 6 步：将鼠标移至“第 3 节”所在行的左侧，当光标变成形状↗时，单击即可选中该行。右击，在打开的快捷菜单中执行“粘贴选项”下的“以新行的形式插入”命令即可。

第 7 步：选中表格中“第 4 节”文本所在单元格和“总分”文本所在单元格右侧的空单元格，打开“表格工具”的“布局”选项卡，在“合并”组中单击“拆分单元格”按钮，弹出“拆分单元格”对话框。在“列数”文本框中输入“2”，在“行数”文本框中输入“2”，单击“确定”按钮。在单元格中依次输入“22”、“23”、“65”、“80”。

第 8 步：选中整个表格，打开“表格工具”的“布局”选项卡，在“单元格大小”组中单击“自动调整”下拉按钮，在打开的下拉列表中执行“根据窗口自动调整表格”命令。选中表格第 1 列，在“宽度”后的微调框中输入或微调至“2.5 厘米”。选中除第 1 列以外的其他各列，单击“分布列”即可。

3. 表格的格式设置

第 9 步：选中整个表格，打开“表格工具”的“布局”选项卡，在“对齐方式”组中单击“水平居中”按钮。按住 Ctrl 键同时选中表格第 1 行和第 1 列，在“开始”选项卡下单击“字体”组右下角的“对话框启动器”按钮，弹出“字体”对话框。在“字体”选项卡下的“中文字体”下拉列表中选择“黑体”，在“西文字体”下拉列表中选择“Times New Roman”，在“字号”下拉列表中选择“小四”，在“字体颜色”下拉列表中选择标准色中的“蓝色”，单击“确定”按钮。

第 10 步：按住 Ctrl 键同时选中表格第 1 行和第 1 列，打开“表格工具”的“设计”选项卡，在“表格样式”组中单击“底纹”下拉按钮。在打开的下拉列表中执行“其他颜色”命令，弹出“颜色”对话框。在“自定义”选项卡下的“颜色模式”后的下拉列表中选择“RGB”，在“红色”后的微调框中输入“255”，在“绿色”后的微调框中输入“255”，在“蓝色”后的微调框中输入“153”，单击“确定”按钮。

第 11 步：选中表格中除第 1 行与第 1 列的其他单元格，单击“底纹”下拉按钮，在打开的下拉列表中执行“其他颜色”命令，弹出“颜色”对话框。在“自定义”选项卡下的“颜色模式”后的下拉列表中选择“RGB”，在“红色”后的微调框中输入“204”，在“绿色”后的微调框中输入“192”，在“蓝色”后的微调框中输入“217”，单击“确定”按钮即可。

第 12 步：选中整个表格，打开“表格工具”的“设计”选项卡，单击“绘图边框”组右下角的“对话框启动器”按钮。在弹出的“边框和底纹”对话框中的“边框”选项卡下，单击“设置”区域的“方框”按钮，在“样式”下拉列表中选择【样文 4-15】所示的线型，在“宽度”下拉列表中选择“0.5 磅”；单击“设置”区域的“自定义”按钮，在“样式”下拉列表中选择“双实线”，在“宽度”下拉列表中选择“0.5 磅”，在“预览”区域中单击“横网格线”按钮与“竖网格线”按钮，单击“确定”按钮即可。

第 13 步：执行“文件”→“保存”命令。

4.16　第 16 题解答

执行“文件”→“打开”命令，在“查找范围”文本框中找到指定路径，选择 A4.docx 文件，单击“打开”按钮。

1. 创建表格并自动套用格式

第 1 步：将光标定位在文档开头处，在“插入”选项卡下“表格”组中单击“表格”按钮，在打开的下拉列表中执行“插入表格”命令。

第 2 步：弹出“插入表格”对话框，在“列数”编辑框中输入“6”，“行数”编辑框中输入“6”，单击“确定”按钮。

第 3 步：选中整个表格，打开“表格工具”的“设计”选项卡，在“表格样式”组中单击“表格样式”右侧的“其他”按钮。在打开的列表框的“内置”区域中选择“浅色列表 - 强调文字颜色 3”的表格样式。单击“表格样式”右侧的“其他”按钮，在打开的列表框中执行“修改表格样式”命令，弹出“修改样式”对话框，在“样式基准”下拉列表框中选择“列表型 2”，单击“确定”按钮。

2. 表格的基本操作

第 4 步：选中表格中“006”文本所在单元格与其右侧的空白单元格，打开“表格工具”的“布局”选项卡，在“合并”组中单击“合并单元格”按钮即可。

第 5 步：将鼠标指针移至“003”所在行的左侧，当鼠标指针变成形状↗时，单击即可选中该行。右击，在打开的快捷菜单中执行“剪切”命令，将内容暂时存放在剪贴板上。

第 6 步：将鼠标指针移至“005”所在行的左侧，当鼠标指针变成形状↗时，单击即可选中该行。右击，在打开的快捷菜单中执行“粘贴选项”下的“以新行的形式插入”命令即可。。

第 7 步：将鼠标指针移至“005”所在行的左侧，当鼠标指针变成形状↗时，单击即可选中该行。右击，在打开的快捷菜单中执行“剪切”命令，将内容暂时存放在剪贴板上。

第 8 步：将鼠标指针移至“006”所在行的左侧，当鼠标指针变成形状↗时，单击即可选中该行。右击，在打开的快捷菜单中执行“粘贴选项”下的“以新行的形式插入”命令即可。

第 9 步：选中“评委 3”列左侧的空列，右击，在打开的快捷菜单中执行“删除列”命令。选中整个表格，右击，在打开的快捷菜单中执行“平均分布各列”命令即可。

3. 表格的格式设置

第 10 步：选中整个表格，打开“表格工具”的“布局”选项卡，在“对齐方式”组中单击“水平居中”按钮。

第 11 步：选中表格的第 1 行，在“开始”选项卡下“字体”组中的“字体”下拉列表中选择“华文楷体”，在“字号”下拉列表中选择“四号”。打开“表格工具”的“设计”选项卡，在“表格样式”组中单击“底纹”下拉按钮，在打开的下拉列表中执行“其他颜色”命令，弹出“颜色”对话框。在“自定义”选项卡下的“颜色模式”后的下拉列表中选择“RGB”，在“红色”后的微调框中输入“204”，在“绿色”后的微调框中输入“255”，在“蓝色”后的微调框中输入“153”，单击“确定”按钮。

第 12 步：选中表格 2～7 行，在“开始”选项卡下“字体”组中的“字体”下拉列表中选择“Arial”，打开“表格工具”的“设计”选项卡，在“表格样式”组中单击“底纹”下拉按钮，在打开的下拉列表中执行“其他颜色”命令，弹出“颜色”对话框。在“自定义”选项卡下的“颜色模式”后的下拉列表中选择“RGB”，在“红色”后的微调框中输入“255”，在“绿色”后的微调框中输入“204”，在“蓝色”后的微调框中输入“153”，单击“确定”按钮。

第 13 步：选中整个表格，打开“表格工具”的“设计”选项卡，单击“绘图边框”组右下角的“对话框启动器”按钮。在弹出的“边框和底纹”对话框中的“边框”选项卡下，单击“设置”区域的“方框”按钮，在“样式”下拉列表中选择【样文 4-16】所示的线型。在“颜色”下拉列表中执行“其他颜色”命令，弹出“颜色”对话框。在“自定义”选项卡下的“颜色模式”后的下拉列表中选择“RGB”，在“红色”后的微调框中输入“255”，在“绿色”后的微调框中输入“51”，在“蓝色”后的微调框中输入“153”，单击“确定”按钮。返回到“边框和底纹”对话框中的“边框”选项卡下，单击“设置”区域的“自定义”按钮，在“样式”下拉列表中选择“虚线”，在“颜色”下拉列表中选择标准色中的“紫色”。在预览区域中单击“横网格线”和“竖网格线”按钮，单击“确定”按钮。

第 14 步：选中表格第 1 行，打开“表格工具”的“设计”选项卡，单击“绘图边框”组右下角的“对话框启动器”按钮。在弹出的“边框和底纹”对话框中的“边框”选项卡下，单击“设置”区域的“自定义”按钮，在“样式”下拉列表中选择“三实线”，在“颜色”下拉列表中选择标准色中的“浅蓝”色，在“预览”区域中单击“下框线”按钮，单击“确定”按钮即可。

第 15 步：执行“文件”→“保存”命令。

4.17 第 17 题解答

执行“文件”→“打开”命令，在“查找范围”文本框中找到指定路径，选择 A4.docx 文件，单击“打开”按钮。

1. 创建表格并自动套用格式

第 1 步：将光标定位在文档开头处，在“插入”选项卡下“表格”组中单击“表格”按钮，在打开的下拉列表中执行“插入表格”命令。

第 2 步：弹出“插入表格”对话框，在“列数”文本框中输入“3”，在“行数”文本框中输入“5”，单击“确定”按钮。

第 3 步：选中整个表格，打开“表格工具”的“设计”选项卡，在“表格样式”组中单击“表格样式”右侧的“其他”按钮。在打开的列表框的“内置”区域中选择“中等深浅网格 1 - 强调文字颜色 5”的表格样式。

2. 表格的基本操作

第 4 步：选中表格中“U 盘”文本所在单元格与其右侧的空白单元格，打开“表格工具”的“布局”选项卡，在“合并”组中单击“合并单元格”按钮即可。选中“扫描仪”行，在“行和列”组中单击“在下方插入”按钮。在新插入的行中依次输入文本“摄像机”、“SX201005”、“￥3500”、“40”、“10”。

第 5 步：将鼠标指针移至“MP3”所在行的左侧，当鼠标指针变成形状↗时，单击即可选中该行。右击，在打开的快捷菜单中执行“剪切”命令，将内容暂时存放在剪贴板上。

第 6 步：将鼠标指针移至“MP4”所在行的左侧，当鼠标指针变成形状↗时，单击即可选中该行。右击，在打开的快捷菜单中执行“粘贴选项”下的“以新行的形式插入”命令即可。

第 7 步：选中的表格第 1 行，打开“表格工具”的“布局”选项卡，在“单元格大小”组中“高度”后的微调框中输入或微调至“1 厘米”；选中第 2～8 行，单击“分布行”按钮。选中整个表格，在“宽度”后的微调框中输入或微调至“2.3 厘米”；选中第 2 列，在“宽度”后的微调框中输入或微调至“3 厘米”即可。

3. 表格的格式设置

第 8 步：选中整个表格，打开“表格工具”的“布局”选项卡，在“对齐方式”组中单击“水平居中”按钮。

第 9 步：选中表格的第 1 行，在“开始”选项卡下“字体”组中的“字体”下拉列表中选择“微软雅黑”，在“字号”下拉列表中选择“小四”，单击“加粗”按钮。打开“表格工具”的“设计”选项卡，单击“绘图边框”组右下角的“对话框启动器”按钮，弹出“边框和底纹”对话框，在“底纹”选项卡下的“图案”区域的“样式”下拉列表中选择“30%”图案样式，在“颜色”下拉列表中选择标准色中的“浅蓝”色，单击“确定”按钮。

第 10 步：选中表格第 2～8 行，在“开始”选项卡下“字体”组中的“字体”下拉列表中选择“华文隶书”，在“字号”下拉列表中选择“小四”。打开“表格工具”的“设计”选项卡，在“表格样式”组中单击“底纹”下拉按钮，在打开的下拉列表中执行“其他颜色”命令，弹出“颜色”对话框。在“自定义”选项卡下的“颜色模式”后的下拉列表中选择“RGB”，在“红色”后的微调框中输入“255”，在“绿色”后的微调框中输入“204”，在“蓝色”后的微调框中输入“153”，单击“确定”按钮即可。

第 11 步：选中整个表格，打开“表格工具”的“设计”选项卡，单击“绘图边框”组右下角的“对话框启动器”按钮。在弹出的“边框和底纹”对话框中的“边框”选项卡下，单击“设置”区域的“方框”按钮，在“样式”下拉列表中选择“三实线”，在“颜色”下拉列表中选择标准色中的“红色”，在“宽度”下拉列表中选择“1.5 磅”。单击“设置”区域的“自定义”按钮，在“样式”下拉列表中选择“三实线”，在“颜色”下拉列表中执行“其他颜色”命令，弹出“颜色”对话框。在“自定义”选项卡下的“颜色模式”后的下拉列表中选择“RGB”，在“红色”后的微调框中输入“0”，在“绿色”后的微调框中输入“102”，在“蓝色”后的微调框中输入“0”，单击“确定”按钮，返回到“边框和底纹”对话框中的“边框”选项卡下，在“宽度”下拉列表中选择“0.5 磅”。在“预览”区域中单击“横网格线”按钮与“竖网格线”按钮，最后单击“确定”按钮即可。

第 12 步：执行“文件”→“保存”命令。

4.18　第 18 题解答

执行“文件”→“打开”命令，在“查找范围”文本框中找到指定路径，选择 A4.docx 文件，单击“打开”按钮。

1. 创建表格并自动套用格式

第 1 步：将光标定位在文档开头处，在“插入”选项卡下“表格”组中单击“表格”按钮，在打开的下拉列表中执行“插入表格”命令。

第 2 步：弹出“插入表格”对话框，在“列数”文本框中输入“5”，在“行数”文本框中输入“3”，单击“确定”按钮。

第 3 步：选中整个表格，打开“表格工具”的“设计”选项卡，在“表格样式”组中单击“表格样式”右侧的“其他”按钮。在打开的列表框的“内置”区域中选择“彩色网格 - 强调文字颜色 4”的表格样式。

2. 表格的基本操作

第 4 步：选中表格中“蔬菜名称”单元格右侧的空白单元格，打开“表格工具”的“布局”选项卡，在“合并”组中单击“拆分单元格”按钮，弹出“拆分单元格”对话框。在“列数”文本框中输入“4”，在“行数”文本框中输入“1”，单击“确定”按钮。依次输入文本“2007 年”、“2008 年”、“2009 年”、“2010 年”。

第 5 步：选中表格的第 1 行，打开“表格工具”的“布局”选项卡，在“单元格大小”组中“高度”后的微调框中输入或微调至“1.3 厘米”；选中表格第 1 列，在“宽度”后的微调框中输入或微调至“2.5 厘米”；选中除表格第 1 行和第 1 列以外的其他单元格，单击“分布行”按钮和单击“分布列”按钮即可。

第 6 步：将鼠标指针移至“萝卜”所在行的左侧，当鼠标指针变成形状时，单击即可选中该行。右击，在打开快捷菜单中选择“剪切”命令，将内容暂时存放在剪贴板上。

第 7 步：将鼠标指针移至“黄瓜”所在行的左侧，当鼠标指针变成形状时，单击即可选中该行。右击，在打开的快捷菜单中执行“粘贴选项”下的“以新行的形式插入”命令即可。

3. 表格的格式设置

第 8 步：选中表格第 1 行，在“开始”选项卡下“字体”组中的“字体”下拉列表中选择“华文琥珀”，在“字号”下拉列表中选择“小四”。打开“表格工具”的“布局”选项卡，在“对齐方式”组中单击“水平居中”按钮。

第 9 步：打开“表格工具”的“设计”选项卡，在“表格样式”组中单击“底纹”下拉按钮。在打开的下拉列表中执行“其他颜色”命令，弹出“颜色”对话框。在“自定义”选项卡下的“颜色模式”后的下拉列表中选择“RGB”，在“红色”后的微调框中输入“255”，在“绿色”后的微调框中输入“204”，在“蓝色”后的微调框中输入“102”，单击“确定”按钮即可。

第 10 步：选中表格第 1 列（除“蔬菜名称”单元格），在“开始”选项卡下“字体”组中的“字体”下拉列表中选择“隶书”，在“字号”下拉列表中选择“四号”。打开“表格工具”的“布局”选项卡，在“对齐方式”组中单击“中部两端对齐”按钮。打开“表格工具”的“设计”选项卡，在“表格样式”组中单击“底纹”下拉按钮，在打开的下拉列表中执行“其他颜色”命令，弹出“颜色”对话框。在“自定义”选项卡下的“颜色模式”后的下拉列表中选择“RGB”，在“红色”后的微调框中输入“255”，在“绿色”后的微调框中输入“153”，在“蓝色”后的微调框中输入“255”，单击“确定”按钮即可。

第 11 步：选中表格的数值区域，在“开始”选项卡下“字体”组中的“字体”下拉列表中选择“华文彩云”，在“字号”下拉列表中选择“小四”，单击“加粗”按钮。

第 12 步：打开“表格工具”的“布局”选项卡，在“对齐方式”组中单击“水平居中”按钮。打开“表格工具”的“设计”选项卡，在“表格样式”组中单击“底纹”下拉按钮，在打开的下拉列表中执行“其他颜色”命令，弹出“颜色”对话框。在“自定义”选项卡下的“颜色模式”后的下拉列表中选择“RGB”，在“红色”后的微调框中输入“153”，在“绿色”后的微调框中输入“255”，在“蓝色”后的微调框中输入“204”，单击“确定”按钮即可。

第 13 步：选中整个表格，打开“表格工具”的“设计”选项卡，单击“绘图边框”组右下角的“对话框启动器”按钮。在弹出的“边框和底纹”对话框中的“边框”选项卡下，单击“设置”区域的“方框”按钮，在“样式”下拉列表中选择【样文 4-18】所示的线型，在“颜色”下拉列表中执行“其他颜色”命令，弹出“颜色”对话框。在“自定义”选项卡下的“颜色模式”后的下拉列表中选择“RGB”，在“红色”后的微调框中输入“204”，在“绿色”后的微调框中输入“236”，在“蓝色”后的微调框中输入“255”，单击“确定”按钮。

第 14 步：返回到“边框和底纹”对话框中的“边框”选项卡下，单击“设置”区域的“自定义”按钮，在“样式”下拉列表中选择【样文 4-18】所示线型，在“颜色”下拉列表中选择标准色中的“深红”色，在“宽度”下拉列表中选择“1.5 磅”，在预览区域中单击“横网格线”按钮；单击“设置”区域的“自定义”按钮，在“样式”下拉列表中选择“双实线”，在“颜色”下拉列表中选择标准色中的“深红”色，在“宽度”下拉列表中选择“0.75 磅”，在“预览”区域中单击“竖网格线”按钮，单击“确定”按钮即可。

第 15 步：执行“文件”→“保存”命令。

4.19　第 19 题解答

执行“文件”→“打开”命令，在“查找范围”文本框中找到指定路径，选择 A4.docx 文件，单击“打开”按钮。

1. 创建表格并自动套用格式

第 1 步：将光标定位在文档开头处，在“插入”选项卡下“表格”组中单击“表格”按钮，在打开的下拉列表中执行“插入表格”命令。

第 2 步：弹出“插入表格”对话框，在“列数”文本框中输入“6”，在“行数”文本框中输入“4”，单击“确定”按钮。

第 3 步：选中整个表格，打开“表格工具”的“设计”选项卡，在“表格样式”组中单击“表格样式”右侧的“其他”按钮。在打开的列表框的“内置”区域中选择“彩色列表”的表格样式。

2. 表格的基本操作

第 4 步：选中表格中“学历”文本所在单元格与其左侧的空白单元格，打开“表格工具”的“布局”选项卡，在“合并”组中单击“合并单元格”按钮即可。选中“姓名”列，在“行和列”组中单击“在左侧插入”按钮。依次输入文本“编号”、“001”、“002”、“003”、“004”、“005”、“006”。

第 5 步：将鼠标指针移至“工龄”所在列的上方，当鼠标指针变成形状⬇时，同时选中“工龄”列。右击，在打开的快捷菜单中执行“剪切”命令，将内容暂时存放在剪贴板上。

第 6 步：将鼠标指针移至“学历”所在列的上方，当鼠标指针变成形状⬇时，单击即可选中该列。右击，在打开的快捷菜单中执行“粘贴选项”下的“插入为新列”命令。

第 7 步：将鼠标指针移至“学历”所在列的上方，当鼠标指针变成形状⬇时，同时选中“学历”与“年龄”列。右击，在打开的快捷菜单中执行“剪切”命令，将内容暂时存放在剪贴板上。

第 8 步：将鼠标指针移至“工龄”所在列的上方，当鼠标指针变成形状⬇时，单击即可选中该列。右击，在打开的快捷菜单中执行“粘贴选项”下的“插入为新列”命令即可。

第 9 步：选中整个表格，打开“表格工具”的“布局”选项卡，在“单元格大小”组中单击“自动调整”下拉按钮，在打开的下拉列表中执行“根据窗口自动调整表格”命令，单击“分布行”按钮和“分布列”按钮即可。

3. 表格的格式设置

第 10 步：选中整个表格，在“开始”选项卡下“字体”组中的“字体”下拉列表中选择“华文楷体”，在“字号”下拉列表中选择“小三”。打开“表格工具”的“布局”选项卡，在“对齐方式”组中单击“水平居中”按钮。

第 11 步：选中表格第 1 行，按住 Ctrl 键同时选中第 1 列，打开“表格工具”的“设计”选项卡，在“表格样式”组中单击“底纹”下拉按钮。在打开的下拉列表中执行“其他颜色”命令，弹出“颜色”对话框。在“自定义”选项卡下的“颜色模式”后的下拉列表中选择“RGB”，在“红色”后的微调框中输入“255”，在“绿色”后的微调框中输入“153”，在“蓝色”后的微调框中输入“255”，单击“确定”按钮。

第 12 步：按住 Ctrl 键同时选中第 2、4、6 行（每行的第一个单元格除外），单击“底纹”下拉按钮。在打开的下拉列表中选择标准色中的“橙色”。按住 Ctrl 键同时选中第 3、5、7 行（每行的第一个单元格除外），单击“底纹”下拉按钮，在打开的下拉列表中选择标准色中的“浅绿”色。

第 13 步：选中整个表格，打开“表格工具”的“设计”选项卡，单击“绘图边框”组右下角的“对话框启动器”按钮。在弹出的“边框和底纹”对话框的“边框”选项卡下，单击“设置”区域的“方框”按钮，在“样式”下拉列表中选择“单实线”，在“颜色”下拉列表中选择标准色中的“深蓝”色，在“宽度”下拉列表中选择“2.25 磅”，单击“左框线”按钮与“右框线”按钮，取消左右外边框线，最后单击“确定”按钮。

第 14 步：选中表格第 1 行，打开“表格工具”的“设计”选项卡，单击“绘图边框”组右下角的“对话框启动器”按钮。在弹出的“边框和底纹”对话框的“边框”选项卡下，单击“设置”区域的“自定义”按钮，在“样式”下拉列表中选择“点划线”，在“颜色”下拉列表中选择标准色中的“深红”色，在“宽度”下拉列表中选择“1.5 磅”，在“预览”区域中单击“下框线”按钮，然后单击“确定”按钮即可。

第 15 步：选中表格第 1 列，打开“表格工具”的“设计”选项卡，单击“绘图边框”组右下角的“对话框启动器”按钮。在弹出的“边框和底纹”对话框中的“边框”选项卡下，单击“设置”区域的“自定义”按钮，在“样式”下拉列表中选择“点划线”，在“颜色”下拉列表中选择标准色中的“深红”色，在“宽度”下拉列表中选择“1.5 磅”，在“预览”区域中单击“右框线”按钮，然后单击“确定”按钮即可。

第 16 步：选中表格“001”至“006”文本所在单元格，打开“表格工具”的“设计”选项卡，单击“绘图边框”组右下角的“对话框启动器”按钮。在弹出的“边框和底纹”对话框的“边框”选项卡下，单击“设置”区域的“自定义”按钮，在“预览”区域中单击“横网格线”按钮，取消内部网格线，单击“确定”按钮。

第 17 步：选中表格“姓名”至“工龄”文本所在单元格，打开“表格工具”的“设计”选项卡，单击“绘图边框”组右下角的“对话框启动器”按钮。在弹出的“边框和底纹”对话框中的“边框”选项卡下，单击“设置”区域的“自定义”按钮，在“预览”区域中单击“竖网格线”按钮，取消内部网格线，单击“确定”按钮。

第 18 步：执行“文件”→“保存”命令。

4.20　第 20 题解答

执行“文件”→“打开”命令，在“查找范围”文本框中找到指定路径，选择 A4.docx 文件，单击“打开”按钮。

1. 创建表格并自动套用格式

第 1 步：将光标定位在文档开头处，在“插入”选项卡下“表格”组中单击“表格”按钮，在打开的下拉列表中执行“插入表格”命令。

第 2 步：弹出“插入表格”对话框，在“列数”文本框中输入“6”，在“行数”文本框中输入“4”，单击“确定”按钮。

第 3 步：选中整个表格，打开“表格工具”的“设计”选项卡，在“表格样式”组中单击“表格样式”右侧的“其他”按钮。在打开的列表框的“内置”区域中选择“浅色网格 - 强调文字颜色 1”的表格样式。单击“表格样式”右侧的“其他”按钮，在打开的列表框中执行“修改表格样式”命令，弹出“修改样式”对话框，在“样式基准”下拉列表框中选择“网页型 1”，单击“确定”按钮。

2. 表格的基本操作

第 4 步：选中表格中“联系方式”行下面的空行，右击，在打开的快捷菜单中执行“删除行”命令即可。

第 5 步：将鼠标指针移至“联系方式”所在行的左侧，当鼠标指针变成形状↗时，单击即可选中该行。右击，在打开的快捷菜单中执行“剪切”命令，将内容暂时存放在剪贴板上。

第 6 步：将鼠标指针移至“其他信息”所在行的左侧，当鼠标指针变成形状↗时，单击即可选中该行。右击，在打开的快捷菜单中执行“粘贴选项”下的“以新行的形式插入”命令即可。

第 7 步：将鼠标指针移至“其他信息”所在行的左侧，当鼠标指针变成形状↗时，单击即可选中该行。右击，在打开的快捷菜单中执行“剪切”命令，将内容暂时存放在剪贴板上。

第 8 步：将鼠标指针移至最后一行的左侧，当鼠标指针变成形状↗时，单击即可选中该行。右击，在打开的快捷菜单中执行“粘贴选项”下的“以新行的形式插入”命令即可。

第 9 步：选中表格中“基本资料”一行，打开“表格工具”的“布局”选项卡，在“合并”组中单击“合并单元格”按钮。选中表格中“联系方式”一行，单击“合并单元格”按钮。选中表格中“其他信息”一行，单击“合并单元格”按钮即可。

第 10 步：选中表格最后一行，打开“表格工具”的“布局”选项卡，在“单元格大小”组中“高度”后的微调框中输入或微调至“1.7 厘米”；选中表格第 1～7 行，在“高度”后的微调框中输入或微调至“0.9 厘米”即可。

3. 表格的格式设置

第 11 步：按住 Ctrl 键同时选中第 1、4、7 行，在“开始”选项卡下“字体”组中的“字体”下拉列表中选择“幼圆”，单击“加粗”按钮。打开“表格工具”的“设计”选项卡，在“表格样式”组中单击“底纹”下拉按钮，在打开的下拉列表中选择标准色中的“黄色”。

第 12 步：选中表格第 1 行，打开“表格工具”的“布局”选项卡，在“对齐方式”组中单击“水平居中”按钮；选中第 4 行，打开“布局”选项卡，在“对齐方式”组中单击“水平居中”按钮；选中第 7 行，打开“布局”选项卡，在“对齐方式”组中单击“水平居中”按钮即可。

第 13 步：选中整个表格，打开“表格工具”的“设计”选项卡，单击“绘图边框”组右下角的“对话框启动器”按钮。在弹出的“边框和底纹”对话框的“边框”选项卡下，单击“设置”区域的“方框”按钮，在“样式”下拉列表中选择“单实线”，在“颜色”下拉列表中执行“其他颜色”命令，弹出“颜色”对话框。在“自定义”选项卡下的“颜色模式”后的下拉列表中选择“RGB”，在“红色”后的微调框中输入“0”，在“绿色”后的微调框中输入“0”，在“蓝色”后的微调框中输入“204”。

第 14 步：单击“确定”按钮，返回到“边框和底纹”对话框的“边框”选项卡下，在“宽度”下拉列表中选择“2.25 磅”。

第 15 步：单击“设置”区域的“自定义”按钮，在“样式”下拉列表中选择“单实线”，在“颜色”下拉列表中执行“其他颜色”命令。弹出“颜色”对话框。在“自定义”选项卡下的“颜色模式”后的下拉列表中选择“RGB”，在“红色”后的微调框中输入“0”，在“绿色”后的微调框中输入“102”，在“蓝色”后的微调框中输入“0”，单击“确定”按钮，返回到“边框和底纹”对话框中的“边框”选项卡下，在“宽度”下拉列表中选择“1.5 磅”，在“预览”区域单击“横网格线”按钮，单击“确定”按钮。

第 16 步：选中表格第 4～6 行，打开“表格工具”的“设计”选项卡，单击“绘图边框”组右下角的“对话框启动器”按钮。在弹出的“边框和底纹”对话框中的“边框”选项卡下，单击“设置”区域的“自定义”按钮，在“样式”下拉列表中选择【样文 4-20】所示的线型。在“颜色”下拉列表中执行“其他颜色”命令，弹出“颜色”对话框。在“自定义”选项卡下的“颜色模式”后的下拉列表中选择“RGB”。在“红色”后的微调框中输入“0”，在“绿色”后的微调框中输入“0”，在“蓝色”后的微调框中输入“204”，单击“确定”按钮，返回到“边框和底纹”对话框的“边框”选项卡下，在“预览”区域中单击“上框线”按钮与“下框线”按钮，单击“确定”按钮。

第 17 步：按住 Ctrl 键同时选中第 2、3、5、6 行，打开“表格工具”的“设计”选项卡，单击“绘图边框”组右下角的“对话框启动器”按钮。在弹出的“边框和底纹”对话框的“边框”选项卡下，单击“设置”区域的“自定义”按钮，在“样式”下拉列表中选择“单实线”，在“颜色”下拉列表中执行“其他颜色”命令，弹出“颜色”对话框。在“自定义”选项卡下的“颜色模式”后的下拉列表中选择“RGB”。在“红色”后的微调框中输入“0”，在“绿色”后的微调框中输入“102”，在“蓝色”后的微调框中输入“0”。单击“确定”按钮，返回到“边框和底纹”对话框的“边框”选项卡下，在“宽度”下拉列表中选择“1.5 磅”，在“预览”区域中单击“竖网格线”按钮，最后单击“确定”按钮即可。

第 18 步：执行“文件”→“保存”命令。

第五单元　文档的版面设置与编排

5.1　第 1 题解答

执行“文件”→“打开”命令，在“查找范围”文本框中找到指定路径，选择 A5.docx 文件，单击“打开”按钮。

1. 页面设置

第 1 步：将光标定位在文档中的任意位置，单击“页面布局”选项卡下“页面设置”组右下角的“对话框启动器”按钮，弹出“页面设置”对话框。在“纸张”选项卡下“纸张大小”区域的“宽度”文本框中选择或输入“20 厘米”，在“高度”文本框中选择或输入“25 厘米”，如图 5-1 所示。

第 2 步：单击“页边距”选项卡，在“上”、“下”文本框中选择或输入“1.8 厘米”，在“左”、“右”文本框中选择或输入“2 厘米”，如图 5-2 所示，单击“确定”按钮。

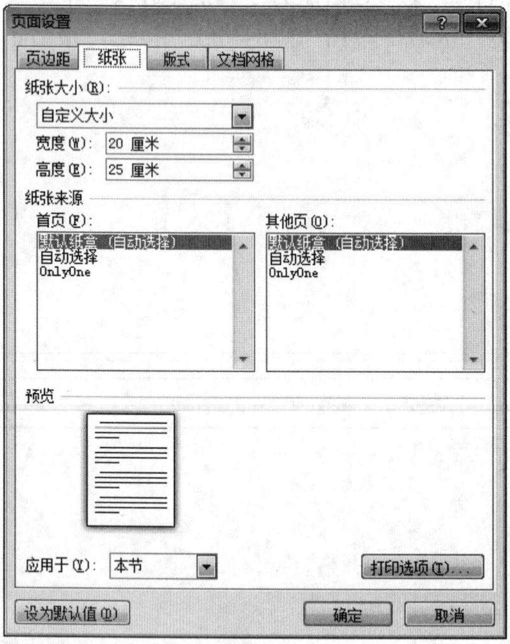

图 5-1

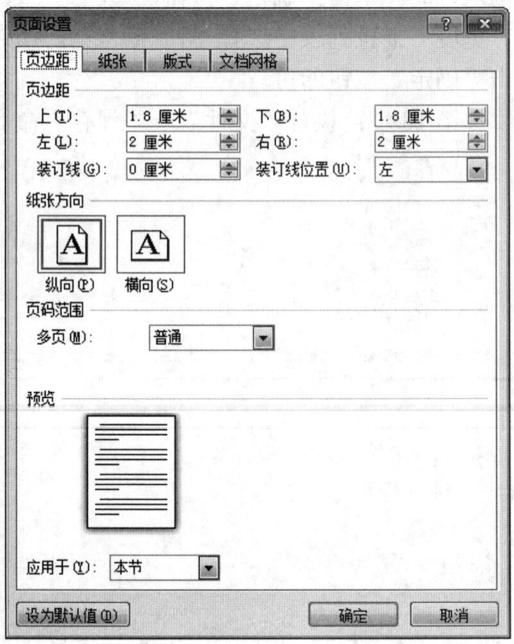

图 5-2

第 3 步：将光标定位在文档中的任意位置，单击“插入”选项卡下“页眉和页脚”组中的“页眉”按钮，如图 5-3 所示。

第 4 步：在打开的下拉列表中执行“空白”命令，进入页眉，如图 5-4 所示。在“页眉”处的左端输入文本“散文欣赏”。

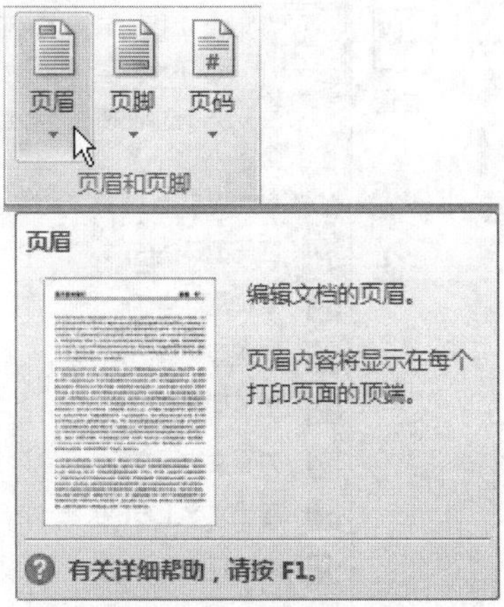

图 5-3

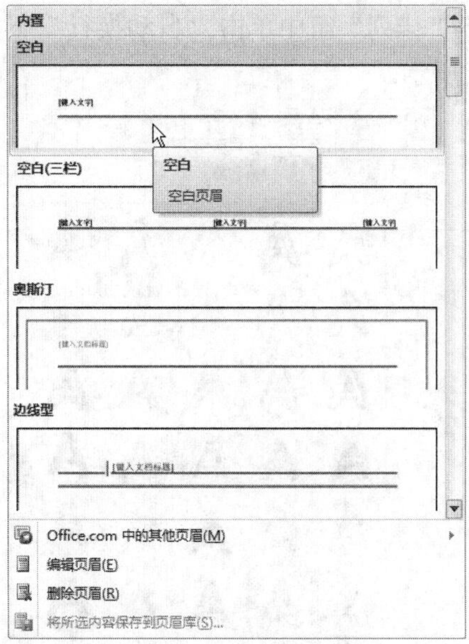

图 5-4

第 5 步：在“页眉”处的右端双击使光标定位于右端，输入文本“第页”，将光标定位在文本“第”和“页”中间，如图 5-5 所示。

图 5-5

第 6 步：在“页眉和页脚工具”的“设计”选项卡中，单击“页眉和页脚”组中的“页码”按钮，在下拉列表中选择“当前位置”选项下的“普通数字”，系统自动插入相应的页码，如图 5-6 所示。单击“关闭页眉和页脚”按钮。

2. 艺术字设置

第 7 步：选中文档的标题“画鸟的猎人”，单击“插入”选项卡下“文本”组中的“艺术字”按钮。在弹出的库中选择“填充 - 橙色，强调文字颜色 6，暖色粗糙棱台”，如图 5-7 所示。

第 8 步：选中新插入的艺术字，在“开始”选项卡下“字体”组的“字体”下拉列表中选择“华文行楷”，在“字号”文本框中输入“44”磅。

第 9 步：在“绘图工具”的“格式”

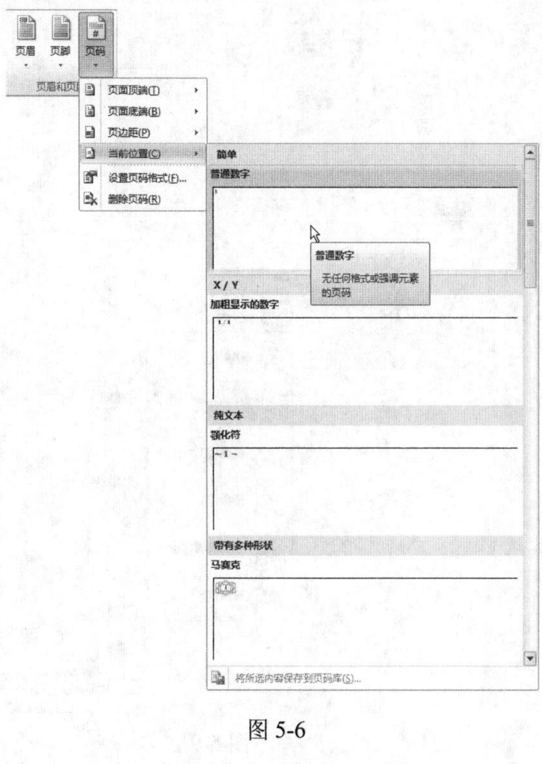

图 5-6

选项卡下“排列”组中单击“自动换行”下拉按钮，从弹出的列表中选择“嵌入型”，如图 5-8 所示。

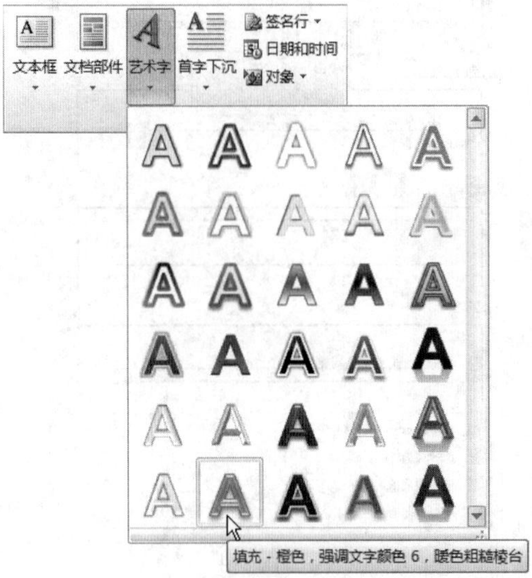

图 5-7

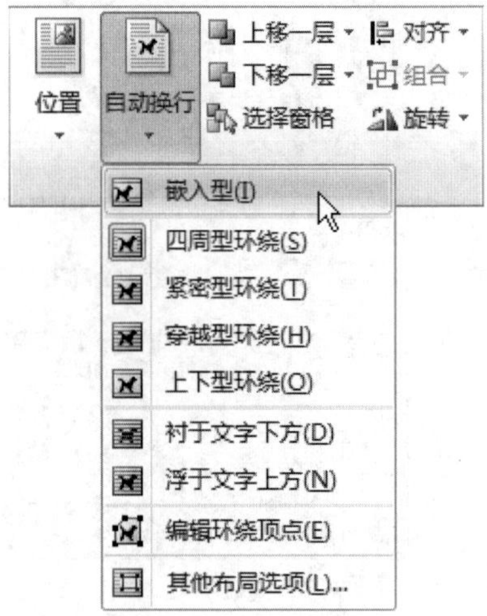

图 5-8

第 10 步：在“绘图工具”的“格式”选项卡下“艺术字样式”组中单击“文本效果”按钮，在弹出的下拉列表中选择“映像”选项下的“紧密映像，8 pt 偏移量”，如图 5-9 所示。

第 11 步：在“绘图工具”的“格式”选项卡下“艺术字样式”组中单击“文本效果”按钮，在弹出的下拉列表中选择“转换”选项下的“停止”文本效果，如图 5-10 所示。

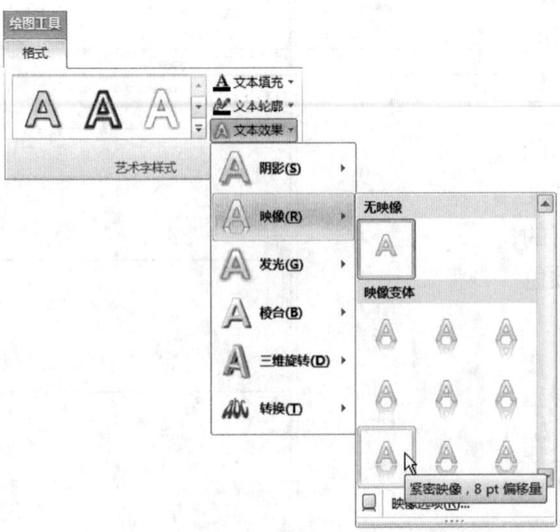

图 5-9

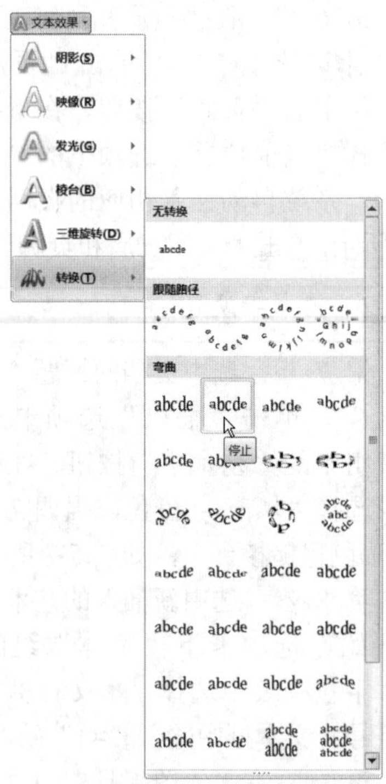

图 5-10

3. 分栏设置

第 12 步：在文档中选中正文除第 1 段以外的其余各段，单击“页面布局”选项卡下“页面设置”组中的“分栏”按钮，在弹出的下拉列表中执行“更多分栏”命令，如图 5-11 所示。

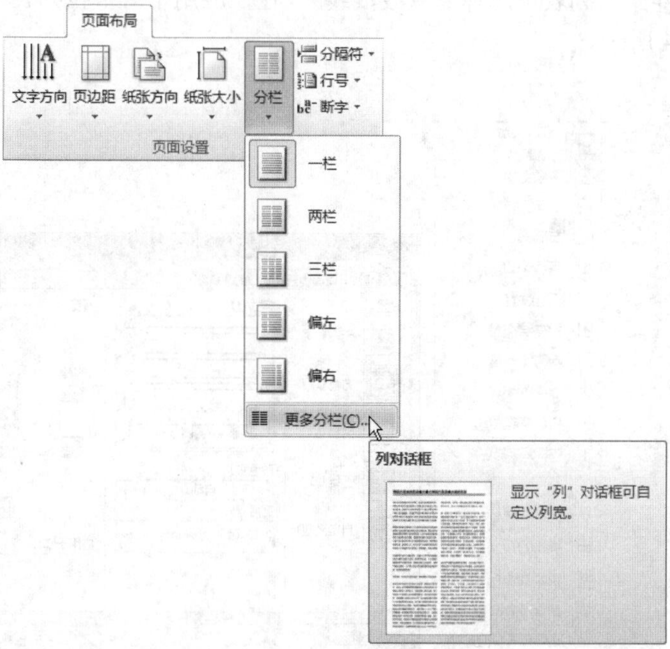

图 5-11

第 13 步：打开“分栏”对话框，在“预设”区域中单击“两栏”格式，勾选“分隔线”复选框，在“宽度和间距”区域中的“间距”文本框中选择或输入“3 字符”，如图 5-12 所示，单击“确定”按钮。

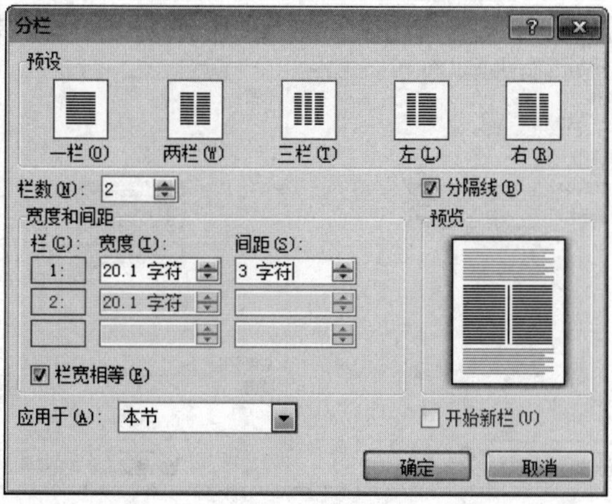

图 5-12

4. 设置边框和底纹

第 14 步：在文档中选中正文最后一段，在“开始”选项卡下的“段落”组中单击“边框线”下拉按钮，在弹出的下拉列表中执行“边框和底纹”命令，如图 5-13 所示。

第 15 步：打开“边框和底纹”对话框的“边框”选项卡，在“设置”区域选择“方框”按钮，在“样式”列表中选择“双波浪线”，在“应用于”下拉列表中选择“段落”选项，如图 5-14 所示。

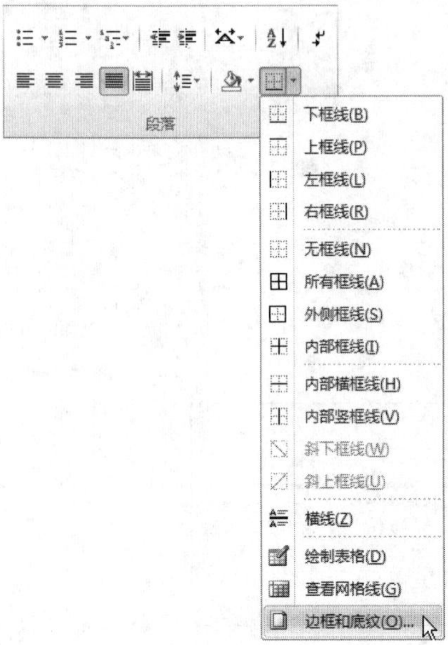

图 5-13

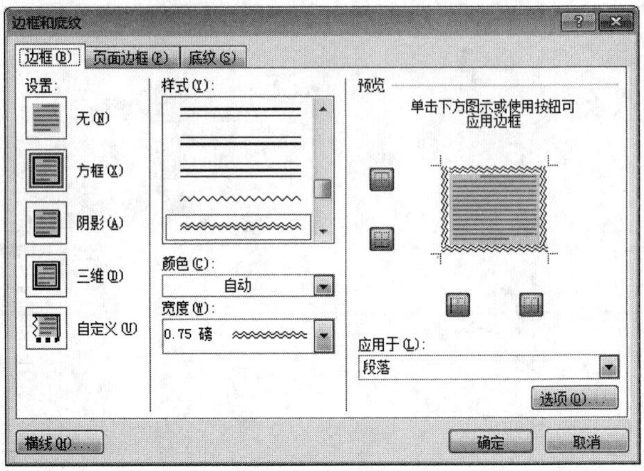

图 5-14

第 16 步：选择“底纹”选项卡，在“图案”区域的“样式”下拉列表中选择“10%”，在“应用于”下拉列表中选择“段落”选项，如图 5-15 所示，单击“确定”按钮。

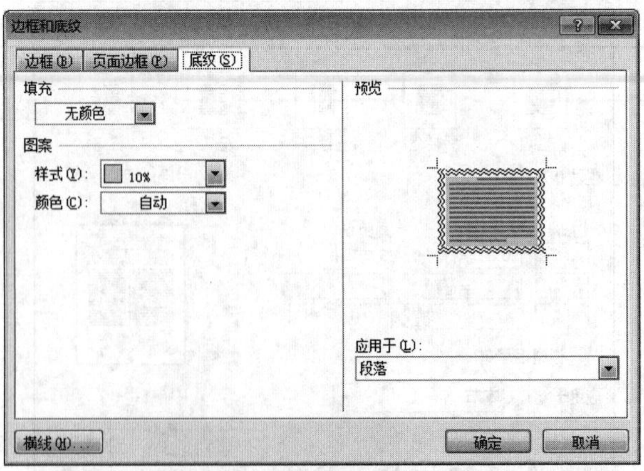

图 5-15

5. 插入图片

第 17 步：将光标定位在样文所示位置，单击“插入”选项卡下的“图片”按钮，如图 5-16 所示。

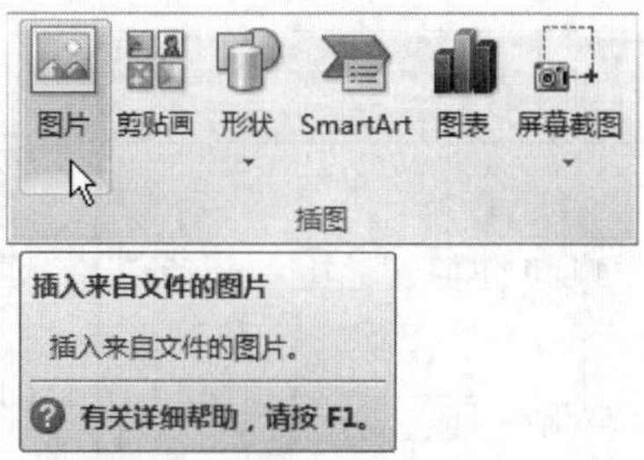

图 5-16

第 18 步：打开“插入图片”对话框，在指定路径 C:\2010KSW\DATA2 文件夹中选择 pic5-1.jpg，单击“插入”按钮，如图 5-17 所示。

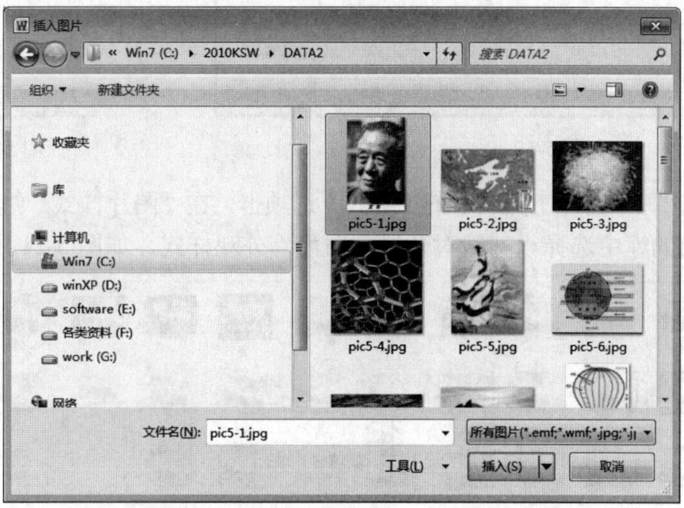

图 5-17

第 19 步：单击选中插入的图片，选择“图片工具”下的“格式”选项卡，单击“大小”组右下角的“对话框启动器”按钮，如图 5-18 所示。

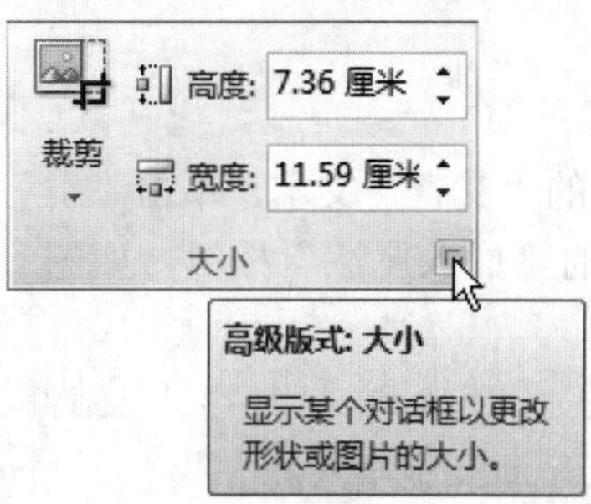

图 5-18

第 20 步：打开“布局”对话框，选择“大小”选项卡，在“缩放”区域中“高度”和“宽度”文本框中选择或输入“45%”，如图 5-19 所示，单击“确定”按钮。

第 21 步：选择“图片工具”下的“格式”选项卡，在“排列”组中单击“自动换行”下拉按钮，在弹出的下拉列表中选择“紧密型环绕”，如图 5-20 所示。

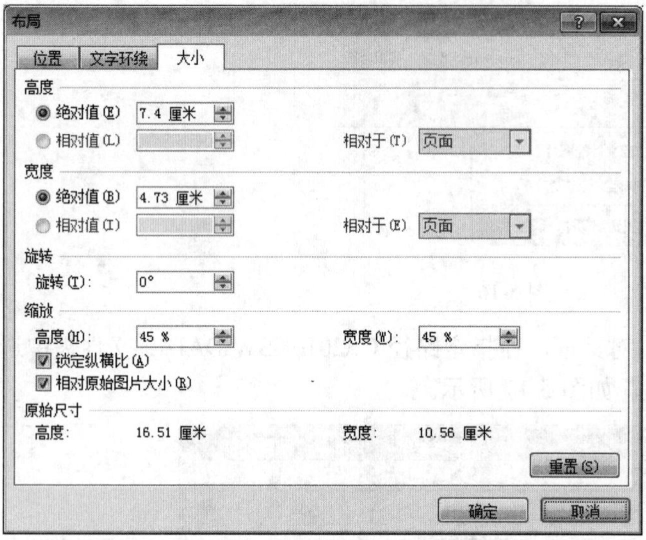

图 5-19

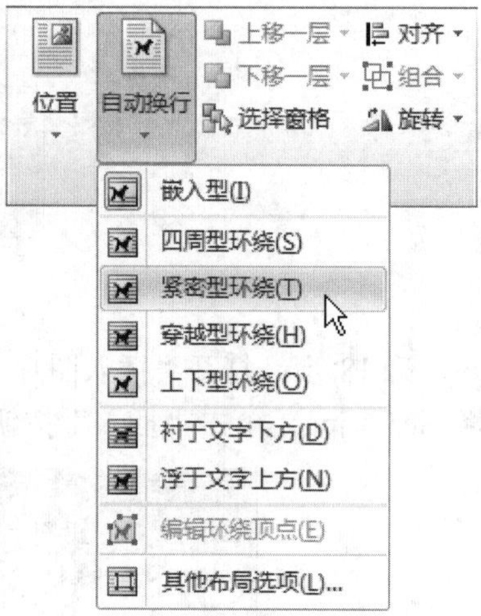

图 5-20

第 22 步：选择“图片工具”下的“格式”选项卡，在“图片样式”组中单击“其他”按钮，在弹出的库中选择“剪裁对角线，白色”外观样式，如图 5-21 所示。

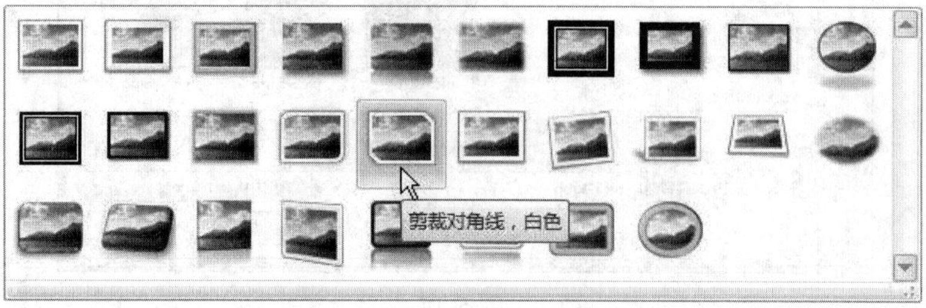

图 5-21

第 23 步：利用鼠标拖动图片移动图片位置，使其位于样文所示位置。

6. 插入尾注

第 24 步：选择第 2 行中的“艾青”文本，单击“引用”选项卡下“脚注”组中的“插入尾注”按钮，如图 5-22 所示。

第 25 步：在光标所在区域内输入内容“艾青（1910-1996）：现、当代诗人，浙江金华人。”

第 26 步：执行“文件”→“保存”命令。

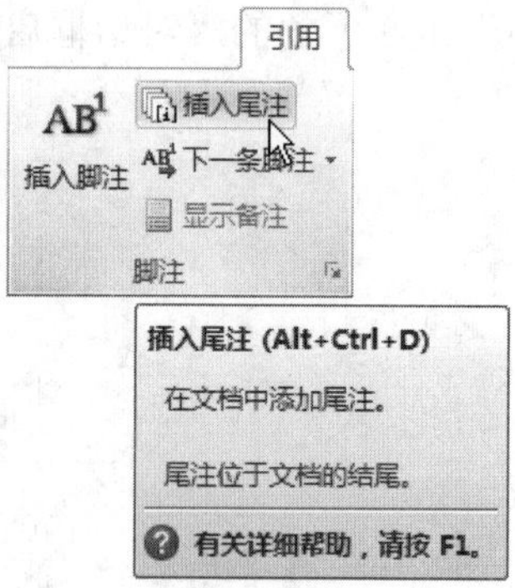

图 5-22

5.2　第 2 题解答

执行“文件”→“打开”命令，在“查找范围”文本框中找到指定路径，选择 A5.docx 文件，单击“打开”按钮。

1. 页面设置

第 1 步：将光标定位在文档中的任意位置，在“页面布局”选项卡下单击“页面设置”组右下角的“对话框启动器”按钮，弹出“页面设置”对话框。单击“纸张”选项卡，在“纸张大小”下拉列表中选择“信纸”或“Letter”。

第 2 步：单击“页边距”选项卡，在“上”、“下”文本框中选择或输入“2.5 厘米”，在“左”、“右”文本框中选择或输入“3.5 厘米”，单击“确定”按钮。

第 3 步：将光标定位在文档中的任意位置，单击“插入”选项卡下的“页眉和页脚”组中的“页眉”按钮。

第 4 步：在打开的下拉列表中执行“空白”命令，进入页眉，在“页眉”处的中间输入文字“湖泊之最”，根据样文所示，选中输入的页眉文本，在“开始”选项卡下“字体”组中的“字号”下拉列表中选择“五号”，单击“加粗”按钮。单击“关闭页眉和页脚”按钮。

第 5 步：将光标定位在文档中的任意位置，选择“插入”选项卡下“页眉和页脚”组中的“页码”按钮，在弹出的下拉列表中选择“页面底端”选项下的“普通数字 2”，双击插入的页码，在插入的页码数字前输入“第”，在插入的页码数字后输入“页”，单击“关闭页眉和页脚”按钮。

2. 艺术字设置

第 6 步：选中文档的标题“大熊湖简介”，单击“插入”选项卡下的“文本”组中的“艺术字”按钮。在弹出的库中选择“填充 - 红色，强调文字颜色 2，暖色粗糙棱台”。

第 7 步：选中新插入的艺术字，在“开始”选项卡下“字体”组中，在“字体”下拉列表中选择“黑体”，在“字号”下拉列表中选择“48”磅。

第 8 步：在“绘图工具”的“格式”选项卡下“排列”组中单击“自动换行”下拉按钮，从弹出的列表中选择“嵌入型”。

第 9 步：在“绘图工具”的“格式”选项卡下“艺术字样式”组中单击“文本效果”按钮，在弹出的下拉列表中选择“发光”选项下的“红色，8 pt 发光，强调文字颜色 2”，如图 5-23 所示。

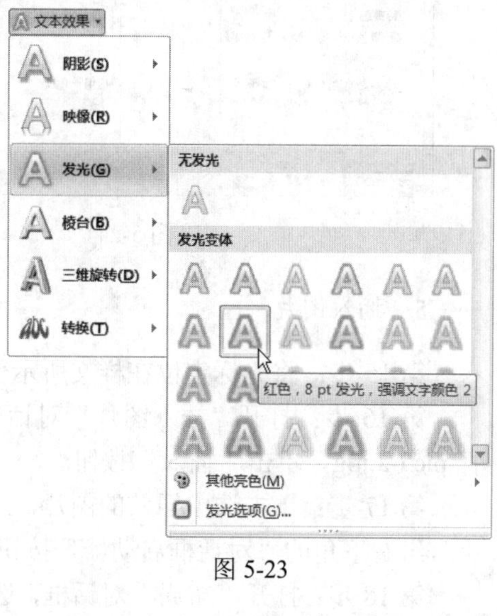

图 5-23

3. 分栏设置

第10步：在文档中选中正文第4段至结尾，单击“页面布局”选项卡下“页面设置”组中的“分栏”按钮，在弹出的下拉列表中执行“更多分栏”命令。

第 11 步：打开“分栏”对话框，在“预设”区域中单击“三栏”格式，勾选“分隔线”复选框，单击“确定”按钮。

4. 设置边框和底纹

第12步：在文档中选中正文的第1段，在“开始”选项卡下的“段落”组中单击“边框线”下拉按钮，在弹出的下拉列表中执行“边框和底纹”命令。

第 13 步：打开“边框和底纹”对话框的“边框”选项卡，在“设置”区域单击“方框”按钮，在“样式”列表中选择“单实线”，在“颜色”下拉列表中选择“标准色”中的“深红”色，在“宽度”下拉列表中选择“1.5 磅”，在“应用于”下拉列表中选择“段落”选项。

第 14 步：选择“底纹”选项卡，在“填充”下拉列表中单击“其他颜色”按钮，如图 5-24 所示，弹出“颜色”对话框。在“自定义”选项卡下的“颜色模式”下拉列表中选择“RGB”，在“红色”后的微调框中输入“100”，在“绿色”后的微调框中输入“255”，在“蓝色”后的微调框中输入“255”，如图 5-25 所示，单击“确定”按钮。返回到“边框和底纹”对话框的“底纹”选项卡。在“应用于”下拉列表中选择“段落”选项，单击“确定”按钮。

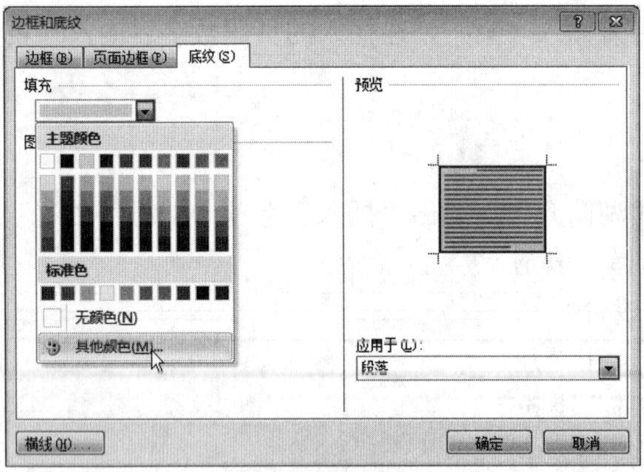

图 5-24

图 5-25

5. 插入图片

第 15 步：将光标定位在样文所示位置，单击“插入”选项卡下的“图片”按钮。

第 16 步：打开“插入图片”对话框，在指定路径 C:\2010KSW\DATA2 文件夹中选择 pic5-2.jpg，单击“插入”按钮。

第 17 步：单击选中插入的图片，选择“图片工具”下的“格式”选项卡，单击“大小”组右下角的“对话框启动器”按钮。

第 18 步：打开“布局”对话框，选择“大小”选项卡，在“缩放”区域中“高度”

和“宽度”文本框中选择或输入“55%”，单击“确定”按钮。

第 19 步：选择“图片工具”下的“格式”选项卡，在“排列”组中单击“自动换行”下拉按钮，在下拉列表中选择“四周型环绕”。

第 20 步：选择“图片工具”下的“格式”选项卡，在“图片样式”组中单击“其他”按钮，在弹出的库中选择“梭台矩形”外观样式。

第 21 步：利用鼠标拖动图片移动图片位置，使其位于样文所示位置。

6. 插入尾注

第 22 步：选择正文第 6 段的“钻石”文本，单击“引用”选项卡下“脚注”组中的“插入尾注”按钮。

第 23 步：在光标所在区域内输入内容“钻石：是指经过琢磨的金刚石，金刚石是一种天然矿物，是钻石的原石。”

第 24 步：执行“文件”→“保存”命令。

5.3　第 3 题解答

执行“文件”→“打开”命令，在“查找范围”文本框中找到指定路径，选择 A5.docx 文件，单击“打开”按钮。

1. 页面设置

第 1 步：将光标定位在文档中的任意位置，在“页面布局”选项卡下的“页面设置”组中，单击“纸张方向”按钮，在弹出的下拉列表中选择“横向”选项，如图 5-26 所示。单击“页边距”按钮，在弹出的下拉列表中选择“窄”选项，如图 5-27 所示。

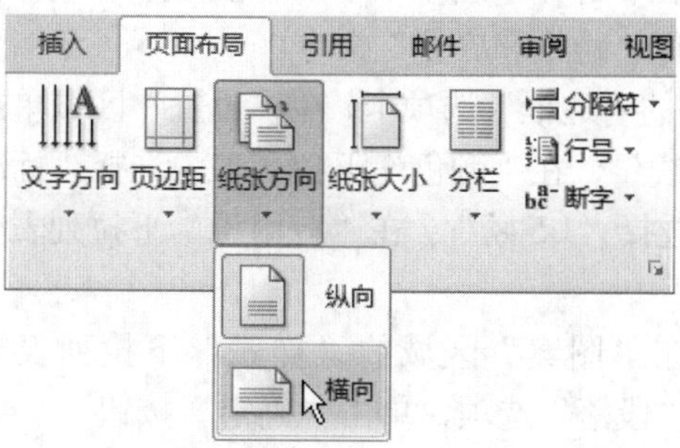

图 5-26

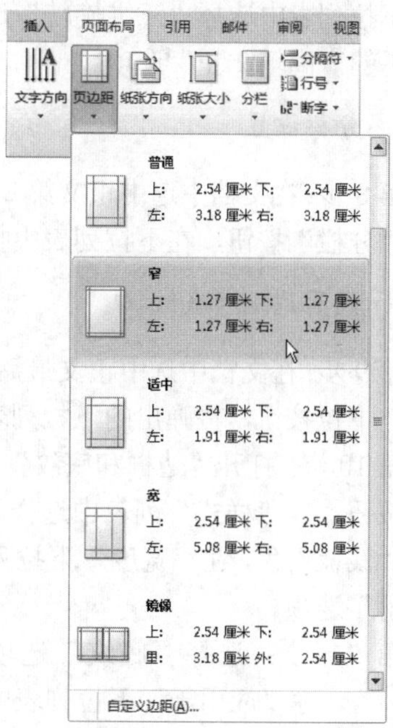

图 5-27

第 2 步：将光标定位在文档中的任意位置，单击“插入”选项卡下的“页眉和页脚”组中的“页眉”按钮。

第 3 步：在打开的下拉列表中执行“空白”命令，进入页眉，在“页眉”处的中间输入文字“生活小常识”，在“页眉”处的右端双击，使光标定位于右端，输入文本“--”，将光标定位在文本“-”和“-”中间。在“页眉和页脚工具”的“设计”选项卡中，单击“页眉和页脚”组中“页码”按钮，在下拉列表中选择“当前位置”选项下的“普通数字”，系统自动插入相应的页码。单击“关闭页眉和页脚”按钮。

2. 艺术字设置

第 4 步：选中文档的标题“味精食用不当易中毒”，单击“插入”选项卡下的“文本”组中的“艺术字”按钮。在弹出的库中选择“填充 - 蓝色，强调文字颜色 1，内部阴影 - 强调文字颜色 1”。

第 5 步：选中新插入的艺术字，在“开始”选项卡下“字体”组中，在“字体”下拉列表中选择“华文琥珀”选项，在“字号”文本框中输入“55”磅。

第 6 步：在“绘图工具”的“格式”选项卡下“排列”组中单击“位置”按钮，在弹出的下拉列表中选择“文字环绕”区域下“顶端居中，四周型文字环绕”，如图 5-28 所示。

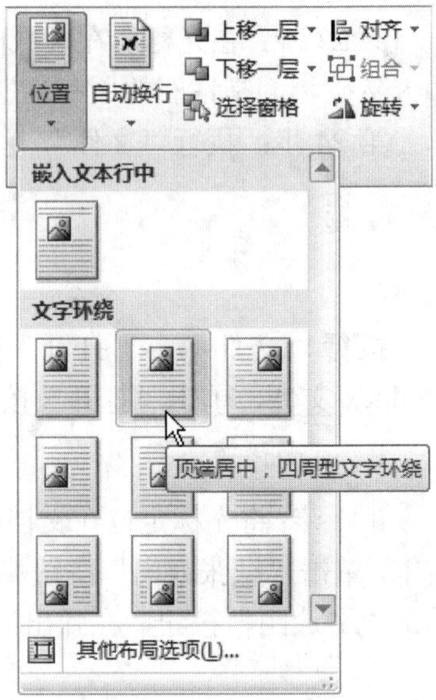

图 5-28

第 7 步：在“绘图工具”的“格式”选项卡下，在“艺术字样式”组中单击“文本效果”按钮，在弹出的下拉列表中选择“三维旋转”选项下的“平行”区域里的“离轴 2 左”选项。

3. 分栏设置

第 8 步：在文档中选中正文第 2 段至结尾，单击“页面布局”选项卡下“页面设置”组的“分栏”按钮，在下拉列表中执行“两栏”命令。

4. 设置边框和底纹

第 9 步：在文档中选中正文最后两段，在“开始”选项卡下的“段落”组中单击“边框线”下拉按钮，在弹出的下拉列表中执行“边框和底纹”命令。

第 10 步：打开“边框和底纹”对话框的“边框”选项卡，在“设置”区域单击“阴影”按钮，在“样式”列表中选择“双实线”，在“颜色”下拉列表中选择“标准色”中的“浅蓝”色，在“宽度”下拉列表中选择“1.5 磅”，在“应用于”下拉列表中选择“段落”选项。

第 11 步：选择“底纹”选项卡，在“图案”区域的“样式”下拉列表中选择“10%”，在“应用于”下拉列表中选择“段落”选项，单击“确定”按钮。

5. 插入图片

第 12 步：将光标定位在样文所示位置，单击“插入”选项卡下的“图片”按钮。

第 13 步：打开“插入图片”对话框，在指定路径 C:\2010KSW\DATA2 文件夹中选择 pic5-3.jpg，单击“插入”按钮。

第 14 步：单击选中插入的图片，选择“图片工具”下的“格式”选项卡，单击“大小”组右下角的“对话框启动器”按钮。

第 15 步：打开“布局”对话框，选择“大小”选项卡，在“缩放”区域中“高度”和“宽度”文本框中选择或输入“75%”，单击“确定”按钮。

第 16 步：选择“图片工具”下的“格式”选项卡，在“排列”组中单击“自动换行”下拉按钮，在弹出的下拉列表中选择“四周型环绕”。

第 17 步：选择“图片工具”下的“格式”选项卡，在“图片样式”组中单击“其他”按钮，在弹出的库中选择“柔化边缘椭圆”外观样式。

第 18 步：利用鼠标拖动图片移动图片位置，使其位于样文所示位置。

6. 插入尾注

第 19 步：选择正文第 1 段的“味精”文本，单击“引用”选项卡下“脚注”组中的“插入尾注”按钮。

第 20 步：在光标所在区域内输入内容“味精：是调味料的一种，主要成分为谷氨酸钠。”

第 21 步：执行“文件”→“保存”命令。

5.4 第 4 题解答

执行“文件”→“打开”命令，在“查找范围”文本框中找到指定路径，选择 A5.docx 文件，单击“打开”按钮。

1. 页面设置

第 1 步：将光标定位在文档中的任意位置，在“页面布局”选项卡下单击“页面设置”组右下角的“对话框启动器”按钮，弹出“页面设置”对话框。单击“纸张”选项卡，在“纸张大小”区域中的“宽度”文本框中选择或输入“20 厘米”，在“高度”文本框中选择或输入“29 厘米”。

第 2 步：单击“页边距”选项卡，在“上”、“下”文本框中选择或输入“2.8 厘米”，在“左”、“右”文本框中选择或输入“3.4 厘米”，单击“确定”按钮。

第 3 步：将光标定位在文档中的任意位置，单击“插入”选项卡下的“页眉和页脚”组中的“页眉”按钮。

第 4 步：在打开的下拉列表中执行“空白”命令，进入页眉，在“页眉”处的右端输入文字“科学前沿”，在“页眉”处的左端双击，使光标定位于左端，在“页眉和页脚工具”的“设计”选项卡中，单击“页眉和页脚”组中“页码”按钮，在下拉列表中选择“当前位置”选项下的“普通数字”，系统自动插入相应的页码。

第 5 步：选中页眉文字，在“开始”选项卡下的“段落”组中单击“边框线”下拉按钮，在弹出的下拉列表中执行“边框和底纹”命令。打开“边框和底纹”对话框的“边框”选项卡，在“设置”区域选择“自定义”选项，在“样式”列表中选择与【样文 5-4】相同的线型，在“预览”区域选择“下框线”按钮，在“应用于”下拉列表中选择“段落”选项。单击“确定”按钮。单击“关闭页眉和页脚”按钮。

2. 艺术字设置

第 6 步：选中文档的标题“神奇的纳米材料”，单击“插入”选项卡下的“文本”组中的“艺术字”按钮。在弹出的库中选择“填充 - 紫色，强调文字颜色 4，外部阴影 - 强调文字颜色 4，软边缘棱台”。

第 7 步：选中新插入的艺术字，在“开始”选项卡下“字体”组中，在“字体”下拉列表中选择“华文新魏”，单击“加粗”按钮，在“字号”下拉列表中选择“48”磅。在“绘图工具”的“格式”选项卡下，单击“艺术字样式”组的“文本填充”按钮，在下拉列表中单击“渐变”选项下的“其他渐变”按钮，如图 5-29 所示。打开“设置文本效果格式”对话框，在左栏选择“文本填充”选项，右栏选中“渐变填充”单选框，单击“预设颜色”下拉按钮，在弹出的库中选择“熊熊烈火”，单击“类型”下拉按钮，在弹出的列表中选择“射线”，单击“方向”下拉按钮，在弹出的列表中选择“中心辐射”，单击“关闭”按钮，如图 5-30 所示。

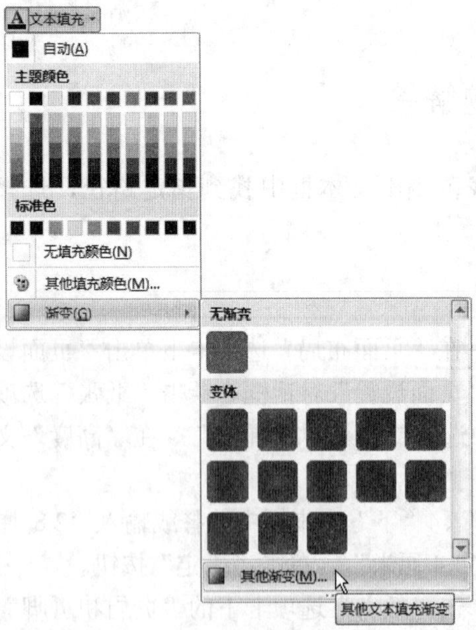

图 5-29

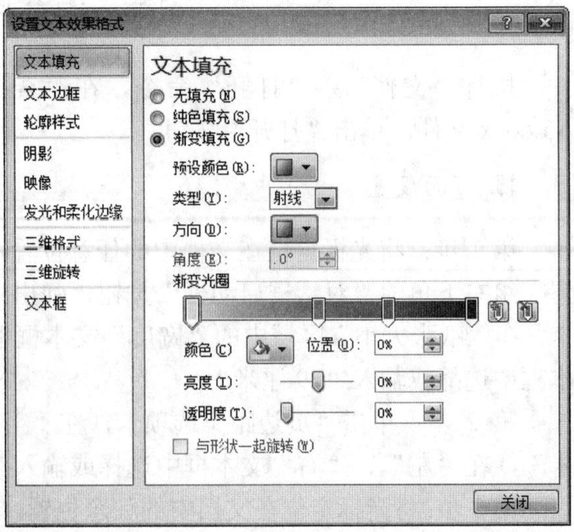

图 5-30

第 8 步：在“绘图工具”的“格式”选项卡下“排列”组中单击“自动换行”下拉按钮，在弹出的下拉列表中选择“嵌入型”。

3. 分栏设置

第 9 步：在文档中选中正文第 2～5 段，单击“页面布局”选项卡下“页面设置”组中的“分栏”按钮，在弹出的下拉列表中执行“更多分栏”命令。

第 10 步：打开“分栏”对话框，在“预设”区域中单击“右”格式，勾选“分隔线”复选框，单击“确定”按钮。

4. 设置边框和底纹

第 11 步：在文档中选中正文的第 1 段，在“开始”选项卡下的“段落”组中单击“边框线”下拉按钮，在弹出的下拉列表中执行“边框和底纹”命令。

第 12 步：打开“边框和底纹”对话框的“边框”选项卡，在“设置”区域选择“方框”按钮，在“样式”列表中选择“双波浪线”，在“颜色”下拉列表中选择“标准色”中的“深红”色，在“宽度”下拉列表中选择“0.75 磅”，在“应用于”下拉列表中选择“段落”选项。

第 13 步：选择“底纹”选项卡，在“填充”下拉列表中单击“其他颜色”按钮，弹出“颜色”对话框。在“自定义”选项卡下的“颜色模式”下拉列表中选择“RGB”，在“红色”后的微调框中输入“255”，在“绿色”后的微调框中输入“150”，在“蓝色”后的微调框中输入“150”，单击“确定”按钮。返回到“边框和底纹”对话框的“底纹”选项卡，在“应用于”下拉列表中选择“段落”选项，单击“确定”按钮。

5. 插入图片

第 14 步：将光标定位在样文所示位置，单击“插入”选项卡下的“图片”按钮。

第 15 步：打开“插入图片”对话框，在指定路径 C:\2010KSW\DATA2 文件夹中选择 pic5-4.jpg，单击“插入”按钮。

第 16 步：单击选中插入的图片，选择“图片工具”下的“格式”选项卡，单击“大小”组右下角的“对话框启动器”按钮。

第 17 步：打开“布局”对话框，选择“大小”选项卡，在“缩放”区域中“高度”和“宽度”文本框中选择或输入“35%”，单击“确定”按钮。

第 18 步：选择“图片工具”下的“格式”选项卡，在“排列”组中单击“自动换行”下拉按钮，在弹出的下拉列表中选择“紧密型环绕”。

第 19 步：选择“图片工具”下的“格式”选项卡，在“图片样式”组中单击“其他”按钮，在弹出的库中选择“居中矩形阴影”外观样式。

第 20 步：利用鼠标拖动图片移动图片位置，使其位于样文所示位置。

6. 插入尾注

第 21 步：选择正文第 1 段中的“粒子”文本，在“开始”选项卡下“字体”组中单击“下划线”下拉按钮，在弹出的下拉列表中选择“粗线”。单击“引用”选项卡下“脚注”组中的“插入尾注”按钮。

第 22 步：在光标所在区域内输入内容“粒子：也叫超微颗粒。”

第 23 步：执行“文件”→“保存”命令。

5.5 第 5 题解答

执行“文件”→“打开”命令，在“查找范围”文本框中找到指定路径，选择 A5.docx 文件，单击“打开”按钮。

1. 页面设置

第 1 步：将光标定位在文档中的任意位置，在“页面布局”选项卡下单击“页面设置”组右下角的“对话框启动器”按钮，弹出“页面设置”对话框。单击“纸张”选项卡，在“纸张大小”区域中的“宽度”文本框中选择或输入“20.5 厘米”，在“高度”文本框中选择或输入“28 厘米”。

第 2 步：单击“页边距”选项卡，在“上”、“下”、“左”、“右”文本框中均选择或输入“3 厘米”，单击“确定”按钮。

第 3 步：将光标定位在文档中的任意位置，单击“插入”选项卡下的“页眉和页脚”组中的“页眉”按钮。

第 4 步：在打开的下拉列表中执行“空白”命令，进入页眉，在“页眉”处的中间输入文字“民俗民风大全”。在“页眉和页脚工具”中“设计”选项卡下的“导航”组中，单击“转至页脚”按钮，如图 5-31 所示。此时光标自动跳到“页脚”处，单击“页眉和页脚”组中“页码”下拉按钮，在下拉列表中选择“页面底端”选项中的“普通数字 2”，系统自动插入相应的页码。在插入的页码数字前输入“-”，在插入的页码数字后输入“-”，单击“关闭页眉和页脚”按钮。

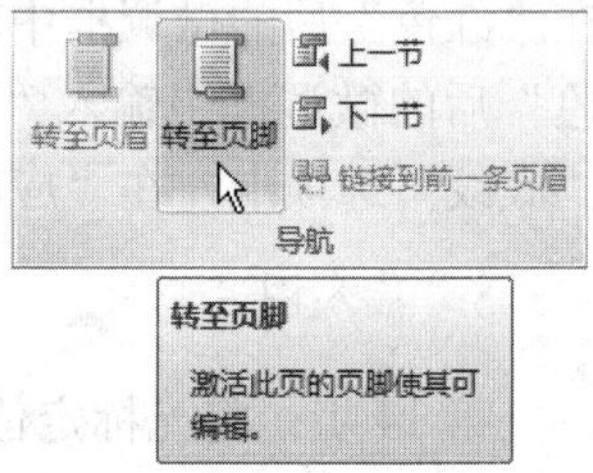

图 5-31

2. 艺术字设置

第 5 步：选中文档的标题“端午节的由来”，单击“插入”选项卡下的“文本”组中的“艺术字”按钮。在弹出的库中选择“填充 - 橄榄色，强调文字颜色 3，粉状棱台”艺术字样式。

第 6 步：选中新插入的艺术字，在“开始”选项卡下“字体”组中，在“字体”下拉列表中选择“华文中宋”，单击“加粗”按钮，在“字号”文本框中输入“50”磅。

第 7 步：在“绘图工具”的“格式”选项卡下“排列”组中单击“自动换行”下拉按钮，在弹出的下拉列表中选择“上下型环绕”。在“绘图工具”的“格式”选项卡下“排列”组中单击“位置”下拉按钮，在弹出的下拉列表中执行“其他布局选项”命令，如图 5-32 所示。打开“布局”对话框，在“位置”选项卡下的“水平”区域中选中“对齐方式”单选按钮，在“对齐方式”后面的下拉列表中选择“居中”，单击“确定”按钮，如图 5-33 所示。

图 5-32

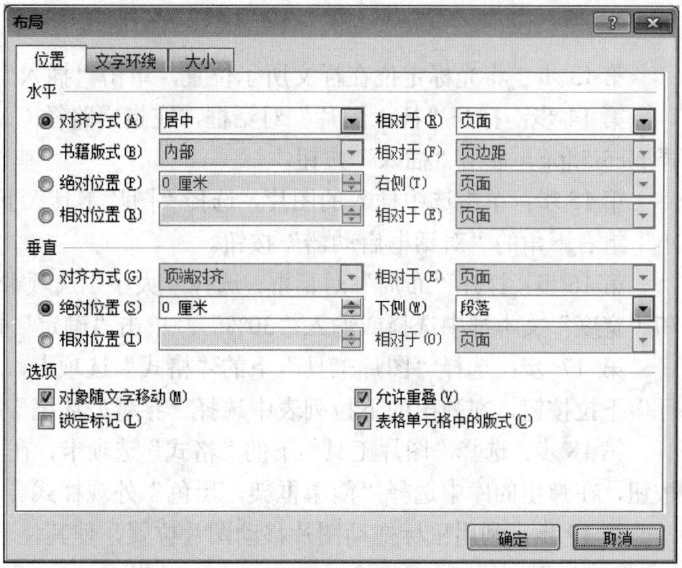

图 5-33

第 8 步：在“绘图工具”的“格式”选项卡下，在“艺术字样式”组中单击“文本效果”按钮，在弹出的下拉列表中选择“映像”选项下的“紧密映像，4 pt 偏移量”的文本效果。

3. 分栏设置

第 9 步：在文档中选中正文第 2～5 段，单击“页面布局”选项卡下“页面设置”组的“分栏”按钮，在下拉列表中执行“三栏”命令。

4. 设置边框和底纹

第 10 步：在文档中选中正文的第 1 段，在“开始”选项卡下的“段落”组中单击“边框线”下拉按钮，在弹出的下拉列表中执行“边框和底纹”命令。

第 11 步：打开“边框和底纹”对话框的“边框”选项卡，在“设置”区域单击“方框”按钮，在“样式”列表中选择“双实线”，在“颜色”下拉列表中单击“其他颜色”按钮，弹出“颜色”对话框。在“自定义”选项卡下的“颜色模式”下拉列表中选择“RGB”，在“红色”后的微调框中输入“100”，在“绿色”后的微调框中输入“120”，在“蓝色”后的微调框中输入“50”，单击“确定”按钮。返回到“边框和底纹”对话框的“底纹”选项卡，在“宽度”下拉列表中选择“1.5 磅”，在“应用于”下拉列表中选择“段落”选项。

第 12 步：选择“底纹”选项卡，在“填充”下拉列表中单击“其他颜色”按钮，弹出“颜色”对话框。在“自定义”选项卡下的“颜色模式”下拉列表中选择“RGB”，在“红色”后的微调框中输入“160”，在“绿色”后的微调框中输入“200”，在“蓝色”后的微调框中输入“120”，单击“确定”按钮。返回到“边框和底纹”对话框的“底纹”选项卡，在“应用于”下拉列表中选择“段落”选项，单击“确定”按钮。

5. 插入图片

第 13 步：将光标定位在样文所示位置，单击“插入”选项卡下的“图片”按钮。

第 14 步：打开“插入图片”对话框，在指定路径 C:\2010KSW\DATA2 文件夹中选择 pic5-5.jpg，单击“插入”按钮。

第 15 步：单击选中插入的图片，选择“图片工具”下的“格式”选项卡，单击“大小”组右下角的“对话框启动器”按钮。

第 16 步：打开“布局”对话框，选择“大小”选项卡，在“缩放”区域中“高度”和“宽度”文本框中选择或输入“30%”，单击“确定”按钮。

第 17 步：选择“图片工具”下的“格式”选项卡，在“排列”组中单击“自动换行”下拉按钮，在弹出的下拉列表中选择“穿越型环绕”。

第 18 步：选择“图片工具”下的“格式”选项卡，在“图片样式”组中单击“其他”按钮，在弹出的库中选择“简单框架，黑色”外观样式。

第 19 步：利用鼠标拖动图片移动图片位置，使其位于样文所示位置。

6. 插入脚注

第 20 步：选择正文第 4 段中的“屈原”文本，单击“引用”选项卡下“脚注”组中的“插入脚注”按钮，如图 5-34 所示。

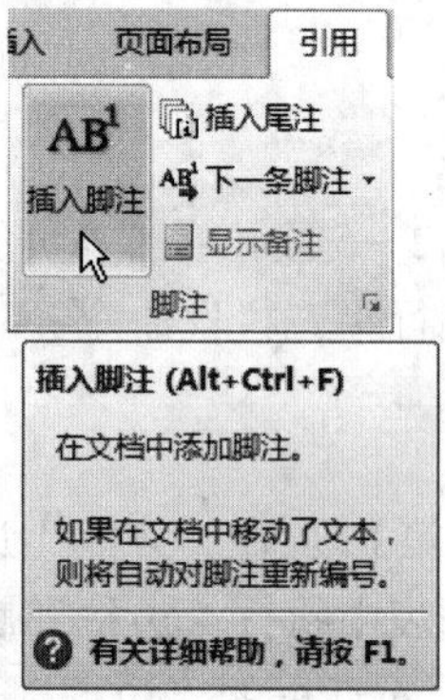

图 5-34

第 21 步：在光标所在区域内输入内容“屈原（前 340—前 278），是我国最早的浪漫主义诗人。”

第 22 步：执行“文件”→“保存”命令。

5.6 第 6 题解答

执行“文件”→“打开”命令，在“查找范围”文本框中找到指定路径，选择 A5.docx 文件，单击“打开”按钮。

1. 页面设置

第 1 步：将光标定位在文档中的任意位置，在“页面布局”选项卡下单击“页面设置”组右下角的“对话框启动器”按钮，弹出“页面设置”对话框。单击“纸张”选项卡，在“纸张大小”区域中的“宽度”文本框中选择或输入“21 厘米”，在“高度”文本框中选择或输入“30 厘米”。

第 2 步：单击“页边距”选项卡，在“上”、“下”、“左”、“右”文本框中均选择或输入“3 厘米”。选择“版式”选项卡，在“页眉和页脚”区域下，在“距边界：”后面的“页眉”文本框中选择或输入“2 厘米”，如图 5-35 所示，单击“确定”按钮。

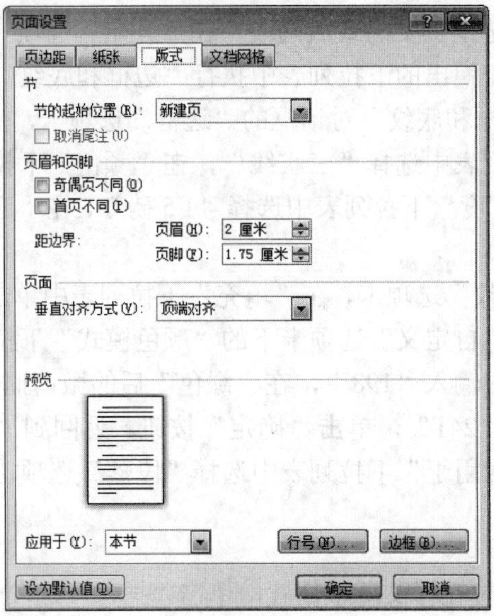

图 5-35

第 3 步：将光标定位在文档中的任意位置，单击“插入”选项卡下的“页眉和页脚”组中的“页眉”按钮。

第 4 步：在打开的下拉列表中执行“边线型”命令，进入页眉，在“页眉”的“键入文档标题”处输入文字“宇宙奥秘”，选中“宇宙奥秘”文本，单击“开始”选项卡下“字体”组中的“加粗”按钮，使光标定位于左端，单击“页眉和页脚工具”的“设计”选项卡下的“页眉和页脚”组中的“页码”下拉按钮，在弹出的下拉列表中选择“当前位置”选项下的“普通数字”，系统自动插入相应的页码，单击“关闭页眉和页脚”按钮。

2. 艺术字设置

第 5 步：选中文档的标题“地球上北温带与热带分界线——北回归线”，单击“插入”选项卡下的“文本”组中的“艺术字”按钮。在弹出的库中选择“填充 - 蓝色，强调文字颜色 1，金属棱台，映像”艺术字样式。

第 6 步：选中新插入的艺术字，在“开始”选项卡下“字体”组中，在“字体”下拉列表中选择“华文行楷”，在“字号”下拉列表中选择“28”磅。

第 7 步：在“绘图工具”的“格式”选项卡下“排列”组中单击“位置”下拉按钮，在弹出的下拉列表中选择“顶端居中，四周型文字环绕”。在“形状样式”组里单击“其他”按钮，在弹出的库中选择“强烈效果 - 橄榄色，强调颜色 3”的形状样式。

3. 分栏设置

第 8 步：在文档中选中正文前六段，单击“页面布局”选项卡下“页面设置”组的“分栏”按钮，在下拉列表中执行“三栏”命令。

4. 设置边框和底纹

第 9 步：在文档中选中正文的最后两段，在“开始”选项卡下的“段落”组中单击“边框线”下拉按钮，在弹出的下拉列表中执行“边框和底纹”命令。

第 10 步：打开“边框和底纹”对话框的“边框”选项卡，在“设置”区域单击“方框”按钮，在“样式”列表中选择“三实线”，在“颜色”下拉列表中选择“标准色”中的“深蓝”色，在“宽度”下拉列表中选择“1.5 磅”，在“应用于”下拉列表中选择“段落”选项。

第 11 步：选择“底纹”选项卡，在“填充”下拉列表中单击“其他颜色”按钮，弹出“颜色”对话框。在“自定义”选项卡下的“颜色模式”下拉列表中选择“RGB”，在“红色”后的微调框中输入“198”，在“绿色”后的微调框中输入“217”，在“蓝色”后的微调框中输入“241”，单击“确定”按钮。返回到“边框和底纹”对话框的“底纹”选项卡，在“应用于”下拉列表中选择“段落”选项，单击“确定”按钮。

5. 插入图片

第 12 步：将光标定位在样文所示位置，单击“插入”选项卡下的“图片”按钮。

第 13 步：打开“插入图片”对话框，在指定路径 C:\2010KSW\DATA2 文件夹中选择 pic5-6.jpg，单击“插入”按钮。

第 14 步：单击选中插入的图片，选择“图片工具”下的“格式”选项卡，单击“大小”组右下角的“对话框启动器”按钮。

第 15 步：打开“布局”对话框，选择“大小”选项卡，在“缩放”区域中“高度”和“宽度”文本框中选择或输入“50%”，单击“确定”按钮。

第 16 步：选择“图片工具”下的“格式”选项卡，在“排列”组中单击“自动换行”下拉按钮，在弹出的下拉列表中选择“四周型环绕”。

第 17 步：选择“图片工具”下的“格式”选项卡，在“图片样式”组中单击“其他”按钮，在弹出的库中选择“棱台矩形”外观样式。

第 18 步：利用鼠标拖动图片移动图片位置，使其位于样文所示位置。

6. 插入尾注

第 19 步：选择第 3 段中的“双子座”文本，单击“引用”选项卡下“脚注”组中的“插入尾注”按钮。

第 20 步：在光标所在区域内输入内容“双子座的西边是金牛座，东边是比较暗淡的巨蟹座。”

第 21 步：执行“文件”→“保存”命令。

5.7　第 7 题解答

执行“文件”→“打开”命令，在“查找范围”文本框中找到指定路径，选择 A5.docx 文件，单击“打开”按钮。

1. 页面设置

第 1 步：将光标定位在文档中的任意位置，在“页面布局”选项卡下单击“页面设置”组右下角的“对话框启动器”按钮，弹出“页面设置”对话框。单击“纸张”选项卡，在“纸张大小”区域中的“宽度”文本框中选择或输入“20 厘米”，在“高度”文本框中选择或输入“30 厘米”。

第 2 步：单击“页边距”选项卡，在“上”、“下”文本框中选择或输入“3 厘米”，在“左”、“右”文本框中选择或输入“2 厘米”，单击“确定”按钮。

第 3 步：将光标定位在文档中的任意位置，单击“插入”选项卡下的“页眉和页脚”组中的“页眉”按钮。

第 4 步：在打开的下拉列表中执行“空白”命令，进入页眉，在“页眉”处的右端输入文字“资源地学”，在“页眉”处的左侧双击，使光标定位于左端，输入文本“第页”，将光标定位在文本“第”和“页”中间处。单击“页眉和页脚”组中“页码”按钮，在下拉列表中选择“当前位置”选项下的“普通数字”，系统自动插入相应的页码。选中录入的页眉文本，在“开始”选项卡的“字体”组的“字号”下拉列表中选择“五号”。

第 5 步：单击“段落”组中“边框线”下拉按钮，在弹出的下拉列表中执行“边框和底纹”命令。打开“边框和底纹”对话框的“边框”选项卡，在“设置”区域选择“自定义”按钮，在“样式”列表中选择“双实线”，在“预览”区域单击“下框线”按钮，单击“确定”按钮。单击“关闭页眉和页脚”按钮。

2. 艺术字设置

第 6 步：选中文档的标题“沉积岩的形成”，单击“插入”选项卡下的“文本”组中的“艺术字”按钮。在弹出的库中选择“填充 - 蓝色，强调文字颜色 1，塑料棱台，映像”艺术字样式。

第 7 步：选中新插入的艺术字，在“开始”选项卡下“字体”组的“字体”下拉列表中选择“华文中宋”，在“字号”文本框中输入“40”磅。

第 8 步：在“绘图工具”的“格式”选项卡下“排列”组中单击“自动换行”下拉按钮，在弹出的下拉列表中选择“嵌入型”。在“艺术字样式”组里单击“文本效果”按钮，在弹出的下拉列表中选择“转换”选项下的“槽形”文本效果。

3. 分栏设置

第 9 步：在文档中选中正文最后两段，单击“页面布局”选项卡下“页面设置”组的“分栏”按钮，在下拉列表中执行“更多分栏”命令。

第 10 步：打开“分栏”对话框，在“栏数”文本框中选择或输入“2”，在“宽度和间距”区域下，取消勾选“栏宽相等”复选框，在栏“1：”的“宽度”文本框中选择或输入“17 字符”，在“间距”文本框中选择或输入“2.2 字符”，勾选“分隔线”复选框，单击“确定”按钮。

4. 设置边框和底纹

第11步：在文档中选中正文的第1段，在“开始”选项卡下的“段落”组中单击“边框线”下拉按钮，在弹出的下拉列表中执行“边框和底纹”命令。

第 12 步：打开“边框和底纹”对话框的“边框”选项卡，在“设置”区域单击“阴影”按钮，在“样式”列表中选择“虚线”，在“颜色”下拉列表中选择“标准色”中的“紫色”，在“宽度”下拉列表中选择“1.5 磅”，在“应用于”下拉列表中选择“段落”选项。

第 13 步：选择“底纹”选项卡，在“图案”区域的“样式”下拉列表中选择“浅色网格”，在“颜色”下拉列表中单击“其他颜色”按钮，弹出“颜色”对话框。在“自定义”选项卡下的“颜色模式”下拉列表中选择“RGB”，在“红色”后的微调框中输入“251”，在“绿色”后的微调框中输入“212”，在“蓝色”后的微调框中输入“180”，单击“确定”按钮。返回到“边框和底纹”对话框的“底纹”选项卡，在“应用于”下拉列表中选择“段落”选项，单击“确定”按钮。

5. 插入图片

第 14 步：将光标定位在样文所示位置，单击“插入”选项卡下的“图片”按钮。

第 15 步：打开“插入图片”对话框，在指定路径 C:\2010KSW\DATA2 文件夹中选择 pic5-7.jpg，单击“插入”按钮。

第 16 步：单击选中插入的图片，选择“图片工具”下的“格式”选项卡，单击“大小”组右下角的“对话框启动器”按钮。

第 17 步：打开“布局”对话框，选择“大小”选项卡，在“缩放”区域中“高度”和“宽度”文本框中选择或输入“20%”，单击“确定”按钮。

第 18 步：选择“图片工具”下的“格式”选项卡，在“排列”组中单击“自动换行”按钮，在下拉列表中选择“四周型环绕”。

第 19 步：选择“图片工具”下的“格式”选项卡，在“图片样式”组中单击“其他”按钮，在弹出的库中选择“映像圆角矩形”外观样式。

第 20 步：利用鼠标拖动图片移动图片位置，使其位于样文所示位置。

6. 插入尾注

第 21 步：选择正文第 1 段的“沉积岩”文本，单击“引用”选项卡下“脚注”组中的“插入尾注”按钮。

第 22 步：在光标所在区域内输入内容“沉积岩：又称为水成岩，是三种组成地球岩石圈的主要岩石之一（另外两种是岩浆岩和变质岩）。”

第 23 步：执行“文件”→“保存”命令。

5.8　第 8 题解答

执行“文件”→“打开”命令，在“查找范围”文本框中找到指定路径，选择 A5.docx 文件，单击“打开”按钮。

1. 页面设置

第 1 步：将光标定位在文档中的任意位置，在“页面布局”选项卡下单击“页面设置”组右下角的“对话框启动器”按钮，弹出“页面设置”对话框。单击“纸张”选项卡，在“纸张大小”区域中的“宽度”文本框中选择或输入“20 厘米”，在“高度”文本框中选择或输入“27 厘米”。

第 2 步：在“页面布局”选项卡的“页面设置”组下，单击“页边距”按钮，在弹出的下拉列表中选择“适中”。

第 3 步：将光标定位在文档中的任意位置，单击“插入”选项卡下的“页眉和页脚”组中的“页眉”按钮。

第 4 步：在打开的下拉列表中执行“空白”命令，进入页眉，在“页眉”处的左端输入文字“健康饮食”。在“页眉”处右侧双击，使光标定位于右端，输入文本“第页”，将光标定位在文本“第”和“页”中间。

第 5 步：在“页眉和页脚工具”选项卡中，单击“页眉和页脚”组中“页码”按钮，在下拉列表中选择“当前位置”选项下的“普通数字”，系统自动插入相应的页码。选中录入的页眉文本“健康饮食”，在“开始”选项卡下“字体”组的“字体”下拉列表中选择“黑体”，在“字号”下拉列表中选择“小四”，单击“关闭页眉和页脚”按钮。

2. 艺术字设置

第 6 步：选中文档的标题“清火降暑美食——马蹄”，单击“插入”选项卡下的“文本”组中的“艺术字”按钮。在弹出的库中选择“填充 - 蓝色，强调文字颜色 1，内部阴影 - 强调文字颜色 1”艺术字样式。

第 7 步：选中新插入的艺术字，在“开始”选项卡下“字体”组中，在“字体”下拉列表中选择“华文行楷”，在“字号”下拉列表中选择“36”磅。

第 8 步：在“绘图工具”的“格式”选项卡下“排列”组中单击“自动换行”下拉按钮，在弹出的下拉列表中选择“嵌入型”。

第 9 步：在“绘图工具”的“格式”选项卡下“艺术字样式”组中单击“文本效果”按钮，在弹出的下拉列表中选择“发光”选项下的“水绿色，8 pt 发光，强调文字颜色 5”的文本效果。

3. 分栏设置

第 10 步：在文档中选中正文第 2 段至结尾，单击“页面布局”选项卡下“页面设置”组的“分栏”按钮，在下拉列表中单击“偏右”选项。

4. 设置边框和底纹

第 11 步：在文档中选中正文第 2 段，在“开始”选项卡下的“段落”组中单击“边框线”下拉按钮，在弹出的下拉列表中执行“边框和底纹”命令。

第 12 步：打开“边框和底纹”对话框的“边框”选项卡，在“设置”区域单击“方框”按钮，在“样式”列表中选择“点-点-短线”，在“颜色”下拉列表中选择“标准色”中的“深红”色，在“宽度”下拉列表中选择“1.5 磅”，在“应用于”下拉列表中选择“段落”选项。

第 13 步：选择“底纹”选项卡，在“图案”区域的“样式”下拉列表中选择“浅色棚架”，在“颜色”下拉列表中单击“其他颜色”按钮，弹出“颜色”对话框。在“自定义”选项卡下的“颜色模式”下拉列表中选择“RGB”，在“红色”后的微调框中输入“178”，在“绿色”后的微调框中输入“161”，在“蓝色”后的微调框中输入“199”，单击“确定”按钮。返回到“边框和底纹”对话框的“底纹”选项卡，在“应用于”下拉列表中选择“段落”选项，单击“确定”按钮。

5. 插入图片

第 14 步：将光标定位在样文所示位置，单击“插入”选项卡下的“图片”按钮。

第 15 步：打开“插入图片”对话框，在指定路径 C:\2010KSW\DATA2 文件夹中选择 pic5-8.jpg，单击“插入”按钮。

第 16 步：单击选中插入的图片，选择“图片工具”下的“格式”选项卡，单击“大小”组右下角的“对话框启动器”按钮。

第 17 步：打开“布局”对话框，选择“大小”选项卡，在“缩放”区域中“高度”和“宽度”文本框中选择或输入“35%”，单击“确定”按钮。

第 18 步：选择“图片工具”下的“格式”选项卡，在“排列”组中单击“自动换行”下拉按钮，在弹出的下拉列表中选择“紧密型环绕”。

第 19 步：选择“图片工具”下的“格式”选项卡，在“图片样式”组中单击“其他”按钮，在弹出的库中选择“金属椭圆”外观样式。

第 20 步：选择“图片工具”下的“格式”选项卡，在“图片样式”组中单击“图片边框”按钮，在弹出的下拉列表中执行“其他轮廓颜色”命令，如图 5-36 所示，弹出“颜色”对话框。在“自定义”选项卡下的“颜色模式”下拉列表中选择“RGB”，在“红色”后的微调框中输入“195”，在“绿色”后的微调框中输入“214”，在“蓝色”后的微调框中输入“155”，单击“确定”按钮。

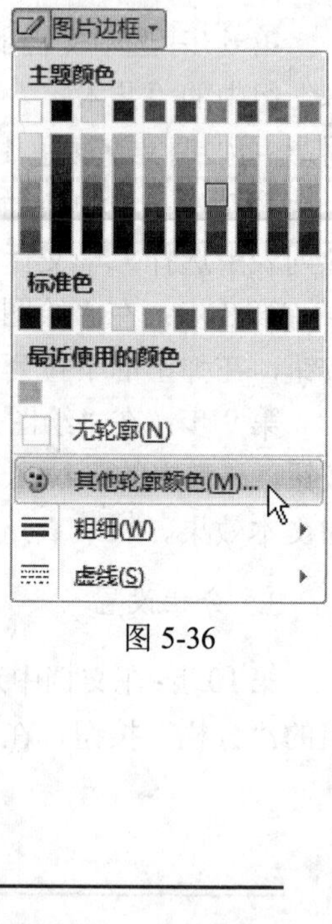

图 5-36

第 21 步：利用鼠标拖动图片移动图片位置，使其位于样文所示位置。

6. 插入尾注

第 22 步：选择正文第 1 段的“马蹄”文本，单击“引用”选项卡下“脚注”组中的“插入尾注”按钮。

第 23 步：在光标所在区域内输入内容“马蹄：又称荸荠，原产于印度。”

第 24 步：执行“文件”→“保存”命令。

5.9　第 9 题解答

执行“文件”→“打开”命令，在“查找范围”文本框中找到指定路径，选择 A5.docx 文件，单击“打开”按钮。

1. 页面设置

第 1 步：将光标定位在文档中的任意位置，在“页面布局”选项卡下单击“页面设置”组右下角的“对话框启动器”按钮，弹出“页面设置”对话框。单击“纸张”选项卡，在“纸张大小”区域中的“宽度”文本框中选择或输入“21 厘米”，在“高度”文本框中选择或输入“32 厘米”。

第 2 步：单击“页边距”选项卡，在“上”、“下”文本框中选择或输入“2.5 厘米”，在“左”、“右”文本框中选择或输入“3 厘米”，单击“确定”按钮。

第 3 步：将光标定位在文档中的任意位置，单击“插入”选项卡下的“页眉和页脚”组中的“页眉”按钮。

第 4 步：在打开的下拉列表中执行“空白”命令，进入页眉，在“页眉”处的左端输入文本“科技发展”。在“页眉”处右侧双击，使光标定位于右端，输入文本“第页”，将光标定位在文本“第”和“页”中间。在“页眉和页脚工具”选项卡中，单击“页眉和页脚”组中“页码”按钮，在下拉列表中选择“当前位置”选项下的“普通数字”，系统自动插入相应的页码。

第 5 步：选中录入的页眉文本，，在“开始”选项卡下“字体”组中，在“字体”下拉列表中选择“宋体”，在“字号”下拉列表中选择“五号”，单击“加粗”按钮。

第 6 步：在“开始”选项卡中单击“段落”组中的“边框线”下拉按钮，在弹出的下拉列表中执行“边框和底纹”命令。打开“边框和底纹”对话框的“边框”选项卡，在“设置”区域选择“自定义”按钮，在“样式”列表中选择“实线”，在“宽度”下拉列表中选择“3 磅”，在“预览”区域单击“下框线”按钮，单击“确定”按钮。单击“关闭页眉和页脚”按钮。

2. 艺术字设置

第 7 步：选中文档的标题“热气球”，单击“插入”选项卡下的“文本”组中的“艺术字”按钮。在弹出的库中选择“填充 - 红色，强调文字颜色 2，暖色粗糙棱台”艺术字样式。

第 8 步：选中新插入的艺术字，在“开始”选项卡下“字体”组中，在“字体”下拉列表中选择“华文琥珀”，在“字号”下拉列表中选择“48”磅。

第 9 步：在“绘图工具”的“格式”选项卡下“排列”组中单击“自动换行”下拉按钮，在弹出的下拉列表中选择“嵌入型”。

第 10 步：在“绘图工具”的“格式”选项卡下“艺术字样式”组中单击“文本效果”按钮，在弹出的下拉列表中选择“转换”选项下的“停止”选项。

3. 分栏设置

第 11 步：在文档中选中正文第 2 段和第 3 段，单击“页面布局”选项卡下“页面设置”组的“分栏”按钮，在下拉列表中执行“更多分栏”命令。

第 12 步：打开“分栏”对话框，在“预设”区域单击“两栏”格式，勾选“分隔线”复选框，单击“确定”按钮。

4. 设置边框和底纹

第 13 步：在文档中选中正文第 1 段，在“开始”选项卡下的“段落”组中单击“边框线”下拉按钮，在弹出的下拉列表中执行“边框和底纹”命令。

第 14 步：打开“边框和底纹”对话框的“边框”选项卡，在“设置”区域单击“方框”按钮，在“样式”列表中选择“双实线”，在“颜色”下拉列表选择“标准色”中的“紫色”，在“宽度”下拉列表中选择“0.75 磅”，在“应用于”下拉列表中选择“段落”选项。

第 15 步：选择“底纹”选项卡，在“填充”下拉列表中单击“其他颜色”按钮，弹出“颜色”对话框。在“自定义”选项卡下的“颜色模式”下拉列表中选择“RGB”，在“红色”后的微调框中输入“182”，在“绿色”后的微调框中输入“221”，在“蓝色”后的微调框中输入“232”，单击“确定”按钮。返回到“边框和底纹”对话框的“底纹”选项卡，在“应用于”下拉列表中选择“段落”选项，单击“确定”按钮。

5. 插入图片

第 16 步：将光标定位在样文中图片所在位置，单击“插入”选项卡下的“图片”按钮。

第 17 步：打开“插入图片”对话框，在指定路径 C:\2010KSW\DATA2 文件夹中选择 pic5-9.jpg，单击“插入”按钮。

第 18 步：单击选中插入的图片，选择“图片工具”下的“格式”选项卡，单击“大小”组右下角的“对话框启动器”按钮。

第 19 步：打开“布局”对话框，选择“大小”选项卡，取消勾选“锁定纵横比”复选框，在“高度”区域的“绝对值”文本框中选择或输入“10 厘米”，在“宽度”区域的“绝对值”文本框中选择或输入“6.5 厘米”，单击“确定”按钮。

第 20 步：选择“图片工具”下的“格式”选项卡，在“排列”组中单击“自动换行”下拉按钮，在弹出的下拉列表中选择“四周型环绕”。

第 21 步：选择“图片工具”下的“格式”选项卡，在“图片样式”组中单击“其他”按钮，在弹出的库中选择“圆形对角，白色”外观样式。

第 22 步：选择“图片工具”下的“格式”选项卡，在“图片样式”组中单击“图片效果”按钮，在弹出的下拉列表中选择“发光”选项下的“橙色，5 pt 发光，强调文字颜色 6”图片效果。

第 23 步：利用鼠标拖动图片移动图片位置，使其位于样文所示位置。

6. 插入脚注

第 24 步：选择正文最后一段中的“热气球”文本，在“开始”选项卡下“字体”组中单击“下划线”下拉按钮，在弹出的下拉列表中选择“波浪线”。单击“引用”选项卡下“脚注”组中的“插入脚注”按钮。

第 25 步：在光标所在区域内输入内容“热气球的唯一飞行动力是风。”

第 26 步：执行“文件”→“保存”命令。

5.10　第 10 题解答

执行“文件”→“打开”命令，在“查找范围”文本框中找到指定路径，选择 A5.docx 文件，单击“打开”按钮。

1. 页面设置

第 1 步：将光标定位在文档中的任意位置，在“页面布局”选项卡下单击“页面设置”组右下角的“对话框启动器”按钮，弹出“页面设置”对话框。单击“纸张”选项卡，在“纸张大小”区域中的“宽度”文本框中选择或输入“21 厘米”，在“高度”文本框中选择或输入“30 厘米”。

第 2 步：单击“页边距”选项卡，在“上”、“下”文本框中选择或输入“2 厘米”，在“左”、“右”文本框中选择或输入“3 厘米”，单击“确定”按钮。

第 3 步：将光标定位在文档中的任意位置，单击“插入”选项卡下的“页眉和页脚”组中的“页眉”按钮。

第 4 步：在打开的下拉列表中执行“空白”命令，进入页眉，在“页眉”处的左端输入文本“中国传统节日”。在“页眉”处右侧双击，使光标定位于右端，输入文本“第页”，将光标定位在文本“第”和“页”中间。在“页眉和页脚工具”选项卡中，单击“页眉和页脚”组中“页码”按钮，在下拉列表中选择“当前位置”选项下的“普通数字”，系统自动插入相应的页码。选中录入的页眉文本，在“开始”选项卡下“字体”组中，在“字体”下拉列表中选择“华文新魏”，“字号”下拉列表中选择“四号”，“字体颜色”下拉列表中选择“标准色”中的“浅蓝”色。单击“关闭页眉和页脚”按钮。

2. 艺术字设置

第 5 步：选中文档的标题“二月二龙抬头的传说”，单击“插入”选项卡下的“文本”组中的“艺术字”按钮。在弹出的库中选择“填充 - 白色，暖色粗糙棱台”艺术字样式。

第 6 步：选中新插入的艺术字，在“开始”选项卡下“字体”组中，在“字体”下拉列表中选择“华文中宋”，在“字号”下拉列表中选择“36”磅。在“绘图工具”的

“格式”选项卡下，单击“艺术字样式”组的“文本填充”按钮，在下拉列表中单击“渐变”选项下的“其他渐变”按钮，打开“设置文本效果格式”对话框，在左栏选择“文本填充”，右栏点选“渐变填充”单选按钮，单击“预设颜色”下拉按钮，在弹出的库中选择“彩虹出岫”，单击“类型”下拉按钮，在弹出的列表中选择“射线”，单击“方向”下拉按钮，在弹出的列表中选择“中心辐射”，单击“关闭”按钮。

第 7 步：在“绘图工具”的“格式”选项卡下“排列”组中单击“自动换行”下拉按钮，在弹出的下拉列表中选择“上下型环绕”。在“绘图工具”的“格式”选项卡下“排列”组中单击“位置”下拉按钮，在弹出的下拉列表中执行“其他布局选项”命令。打开“布局”对话框，在“位置”选项卡下的“水平”区域中选中“对齐方式”单选按钮，在“对齐方式”后面的下拉列表中选择“居中”，单击“确定”按钮。

第 8 步：在“绘图工具”的“格式”选项卡下，在“艺术字样式”组中单击“文本效果”下拉按钮，在弹出的下拉列表中选择“转换”选项下的“桥形”选项。

3. 分栏设置

第 9 步：在文档中选中正文第 1 段和第 2 段，单击“页面布局”选项卡下“页面设置”组的“分栏”按钮，在下拉列表中单击“三栏”按钮。

4. 设置边框和底纹

第 10 步：在文档中选中正文的第 3 段，在“开始”选项卡下的“段落”组中单击“边框线”下拉按钮，在弹出的下拉列表中执行“边框和底纹”命令。

第 11 步：打开“边框和底纹”对话框的“边框”选项卡，在“设置”区域单击“方框”按钮，在“样式”列表中选择“双实线”，在“颜色”下拉列表中选择“标准色”中的“浅蓝”色，在“宽度”下拉列表中选择“1.5 磅”，在“应用于”下拉列表中选择“段落”选项，单击“确定”按钮。

第 12 步：选中正文第 4 段和第 5 段，在“开始”选项卡下的“段落”组中单击“边框线”下拉按钮，在弹出的下拉列表中执行“边框和底纹”命令。打开“边框和底纹”对话框的“底纹”选项卡，在“填充”下拉列表中单击“其他颜色”按钮，弹出“颜色”对话框。在“自定义”选项卡下的“颜色模式”下拉列表中选择“RGB”，在“红色”后的微调框中输入“214”，在“绿色”后的微调框中输入“227”，在“蓝色”后的微调框中输入“188”，单击“确定”按钮。返回到“边框和底纹”对话框的“底纹”选项卡，在“应用于”下拉列表中选择“段落”选项，单击“确定”按钮。

5. 插入图片

第 13 步：将光标定位在样文所示位置，单击“插入”选项卡下的“图片”按钮。

第 14 步：打开“插入图片”对话框，在指定路径 C:\2010KSW\DATA2 文件夹中选择 pic5-10.jpg，单击“插入”按钮。

第 15 步：单击选中插入的图片，选择“图片工具”下的“格式”选项卡，单击“大小”组右下角的“对话框启动器”按钮。

第 16 步：打开“布局”对话框，选择“大小”选项卡，取消勾选“锁定纵横比”复选框，在“高度”区域的“绝对值”文本框中选择或输入“5 厘米”，在“宽度”区域的“绝对值”文本框中选择或输入“6.5 厘米”，单击“确定”按钮。

第 17 步：选择“图片工具”下的“格式”选项卡，在“排列”组中单击“自动换行”下拉按钮，在弹出的下拉列表中选择“四周型环绕”。

第 18 步：选择“图片工具”下的“格式”选项卡，在“图片样式”组中单击“其他”按钮，在弹出的库中选择“柔化边缘椭圆”外观样式。

第 19 步：利用鼠标拖动图片移动图片位置，使其位于样文所示位置。

6. 插入脚注

第 20 步：选择正文第 4 段中的“武则天”文本，单击“引用”选项卡下“脚注”组中的“插入脚注”按钮。

第 21 步：在光标所在区域内输入内容“武则天：是中国历史上唯一一个正统的女皇帝。”

第 22 步：执行“文件”→“保存”命令。

5.11　第 11 题解答

执行“文件”→“打开”命令，在“查找范围”文本框中找到指定路径，选择 A5.docx 文件，单击“打开”按钮。

1. 页面设置

第 1 步：将光标定位在文档中的任意位置，在“页面布局”选项卡下单击“页面设置”组右下角的“对话框启动器”按钮，弹出“页面设置”对话框。单击“纸张”选项卡，在“纸张大小”区域中的“宽度”文本框中选择或输入“22 厘米”，在“高度”文本框中选择或输入“26 厘米”。

第 2 步：单击“页边距”选项卡，在“上”、“下”文本框中选择或输入“2 厘米”，在“左”、“右”文本框中选择或输入“3.5 厘米”，单击“确定”按钮。

第 3 步：将光标定位在文档中的任意位置，单击“插入”选项卡下的“页眉和页脚”组中的“页眉”按钮。

第 4 步：在打开的下拉列表中执行“空白”命令，进入页眉，在“页眉”处的左端输入文字“席慕容散文”，在“页眉”处的右端双击，使光标定位于右端，输入文本“--”。将光标定位在文本“-”和“-”之间，在“页眉和页脚工具”的“设计”选项卡中，单击“页眉和页脚”组中的“页码”按钮，在下拉列表中选择“当前位置”选项下的“普通数字”，系统自动插入相应的页码。

第 5 步：选中页眉文本，在“开始”选项卡下的“段落”组中单击“边框线”下拉按钮，在弹出的下拉列表中执行“边框和底纹”命令。打开“边框和底纹”对话框的“边框”选项卡，单击“设置”区域的“自定义”按钮，在“样式”下拉列表中选择与【样文 5-11】相同的线型，在“预览”区域中单击“下框线”按钮，在“应用于”下拉列表中选择“段落”选项。单击“确定”按钮。单击“关闭页眉和页脚”按钮。

2. 艺术字设置

第 6 步：选中文档的标题“明月夜”，单击“插入”选项卡下的“文本”组中的“艺术字”按钮。在弹出的库中选择“渐变填充 - 蓝色，强调文字颜色 1”艺术字样式。

第 7 步：选中新插入的艺术字，在“开始”选项卡下“字体”组中，在“字体”下拉列表中选择“隶书”，在“字号”文本框中输入“48”磅。

第 8 步：在“绘图工具”的“格式”选项卡下“排列”组中单击“自动换行”下拉按钮，从弹出的下拉列表中选择“嵌入型”。

第 9 步：在“绘图工具”的“格式”选项卡下“艺术字样式”组中单击“文本效果”按钮，在弹出的下拉列表中选择“发光”选项下的“蓝色，5 pt 发光，强调文字颜色 1”文本效果。单击“文本效果”按钮，在弹出的下拉列表中选择“转换”选项下的“正方形”文本效果。

3. 分栏设置

第 10 步：在文档中选中正文除第 1 段以外的其余各段，单击“页面布局”选项卡下“页面设置”组中的“分栏”按钮，在弹出的下拉列表中执行“更多分栏”命令。

第 11 步：打开“分栏”对话框，在“预设”区域中单击“两栏”格式，勾选“分隔线”复选框，在“宽度和间距”区域中的“间距”文本框中选择或输入“3 字符”，单击“确定”按钮。

4. 设置边框和底纹

第 12 步：选中正文的最后一段，在“开始”选项卡下的“段落”组中单击“边框线”下拉按钮，在弹出的下拉列表中执行“边框和底纹”命令。

第 13 步：打开“边框和底纹”对话框的“边框”选项卡，在“设置”区域单击“方框”按钮，在“样式”列表中选择“双实线”，在“应用于”下拉列表中选择“段落”选项。打开“底纹”选项卡，在“填充”下拉列表中选择“标准色”中的“橙色”，在“应用于”下拉列表中选择“段落”选项，单击“确定”按钮。

5. 插入图片

第 14 步：将光标定位在样文所示位置，单击“插入”选项卡下的“图片”按钮。

第 15 步：打开“插入图片”对话框，在指定路径 C:\2010KSW\DATA2 文件夹中选择 pic5-11.jpg，单击“插入”按钮。

第 16 步：单击选中插入的图片，选择“图片工具”下的“格式”选项卡，单击“大小”组右下角的“对话框启动器”按钮。

第 17 步：打开“布局”对话框，选择“大小”选项卡，在“缩放”区域中“高度”和“宽度”文本框中选择或输入“60%”，单击“确定”按钮。

第 18 步：选择“图片工具”下的“格式”选项卡，在“排列”组中单击“自动换行”下拉按钮，在弹出的下拉列表中选择“紧密型环绕”。

第 19 步：选择“图片工具”下的“格式”选项卡，在“图片样式”组中单击“其他”按钮，在弹出的库中选择“圆形对角，白色”外观样式。

第 20 步：利用鼠标拖动图片移动图片位置，使其位于样文所示位置。

6. 插入尾注

第 21 步：选中第 2 行中的“席慕容”文本，单击“引用”选项卡下“脚注”组中的“插入尾注”按钮。

第 22 步：在光标所在区域内输入内容“席慕容，女，著名诗人、散文家、画家。”

第 23 步：执行“文件”→“保存”命令。

5.12　第 12 题解答

执行“文件”→“打开”命令，在“查找范围”文本框中找到指定路径，选择 A5.docx 文件，单击“打开”按钮。

1. 页面设置

第 1 步：将光标定位在文档中的任意位置，在“页面布局”选项卡下单击“页面设置”组右下角的“对话框启动器”按钮，弹出“页面设置”对话框。单击“纸张”选项卡，在“纸张大小”下拉列表中选择“信纸”或“Letter”。

第 2 步：单击“页边距”选项卡，在“上”、“下”文本框中选择或输入“3 厘米”，在“左”、“右”文本框中选择或输入“3.7 厘米”，单击“确定”按钮。

第 3 步：将光标定位在文档中的任意位置，单击“插入”选项卡下的“页眉和页脚”组中的“页眉”按钮。

第 4 步：在打开的下拉列表中执行“空白”命令，进入页眉，在“页眉”处的中间输入文字“江南水乡”。根据样文所示，选中输入的页眉文本，在“开始”选项卡下“字体”组中的“字号”下拉列表中选择“五号”，单击“加粗”按钮。将光标定位在文档中的任意位置，选择“插入”选项卡下“页眉和页脚”组中的“页码”按钮，在弹出的下拉列表中选择“页面底端”选项下的“普通数字 2”，系统自动插入相应的页码。在插入的页码数字前输入“第”，在插入的页码数字后输入“页”，根据样文所示，选中输入的页脚文本，在“开始”选项卡下“字体”组中的“字号”下拉列表中选择“五号”，单击“加粗”按钮。单击“关闭页眉和页脚”按钮。

2. 艺术字设置

第 5 步：选中文档的标题“乌镇简介”，单击“插入”选项卡下的“文本”组中的“艺术字”按钮。在弹出的库中选择“填充 - 橄榄色，强调文字颜色 3，粉状棱台”艺术字样式。

第 6 步：选中新插入的艺术字，在“开始”选项卡下“字体”组中，在“字体”下拉列表中选择“华文琥珀”，在“字号”文本框中输入“44”磅。

第 7 步：在“绘图工具”的“格式”选项卡下“排列”组中单击“自动换行”下拉按钮，从弹出的列表中选择“嵌入型”。

第 8 步：在“绘图工具”的“格式”选项卡下“艺术字样式”组中单击“文本效果”

按钮，在弹出的下拉列表中选择“映像”选项下的“紧密映像，接触”。单击“文本效果”按钮，在弹出的下拉列表中选择“转换”选项下的“朝鲜鼓”。

3. 分栏设置

第 9 步：选中正文第 3、4 段，单击“页面布局”选项卡下“页面设置”组中的“分栏”按钮，在弹出的下拉列表中执行“更多分栏”命令。

第 10 步：打开“分栏”对话框，在“预设”区域中单击“三栏”格式，勾选“分隔线”复选框，单击“确定”按钮。

4. 设置边框和底纹

第 11 步：选中正文的第 2 段，在“开始”选项卡下的“段落”组中单击“边框线”下拉按钮，在弹出的下拉列表中执行“边框和底纹”命令。

第 12 步：打开“边框和底纹”对话框的“边框”选项卡，在“设置”区域单击“方框”按钮，在“样式”列表中选择“双实线”，在“颜色”下拉列表中选择“标准色”中的“浅绿”色，在“宽度”下拉列表中选择“1.5 磅”，在“应用于”下拉列表中选择“段落”选项。打开“底纹”选项卡，在“填充”下拉列表中单击“其他颜色”按钮，弹出“颜色”对话框。在“自定义”选项卡下的“颜色模式”下拉列表中选择“RGB”，在“红色”后的微调框中输入“251”，在“绿色”后的微调框中输入“212”，在“蓝色”后的微调框中输入“180”，单击“确定”按钮，返回到“边框和底纹”对话框的“底纹”选项卡，在“应用于”下拉列表中选择“段落”选项，单击“确定”按钮。

5. 插入图片

第 13 步：将光标定位在样文所示位置，单击“插入”选项卡下的“图片”按钮。

第 14 步：打开“插入图片”对话框，在指定路径 C:\2010KSW\DATA2 文件夹中选择 pic5-12.jpg，单击“插入”按钮。

第 15 步：单击选中插入的图片，选择“图片工具”下的“格式”选项卡，单击“大小”组右下角的“对话框启动器”按钮。

第 16 步：打开“布局”对话框，选择“大小”选项卡，在“缩放”区域中“高度”和“宽度”文本框中选择或输入“50%”，单击“确定”按钮。

第 17 步：选择“图片工具”下的“格式”选项卡，在“排列”组中单击“自动换行”下拉按钮，在弹出的下拉列表中选择“四周型环绕”。

第 18 步：选择“图片工具”下的“格式”选项卡，在“图片样式”组中单击“其他”按钮，在弹出的库中选择“柔化边缘矩形”外观样式。

第 19 步：利用鼠标拖动图片移动图片位置，使其位于样文所示位置。

6. 插入尾注

第 20 步：选中第 1 段中的“古镇”文本，单击“引用”选项卡下“脚注”组中的“插入尾注”按钮。

第 21 步：在光标所在区域内输入内容“古镇，一般指有着百年以上历史的，供集中居住的建筑群。”

第 22 步：执行“文件”→“保存”命令。

5.13　第 13 题解答

执行“文件”→“打开”命令，在“查找范围”文本框中找到指定路径，选择 A5.docx 文件，单击“打开”按钮。

1. 页面设置

第 1 步：将光标定位在文档中的任意位置，在“页面布局”选项卡下的“页面设置”组中，单击“纸张方向”按钮，在弹出的下拉列表中选择“横向”选项。单击“页边距”按钮，在弹出的下拉列表中选择“适中”选项。

第 2 步：将光标定位在文档中的任意位置，单击“插入”选项卡下的“页眉和页脚”组中的“页眉”按钮。

第 3 步：在打开的下拉列表中执行“空白”命令，进入页眉，在“页眉”处的左端输入文字“生活小贴士”。根据样文所示，选中输入的页眉文本，在“开始”选项卡下“字体”组中的“字号”下拉列表中选择“五号”，单击“加粗”按钮。在“页眉”处的右端双击，使光标定位于右端，单击“页眉和页脚”组中的“页码”按钮，在下拉列表中选择“当前位置”下的“X/Y”，系统自动插入相应的页码。

第 4 步：选中页眉文本，在“开始”选项卡下的“段落”组中单击“边框线”下拉按钮，在弹出的下拉列表中执行“边框和底纹”命令。打开“边框和底纹”对话框的“边框”选项卡，单击“设置”区域的“自定义”按钮，在“样式”下拉列表中选择“双实线”，在“预览”区域中单击“下框线”按钮，在“应用于”下拉列表中选择“段落”选项。单击“确定”按钮。单击“关闭页眉和页脚”按钮。

2. 艺术字设置

第 5 步：选中文档的标题“维生素吃多了没什么好处”，单击“插入”选项卡下的“文本”组中的“艺术字”按钮。在弹出的库中选择“填充 - 红色，强调文字颜色 2，暖色粗糙棱台”艺术字样式。

第 6 步：选中新插入的艺术字，在“开始”选项卡下“字体”组的“字体”下拉列表中选择“华文彩云”，在“字号”文本框中输入“48”磅。

第 7 步：在“绘图工具”的“格式”选项卡下“排列”组中单击“位置”下拉按钮，从弹出的列表中选择“顶端居右，四周型文字环绕”。

第 8 步：在“绘图工具”的“格式”选项卡下“艺术字样式”组中单击“文本效果”按钮，在弹出的下拉列表中选择“三维旋转”选项下的“极右极大透视”。单击“文本效果”按钮，在弹出的下拉列表中选择“发光”选项下的“橄榄色，5 pt 发光，强调文字颜色 3”文本效果。

3．分栏设置

第 9 步：选中正文第 3、4、5、6 段，单击“页面布局”选项卡下“页面设置”组中的“分栏”按钮，在弹出的下拉列表中执行“两栏”命令。

4．设置边框和底纹

第 10 步：选中正文的第 1 段，在“开始”选项卡下的“段落”组中单击“边框线”下拉按钮，在弹出的下拉列表中执行“边框和底纹”命令。

第 11 步：打开“边框和底纹”对话框的“边框”选项卡，在“设置”区域单击“阴影”按钮，在“样式”列表中选择“三细实线”，在“颜色”下拉列表中选择“标准色”中的“浅绿”色，在“宽度”下拉列表中选择“0.75 磅”，在“应用于”下拉列表中选择“段落”选项。打开“底纹”选项卡，在“图案”区域的“样式”下拉列表中选择“12.5%”，在“应用于”下拉列表中选择“段落”选项，单击“确定”按钮。

5．插入图片

第 12 步：将光标定位在样文所示位置，单击“插入”选项卡下的“图片”按钮。

第 13 步：打开“插入图片”对话框，在指定路径 C:\2010KSW\DATA2 文件夹中选择 pic5-13.jpg，单击“插入”按钮。

第 14 步：单击选中插入的图片，选择“图片工具”下的“格式”选项卡，单击“大小”组右下角的“对话框启动器”按钮。

第 15 步：打开“布局”对话框，选择“大小”选项卡，在“缩放”区域中“高度”和“宽度”文本框中选择或输入“50%”，单击“确定”按钮。

第 16 步：选择“图片工具”下的“格式”选项卡，在“排列”组中单击“自动换行”下拉按钮，在弹出的下拉列表中选择“四周型环绕”。

第 17 步：选择“图片工具”下的“格式”选项卡，在“图片样式”组中单击“其他”按钮，在弹出的库中选择“映像圆角矩形”外观样式。

第 18 步：利用鼠标拖动图片移动图片位置，使其位于样文所示位置。

6．插入尾注

第 19 步：选中正文第 1 段中的“维生素”文本，单击“引用”选项卡下“脚注”组中的“插入尾注”按钮。

第 20 步：在光标所在区域内输入内容“维生素又名维他命，即维持生命的物质。”

第 21 步：执行“文件”→“保存”命令。

5.14　第 14 题解答

执行“文件”→“打开”命令，在“查找范围”文本框中找到指定路径，选择 A5.docx 文件，单击“打开”按钮。

1．页面设置

第 1 步：将光标定位在文档中的任意位置，在“页面布局”选项卡下单击“页面设置”组右下角的“对话框启动器”按钮，弹出“页面设置”对话框。单击“纸张”选项卡，在“纸张大小”区域中的“宽度”文本框中选择或输入“20 厘米”，在“高度”文本框中选择或输入“26 厘米”。

第 2 步：单击“页边距”选项卡，在“上”、“下”文本框中选择或输入“2 厘米”，在“左”、“右”文本框中选择或输入“2.4 厘米”，单击“确定”按钮。

第 3 步：将光标定位在文档中的任意位置，单击“插入”选项卡下的“页眉和页脚”组中的“页眉”按钮。

第 4 步：在打开的下拉列表中执行“空白”命令，进入页眉，在“页眉”处的中间输入文字“科学普及”，根据样文所示，选中输入的页眉文本，在“开始”选项卡下“字体”组中的“字号”下拉列表中选择“五号”，单击“加粗”按钮。单击“页眉和页脚”组中的“页码”按钮，在弹出的下拉列表中选择“页面底端”选项下的“普通数字 2”，在页脚处系统自动插入相应的页码。单击“关闭页眉和页脚”按钮。

2. 艺术字设置

第 5 步：选中文档的标题“麦冬”，单击“插入”选项卡下的“文本”组中的“艺术字”按钮。在弹出的库中选择“填充 - 水绿色，透明强调文字颜色 5，浅色棱台”艺术字样式。

第 6 步：选中新插入的艺术字，在“开始”选项卡下“字体”组中，在“字体”下拉列表中选择“隶书”，在“字号”文本框中输入“60”磅。

第 7 步：在“绘图工具”的“格式”选项卡下，单击“艺术字样式”组的“文本填充”按钮，在弹出的下拉列表中单击“渐变”选项下的“其他渐变”按钮，打开“设置文本效果格式”对话框，在左栏选择“文本填充”，右栏点选“渐变填充”单选按钮，单击“预设颜色”下拉按钮，在弹出的库中选择“红日西斜”，单击“类型”下拉按钮，在弹出的列表中选择“线性”，单击“方向”下拉按钮，在弹出的列表中选择“线性向上”，单击“关闭”按钮。

第 8 步：在“绘图工具”的“格式”选项卡下“排列”组中单击“位置”下拉按钮，从弹出的下拉列表中选择“顶端居中，四周型文字环绕”。

3. 分栏设置

第 9 步：选中正文第 3、4 段，单击“页面布局”选项卡下“页面设置”组中的“分栏”按钮，在弹出的下拉列表中执行“两栏”命令。

4. 设置边框和底纹

第 10 步：选中正文的第 1 段，在“开始”选项卡下的“段落”组中单击“边框线”下拉按钮，在弹出的下拉列表中执行“边框和底纹”命令。

第 11 步：打开“边框和底纹”对话框的“边框”选项卡，在“设置”区域单击“方框”按钮，在“样式”列表中选择“双实线”，在“颜色”下拉列表中选择“标准色”中的“绿色”，在“宽度”下拉列表中选择“1.5 磅”，在“应用于”下拉列表中选择“段落”选项。

第 12 步：打开“底纹”选项卡，在“填充”下拉列表中单击“其他颜色”按钮，弹出“颜色”对话框。在“自定义”选项卡下的“颜色模式”下拉列表中选择“RGB”，在“红色”后的微调框中输入“194”，在“绿色”后的微调框中输入“214”，在“蓝色”后的微调框中输入“155”，单击“确定”按钮，返回到“边框和底纹”对话框的“底纹”选项卡，在“应用于”下拉列表中选择“段落”选项，单击“确定”按钮。

5. 插入图片

第 13 步：将光标定位在样文所示位置，单击“插入”选项卡下的“图片”按钮。

第 14 步：打开“插入图片”对话框，在指定路径 C:\2010KSW\DATA2 文件夹中选择 pic5-14.jpg，单击“插入”按钮。

第 15 步：单击选中插入的图片，选择“图片工具”下的“格式”选项卡，单击“大小”组右下角的“对话框启动器”按钮。

第 16 步：打开“布局”对话框，选择“大小”选项卡，在“缩放”区域中“高度”和“宽度”文本框中选择或输入“90%”，单击“确定”按钮。

第 17 步：选择“图片工具”下的“格式”选项卡，在“排列”组中单击“自动换行”下拉按钮，在弹出的下拉列表中选择“四周型环绕”。

第 18 步：选择“图片工具”下的“格式”选项卡，在“图片样式”组中单击“其他”按钮，在弹出的库中选择“棱台矩形”外观样式。

第 19 步：利用鼠标拖动图片移动图片位置，使其位于样文所示位置。

6. 插入尾注

第 20 步：选择正文第 3 段中的“《神农本草经》”文本，单击“引用”选项卡下“脚注”组中的“插入尾注”按钮。

第 21 步：在光标所在区域内输入内容“《神农本草经》简称《本草经》或《本经》，是中国现存最早的药物学专著。”

第 22 步：执行“文件”→“保存”命令。

5.15 第 15 题解答

执行“文件”→“打开”命令，在“查找范围”文本框中找到指定路径，选择 A5.docx 文件，单击“打开”按钮。

1. 页面设置

第 1 步：将光标定位在文档中的任意位置，在“页面布局”选项卡下单击“页面设置”组右下角的“对话框启动器”按钮，弹出“页面设置”对话框。单击“纸张”选项卡，在“纸张大小”区域中的“宽度”文本框中选择或输入“20.1 厘米”，在“高度”文本框中选择或输入“27.6 厘米”。

第 2 步：单击“页边距”选项卡，在“上”、“下”文本框中选择或输入“2.5 厘米”，在“左”、“右”文本框中选择或输入“3 厘米”，单击“确定”按钮。

第 3 步：将光标定位在文档中的任意位置，选择“插入”选项卡下“页眉和页脚”组中的“页眉”按钮。

第 4 步：在打开的下拉列表中执行“空白”命令，进入页眉，在“页眉”处的左端输入文字“科学探究”，在“页眉”处的右端双击，使光标定位于右端，输入文本“～～”。将光标定位在文本“～”和“～”之间，在“页眉和页脚工具”的“设计”选项卡中，单击“页眉和页脚”组中的“页码”按钮，在弹出的下拉列表中选择“当前位置”选项下的“普通数字”，系统自动插入相应的页码。选中页眉文本，在“开始”选项卡下的“段落”组中单击“边框线”下拉按钮，在弹出的下拉列表中执行“边框和底纹”命令。

第 5 步：打开“边框和底纹”对话框的“边框”选项卡，单击“设置”区域的“自定义”按钮，在“样式”下拉列表中选择与【样文 5-15】相同的线型，在“预览”区域中单击“下框线”按钮，在“应用于”下拉列表中选择“段落”选项。单击“确定”按钮。根据样文所示，在“开始”选项卡下“字体”组中单击“加粗”按钮，单击“关闭页眉和页脚”按钮。

2. 艺术字设置

第 6 步：选中文档的标题“人类寿命无上限”，单击“插入”选项卡下“文本”组中的“艺术字”按钮。在弹出的库中选择“渐变填充 - 紫色，强调文字颜色 4，映像”艺术字样式。

第 7 步：选中新插入的艺术字，在“开始”选项卡下“字体”组的“字体”下拉列表中选择“华文隶书”，在“字号”文本框中输入“45”磅。

第 8 步：在“绘图工具”的“格式”选项卡下“排列”组中单击“自动换行”下拉按钮，从弹出的下拉列表中选择“嵌入型”。

第 9 步：在“绘图工具”的“格式”选项卡下“艺术字样式”组中单击“文本效果”按钮，在弹出的下拉列表中选择“棱台”选项下的“柔圆”。单击“文本效果”按钮，在弹出的下拉列表中选择“转换”选项下的“停止”选项。

3. 分栏设置

第 10 步：选中正文第 2、3、4 段，单击“页面布局”选项卡下“页面设置”组中的“分栏”按钮，在弹出的下拉列表中执行“偏左”命令。

4. 设置边框和底纹

第 11 步：选中正文的第 1 段，在“开始”选项卡下的“段落”组中单击“边框线”下拉按钮，在弹出的下拉列表中执行“边框和底纹”命令。

第 12 步：打开“边框和底纹”对话框的“边框”选项卡，在“设置”区域单击“方框”按钮，在“样式”列表中选择“三细实线”，在“颜色”下拉列表中单击“其他颜色”按钮，弹出“颜色”对话框。在“自定义”选项卡下的“颜色模式”下拉列表中选择“RGB”，在“红色”后的微调框中输入“250”，在“绿色”后的微调框中输入“191”，在“蓝色”后的微调框中输入“143”，单击“确定”按钮。返回到“边框和底纹”对话框的“边框”选项卡下，在“宽度”下拉列表中选择“1.5 磅”，在“应用于”下拉列表中选择“段落”选项。

第 13 步：打开“底纹”选项卡，在“填充”下拉列表中单击“其他颜色”按钮，弹出“颜色”对话框。在“自定义”选项卡下的“颜色模式”下拉列表中选择“RGB”，在“红色”后的微调框中输入“204”，在“绿色”后的微调框中输入“192”，在“蓝色”后的微调框中输入“217”，单击“确定”按钮。在“边框和底纹”对话框的“底纹”选项卡下的“应用于”下拉列表中选择“段落”选项，单击“确定”按钮。

5. 插入图片

第 14 步：将光标定位在样文所示位置，单击“插入”选项卡下的“图片”按钮。

第 15 步：打开“插入图片”对话框，在指定路径 C:\2010KSW\DATA2 文件夹中选择 pic5-15.jpg，单击“插入”按钮。

第 16 步：单击选中插入的图片，选择“图片工具”下的“格式”选项卡，单击“大小”组右下角的“对话框启动器”按钮。

第 17 步：打开“布局”对话框，选择“大小”选项卡，在“缩放”区域中“高度”和“宽度”文本框中选择或输入“60%”，单击“确定”按钮。

第 18 步：选择“图片工具”下的“格式”选项卡，在“排列”组中单击“自动换行”下拉按钮，在下拉列表中选择“四周型环绕”。

第 19 步：选择“图片工具”下的“格式”选项卡，在“图片样式”组中单击“其他”按钮，在弹出的库中选择“居中矩形阴影”外观样式。

第 20 步：利用鼠标拖动图片移动图片位置，使其位于样文所示位置。

6. 插入尾注

第 21 步：选中正文第 3 段中的“中风”文本，单击“引用”选项卡下“脚注”组中的“插入脚注”按钮。

第 22 步：在光标所在区域内输入内容“中风也叫脑卒中，是中医学对急性脑血管疾病的统称。”

第 23 步：执行“文件”→“保存”命令。

5.16 第 16 题解答

执行“文件”→“打开”命令，在“查找范围”文本框中找到指定路径，选择 A5.docx 文件，单击“打开”按钮。

1. 页面设置

第 1 步：将光标定位在文档中的任意位置，在“页面布局”选项卡下单击“页面设置”组右下角的“对话框启动器”按钮，弹出“页面设置”对话框。单击“纸张”选项卡，在“纸张大小”区域中的“宽度”文本框中选择或输入“22 厘米”，在“高度”文本框中选择或输入“30 厘米”。

第 2 步：单击“页边距”选项卡，在“上”、“下”文本框中选择或输入“2.5 厘米”，在“左”、“右”文本框中选择或输入“3 厘米”，单击“确定”按钮。

第 3 步：将光标定位在文档中的任意位置，单击“插入”选项卡下的“页眉和页脚”组中的“页眉”按钮。

第 4 步：在打开的下拉列表中执行“空白”命令，进入页眉，在“页眉”处的左端输入文字“科学传播”，在“页眉”处的右端双击使光标定位于右端，输入文本“～～”。将光标定位在文本“～”和“～”之间，在“页眉和页脚工具”的“设计”选项卡中，单击“页眉和页脚”组中“页码”按钮，在下拉列表中选择“当前位置”选项下的“普通数字”，系统自动插入相应的页码。

第 5 步：选中页眉文本，在“开始”选项卡下的“段落”组中单击“边框线”下拉按钮，在弹出的下拉列表中执行“边框和底纹”命令。在“边框和底纹”对话框中的“边框”选项卡下，单击“设置”区域的“自定义”按钮，在“样式”下拉列表中选择与【样文 5-16】相同的线型，在“预览”区域中单击“下框线”按钮，在“应用于”下拉列表中选择“段落”选项，单击“确定”按钮。在“开始”选项卡下“字体”组中单击“加粗”按钮，单击“关闭页眉和页脚”按钮。

2. 艺术字设置

第 6 步：选中文档的标题“初识凝结水”，单击“插入”选项卡下的“文本”组中的“艺术字”按钮。在弹出的库中选择“填充 - 水绿色，透明强调文字颜色 5，浅色棱台”艺术字样式。

第 7 步：选中新插入的艺术字，在“开始”选项卡下“字体”组中，在“字体”下拉列表中选择“华文琥珀”，在“字号”文本框中输入“44”磅。

第 8 步：在“绘图工具”的“格式”选项卡下“排列”组中单击“自动换行”下拉按钮，从弹出的列表中选择“嵌入型”。

第 9 步：在“绘图工具”的“格式”选项卡下的“艺术字样式”组单击“文本效果”按钮，在弹出的下拉列表中选择“发光”选项下的“水绿色，5 pt 发光，强调文字颜色 5”文本效果。单击“文本效果”按钮，在弹出的下拉列表中选择“转换”选项下的“腰鼓”文本效果。

3. 分栏设置

第 10 步：选中正文最后两段，单击“页面布局”选项卡下“页面设置”组中的“分栏”按钮，在弹出的下拉列表中执行“更多分栏”命令。

第 11 步：打开“分栏”对话框，在“预设”区域中单击“三栏”格式，勾选“分隔线”复选框，在“宽度和间距”区域中的“间距”文本框中选择或输入“2 字符”，单击“确定”按钮。

4. 设置边框和底纹

第 12 步：选中正文的第 1 段，在“开始”选项卡下的“段落”组中单击“边框线”下拉按钮，在弹出的下拉列表中执行“边框和底纹”命令。

第 13 步：打开“边框和底纹”对话框，在“设置”区域单击“方框”按钮，在“样式”列表中选择“虚线”，在“颜色”下拉列表中单击“其他颜色”按钮，弹出“颜色”对话框。在“自定义”选项卡下的“颜色模式”下拉列表中选择“RGB”，在“红色”后的微调框中输入“172”，在“绿色”后的微调框中输入“237”，在“蓝色”后的微调框中输入“246”，单击“确定”按钮。返回到“边框和底纹”对话框的“边框”选项卡下，在“宽度”下拉列表中选择“2.25 磅”，在“应用于”下拉列表中选择“段落”选项。

第 14 步：打开“底纹”选项卡，在“填充”下拉列表中单击“其他颜色”按钮，弹出“颜色”对话框。在“自定义”选项卡下的“颜色模式”下拉列表中选择“RGB”，在“红色”后的微调框中输入“255”，在“绿色”后的微调框中输入“204”，在“蓝色”后的微调框中输入“255”，单击“确定”按钮。返回到“边框和底纹”对话框的“底纹”选项卡下，在“应用于”下拉列表中选择“段落”选项，单击“确定”按钮。

5. 插入图片

第 15 步：将光标定位在样文所示位置，单击“插入”选项卡下的“图片”按钮。

第 16 步：打开“插入图片”对话框，在指定路径 C:\2010KSW\DATA2 文件夹中选择 pic5-16.jpg，单击“插入”按钮。

第 17 步：单击选中插入的图片，选择“图片工具”下的“格式”选项卡，单击“大小”组右下角的“对话框启动器”按钮。

第 18 步：打开“布局”对话框，选择“大小”选项卡，在“缩放”区域中“高度”和“宽度”文本框中选择或输入“40%”，单击“确定”按钮。

第 19 步：选择“图片工具”下的“格式”选项卡，在“排列”组中单击“自动换行”下拉按钮，在弹出的下拉列表中选择“紧密型环绕”。

第 20 步：选择“图片工具”下的“格式”选项卡，在“图片样式”组中单击“其他”按钮，在弹出的库中选择“圆形对角，白色”外观样式。

第 21 步：利用鼠标拖动图片移动图片位置，使其位于样文所示位置。

6. 插入尾注

第 22 步：选择正文第 3 段中的“油茶”文本，单击“引用”选项卡下“脚注”组中的“插入尾注”按钮。

第 23 步：在光标所在区域内输入内容“油茶：因其种子可榨油（茶油）供食用，故名。”

第 24 步：执行“文件”→“保存”命令。

5.17　第 17 题解答

执行“文件”→“打开”命令，在“查找范围”文本框中找到指定路径，选择 A5.docx 文件，单击“打开”按钮。

1. 页面设置

第 1 步：将光标定位在文档中的任意位置，在“页面布局”选项卡下单击“页面设置”组右下角的“对话框启动器”按钮，弹出“页面设置”对话框。单击“纸张”选项卡，在“纸张大小”区域中的“宽度”文本框中选择或输入“21.5 厘米”，在“高度”文本框中选择或输入“27.5 厘米”。

第 2 步：单击“页边距”选项卡，在“上”、“下”文本框中选择或输入“2 厘米”，在“左”、“右”文本框中选择或输入“3.5 厘米”，单击“确定”按钮。

第 3 步：将光标定位在文档中的任意位置，选择“插入”选项卡下“页眉和页脚”组中的“页眉”按钮。在打开的下拉列表中执行“空白”命令，进入页眉，在“页眉”处的中间输入文字“亚运会之最”。根据样文所示，选中输入的页眉文本，在“开始”选项卡下“字体”组中的“字号”下拉列表中选择“五号”，单击“加粗”按钮。

第 4 步：选中页眉文本，在“开始”选项卡下的“段落”组中单击“边框线”下拉按钮，在弹出的下拉列表中执行“边框和底纹”命令。打开“边框和底纹”对话框的“边框”选项卡，单击“设置”区域的“自定义”按钮，在“样式”下拉列表中选择与【样文 5-17】相同的线型，在“颜色”下拉列表中选择“标准色”中的“深红”色。在“预览”区域中单击“下框线”按钮，在“应用于”下拉列表中选择“段落”选项，单击“确定”按钮。

第 5 步：单击“页眉和页脚”组中的“页码”按钮，在弹出的下拉列表中选择“页面底端”选项下的“普通数字 3”，系统自动插入相应的页码。选中页脚文字，在“开始”选项卡下的“段落”组中单击“边框线”下拉按钮，在弹出的下拉列表中执行“边框和底纹”命令。

第 6 步：打开“边框和底纹”对话框的“边框”选项卡，单击“设置”区域的“自定义”按钮，在“样式”下拉列表中选择与【样文 5-17】相同的线型，在“颜色”下拉列表中选择“标准色”中的“深红”色。在“预览”区域中单击“上框线”按钮，在“应用于”下拉列表中选择“段落”选项，单击“确定”按钮。单击“关闭页眉和页脚”按钮。

2. 艺术字设置

第 7 步：选中文档的标题“广州亚运会”，单击“插入”选项卡下的“文本”组中的“艺术字”按钮。在弹出的库中选择“填充 - 红色，强调文字颜色 2，粗糙棱台”艺术字样式。

第 8 步：选中新插入的艺术字，在“开始”选项卡下“字体”组中，在“字体”下拉列表中选择“华文新魏”，在“字号”文本框中输入“60”磅。

第 9 步：在“绘图工具”的“格式”选项卡下“排列”组中单击“位置”下拉按钮，从弹出的列表中选择“顶端居中，四周型文字环绕”。

第 10 步：在“绘图工具”的“格式”选项卡下“艺术字样式”组中单击“文本效果”按钮，在弹出的下拉列表中选择“棱台”选项下的“棱纹”选项。

3. 分栏设置

第 11 步：选中正文第 4 段至结尾，单击“页面布局”选项卡下“页面设置”组中的“分栏”按钮，在弹出的下拉列表中执行“更多分栏”命令。

第 12 步：打开“分栏”对话框，在“预设”区域中单击“左”格式，勾选“分隔线”复选框，单击“确定”按钮。

4. 设置边框和底纹

第 13 步：选中正文的第 1 段，在“开始”选项卡下的“段落”组中单击“边框线”下拉按钮，在弹出的下拉列表中执行“边框和底纹”命令。

第 14 步：打开“边框和底纹”对话框的“边框”选项卡，在“设置”区域单击“方框”按钮，在“样式”列表中选择“双实线”，在“颜色”下拉列表中选择“标准色”中的“深蓝”色，在“宽度”下拉列表中选择“1.5 磅”，在“应用于”下拉列表中选择“段落”选项。打开“底纹”选项卡，在“填充”下拉列表中选择“标准色”中的“深红”色。在“应用于”下拉列表中选择“段落”选项，单击“确定”按钮。

5. 插入图片

第 15 步：将光标定位在样文所示位置，单击“插入”选项卡下的“图片”按钮。

第 16 步：打开“插入图片”对话框，在指定路径 C:\2010KSW\DATA2 文件夹中选择 pic5-17.jpg，单击“插入”按钮。

第 17 步：单击选中插入的图片，选择“图片工具”菜单下的“格式”选项卡，单击“大小”组右下角的“对话框启动器”按钮。

第 18 步：打开“布局”对话框，选择“大小”选项卡，在“缩放”区域中“高度”和“宽度”文本框中选择或输入“40%”，单击“确定”按钮。

第 19 步：选择“图片工具”下的“格式”选项卡，在“排列”组中单击“自动换行”下拉按钮，在弹出的下拉列表中选择“紧密型环绕”。

第 20 步：选择“图片工具”下的“格式”选项卡，在“图片样式”组中单击“其他”按钮，在弹出的库中选择“映像棱台，黑色”外观样式。

第 21 步：利用鼠标拖动图片移动图片位置，使其位于样文所示位置。

6. 插入尾注

第 22 步：选择正文第 2 段中的“亚奥理事会”文本，单击“引用”选项卡下“脚注”组中的“插入尾注”按钮。

第 23 步：在光标所在区域内输入内容“亚奥理事会：于 1982 年 11 月 16 日成立，总部设在科威特。”

第 24 步：执行“文件”→“保存”命令。

5.18　第 18 题解答

执行“文件”→“打开”命令，在“查找范围”文本框中找到指定路径，选择 A5.docx 文件，单击“打开”按钮。

1. 页面设置

第 1 步：将光标定位在文档中的任意位置，在“页面布局”选项卡下单击“页面设置”组右下角的“对话框启动器”按钮，弹出“页面设置”对话框。单击“纸张”选项卡，在“纸张大小”区域中的“宽度”文本框中选择或输入“20 厘米”，在“高度”文本框中选择或输入“28 厘米”。

第 2 步：单击“页边距”选项卡，在“上”、“下”文本框中选择或输入“1.8 厘米”，“左”、“右”文本框中选择或输入“3 厘米”，单击“确定”按钮。

第 3 步：将光标定位在文档中的任意位置，单击“插入”选项卡下的“页眉和页脚”组中的“页眉”按钮。

第 4 步：在打开的下拉列表中执行“空白”命令，进入页眉，在“页眉”处的左端输入文字“中国湖泊”。在“页眉”处的右端双击，使光标定位于右端，在“页眉和页脚工具”的“设计”选项卡中，单击“页眉和页脚”组中“页码”按钮，在弹出的下拉列表中选择“当前位置”选项下的“普通数字”，系统自动插入相应的页码。

第 5 步：选中页眉文本，在“开始”选项卡下“字体”组中，在“字体”下拉列表中选择“华文琥珀”，在“字号”下拉列表中选择“小四”，在“字体颜色”下拉列表中选择“标准色”中的“浅蓝”色。

第 6 步：在“开始”选项卡下的“段落”组中单击“边框线”下拉按钮，在弹出的下拉列表中执行“边框和底纹”命令。打开“边框和底纹”对话框的“边框”选项卡，单击“设置”区域的“自定义”按钮，在“样式”下拉列表中选择“虚线”，在“宽度”下拉列表中选择“1.5 磅”，在“预览”区域中单击“下框线”按钮，在“应用于”下拉列表中选择“段落”选项。单击“确定”按钮。单击“关闭页眉和页脚”按钮。

2. 艺术字设置

第 7 步：选中文档的标题“赛里木湖”，单击“插入”选项卡下的“文本”组中的“艺术字”按钮。在弹出的库中选择“渐变填充 - 蓝色，强调文字颜色 1，轮廓 - 白色，发光 - 强调文字颜色 2”艺术字样式。

第 8 步：选中新插入的艺术字，在“开始”选项卡下“字体”组中，在“字体”下拉列表中选择“华文行楷”，在“字号”文本框中输入“80”磅。

第 9 步：在“绘图工具”的“格式”选项卡下“排列”组中单击“自动换行”下拉按钮，从弹出的下拉列表中选择“嵌入型”。

第 10 步：在“绘图工具”的“格式”选项卡下“艺术字样式”组中单击“文本效果”按钮，在弹出的下拉列表中选择“阴影”选项卡下的“内部左侧”。

3. 分栏设置

第 11 步：选中正文第 1～4 段，单击“页面布局”选项卡下“页面设置”组中的“分栏”按钮，在弹出的下拉列表中执行“更多分栏”命令。

第 12 步：打开“分栏”对话框，在“预设”区域中单击“右”格式，勾选“分隔线”复选框，单击“确定”按钮。

4. 设置边框和底纹

第 13 步：选中正文最后两段，在“开始”选项卡下的“段落”组中单击“边框线”下拉按钮，在弹出的下拉列表中执行“边框和底纹”命令。

第 14 步：打开“边框和底纹”对话框的“边框”选项卡，在“设置”区域单击“方框”按钮，在“样式”列表中选择“双波浪线”，在“颜色”下拉列表中选择“标准色”中的“橙色”，在“宽度”下拉列表中选择“0.75 磅”，在“应用于”下拉列表中选择“段落”选项。

第 15 步：打开“底纹”选项卡，在“填充”下拉列表中单击“其他颜色”按钮，弹出“颜色”对话框。在“自定义”选项卡下的“颜色模式”下拉列表中选择“RGB”，在“红色”后的微调框中输入“182”，在“绿色”后的微调框中输入“221”，在“蓝色”后的微调框中输入“232”，单击“确定”按钮。在“应用于”下拉列表中选择“段落”选项，单击“确定”按钮。

5. 插入图片

第 16 步：将光标定位在样文所示位置，单击“插入”选项卡下的“图片”按钮。

第 17 步：打开“插入图片”对话框，在指定路径 C:\2010KSW\DATA2 文件夹中选择 pic5-18.jpg，单击“插入”按钮。

第 18 步：单击选中插入的图片，选择“图片工具”下的“格式”选项卡，单击“大小”组右下角的“对话框启动器”按钮。

第 19 步：打开“布局”对话框，选择“大小”选项卡，在“缩放”区域中“高度”和“宽度”文本框中选择或输入“40%”，单击“确定”按钮。

第 20 步：选择“图片工具”下的“格式”选项卡，在“排列”组中单击“自动换行”下拉按钮，在弹出的下拉列表中选择“四周型环绕”。

第 21 步：选择“图片工具”下的“格式”选项卡，在“图片样式”组中单击“其他”按钮，在弹出的库中选择“柔化边缘矩形”外观样式。

第 22 步：利用鼠标拖动图片移动图片位置，使其位于样文所示位置。

6. 插入尾注

第 23 步：选择正文最后一段中的“蒙古族”文本，单击“引用”选项卡下“脚注”组中的“插入尾注”按钮。

第 24 步：在光标所在区域内输入内容“蒙古族：是中国北方主要民族之一，也是蒙古国的主体民族。”

第 25 步：执行“文件”→“保存”命令。

5.19 第 19 题解答

执行“文件”→“打开”命令，在“查找范围”文本框中找到指定路径，选择 A5.docx 文件，单击“打开”按钮。

1. 页面设置

第 1 步：将光标定位在文档中的任意位置，在“页面布局”选项卡下单击“页面设置”组下角的“对话框启动器”按钮，弹出“页面设置”对话框。单击“纸张”选项卡，在“纸张大小”下拉列表选择“信纸”或“Letter”。

第 2 步：单击“页边距”选项卡，在“上”、“下”文本框中选择或输入“2.5 厘米”，在“左”、“右”文本框中选择或输入“3 厘米”，单击“确定”按钮。

第 3 步：将光标定位在文档中的任意位置，单击“插入”选项卡下的“页眉和页脚”组中的“页眉”按钮。在打开的下拉列表中执行“空白”命令，进入页眉，在“页眉”处的中间输入文字“中国名贵花卉”。

第 4 步：根据样文所示，选中输入的页眉文本，在“开始”选项卡下“字体”组中的“字体”下拉列表中选择“宋体”，在“字号”下拉列表中选择“五号”，在“字体颜色”下拉列表中选择“标准色”中的“蓝色”。

第 5 步：在“开始”选项卡下的“段落”组中单击“边框线”下拉按钮，在弹出的下拉列表中执行“边框和底纹”命令。在“边框和底纹”对话框中的“边框”选项卡下，单击“设置”区域的“无”按钮，单击“确定”按钮。

第 6 步：单击“页眉和页脚”组中“页码”下拉按钮，在下拉列表中选择“页面底端”中的“X/Y”下的“加粗显示的数字 2”，此时在页脚处系统自动插入相应的页码。单击“关闭页眉和页脚”按钮。

2. 艺术字设置

第 7 步：选中文档的标题“迎春花的美丽传说”，单击“插入”选项卡下的“文本”组中的“艺术字”按钮。在弹出的库中选择“填充 - 橙色，强调文字颜色 6，渐变轮廓 - 强调文字颜色 6”艺术字样式。

第 8 步：选中新插入的艺术字，在“开始”选项卡下“字体”组的“字体”下拉列表中选择“微软雅黑”，在“字号”文本框中输入“48”磅。

第 9 步：在“绘图工具”的“格式”选项卡下“排列”组中单击“位置”下拉按钮，从弹出的下拉列表中选择“顶端居中，四周型文字环绕”。

第 10 步：在“绘图工具”的“格式”选项卡下“艺术字样式”组中单击“文本效果”按钮，在弹出的下拉列表中选择“发光”选项下的“橙色，5 pt 发光，强调文字颜色 6”文本效果。单击“文本效果”按钮，在弹出的下拉列表中选择“转换”选项下的“逆时针”文本效果。

3. 分栏设置

第 11 步：选中正文第 2 段至结尾，单击“页面布局”选项卡下“页面设置”组中的“分栏”按钮，在弹出的下拉列表中执行“更多分栏”命令。

第 12 步：打开“分栏”对话框，在“预设”区域中单击“两栏”格式，勾选“分隔线”复选框，单击“确定”按钮。

4. 设置边框和底纹

第 13 步：选中正文的最后一段，在“开始”选项卡下的“段落”组中单击“边框线”下拉按钮，在弹出的下拉列表中执行“边框和底纹”命令。

第 14 步：打开“边框和底纹”对话框的“边框”选项卡，在“设置”区域单击“方框”按钮，在“样式”列表中选择“虚线”，在“颜色”下拉列表中单击“其他颜色”按钮，弹出“颜色”对话框，在“自定义”选项卡下的“颜色模式”下拉列表中选择“RGB”，在“红色”后的微调框中输入“178”，在“绿色”后的微调框中输入“161”，在“蓝色”后的微调框中输入“199”，单击“确定”按钮。返回到“边框和底纹”对话框的“边框”选项卡下，在“宽度”下拉列表中选择“3 磅”，在“应用于”下拉列表中选择“段落”选项。

第 15 步：打开“底纹”选项卡，在“填充”下拉列表中单击“其他颜色”按钮，弹出“颜色”对话框。在“自定义”选项卡下的“颜色模式”下拉列表中选择“RGB”，在“红色”后的微调框中输入“225”，在“绿色”后的微调框中输入“239”，在“蓝色”后的微调框中输入“49”，单击“确定”按钮，返回到“边框和底纹”对话框的“底纹”选项卡下，在“应用于”下拉列表中选择“段落”选项，单击“确定”按钮。

5. 插入图片

第 16 步：将光标定位在样文所示位置，单击“插入”选项卡下的“图片”按钮。

第 17 步：打开“插入图片”对话框，在指定路径 C:\2010KSW\DATA2 文件夹中选择 pic5-19.jpg，单击“插入”按钮。

第 18 步：单击选中插入的图片，选择“图片工具”菜单下的“格式”选项卡，单击“大小”组右下角的“对话框启动器”按钮。

第 19 步：打开“布局”对话框，选择“大小”选项卡，在“缩放”区域中“高度”和“宽度”文本框中选择或输入“25%”，单击“确定”按钮。

第 20 步：选择“图片工具”下的“格式”选项卡，在“排列”组中单击“自动换行”下拉按钮，在弹出的下拉列表中选择“嵌入型”。

第 21 步：选择“图片工具”下的“格式”选项卡，在“图片样式”组中单击“其他”按钮，在弹出的库中选择“旋转，白色”外观样式。

第 22 步：利用鼠标拖动图片移动图片位置，使其位于样文所示位置。

6. 插入脚注

第 23 步：选择正文第 3 段中的“舜”文本，单击“引用”选项卡下“脚注”组中的“插入脚注”按钮。

第 24 步：在光标所在区域内输入内容“舜：三皇五帝之一，名重华，字都君，生于姚墟，故姚姓。”

第 25 步：执行“文件”→“保存”命令。

5.20　第20题解答

执行“文件”→“打开”命令，在“查找范围”文本框中找到指定路径，选择A5.docx文件，单击“打开”按钮。

1. 页面设置

第1步：将光标定位在文档中的任意位置，在“页面布局”选项卡下单击“页面设置”组右下角的“对话框启动器”按钮，弹出“页面设置”对话框。单击“纸张”选项卡，在“纸张大小”区域中的“宽度”文本框中选择或输入“21.5厘米”，在“高度”文本框中选择或输入“29厘米”。

第2步：单击“页边距”选项卡，在“上”、“下”、“左”、“右”文本框中选择或输入“2.5厘米”，单击“确定”按钮。

第3步：将光标定位在文档中的任意位置，单击“插入”选项卡下的“页眉和页脚”组中的“页眉”按钮。在打开的下拉列表中执行“空白”命令，进入页眉，在“页眉”处的左侧输入文字“生活小常识”。根据样文所示，选中输入的页眉文本在“开始”选项卡下“字体”组中，在“字号”下拉列表中选择“五号”，在“字体颜色”下拉列表中选择“标准色”中的“深蓝”色，单击“加粗”按钮。

第4步：在“开始”选项卡下的“段落”组中单击“边框线”下拉按钮，在弹出的下拉列表中执行“边框和底纹”命令。打开“边框和底纹”对话框的“边框”选项卡，单击“设置”区域的“自定义”按钮，在“样式”下拉列表中选择“双波浪线”，在“颜色”下拉列表中选择“标准色”中的“深红”色。在“预览”区域中单击“下框线”按钮，在“应用于”下拉列表中选择“段落”选项，单击“确定”按钮。

第5步：单击“页眉和页脚”组中的“页码”按钮，在弹出的下拉列表中选择“页面底端”选项下的“X/Y”下的“加粗显示的数字1”，此时在页脚处系统自动插入相应的页码。选中页脚文字，在“开始”选项卡下“字体”组中，在“字体颜色”下拉列表中选择“标准色”中的“深蓝”色。

第6步：在“开始”选项卡下的“段落”组中单击“边框线”下拉按钮，在弹出的下拉列表中执行“边框和底纹”命令。打开“边框和底纹”对话框的“边框”选项卡，单击“设置”区域的“自定义”按钮，在“样式”下拉列表中选择“双波浪线”，在“颜色”下拉列表选择“标准色”中的“深红”色。在“预览”区域中单击“上框线”按钮，在“应用于”下拉列表中选择“段落”选项，单击“确定”按钮。单击“关闭页眉和页脚”按钮。

2. 艺术字设置

第7步：选中文档的标题“增强免疫力三法”，单击“插入”选项卡下的“文本”组中的“艺术字”按钮。在弹出的库中选择“渐变填充 - 紫色，强调文字颜色4，映像”艺术字样式。

第8步：选中新插入的艺术字，在“开始”选项卡下“字体”组中，在“字体”下拉列表中选择“方正姚体”，在“字号”文本框中输入“55”磅。

第 9 步：在“绘图工具”的“格式”选项卡下“排列”组中单击“位置”下拉按钮，从弹出的下拉列表中选择“顶端居中，四周型文字环绕”。

第 10 步：在“绘图工具”的“格式”选项卡下“艺术字样式”组中单击“文本效果”按钮，在弹出的下拉列表中选择“阴影”选项下“透视”区域的“靠下”选项。

3. 分栏设置

第 11 步：选中正文第 3～10 段，单击“页面布局”选项卡下“页面设置”组中的“分栏”按钮，在弹出的下拉列表中执行“更多分栏”命令。

第 12 步：打开“分栏”对话框，在“栏数”文本框中选择或输入“2”，在“宽度和间距”区域下，取消“栏宽相等”复选框的选中状态，在栏“1：”的“宽度”文本框中选择或输入“15 字符”，在“间距”文本框中选择或输入“5 字符”，勾选“分隔线”复选框，单击“确定”按钮。

4. 设置边框和底纹

第 13 步：选中正文的第 1 段，在“开始”选项卡下的“段落”组中单击“边框线”下拉按钮，在弹出的下拉列表中执行“边框和底纹”命令。

第 14 步：打开“边框和底纹”对话框的“边框”选项卡，单击“设置”区域的“方框”按钮，在“样式”列表中选择【样文 5-20】所示线型，在“颜色”下拉列表中单击“其他颜色”按钮，弹出“颜色”对话框，在“自定义”选项卡下的“颜色模式”下拉列表中选择 RGB，在“红色”后的微调框中输入“220”，在“绿色”后的微调框中输入“20”，在“蓝色”后的微调框中输入“134”，单击“确定”按钮。返回到“边框和底纹”对话框的“边框”选项卡下。在“宽度”下拉列表中选择“3 磅”，在“应用于”下拉列表中选择“段落”选项。

第 15 步：打开“底纹”选项卡，在“填充”下拉列表中单击“其他颜色”按钮，弹出“颜色”对话框。在“自定义”选项卡下的“颜色模式”下拉列表中选择 RGB，在“红色”后的微调框中输入“204”，在“绿色”后的微调框中输入“192”，在“蓝色”后的微调框中输入“217”，单击“确定”按钮，返回到“边框和底纹”对话框的“底纹”选项卡下。在“应用于”下拉列表中选择“段落”选项，单击“确定”按钮。

5. 插入图片

第 16 步：将光标定位在样文所示位置，单击“插入”选项卡下的“图片”按钮。

第 17 步：打开“插入图片”对话框，在指定路径 C:\2010KSW\DATA2 文件夹中选择 pic5-20.jpg，单击“插入”按钮。

第 18 步：单击选中插入的图片，选择“图片工具”下的“格式”选项卡，单击“大小”组右下角的“对话框启动器”按钮。

第 19 步：打开“布局”对话框，选择“大小”选项卡，在“缩放”区域中“高度”和“宽度”文本框中选择或输入“85%”，单击“确定”按钮。

第 20 步：选择“图片工具”下的“格式”选项卡，在“排列”组中单击“自动换行”下拉按钮，在弹出的下拉列表中选择“穿越型环绕”。

第21步：选择“图片工具”下的“格式”选项卡，在“图片样式”组中单击“其他”按钮，在弹出的库中选择“金属椭圆”外观样式。

第22步：利用鼠标拖动图片移动图片位置，使其位于样文所示位置。

6. 插入尾注

第23步：选择正文第1段的“免疫系统”文本，单击“引用”选项卡下“脚注”组中的“插入尾注”按钮。

第24步：在光标所在区域内输入内容“免疫系统：是人体抵御病原菌侵犯最重要的保卫系统。”

第25步：执行“文件”→“保存”命令。

第六单元　电子表格工作簿的操作

6.1　第 1 题解答

在“文件”选项卡下执行“打开”命令，在“查找范围”文本框中找到指定路径，选择 A6.xlsx 文件，单击“打开”按钮。

一、设置工作表及表格

1. 工作表的基本操作

第 1 步：在 Sheet1 工作表中，按下 Ctrl + A 组合键选中整个工作表，单击“开始”选项卡下“剪贴板”组中的“复制”按钮，切换至 Sheet2 工作表，选中 A1 单元格，单击“剪贴板”中的“粘贴”按钮。

第 2 步：在 Sheet2 工作表的标签上右击，在弹出的快捷菜单中执行“重命名”命令，此时的标签会显示黑色背景，此时输入新的工作表名称“销售情况表”。再次在标签上右击，在弹出的快捷菜单中执行“工作表标签颜色”命令，在打开的列表中选择标准色中的“橙色”，如图 6-1 所示。

第 3 步：在“销售情况表”工作表中第 3 行的行号上右击，在弹出的快捷菜单中执行“插入”命令，即可在标题行的下方插入一空行。

第 4 步：在“销售情况表”工作表中第 3 行的行号上右击，在弹出的快捷菜单中执行“行高”命令，打开“行高”对话框，在“行高”文本框中输入数值“10”，单击“确定”按钮即可，如图 6-2 所示。

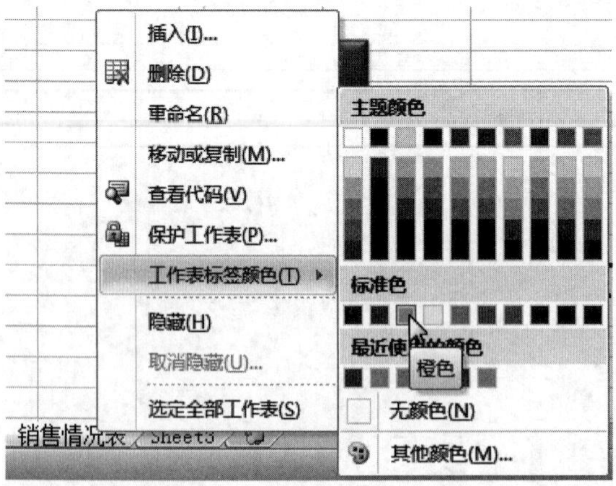

图 6-1

图 6-2

第 5 步：在文本“郑州”所在行的行号上右击，在弹出的快捷菜单中执行“剪切”命令，将该行内容暂时存放在剪贴板上。在文本“商丘”所在行的行号上右击，再在弹出的快捷菜单中执行“插入剪切的单元格”命令，即可完成行的插入操作。

第 6 步：在第 G 列的列标上右击，在弹出的快捷菜单中执行“删除”命令，即可删除该空列。

2. 单元格格式的设置

第 7 步：在“销售情况表”工作表中，选中单元格区域 B2:G3，单击“开始”选项卡下“对齐方式”组中的“合并后居中”按钮。

第 8 步：在“开始”选项卡下单击“字体”组右下角的“对话框启动器”按钮，弹出如图 6-3 所示的“设置单元格格式”对话框。在“字体”选项卡下的“字体”列表框中选择“华文仿宋”，在“字号”列表框中选择“20”磅，在“字形”列表框中选择“加粗”。

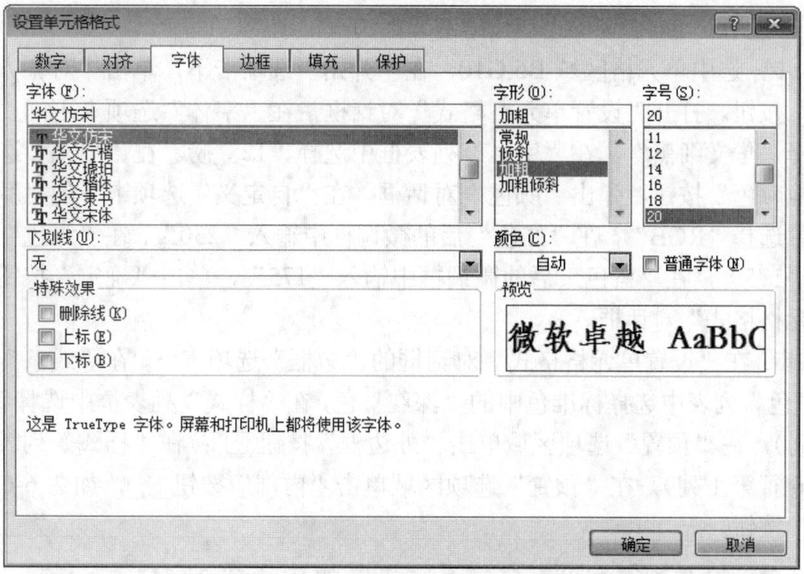

图 6-3

第 9 步：在“设置单元格格式”对话框的“填充”选项卡下，单击“其他颜色”按钮，如图 6-4 所示，弹出“颜色”对话框，如图 6-5 所示。在“自定义”选项卡下的“颜色模式”下拉列表中选择“RGB”，在“红色”后的微调框中输入“146”，在“绿色”后的微调框中输入“205”，在“蓝色”后的微调框中输入“220”，单击“确定”按钮。返回到“设置单元格格式”对话框，单击“确定”按钮即可。

第 10 步：选中单元格区域 B4:G4，打开“设置单元格格式”对话框，在“字体”选项卡下的“字体”列表框中选择“华文行楷”，在“字号”列表框中选择“14”磅，在“颜色”列表框中选择“白色”。在“填充”选项卡下，单击“其他颜色”按钮，弹出“颜色”对话框。在“自定义”选项卡下的“颜色模式”下拉列表中选择“RGB”，在“红色”后的微调框中输入“200”，在“绿色”后的微调框中输入“100”，在“蓝色”后的微调框中输入“100”，单击“确定”按钮，返回到“设置单元格格式”对话框，单击“确定”按钮。在“开始”选项卡下，单击“对齐方式”组中的“居中”按钮。

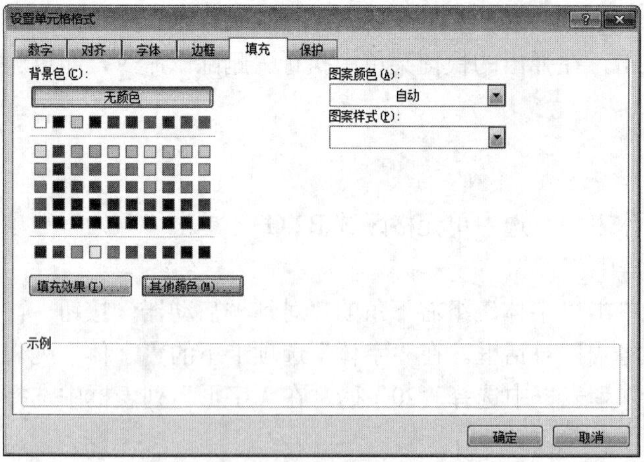

图 6-4

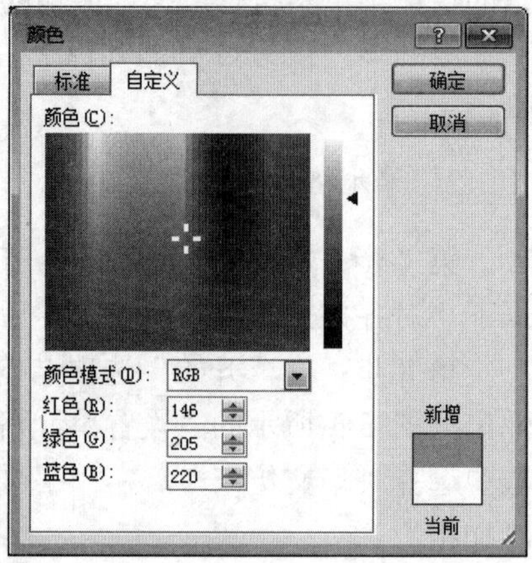

图 6-5

第 11 步：选中单元格区域 B5:G10，在“开始”选项卡下，单击“对齐方式”组中的“居中”按钮。打开“设置单元格格式”对话框，在“字体”选项卡下的“字体”列表框中选择“华文细黑”，在“字号”列表框中选择“12”磅。在“填充”选项卡下，单击“其他颜色”按钮，弹出“颜色”对话框。在“自定义”选项卡下的“颜色模式”下拉列表中选择“RGB”，在“红色”后的微调框中输入“230”，在“绿色”后的微调框中输入“175”，在“蓝色”后的微调框中输入“175”，单击“确定”按钮，返回到“设置单元格格式”对话框。

第 12 步：在“设置单元格格式”对话框的“边框”选项卡下，在“线条”选项区域中，在“颜色”列表中选择标准色中的“深红”色，在“样式”列表框中选择粗实线（第 5 行第 2 列），在“预置”选项区域单击“外边框”按钮；在“样式”列表框中选择虚线（第 6 行第 1 列），在“预置”选项区域单击“内部”按钮，如图 6-6 所示；单击“确定”按钮。

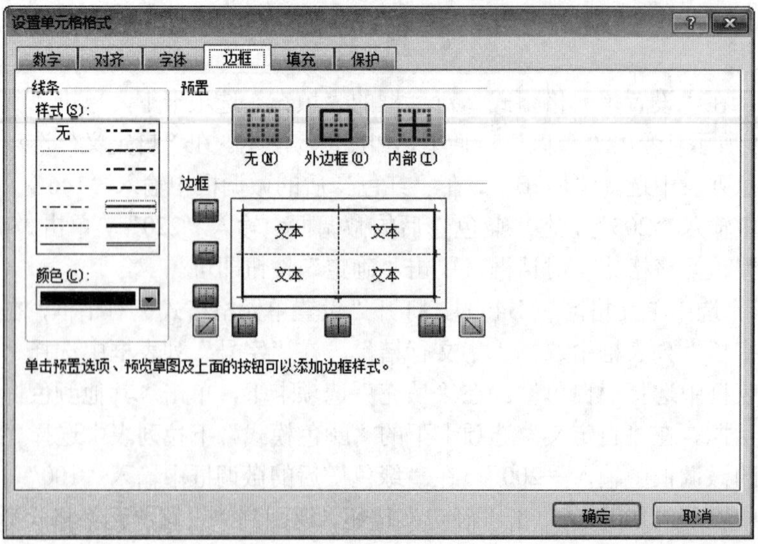

图 6-6

3．表格的插入设置

第 13 步：在“销售情况表”工作表中选中文本“0”所在的单元格（C7），单击“审阅”选项卡下“批注”组中的“新建批注”按钮，即可在该单元格附近打开一个批注框，在框内输入文本“该季度没有进入市场”即可，如图 6-7 所示。

第 14 步：在“销售情况表”工作表中表格的下方选中任一单元格，单击“插入”选项卡下“符号”组中的“公式”按钮，在功能区中将会显示“公式工具”选项卡，参照【样文 6-1A】，在该选项卡的“结构”组中单击“根式”按钮，从弹出的列表框中选择“常用根式”中的“根式”，如图 6-8 所示，完成后在公式编辑区域外的任意位置单击。

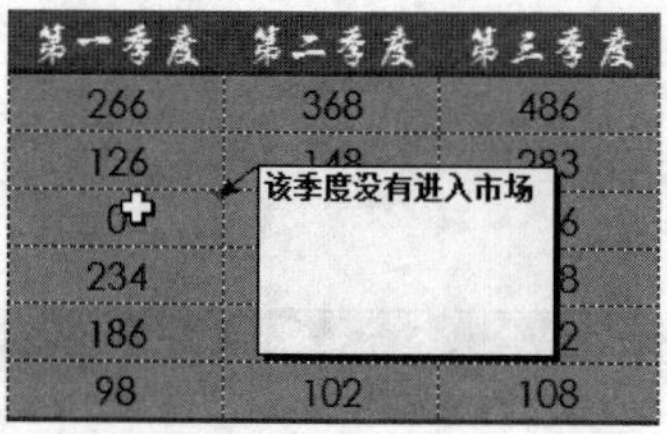

图 6-7

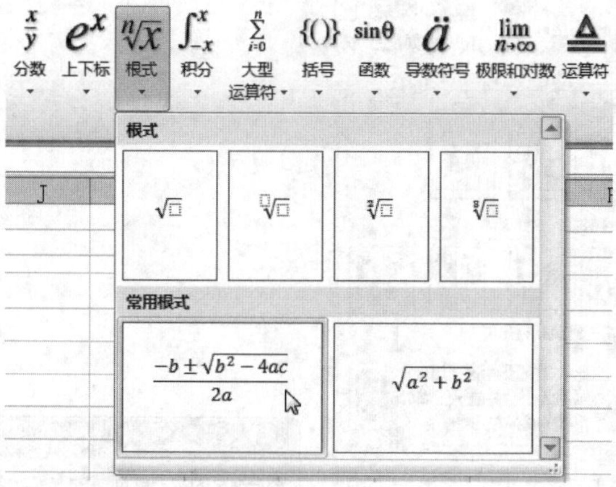

图 6-8

第 15 步：选中已插入的公式，在“绘图工具”的“格式”选项卡下，单击“形状样式”组中的“其他”按钮，在弹出的库中选择“强烈效果 - 蓝色，强调颜色 1”的形状样式，如图 6-9 所示。

图 6-9

二、建立图表

第 16 步：在“销售情况表”工作表中选中单元格区域 B4:F10，单击“插入”选项卡下“图表”组的“柱形图”按钮，在弹出的下拉列表中选择“三维簇状柱形图”，如图 6-10 所示。

第 17 步：选中所创建的图表，在“图表工具”的“设计”选项卡下单击“位置”组中的“移动图表”按钮，在弹出的“移动图表”对话框中，在“对象位于”下拉列表中选择 Sheet3 工作表，单击“确定”按钮，如图 6-11 所示。

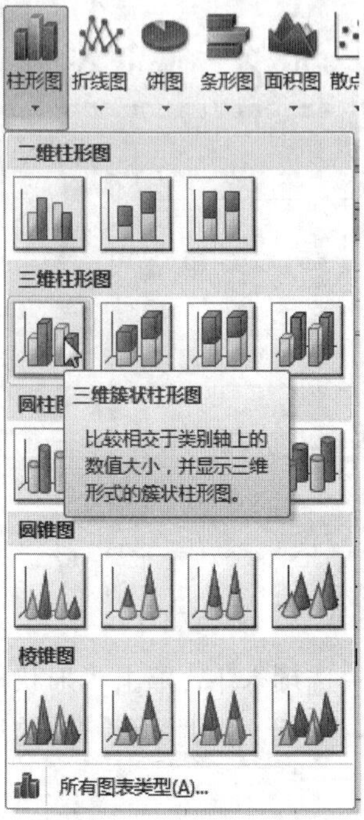

图 6-10

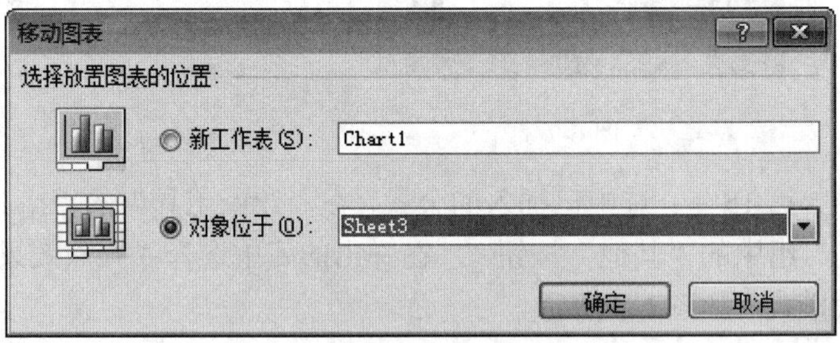

图 6-11

第 18 步：在“图表工具”的“布局”选项卡下单击“标签”组中的“图表标题”按钮，在弹出的下拉列表中选择“图表上方”，如图 6-12 所示，在图表标题中输入文本“利达公司各季度销售情况表”。

第 19 步：在“图表工具”的“布局”选项卡下单击“标签”组中的“坐标轴标题”按钮，在弹出的下拉列表中选择“主要横坐标轴标题”选项下的“坐标轴下方标题”，如图 6-13 所示，然后在横坐标轴标题中输入文本“城市”。

第 20 步：在“图表工具”的“布局”选项卡下单击“标签”组中的“坐标轴标题”按钮，在弹出的下拉列表中选择“主要纵坐标轴标题”选项下的“竖排标题”，如图 6-14 所示，然后在纵坐标轴标题中输入文本“销售额”。

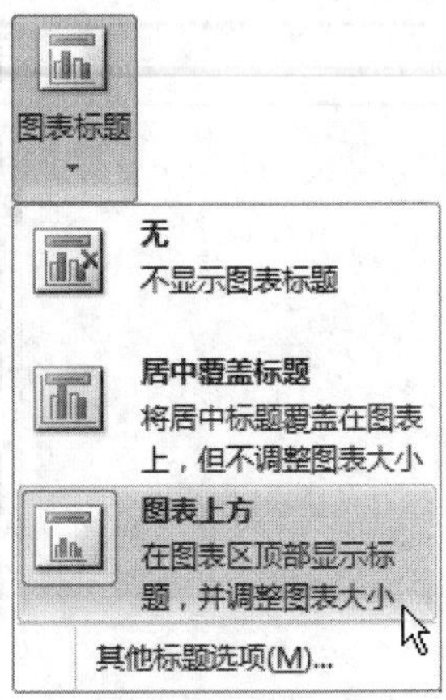

图 6-12

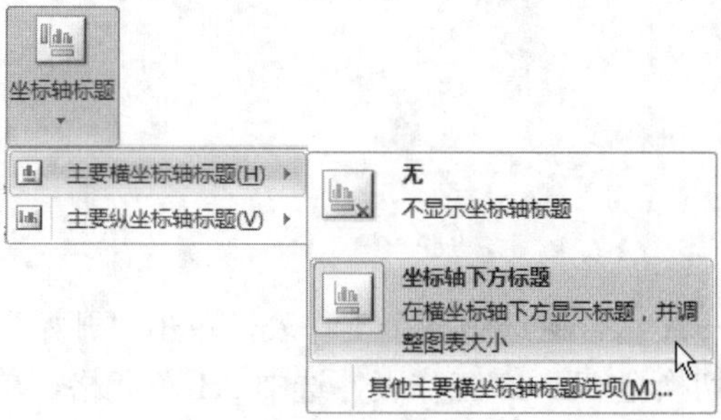

图 6-13

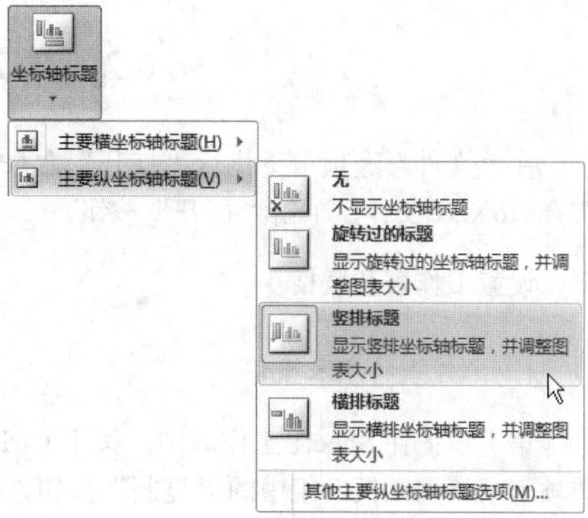

图 6-14

三、工作表的打印设置

第 21 步：在“销售情况表”工作表中选中第 8 行，单击“页面布局”选项卡下“页面设置”组中的“分隔符”按钮，在弹出的下拉列表中执行“插入分页符”命令，即可在该行的上方插入分页符。

第 22 步：在“销售情况表”工作表中单击“页面布局”选项卡下“页面设置”组中的“打印标题”按钮，弹出“页面设置”对话框。

第 23 步：在“页面设置”对话框的“工作表”选项卡下，单击“顶端标题行”后的折叠按钮，在工作表中选择表格的标题区域；返回至“页面设置”对话框，再单击“打印区域”后的折叠按钮，在工作表中选择单元格区域 A1:G16；返回至“页面设置”对话框，如图 6-15 所示，单击“打印预览”按钮进入到预览界面。

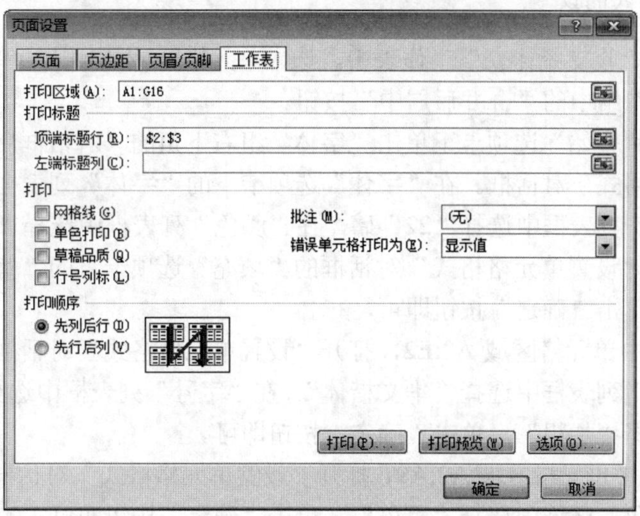

图 6-15

第 24 步：退出打印预览界面，单击“快速访问工具栏”中的“保存”按钮。

6.2 第 2 题解答

在“文件”选项卡下执行“打开”命令，在“查找范围”文本框中找到指定路径，选择 A6.xlsx 文件，单击“打开”按钮。

一、设置工作表及表格

1. 工作表的基本操作

第 1 步：在 Sheet1 工作表中，按下 Ctrl + A 组合键选中整个工作表，单击“开始”选项卡下“剪贴板”组中的“复制”按钮，切换至 Sheet2 工作表，选中 A1 单元格，单击“剪贴板”中的“粘贴”按钮。

第 2 步：在 Sheet2 工作表的标签上右击，在弹出的快捷菜单中执行“重命名”命令，此时的标签会显示黑色背景，此时输入新的工作表名称“收支统计表”。再次在标签上右击，在弹出的快捷菜单中执行“工作表标签颜色”命令，在打开的列表中选择标准色中的“绿色”。

第 3 步：在“收支统计表”工作表中第 5 行的行号上右击，在弹出的快捷菜单中执行“插入”命令，即可在“有线电视”所在行的上方插入一空行，并按【样文 6-2A】所示，输入相应的内容“水电气费、48.4、78.6、57.1、184.1”。

第 4 步：在“收支统计表”工作表中第 9 行的行号上右击，在弹出的快捷菜单中执行“删除”命令，即可删除该空行。

第 5 步：在第 1 行的行号上右击，在弹出的快捷菜单中执行“行高”命令，打开“行高”对话框，在“行高”文本框中输入数值“30”，单击“确定”按钮即可。

2. 单元格格式的设置

第 6 步：在“收支统计表”工作表中，选中单元格区域 A1:E1，单击“开始”选项卡下“对齐方式”组中的“合并后居中”按钮。

第 7 步：在“开始”选项卡下单击“字体”组右下角的“对话框启动器”按钮，弹出“设置单元格格式”对话框。在“字体”选项卡下的“字体”列表框中选择“华文行楷”，在“字号”列表框中选择“22”磅，在“颜色”列表框中选择“浅绿”色。

第 8 步：在“设置单元格格式”对话框的“填充”选项卡下的“背景色”区域中选择“深蓝”色，单击“确定”按钮即可。

第 9 步：选中单元格区域 A2:E2，打开“设置单元格格式”对话框，在“字体”选项卡下的“字体”列表框中选择“华文楷体”，在“字号”列表框中选择“14”磅，“字形”列表框中选择“加粗”，单击“确定”按钮即可。

第 10 步：选中单元格区域 A2:A9，打开“设置单元格格式”对话框，在“填充”选项卡下的“背景色”区域中选择“橙色”，单击“确定”按钮即可。

第 11 步：选中单元格区域 A1:E9，在“开始”选项卡下，分别选中“对齐方式”组中的“居中”按钮和“垂直居中”按钮。

第 12 步：选中单元格区域 A2:E9，打开“设置单元格格式”对话框，在“边框”选项卡下的“线条”选项区域中，在“颜色”列表中选择标准色中的“紫色”，在“样式”列表框中选择粗虚线（第 4 行第 2 列），在“预置”选项区域单击“外边框”按钮；在“线条”选项区域中，在“颜色”列表中选择标准色中的“蓝色”，在“样式”列表框中选择细虚线（第 6 行第 1 列），在“预置”选项区域单击“内部”按钮；单击“确定”按钮。

3. 表格的插入设置

第 13 步：在“收支统计表”工作表中选中文本“345”所在的单元格（D7），单击“审阅”选项卡下“批注”组中的“新建批注”按钮，即可在该单元格附近打开一个批注框，在框内输入文本“本月出差”即可。

第 14 步：在“收支统计表”工作表中表格的下方选中任一单元格，单击“插入”选项卡下“符号”组中的“公式”按钮，在功能区中将会显示“公式工具”选项卡，在该选项卡的“结构”组中选择正确的结构关系，参照【样文 6-2A】输入公式，完成后在公式编辑区域外的任意位置单击。

第 15 步：选中已插入的公式，在“绘图工具”的“格式”选项卡下，单击“形状样式”组中的“其他”按钮，在弹出的库中选择“细微效果 - 红色，强调颜色 2”的形状样式。

二、建立图表

第 16 步：在“收支统计表”工作表中同时选中单元格区域 A2:A9 和 E2:E9，单击“插入”选项卡下“图表”组的“其它图表”按钮，在弹出的下拉列表中选择“圆环”组中的“分离型圆环图”。

第 17 步：选中所创建的图表，在“图表工具”的“设计”选项卡下单击“位置”组中的“移动图表”按钮，在弹出的“移动图表”对话框中，在“对象位于”下拉列表中选择“Sheet3”工作表，单击“确定”按钮。

第 18 步：选中自动创建的图表标题，在图表标题文本框中输入文本“第三季度个人收支统计”。

第 19 步：在“图表工具”的“布局”选项卡下，单击“标签”组中的“数据标签”按钮，在弹出的下拉列表中选择“显示”选项，如图 6-16 所示。

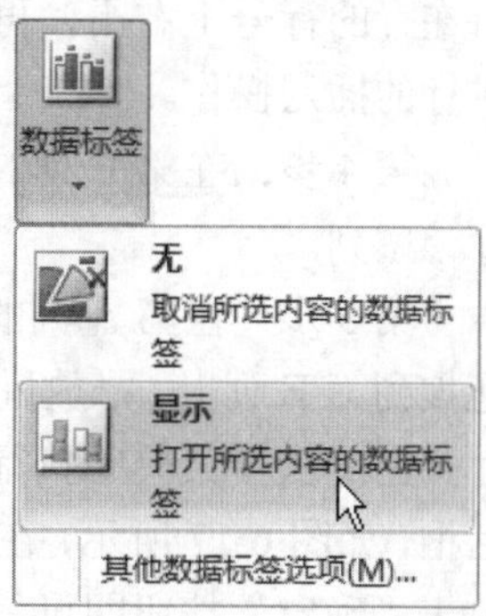

图 6-16

三、工作表的打印设置

第 20 步：在“收支统计表”工作表中选中第 6 行，单击“页面布局”选项卡下“页面设置”组中的“分隔符”按钮，在弹出的下拉列表中执行“插入分页符”命令，即可在该行的上方插入分页符。

第 21 步：在“收支统计表”工作表中单击“页面布局”选项卡下“页面设置”组中的“打印标题”按钮，弹出“页面设置”对话框。

第 22 步：在“页面设置”对话框的“工作表”选项卡下，单击“顶端标题行”后的折叠按钮，在工作表中选择表格的标题区域；返回至“页面设置”对话框，再单击“打印区域”后的折叠按钮，在工作表中选择单元格区域 A1:E18；返回至“页面设置”对话框，单击“打印预览”按钮进入到预览界面。

第 23 步：退出打印预览界面，单击“快速访问工具栏”中的“保存”按钮。

6.3　第 3 题解答

在“文件”选项卡下执行“打开”命令，在“查找范围”文本框中找到指定路径，选择 A6.xlsx 文件，单击“打开”按钮。

一、设置工作表及表格

1. 工作表的基本操作

第 1 步：在 Sheet1 工作表中，按下 Ctrl + A 组合键选中整个工作表，单击“开始”选项卡下“剪贴板”组中的“复制”按钮，切换至 Sheet2 工作表，选中 A1 单元格，单击“剪贴板”中的“粘贴”按钮。

第 2 步：在 Sheet2 工作表的标签上右击，在弹出的快捷菜单中执行“重命名”命令，此时的标签会显示黑色背景，此时输入新的工作表名称“客户订单查询表”。再次在标签上右击，在弹出的快捷菜单中执行“工作表标签颜色”命令，在打开的列表中选择标准色中的“紫色”。

第 3 步：在“客户订单查询表”工作表中，在文本“10005”所在行的行号上右击，在弹出的快捷菜单中执行“剪切”命令，将该行内容暂时存放在剪贴板上。在文本“10006”所在行的行号上右击，再在弹出的快捷菜单中执行“插入剪切的单元格”命令，即可完成行的插入操作。

第 4 步：在第 E 列的列标上右击，在弹出的快捷菜单中执行“删除”命令，即可删除该空列。

第 5 步：在第 A 列的列标上按住鼠标左键不放，同时拖拽到第 E 列上，释放鼠标，并在选中的任意列标上右击，在弹出的快捷菜单中执行“列宽”命令，打开“列宽”对话框，如图 6-17 所示，在“列宽”文本框中输入数值“10”，单击“确定”按钮即可。

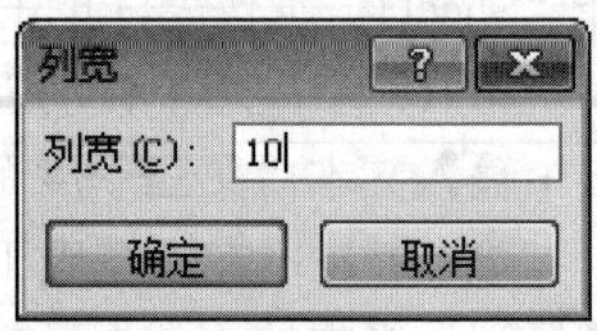

图 6-17

2. 单元格格式的设置

第 6 步：在“客户订单查询表”工作表中，选中单元格区域 A1:E1，单击“开始”选项卡下“对齐方式”组中的“合并后居中”按钮。

第 7 步：在“开始”选项卡下单击“字体”组右下角的“对话框启动器”按钮，弹出“设置单元格格式”对话框。在“字体”选项卡下的“字体”列表框中选择“华文彩云”，在“字号”列表框中选择“26”磅，“字形”列表框中选择“加粗”，在“颜色”

列表框中单击“其他颜色”按钮，弹出“颜色”对话框。在“自定义”选项卡下的“颜色模式”下拉列表中选择“RGB”，在“红色”后的微调框中输入“226”，在“绿色”后的微调框中输入“110”，在“蓝色”后的微调框中输入“10”，单击“确定”按钮，返回到“设置单元格格式”对话框。

第 8 步：在“设置单元格格式”对话框的“填充”选项卡下的“图案样式”下拉列表中选择“6.25% 灰色”，如图 6-18 所示，单击“确定”按钮即可。

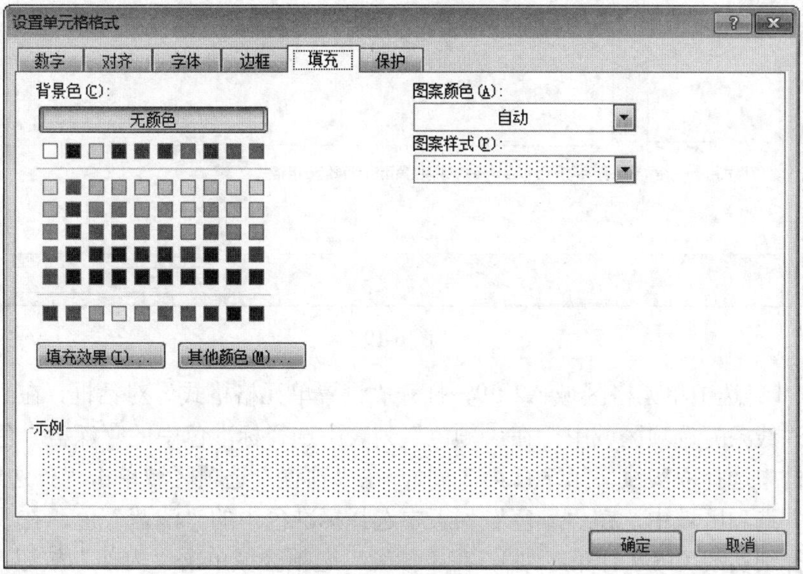

图 6-18

第 9 步：选中单元格区域 A2:E2，在“开始”选项卡下，单击“对齐方式”组中的“居中”按钮。打开“设置单元格格式”对话框，在“字体”选项卡下的“字体”列表框中选择“华文细黑”；在“填充”选项卡下，单击“其他颜色”按钮，弹出“颜色”对话框。在“自定义”选项卡下的“颜色模式”下拉列表中选择“RGB”，在“红色”后的微调框中输入“226”，在“绿色”后的微调框中输入“110”，在“蓝色”后的微调框中输入“10”，单击“确定”按钮。返回到“设置单元格格式”对话框，单击“确定”按钮即可。

第 10 步：选中单元格区域 A3:E9，打开“设置单元格格式”对话框，在“填充”选项卡下，单击“其他颜色”按钮，弹出“颜色”对话框。在“自定义”选项卡下的“颜色模式”下拉列表中选择“RGB”，在“红色”后的微调框中输入“250”，在“绿色”后的微调框中输入“190”，在“蓝色”后的微调框中输入“140”，单击“确定”按钮。返回到“设置单元格格式”对话框，单击“确定”按钮即可。

第 11 步：选中单元格区域 A1:E9，在“开始”选项卡下，分别选中“对齐方式”组中的“居中”按钮和“垂直居中”按钮。

第 12 步：选中单元格区域 D3:E9，打开“设置单元格格式”对话框，在“数字”选项卡下的“小数位数”文本框中选择或输入“1”，如图 6-19 所示，单击“确定”按钮即可。

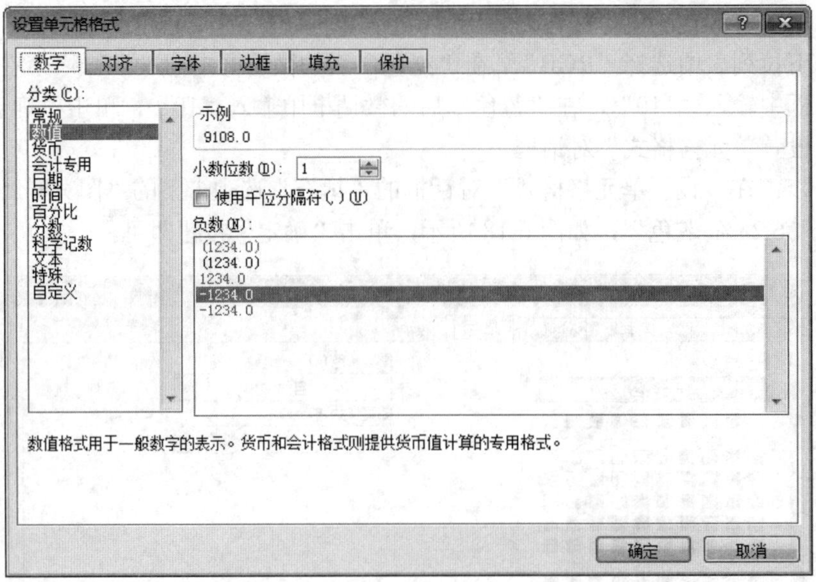

图 6-19

第 13 步：选中单元格区域 A2:E9，打开“设置单元格格式”对话框，在“边框”选项卡下的“线条”选项区域中，在“颜色”列表中选择标准色中的“深蓝”色，在“样式”列表框中选择双实线（第 7 行第 2 列），在“预置”选项区域单击“外边框”按钮；在“线条”选项区域中，在“颜色”列表中选择标准色中的“浅蓝”色，在“样式”列表框中选择细实线（第 7 行第 1 列），在“预置”选项区域单击“内部”按钮；单击“确定”按钮。

3. 表格的插入设置

第 14 步：在“客户订单查询表”工作表中选中文本“0.0”所在的单元格（E5），单击“审阅”选项卡下“批注”组中的“新建批注”按钮，即可在该单元格附近打开一个批注框，在框内输入文本“未付定金”即可。

第 15 步：在“客户订单查询表”工作表中表格的下方选中任一单元格，单击“插入”选项卡下“符号”组中的“公式”按钮，在功能区中将会显示“公式工具”选项卡，参照【样文 6-3A】，在该选项卡的“结构”组中单击“极限和对数”按钮，从弹出的列表框中选择“常用函数”中的“极限示例”，完成后在公式编辑区域外的任意位置单击。

第 16 步：选中已插入的公式，在“绘图工具”的“格式”选项卡下，单击“形状样式”组中的“其他”按钮，在弹出的库中选择“彩色填充 - 橙色，强调颜色 6”的形状样式。

二、建立图表

第 17 步：在“客户订单查询表”工作表中同时选中单元格区域 B2:B9 和 D2:E9，单击“插入”选项卡下“图表”组的“条形图”按钮，在弹出的下拉列表中选择“三维簇状条形图”。

第 18 步：选中所创建的图表，在“图表工具”的“设计”选项卡下单击“位置”组中的“移动图表”按钮，在弹出的“移动图表”对话框中，在“对象位于”下拉列表中选择“Sheet3”工作表，单击“确定”按钮。

第 19 步：在“图表工具”的“布局”选项卡下单击“标签”组中的“图表标题”按钮，在弹出的下拉列表中选择“图表上方”，在图表标题中输入文本“订单金额统计图”。

第 20 步：在“图表工具”的“布局”选项卡下单击“标签”组中的“坐标轴标题”按钮，在弹出的下拉列表中选择“主要横坐标轴标题”选项下的“坐标轴下方标题”，即可在横坐标轴标题中输入文本“金额”。

第 21 步：在“图表工具”的“布局”选项卡下单击“标签”组中的“坐标轴标题”按钮，在弹出的下拉列表中选择“主要纵坐标轴标题”选项下的“旋转过的标题”，即可在纵坐标轴标题中输入文本“客户姓名”。

三、工作表的打印设置

第 22 步：在“客户订单查询表”工作表中选中第 6 行，单击“页面布局”选项卡下“页面设置”组中的“分隔符”按钮，在弹出的下拉列表中执行“插入分页符”命令，即可在该行的上方插入分页符。

第 23 步：在“客户订单查询表”工作表中单击“页面布局”选项卡下“页面设置”组中的“打印标题”按钮，弹出“页面设置”对话框。

第 24 步：在“页面设置”对话框的“工作表”选项卡下，单击“顶端标题行”后的折叠按钮，在工作表中选择表格的标题区域；返回至“页面设置”对话框，单击“打印预览”按钮进入到预览界面。

第 25 步：退出打印预览界面，单击“快速访问工具栏”中的“保存”按钮。

6.4　第 4 题解答

在“文件”选项卡下执行“打开”命令，在“查找范围”文本框中找到指定路径，选择 A6.xlsx 文件，单击“打开”按钮。

一、设置工作表及表格

1. 工作表的基本操作

第 1 步：在 Sheet1 工作表中，按下 Ctrl + A 组合键选中整个工作表，单击“开始”选项卡下“剪贴板”组中的“复制”按钮，切换至 Sheet2 工作表，选中 A1 单元格，单击“剪贴板”中的“粘贴”按钮。

第 2 步：在 Sheet2 工作表的标签上右击，在弹出的快捷菜单中执行“重命名”命令，此时的标签会显示黑色背景，此时输入新的工作表名称“预算统计表”。再次在标签上右击，在弹出的快捷菜单中执行“工作表标签颜色”命令，在打开的列表中选择标准色中的“黄色”。

第 3 步：在“预算统计表”工作表中第 3 行的行号上右击，在弹出的快捷菜单中执行“插入”命令，即可在标题行的下方插入一空行。

第 4 步：在“预算统计表”工作表中第 3 行的行号上右击，在弹出的快捷菜单中执行“行高”命令，打开“行高”对话框，在“行高”文本框中输入数值“12”，单击“确定”按钮即可。

第 5 步：在文本“2008 年”所在列的列标上右击，在弹出的快捷菜单中执行“剪切”命令，将该行内容暂时存放在剪贴板上。在文本“2009 年”所在列的列标上右击，再在弹出的快捷菜单中执行“插入剪切的单元格”命令，即可完成列的插入操作。

第 6 步：在第 B 列的列标上按住鼠标左键不放，同时拖拽到第 F 列上，释放鼠标，并在选中的任意列标上右击，在弹出的快捷菜单中执行“列宽”命令，打开“列宽”对话框，在“列宽”文本框中输入数值“10”，单击“确定”按钮即可。

2. 单元格格式的设置

第 7 步：在“预算统计表”工作表中，选中单元格区域 B2:F3，单击“开始”选项卡下“对齐方式”组中的“合并后居中”按钮。

第 8 步：在“开始”选项卡下单击“字体”组右下角的“对话框启动器”按钮，弹出“设置单元格格式”对话框。在“字体”选项卡下的“字体”列表框中选择“华文新魏”，在“字号”列表框中选择“20”磅，在“颜色”列表框中选择“绿色”。

第 9 步：在“设置单元格格式”对话框的“填充”选项卡下的“图案样式”下拉列表中选择“细 水平 剖面线”，在“图案颜色”下拉列表中选择标准色中的“黄色”，如图 6-20 所示，单击“确定”按钮即可。

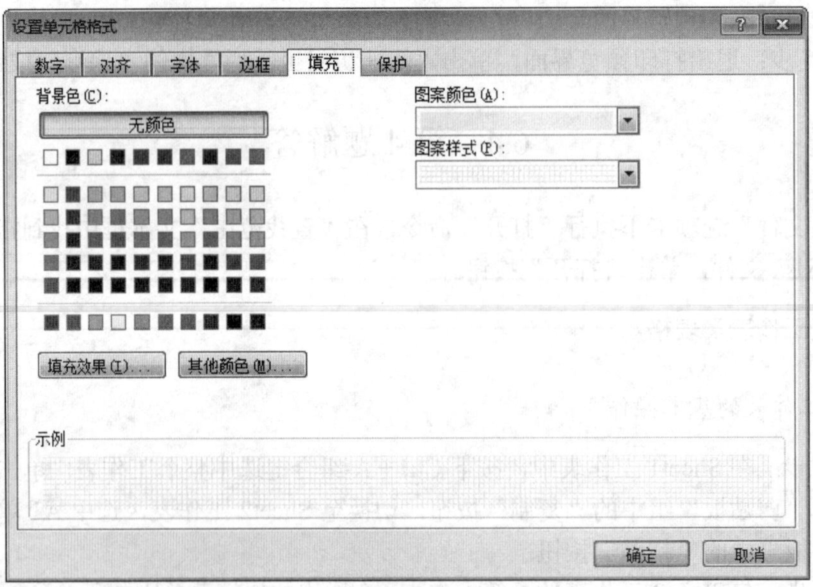

图 6-20

第 10 步：选中单元格区域 B4:B11，打开“设置单元格格式”对话框，在“字体”选项卡下的“字体”列表框中选择“方正姚体”，在“字号”列表框中选择“14”磅，在“颜色”列表框中选择“深红”色。

第 11 步：在“填充”选项卡下，单击“其他颜色”按钮，弹出“颜色”对话框。在“自定义”选项卡下的“颜色模式”下拉列表中选择“RGB”，在“红色”后的微调框中输入“200”，在“绿色”后的微调框中输入“190”，在“蓝色”后的微调框中输入“210”，单击“确定”按钮。返回到“设置单元格格式”对话框，单击“确定”按钮即可。

第 12 步：选中单元格区域 B2:F11，在“开始”选项卡下，分别选中“对齐方式”组中的“居中”按钮和“垂直居中”按钮。

第 13 步：选中单元格区域 B2:F3，打开“设置单元格格式”对话框，在“边框”选项卡下的“线条”选项区域中，在“颜色”列表中选择标准色中的“红色”，在“样式”列表框中选择双实线（第 7 行第 2 列），在“预置”选项区域单击“外边框”按钮，单击“确定”按钮。

第 14 步：选中单元格区域 B4:F11，打开“设置单元格格式”对话框，在“边框”选项卡下的“线条”选项区域中，从“颜色”列表中选择“黑色”，在“样式”列表框中选择粗虚线（第 4 行第 2 列），在“预置”选项区域单击“内部”按钮，在“边框”选项区域分别单击“下框线”按钮、“左框线”按钮和“右框线”按钮；单击“确定”按钮。

3. 表格的插入设置

第 15 步：在“预算统计表”工作表中表格的下方选中任一单元格，单击“插入”选项卡下“符号”组中的“公式”按钮，在功能区中将会显示“公式工具”选项卡，在该选项卡的“结构”组中选择正确的结构关系，参照【样文 6-4A】输入公式，完成后在公式编辑区域外的任意位置单击。

第 16 步：选中已插入的公式，在“绘图工具”的“格式”选项卡下，单击“形状样式”组中的“其他”按钮，在弹出的库中选择“浅色 1 轮廓，彩色填充 - 橄榄色，强调颜色 3”的形状样式。

第 17 步：在“预算统计表”工作表中表格的下方选中任一单元格，单击“插入”选项卡下“插图”组中的“SmartArt”按钮，如图 6-21 所示。

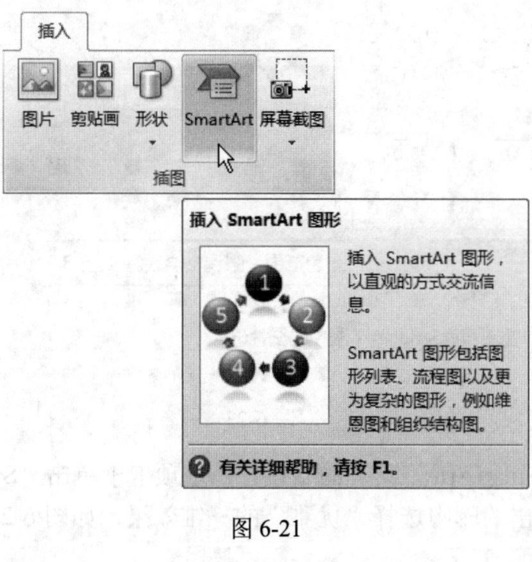

图 6-21

第 18 步：打开“选择 SmartArt 图形”对话框，在左侧分类区域中选择“循环”选项，在选项区域中选择“基本循环”布局，如图 6-22 所示，单击“确定”按钮。

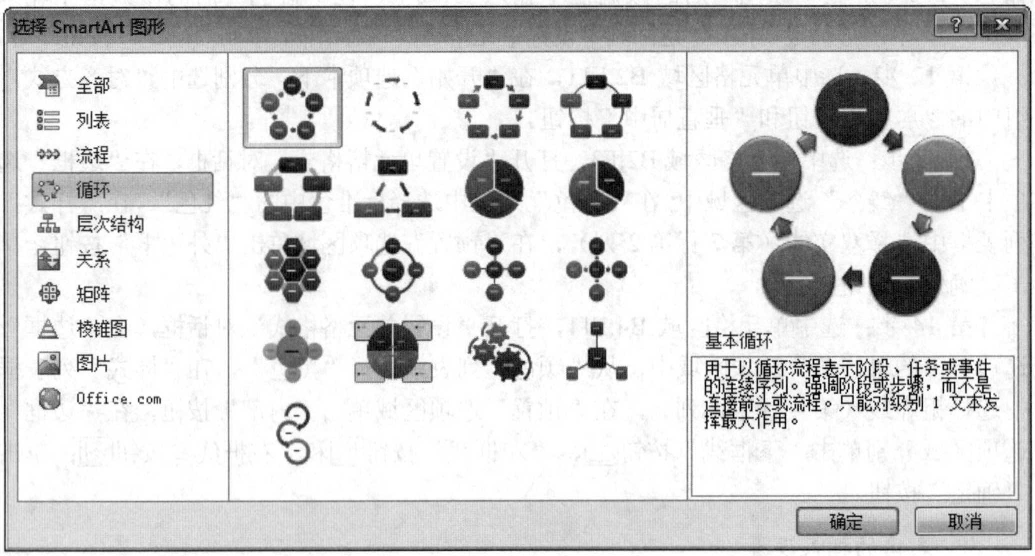

图 6-22

第 19 步：选中已插入的 SmartArt 图形，在“SmartArt 工具”的“设计”选项卡下单击“SmartArt 样式”组中的“更改颜色”按钮，在弹出的库中选择“彩色范围 - 强调文字颜色 2 至 3”的形状颜色，如图 6-23 所示。

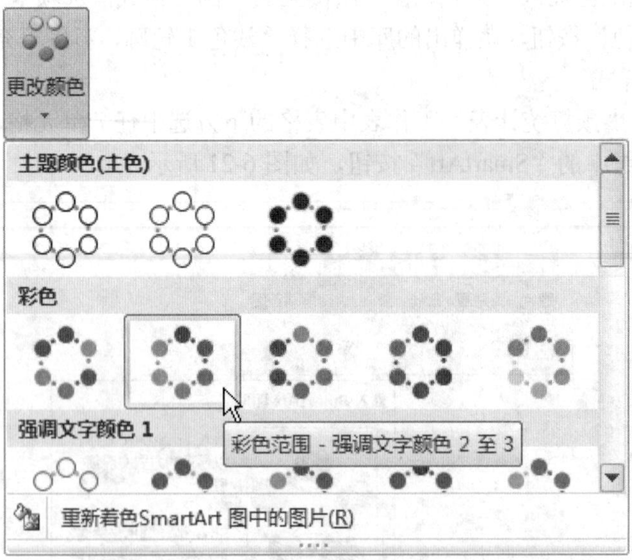

图 6-23

第 20 步：在“SmartArt 工具”的“设计”选项卡下单击“SmartArt 样式”组中的“其他”按钮，在弹出的库中选择“优雅”的三维效果，如图 6-24 所示。

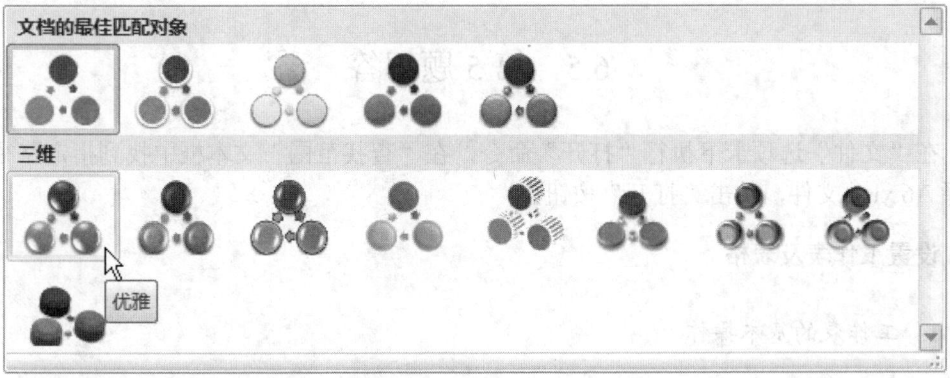

图 6-24

二、建立图表

第 21 步：在“预算统计表”工作表中选中单元格区域 B4:F11，单击“插入”选项卡下“图表”组的“折线图”按钮，在弹出的下拉列表中选择“折线图”。

第 22 步：选中所创建的图表，在“图表工具”的“设计”选项卡下单击“位置”组中的“移动图表”按钮，在弹出的“移动图表”对话框中，在“对象位于”下拉列表中选择“Sheet3”工作表，单击“确定”按钮。

第 23 步：在“图表工具”的“布局”选项卡下单击“标签”组中的“图表标题”按钮，在弹出的下拉列表中选择“图表上方”，在图表标题中输入文本“预算执行情况统计表”。

第 24 步：在“图表工具”的“布局”选项卡下，单击“标签”组中的“图例”按钮，在弹出的下拉列表中选择“在底部显示图例”选项，如图 6-25 所示。

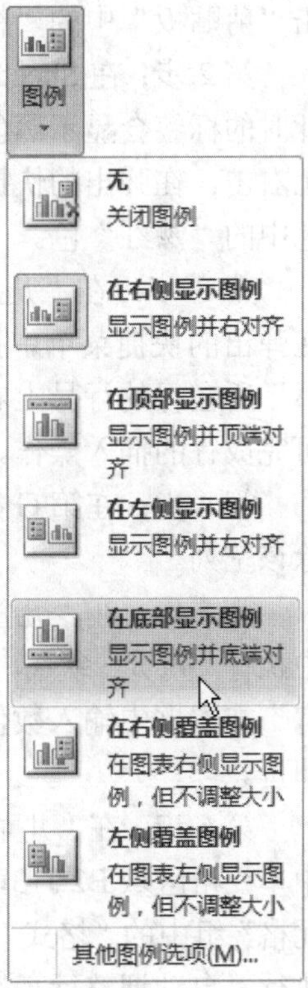

图 6-25

三、工作表的打印设置

第 25 步：在“预算统计表”工作表中选中第 7 行，单击“页面布局”选项卡下“页面设置”组中的“分隔符”按钮，在弹出的下拉列表中执行“插入分页符”命令，即可在第 6 行的下方插入分页符。

第 26 步：在“预算统计表”工作表中单击“页面布局”选项卡下“页面设置”组中的“打印标题”按钮，弹出“页面设置”对话框。

第 27 步：在“页面设置”对话框的“工作表”选项卡下，单击“顶端标题行”后的折叠按钮，在工作表中选择表格的标题区域；返回至“页面设置”对话框，再单击“打印区域”后的折叠按钮，在工作表中选择单元格区域 A1:H32；返回至“页面设置”对话框，单击“打印预览”按钮进入到预览界面。

第 28 步：退出打印预览界面，单击“快速访问工具栏”中的“保存”按钮。

6.5 第 5 题解答

在“文件”选项卡下执行“打开”命令，在“查找范围”文本框中找到指定路径，选择 A6.xlsx 文件，单击“打开”按钮。

一、设置工作表及表格

1. 工作表的基本操作

第 1 步：在 Sheet1 工作表中，按下 Ctrl + A 组合键选中整个工作表，单击“开始”选项卡下“剪贴板”组中的“复制”按钮，切换至 Sheet2 工作表，选中 A1 单元格，单击“剪贴板”中的“粘贴”按钮。

第 2 步：在 Sheet2 工作表的标签上右击，在弹出的快捷菜单中执行“重命名”命令，此时的标签会显示黑色背景，此时输入新的工作表名称“儿童发育调查表”。再次在标签上右击，在弹出的快捷菜单中执行“工作表标签颜色”命令，在打开的列表中选择标准色中的“深红”色。

第 3 步：在“儿童发育调查表”工作表中，在文本“2 月”所在行的行号上右击，在弹出的快捷菜单中执行“剪切”命令，将该行内容暂时存放在剪贴板上。在文本“3 月”所在行的行号上右击，再在弹出的快捷菜单中执行“插入剪切的单元格”命令，即可完成行的插入操作。

第 4 步：在第 G 列的列标上右击，在弹出的快捷菜单中执行“删除”命令，即可删除该空列。

第 5 步：在“儿童发育调查表”工作表中第 B 列的列标上右击，在弹出的快捷菜单中执行“列宽”命令，打开“列宽”对话框，在“列宽”文本框中输入数值“11”，单击“确定”按钮即可。

第 6 步：在“儿童发育调查表”工作表中，选中单元格区域 B2:J13，单击“开始”选项卡下“单元格”组中的“格式”按钮，在弹出的下拉列表中执行“自动调整行高”命令，如图 6-26 所示。

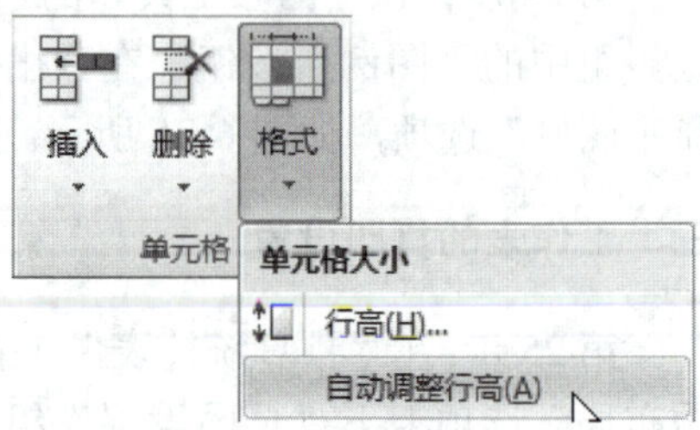

图 6-26

2. 单元格格式的设置

第 7 步：在“儿童发育调查表”工作表中，选中单元格区域 B2:J2，单击“开始”选项卡下“对齐方式”组中的“合并后居中”按钮。

第 8 步：在“开始”选项卡下单击“字体”组右下角的“对话框启动器”按钮，弹出“设置单元格格式”对话框。在“字体”选项卡下的“字体”列表框中选择“华文行楷”，在“字号”列表框中选择“24”磅，在“颜色”列表框中单击“其他颜色”按钮，弹出“颜色”对话框。在“自定义”选项卡下的“颜色模式”下拉列表中选择“RGB”，在“红色”后的微调框中输入“180”，在“绿色”后的微调框中输入“220”，在“蓝色”后的微调框中输入“230”，单击“确定”按钮。返回到“设置单元格格式”对话框。

第 9 步：在“设置单元格格式”对话框的“填充”选项卡下，单击“其他颜色”按钮，弹出“颜色”对话框。在“自定义”选项卡下的“颜色模式”下拉列表中选择“RGB”，在“红色”后的微调框中输入“85”，在“绿色”后的微调框中输入“65”，在“蓝色”后的微调框中输入“105”，单击“确定”按钮。返回到“设置单元格格式”对话框，单击“确定”按钮即可。

第 10 步：选中单元格区域 B3:B5，单击“开始”选项卡下“对齐方式”组中的“合并后居中”按钮；再选中单元格区域 C3:F3，单击“开始”选项卡下“对齐方式”组中的“合并后居中”按钮；最后选中单元格区域 G3:J3，单击“开始”选项卡下“对齐方式”组中的“合并后居中”按钮。

第 11 步：选中单元格区域 B3:J5，打开“设置单元格格式”对话框，在“字体”选项卡下的“字体”列表框中选择“方正姚体”，在“字号”列表框中选择“14”磅；在“填充”选项卡下单击“其他颜色”按钮，弹出“颜色”对话框。在“自定义”选项卡下的“颜色模式”下拉列表中选择“RGB”，在“红色”后的微调框中输入“205”，在“绿色”后的微调框中输入“190”，在“蓝色”后的微调框中输入“220”，单击“确定”按钮。返回到“设置单元格格式”对话框，单击“确定”按钮即可。

第 12 步：选中单元格区域 B6:J13，打开“设置单元格格式”对话框，在“对齐”选项卡下的“水平对齐”下拉列表中选择“居中”；在“字体”选项卡下的“字体”列表框中选择“华文行楷”，在“字号”列表框中选择“14”磅，在“颜色”下拉列表中选择“白色”；在“填充”选项卡下的“背景色”区域中选择“紫色”，单击“确定”按钮即可。

第 13 步：选中单元格区域 B2:J2，打开“设置单元格格式”对话框，在“边框”选项卡下的“线条”选项区域中，从“颜色”列表中选择“黑色”，在“样式”列表框中选择粗实线（第 6 行第 2 列），在“预置”选项区域单击“外边框”按钮，单击“确定”按钮。

第 14 步：选中单元格区域 B3:J13，打开“设置单元格格式”对话框，在“边框”选项卡下的“线条”选项区域中，在“颜色”列表中选择标准色中的“深蓝”色，在“样式”列表框中选择粗实线（第 6 行第 2 列），在“边框”选项区域分别单击“下框线”按钮、“左框线”按钮和“右框线”按钮；在“线条”选项区域中，在“颜色”列表中选择标准色中的“黄色”，在“样式”列表框中选择细实线（第 7 行第 1 列），在“预置”选项区域单击“内部”按钮；单击“确定”按钮。

3. 表格的插入设置

第 15 步：在“儿童发育调查表”工作表中，选中文本“60.00”所在的单元格(E10)，单击“审阅”选项卡下“批注”组中的“新建批注”按钮，即可在该单元格附近打开一个批注框，在框内输入文本“此处数据有误，请核实。”即可。

第 16 步：在“儿童发育调查表”工作表中表格的下方选中任一单元格，单击“插入”选项卡下“插图”组中的“图片”按钮，如图 6-27 所示。

图 6-27

第 17 步：弹出“插入图片”对话框，在“查找范围”下拉列表中选择文件夹 C:\2010KSW\DATA2，在文件列表框中选择文件 pic6-5.jpg，单击“插入”按钮即可。

第 18 步：选中已插入的图片，在“图片工具”的“格式”选项卡下单击“图片样式”组中的“其他”按钮，在弹出的库中选择“棱台矩形”的外观样式，如图 6-28 所示。

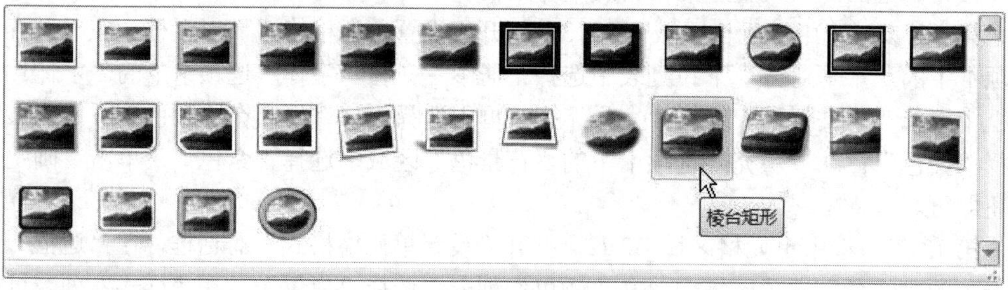

图 6-28

二、建立图表

第 19 步：在“儿童发育调查表”工作表中选中单元格区域 B3:J13，单击“插入”选项卡下“图表”组的“柱形图”按钮，在弹出的下拉列表中选择“簇状圆柱图”。

第 20 步：选中所创建的图表，在“图表工具”的“设计”选项卡下，单击“数据”组中的“切换行/列”按钮，如图 6-29 所示。

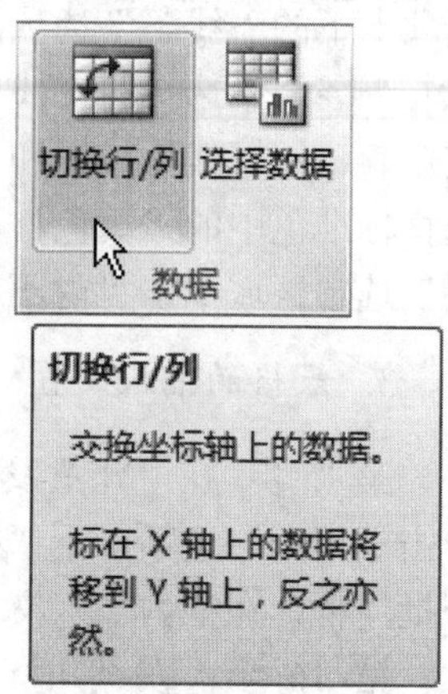

图 6-29

第 21 步：在“图例”区域的“男 体重（公斤） 标准差”图例项上右击，在弹出的快捷菜单中执行“删除系列”命令，如图 6-30 所示。以此类推，分别将“男 身高（厘米） 标准差”、“女 体重（公斤） 标准差”和“女 身高（厘米） 标准差”系列用同样的方法依次删除。

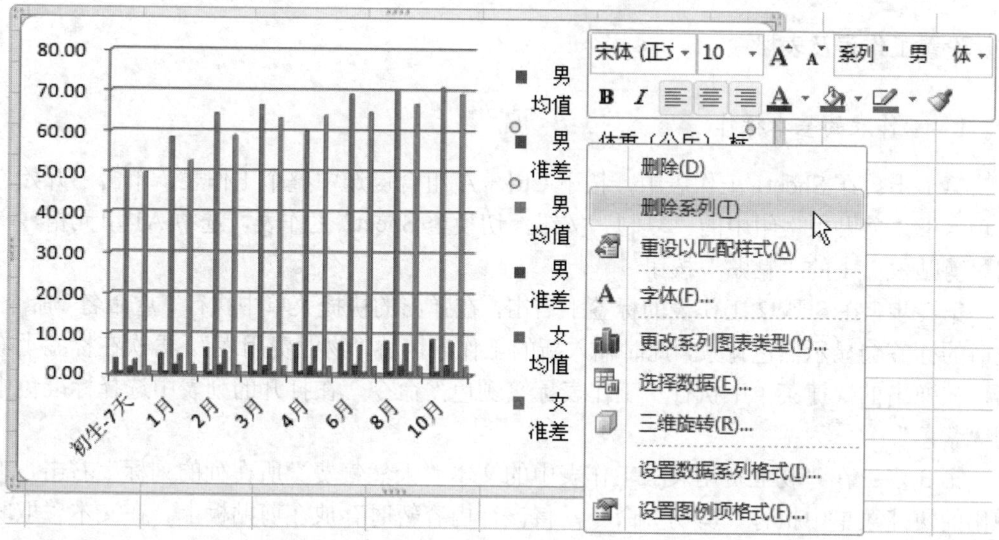

图 6-30

第 22 步：选中所创建的图表，在“图表工具”的“设计”选项卡下单击“位置”组中的“移动图表”按钮，在弹出的“移动图表”对话框的“对象位于”下拉列表中选择“Sheet3”工作表，单击“确定”按钮。

第 23 步：在“图表工具”的“布局”选项卡下单击“标签”组中的“图表标题”按钮，在弹出的下拉列表中选择“图表上方”，在图表标题中输入文本“儿童发育调查表”。

第 24 步：在“图表工具”的“布局”选项卡下，单击“标签”组中的“图例”按钮，在弹出的下拉列表中选择“在底部显示图例”选项。

三、工作表的打印设置

第 25 步：在“儿童发育调查表”工作表中选中第 10 行，单击“页面布局”选项卡下“页面设置”组中的“分隔符”按钮，在弹出的下拉列表中执行“插入分页符”命令，即可在该行的上方插入分页符。

第 26 步：在“儿童发育调查表”工作表中单击“页面布局”选项卡下“页面设置”组中的“打印标题”按钮，弹出“页面设置”对话框。

第 27 步：在“页面设置”对话框的“工作表”选项卡下，单击“顶端标题行”后的折叠按钮，在工作表中选择表格的标题区域；返回至“页面设置”对话框，单击“打印预览”按钮进入到预览界面。

第 28 步：退出打印预览界面，单击“快速访问工具栏”中的“保存”按钮。

6.6 第 6 题解答

在“文件”选项卡下执行“打开”命令，在“查找范围”文本框中找到指定路径，选择 A6.xlsx 文件，单击“打开”按钮。

一、设置工作表及表格

1. 工作表的基本操作

第 1 步：在 Sheet1 工作表中，按下 Ctrl + A 组合键选中整个工作表，单击“开始”选项卡下“剪贴板”组中的“复制”按钮，切换至 Sheet2 工作表，选中 A1 单元格，单击“剪贴板”中的“粘贴”按钮。

第 2 步：在 Sheet2 工作表的标签上右击，在弹出的快捷菜单中执行“重命名”命令，此时的标签会显示黑色背景，此时输入新的工作表名称“物业费用表”。再次在标签上右击，在弹出的快捷菜单中执行“工作表标签颜色”命令，在打开的列表中选择标准色中的“紫色”。

第 3 步：在“物业费用表”工作表中的文本“天然气费”所在列的列标上右击，在弹出的快捷菜单中执行“剪切”命令，将该行内容暂时存放在剪贴板上。在文本“取暖费”所在列的列标上右击，再在弹出的快捷菜单中执行“插入剪切的单元格”命令，即可完成列的插入操作。

第 4 步：在“物业费用表”工作表中第 G 列的列标上右击，在弹出的快捷菜单中执行“删除”命令，即可删除该空列。

第 5 步：在第 2 行的行号上右击，在弹出的快捷菜单中执行“行高”命令，打开“行高”对话框，在“行高”文本框中输入数值“25”，单击“确定”按钮即可。

第 6 步：选中单元格区域 B3:I16，单击“开始”选项卡下“单元格”组中的“格式”按钮，在弹出的下拉列表中执行“自动调整列宽”命令。

2. 单元格格式的设置

第 7 步：在“物业费用表”工作表中，选中单元格区域 B2:I2，单击“开始”选项卡下“对齐方式”组中的“合并后居中”按钮。

第 8 步：在“开始”选项卡下单击“字体”组右下角的“对话框启动器”按钮，弹出“设置单元格格式”对话框。在“字体”选项卡下的“字体”列表框中选择“黑体”，在“字号”列表框中选择“18”磅，“字形”列表框中选择“加粗”。

第 9 步：在“设置单元格格式”对话框的“填充”选项卡下，单击“其他颜色”按钮，弹出“颜色”对话框。在“自定义”选项卡下的“颜色模式”下拉列表中选择“RGB”，在“红色”后的微调框中输入“153”，在“绿色”后的微调框中输入“204”，在“蓝色”后的微调框中输入“0”，单击“确定”按钮。返回到“设置单元格格式”对话框，单击“确定”按钮即可。

第 10 步：选中单元格区域 B3:I3，打开“设置单元格格式”对话框，在“字体”选项卡下的“字体”列表框中选择“华文细黑”，在“字号”列表框中选择“12”磅，在“颜色”列表框中选择标准色中的“黄色”；在“对齐”选项卡下的“水平对齐”下拉列表中选择“居中”；在“填充”选项卡下，单击“其他颜色”按钮，弹出“颜色”对话框。在“自定义”选项卡下的“颜色模式”下拉列表中选择“RGB”，在“红色”后的微调框中输入“153”，在“绿色”后的微调框中输入“51”，在“蓝色”后的微调框中输入“102”，单击“确定”按钮。返回到“设置单元格格式”对话框，单击“确定”按钮即可。

第 11 步：选中单元格区域 B4:I16，打开“设置单元格格式”对话框，在“字体”选项卡下的“字体”列表框中选择“方正姚体”，在“字号”列表框中选择“12”磅；在“对齐”选项卡下的“水平对齐”下拉列表中选择“居中”；在“填充”选项卡下，单击“其他颜色”按钮，弹出“颜色”对话框。在“自定义”选项卡下的“颜色模式”下拉列表中选择“RGB”，在“红色”后的微调框中输入“131”，在“绿色”后的微调框中输入“211”，在“蓝色”后的微调框中输入“253”，单击“确定”按钮；返回到“设置单元格格式”对话框，在“边框”选项卡下的“线条”选项区域中，在“颜色”列表中选择标准色中的“紫色”，在“样式”列表框中选择细实线（第 7 行第 1 列），在“预置”选项区域单击“内部”按钮。单击“确定”按钮即可。

第 12 步：选中单元格区域 B2:I16，打开“设置单元格格式”对话框，在“边框”选项卡下的“线条”选项区域中，从“颜色”列表框中单击“其他颜色”按钮，弹出“颜色”对话框。在“自定义”选项卡下的“颜色模式”下拉列表中选择“RGB”，在“红色”后的微调框中输入“102”，在“绿色”后的微调框中输入“51”，在“蓝色”后的微调框中输入“0”，单击“确定”按钮。返回到“设置单元格格式”对话框的“边框”选项卡下，在“样式”列表框中选择粗实线（第 5 行第 2 列），在“预置”选项区域单击“外边框”按钮；单击“确定”按钮。

3. 表格的插入设置

第 13 步：在“物业费用表”工作表中选中文本“600”所在的单元格（H14），单击“审阅”选项卡下“批注”组中的“新建批注”按钮，即可在该单元格附近打开一个批注框，在框内输入文本“取暖费最高”即可。

第 14 步：在“物业费用表”工作表中表格的下方选中任一单元格，单击“插入”选项卡下“符号”组中的“公式”按钮，在功能区中将会显示“公式工具”选项卡，参照【样文 6-6A】，在该选项卡的“结构”组中单击“函数”按钮，从弹出的列表框中选择“常用函数”中的“正切公式”，完成后在公式编辑区域外的任意位置单击。

第 15 步：选中已插入的公式，在“绘图工具”的“格式”选项卡下，单击“形状样式”组中的“其他”按钮，在弹出的库中选择“中等效果 - 水绿色，强调颜色 5”的形状样式。

二、建立图表

第 16 步：在“物业费用表”工作表中选中单元格区域 D3:I16，单击“插入”选项卡下“图表”组的“柱形图”按钮，在弹出的下拉列表中选择“堆积柱形图”。

第 17 步：选中所创建的图表，在“图表工具”的“设计”选项卡下单击“位置”组中的“移动图表”按钮，在弹出的“移动图表”对话框中，在“对象位于”下拉列表中选择 Sheet3 工作表，单击“确定”按钮。

第 18 步：在“图表工具”的“布局”选项卡下单击“标签”组中的“图表标题”按钮，在弹出的下拉列表中选择“图表上方”，在图表标题中输入文本“业主物业费用统计表”。

第 19 步：在“图表工具”的“布局”选项卡下单击“标签”组中的“坐标轴标题”按钮，在弹出的下拉列表中选择“主要横坐标轴标题”选项下的“坐标轴下方标题”，在横坐标轴标题中输入文本“户主”。

第 20 步：在“图表工具”的“布局”选项卡下单击“标签”组中的“坐标轴标题”按钮，在弹出的下拉列表中选择“主要纵坐标轴标题”选项下的“旋转过的标题”，在纵坐标轴标题中输入文本“费用金额”。

三、工作表的打印设置

第 21 步：在“物业费用表”工作表中选中第 7 行，单击“页面布局”选项卡下“页面设置”组中的“分隔符”按钮，在弹出的下拉列表中执行“插入分页符”命令，即可在该行的上方插入分页符。

第 22 步：在“物业费用表”工作表中单击“页面布局”选项卡下“页面设置”组中的“打印标题”按钮，弹出“页面设置”对话框。

第 23 步：在“页面设置”对话框的“工作表”选项卡下，单击“顶端标题行”后的折叠按钮，在工作表中选择表格的标题区域；返回至“页面设置”对话框，再单击“打印区域”后的折叠按钮，在工作表中选择单元格区域 A1:I22；返回至“页面设置”对话框，单击“打印预览”按钮进入到预览界面。

第 24 步：退出打印预览界面，单击“快速访问工具栏”中的“保存”按钮。

6.7　第 7 题解答

在“文件”选项卡下执行“打开”命令，在“查找范围”文本框中找到指定路径，选择 A6.xlsx 文件，单击“打开”按钮。

一、设置工作表及表格

1. 工作表的基本操作

第 1 步：在 Sheet1 工作表中，按下 Ctrl+A 组合键选中整个工作表，单击“开始”选项卡下“剪贴板”组中的“复制”按钮，切换至 Sheet2 工作表，选中 A1 单元格，单击“剪贴板”中的“粘贴”按钮。

第 2 步：在 Sheet2 工作表的标签上右击，在弹出的快捷菜单中执行“重命名”命令，此时的标签会显示黑色背景，此时输入新的工作表名称“产品促销表”。再次在标签上右击，在弹出的快捷菜单中执行“工作表标签颜色”命令，在打开的列表中选择标准色中的“深红”色。

第 3 步：在“产品促销表”工作表中的文本“摄像头”所在行的行号上右击，在弹出的快捷菜单中执行“剪切”命令，将该行内容暂时存放在剪贴板上。在文本“U 盘”所在行的行号上右击，再在弹出的快捷菜单中执行“插入剪切的单元格”命令，即可完成行的插入操作。

第 4 步：在“产品促销表”工作表中第 14 行的行号上右击，在弹出的快捷菜单中执行“删除”命令，即可删除该空行。

第 5 步：在第 2 行的行号上右击，在弹出的快捷菜单中执行“行高”命令，打开“行高”对话框，在“行高”文本框中输入数值“35”，单击“确定”按钮即可。

2. 单元格格式的设置

第 6 步：在“产品促销表”工作表中，选中单元格区域 B2:G2，单击“开始”选项卡下“对齐方式”组中的“合并后居中”按钮。

第 7 步：在“开始”选项卡下单击“字体”组右下角的“对话框启动器”按钮，弹出“设置单元格格式”对话框。在“字体”选项卡下的“字体”列表框中选择“华文琥珀”，在“字号”列表框中选择“24”磅，在“颜色”列表框中选择标准色中的“深蓝”色。

第 8 步：在“设置单元格格式”对话框的“填充”选项卡下的“图案样式”下拉列表中选择“细 对角线 剖面线”，在“图案颜色”下拉列表中选择标准色中的“绿色”，单击“确定”按钮即可。

第 9 步：选中单元格区域 B3:G3，打开“设置单元格格式”对话框，在“字体”选项卡下的“字体”列表框中选择“华文新魏”，在“字号”列表框中选择“16”磅；在“对齐”选项卡下的“水平对齐”下拉列表中选择“居中”；在“填充”选项卡下，单击“其他颜色”按钮，弹出“颜色”对话框。在“自定义”选项卡下的“颜色模式”下拉列表中选择“RGB”，在“红色”后的微调框中输入“255”，在“绿色”后的微调框中输入“153”，在“蓝色”后的微调框中输入“204”，单击“确定”按钮。返回到“设置单元格格式”对话框，单击“确定”按钮即可。

第 10 步：同时选中单元格区域 D4:D15 和 F4:G15，打开“设置单元格格式”对话框，在“对齐”选项卡下的“水平对齐”下拉列表中选择“居中”，单击“确定”按钮。

第 11 步：选中单元格区域 B4:G15，打开“设置单元格格式”对话框，在“字体”选项卡下的“字体”列表框中选择“华文中宋”，在“颜色”列表框中单击“其他颜色”按钮，弹出“颜色”对话框。在“自定义”选项卡下的“颜色模式”下拉列表中选择“RGB”，在“红色”后的微调框中输入“192”，在“绿色”后的微调框中输入“192”，在“蓝色”后的微调框中输入“192”，单击“确定”按钮。返回到“设置单元格格式”对话框；在“填充”选项卡下的“背景色”区域中选择“紫色”，单击“确定”按钮即可。

第 12 步：选中单元格区域 B2:G15，打开“设置单元格格式”对话框，在“边框”选项卡下的“线条”选项区域中，在“颜色”列表中选择标准色中的“红色”，在“样式”列表框中选择粗点划线（第 3 行第 2 列），在“预置”选项区域单击“外边框”按钮；在“线条”选项区域中，在“颜色”列表中选择标准色中的“浅蓝”色，在“样式”列表框中选择双实线（第 7 行第 2 列），在“预置”选项区域单击“内部”按钮；单击“确定”按钮。

3. 表格的插入设置

第 13 步：在“产品促销表”工作表中选中文本“5.1-5.7”所在的单元格（E14），单击“审阅”选项卡下“批注”组中的“新建批注”按钮，即可在该单元格附近打开一个批注框，在框内输入文本“促销时间最长”即可。

第 14 步：在“产品促销表”工作表中表格的下方选中任一单元格，单击“插入”选项卡下“符号”组中的“公式”按钮，在功能区中将会显示“公式工具”选项卡，在该选项卡的“结构”组中选择正确的结构关系，参照【样文 6-2A】输入公式，完成后在公式编辑区域外的任意位置单击。

第 15 步：选中已插入的公式，在“绘图工具”的“格式”选项卡下，单击“形状样式”组中的“其他”按钮，在弹出的库中选择“强烈效果 - 橄榄色，强调颜色 3”的形状样式。

二、建立图表

第 16 步：在“产品促销表”工作表中同时选中单元格区域 B3:B15 和 D3:D15，单击“插入”选项卡下“图表”组的“饼图”按钮，在弹出的下拉列表中选择“分离型三维饼图”。

第 17 步：选中所创建的图表，在“图表工具”的“设计”选项卡下单击“位置”组中的“移动图表”按钮，在弹出的“移动图表”对话框中，在“对象位于”下拉列表中选择“Sheet3”工作表，单击“确定”按钮。

第 18 步：选中自动创建的图表标题，在图表标题文本框中输入文本“产品数量统计图”即可。

第 19 步：在“图表工具”的“布局”选项卡下，单击“标签”组中的“数据标签”按钮，在弹出的下拉列表中选择“数据标签内”选项，如图 6-31 所示。

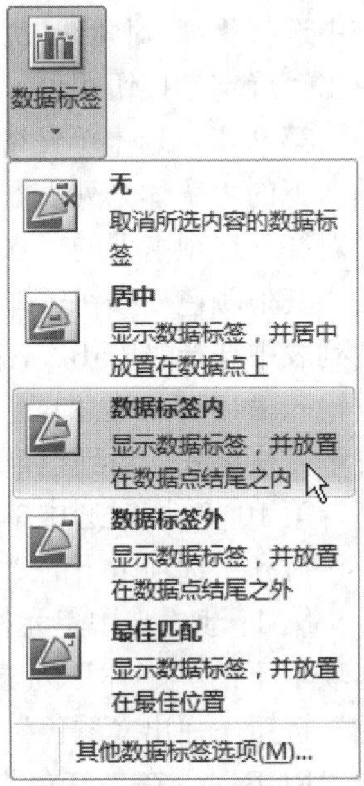

图 6-31

三、工作表的打印设置

第 20 步：在“产品促销表”工作表中选中第 9 行，单击“页面布局”选项卡下“页面设置”组中的“分隔符”按钮，在弹出的下拉列表中执行“插入分页符”命令，即可在该行的上方插入分页符。

第 21 步：在“产品促销表”工作表中单击“页面布局”选项卡下“页面设置”组中的“打印标题”按钮，弹出“页面设置”对话框。

第 22 步：在“页面设置”对话框的“工作表”选项卡下，单击“顶端标题行”后的折叠按钮，在工作表中选择表格的标题区域；返回至“页面设置”对话框，再单击“打印区域”后的折叠按钮，在工作表中选择单元格区域 A1:G21；返回至“页面设置”对话框，单击“打印预览”按钮进入到预览界面。

第 23 步：退出打印预览界面，单击“快速访问工具栏”中的“保存”按钮。

6.8　第 8 题解答

在“文件”选项卡下执行“打开”命令，在“查找范围”文本框中找到指定路径，选择 A6.xlsx 文件，单击“打开”按钮。

一、设置工作表及表格

1. 工作表的基本操作

第 1 步：在 Sheet1 工作表中，按下 Ctrl + A 组合键选中整个工作表，单击“开始”选项卡下“剪贴板”组中的“复制”按钮，切换至 Sheet2 工作表，选中 A1 单元格，单击“剪贴板”中的“粘贴”按钮。

第 2 步：在 Sheet2 工作表的标签上右击，在弹出的快捷菜单中执行“重命名”命令，此时的标签会显示黑色背景，此时输入新的工作表名称“中文系成绩表”。再次在标签上右击，在弹出的快捷菜单中执行“工作表标签颜色”命令，在打开的列表中单击“其他颜色”按钮。弹出“颜色”对话框。在“自定义”选项卡下的“颜色模式”下拉列表中选择“RGB”，在“红色”后的微调框中输入“255”，在“绿色”后的微调框中输入“153”，在“蓝色”后的微调框中输入“204”，单击“确定”按钮即可。

第 3 步：在“中文系成绩表”工作表中第 8 行的行号上右击，在弹出的快捷菜单中执行“插入”命令，即可在“2009007”所在行的上方插入一空行，并按【样文 6-8A】所示，输入相应的内容“2009006、刘敏、75、75、86、80、80、82、77”。

第 4 步：在第 F 列的列标上右击，在弹出的快捷菜单中执行“删除”命令，即可删除该空列。

第 5 步：在“中文系成绩表”工作表中第 1 行的行号上右击，在弹出的快捷菜单中执行“行高”命令，打开“行高”对话框，在“行高”文本框中输入数值“30”，单击“确定”按钮。

第 6 步：在第 A 列的列标上按住鼠标左键不放，同时拖拽到第 I 列上，释放鼠标，并在选中的任意列标上右击，在弹出的快捷菜单中执行“列宽”命令，打开“列宽”对话框，在“列宽”文本框中输入数值“9”，单击“确定”按钮即可。

2. 单元格格式的设置

第 7 步：在“中文系成绩表”工作表中，选中单元格区域 A1:I1，单击“开始”选项卡下“对齐方式”组中的“合并后居中”按钮。

第 8 步：在“开始”选项卡下单击“字体”组右下角的“对话框启动器”按钮，弹出“设置单元格格式”对话框。在“字体”选项卡下的“字体”列表框中选择“方正舒体”，在“字号”列表框中选择“18”磅，“字形”列表框中选择“加粗”，在“颜色”列表框中单击“其他颜色”按钮，弹出“颜色”对话框。在“自定义”选项卡下的“颜色模式”下拉列表中选择“RGB”，在“红色”后的微调框中输入“102”，在“绿色”后的微调框中输入“0”，在“蓝色”后的微调框中输入“102”，单击“确定”按钮。

返回到“设置单元格格式”对话框。

第 9 步：在“设置单元格格式”对话框的“填充”选项卡下的“图案样式”下拉列表中选择“对角线 剖面线”，在“图案颜色”下拉列表中选择标准色中的“浅蓝”色，单击“确定”按钮即可。

第 10 步：选中单元格区域 A2:I2，打开“设置单元格格式”对话框，在“字体”选项卡下的“字体”列表框中选择“华文中宋”，在“字号”文本框中输入“13”磅；在“对齐”选项卡下的“水平对齐”下拉列表中选择“居中”；在“填充”选项卡下，单击“其他颜色”按钮，弹出“颜色”对话框。在“自定义”选项卡下的“颜色模式”下拉列表中选择“RGB”，在“红色”后的微调框中输入“255”，在“绿色”后的微调框中输入“255”，在“蓝色”后的微调框中输入“153”，单击“确定”按钮。返回到“设置单元格格式”对话框，单击“确定”按钮即可。

第 11 步：选中单元格区域 A3:I12，打开“设置单元格格式”对话框，在“字体”选项卡下的“字体”列表框中选择“华文行楷”；在“对齐”选项卡下的“水平对齐”下拉列表中选择“居中”；在“填充”选项卡下，单击“其他颜色”按钮，弹出“颜色”设置对话框。在“自定义”选项卡下的“颜色模式”下拉列表中选择“RGB”，在“红色”后的微调框中输入“255”，在“绿色”后的微调框中输入“204”，在“蓝色”后的微调框中输入“255”，单击“确定”按钮。返回到“设置单元格格式”对话框，单击“确定”按钮即可。

第 12 步：选中单元格区域 A2:I12，打开“设置单元格格式”对话框，在“边框”选项卡下的“线条”选项区域中，在“颜色”列表中选择标准色中的“深红”色，在“样式”列表框中选择粗实线（第 6 行第 2 列），在“边框”选项区域分别单击“上框线”按钮和“下框线”按钮；在“线条”选项区域中，在“颜色”列表中选择标准色中的“红色”，在“样式”列表框中选择细虚线（第 6 行第 1 列），在“预置”选项区域单击“内部”按钮；单击“确定”按钮。

3. 表格的插入设置

第 13 步：在“中文系成绩表”工作表中选中文本“王辉”所在的单元格（B3），单击“审阅”选项卡下“批注”组中的“新建批注”按钮，即可在该单元格附近打开一个批注框，在框内输入文本“总成绩最高”即可。

第 14 步：在“中文系成绩表”工作表中表格的下方选中任一单元格，单击“插入”选项卡下“插图”组中的“图片”按钮。

第 15 步：弹出“插入图片”对话框，在“查找范围”下拉列表中选择文件夹 C:\2010KSW\DATA2，在文件列表框中选择文件 pic6-8.jpg，单击“插入”按钮即可。

第 16 步：选中已插入的图片，在“图片工具”的“格式”选项卡下，单击“大小”组右下角的“对话框启动器”按钮，弹出“设置图片格式”对话框。在“缩放比例”区域下，勾选“锁定纵横比”复选框，在“高度”文本框中选择或输入“200%”，此时在“宽度”文本框中将自动调整为“200%”，如图 6-32 所示，单击“关闭”按钮。

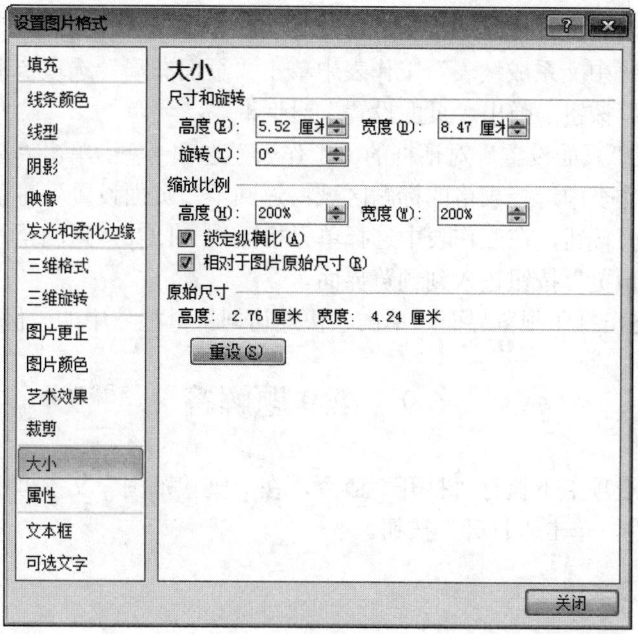

图 6-32

第 17 步：在“图片工具”的“格式”选项卡下，单击“图片样式”组中的“其他”按钮，在弹出的库中选择“复杂框架，黑色”的外观样式。

二、建立图表

第 18 步：在“中文系成绩表”工作表中选中单元格区域 B2:I12，单击“插入”选项卡下“图表”组的“条形图”按钮，在弹出的下拉列表中选择“簇状条形图”。

第 19 步：选中所创建的图表，在“图表工具”的“设计”选项卡下单击“位置”组中的“移动图表”按钮，在弹出的“移动图表”对话框的“对象位于”下拉列表中选择 Sheet3 工作表，单击“确定”按钮。

第 20 步：在“图表工具”的“布局”选项卡下单击“标签”组中的“图表标题”按钮，在弹出的下拉列表中选择“图表上方”，在图表标题中输入文本“中文系 2010 年成绩统计图”。

第 21 步：在“图表工具”的“布局”选项卡下单击“标签”组中的“坐标轴标题”按钮，在弹出的下拉列表中选择“主要横坐标轴标题”选项下的“坐标轴下方标题”，在横坐标轴标题中输入文本“分数”。

第 22 步：在“图表工具”的“布局”选项卡下单击“标签”组中的“坐标轴标题”按钮，在弹出的下拉列表中选择“主要纵坐标轴标题”选项下的“竖排标题”，在纵坐标轴标题中输入文本“姓名”。

三、工作表的打印设置

第 23 步：在“中文系成绩表”工作表中选中第 8 行，单击“页面布局”选项卡下“页面设置”组中的“分隔符”按钮，在弹出的下拉列表中执行“插入分页符”命令，即可在该行的上方插入分页符。

第 24 步：在“中文系成绩表”工作表中单击“页面布局”选项卡下“页面设置”组中的“打印标题”按钮，弹出“页面设置”对话框。

第 25 步：在“页面设置”对话框的“工作表”选项卡下，单击“顶端标题行”后的折叠按钮，在工作表中选择表格的标题区域；返回至“页面设置”对话框，再单击“打印区域”后的折叠按钮，在工作表中选择单元格区域 A1:I26；返回至“页面设置”对话框，单击“打印预览”按钮进入到预览界面。

第 26 步：退出打印预览界面，单击“快速访问工具栏”中的“保存”按钮。

6.9　第 9 题解答

在“文件”选项卡下执行“打开”命令，在“查找范围”文本框中找到指定路径，选择 A6.xlsx 文件，单击“打开”按钮。

一、设置工作表及表格

1. 工作表的基本操作

第 1 步：在 Sheet1 工作表中，按下 Ctrl + A 组合键选中整个工作表，单击“开始”选项卡下“剪贴板”组中的“复制”按钮，切换至 Sheet2 工作表，选中 A1 单元格，单击“剪贴板”中的“粘贴”按钮。

第 2 步：在 Sheet2 工作表的标签上右击，在弹出的快捷菜单中执行“重命名”命令，此时的标签会显示黑色背景，此时输入新的工作表名称“农作物产量表”。再次在标签上右击，在弹出的快捷菜单中执行“工作表标签颜色”命令，在打开的列表中单击“其他颜色”按钮。弹出“颜色”对话框。在“自定义”选项卡下的“颜色模式”下拉列表中选择“RGB”，在“红色”后的微调框中输入“255”，在“绿色”后的微调框中输入“204”，在“蓝色”后的微调框中输入“0”，单击“确定”按钮即可。

第 3 步：在“农作物产量表”工作表中第 3 行的行号上右击，在弹出的快捷菜单中执行“插入”命令，即可在标题行的下方插入一空行。

第 4 步：在“农作物产量表”工作表中第 3 行的行号上右击，在弹出的快捷菜单中执行“行高”命令，打开“行高”对话框，在“行高”文本框中输入数值“10”，单击“确定”按钮即可。

第 5 步：在第 E 列的列标上右击，在弹出的快捷菜单中执行“删除”命令，即可删除该空列。

第 6 步：选中单元格区域 B2:J13，单击“开始”选项卡下“单元格”组中的“格式”按钮，在弹出的下拉列表中执行“自动调整列宽”命令。

2. 单元格格式的设置

第 7 步：在“农作物产量表”工作表中，选中单元格区域 B2:J3，单击“开始”选项卡下“对齐方式”组中的“合并后居中”按钮。

第 8 步：在“开始”选项卡下单击“字体”组右下角的“对话框启动器”按钮，弹出“设置单元格格式”对话框。在“字体”选项卡下的“字体”列表框中选择“华文彩云”，在“字号”列表框中选择“18”磅，“字形”列表框中选择“加粗”，在“颜色”列表框中选择“白色”。

第 9 步：在“设置单元格格式”对话框的“填充”选项卡下，单击“其他颜色”按钮，弹出“颜色”对话框。在“自定义”选项卡下的“颜色模式”下拉列表中选择“RGB”，在“红色”后的微调框中输入“153”，在“绿色”后的微调框中输入“51”，在“蓝色”后的微调框中输入“102”，单击“确定”按钮。返回到“设置单元格格式”对话框，单击“确定”按钮即可。

第 10 步：同时选中单元格区域 B4:J4 和 B5:C13，打开“设置单元格格式”对话框，在“字体”选项卡下的“字体”列表框中选择“华文琥珀”，在“颜色”列表框中选择标准色中的“深蓝”色；在“对齐”选项卡下的“水平对齐”下拉列表中选择“居中”；在“填充”选项卡下，单击“其他颜色”按钮，弹出“颜色”对话框。在“自定义”选项卡下的“颜色模式”下拉列表中选择“RGB”，在“红色”后的微调框中输入“250”，在“绿色”后的微调框中输入“191”，在“蓝色”后的微调框中输入“143”，单击“确定”按钮。返回到“设置单元格格式”对话框，单击“确定”按钮即可。

第 11 步：选中单元格区域 D5:J13，打开“设置单元格格式”对话框，在“字体”选项卡下的“字体”列表框中选择“微软雅黑”；在“对齐”选项卡下的“水平对齐”下拉列表中选择“居中”；在“填充”选项卡下的“背景色”区域中选择“浅绿”色，单击“确定”按钮即可。

第 12 步：选中单元格区域 B2:J13，打开“设置单元格格式”对话框，在“边框”选项卡下的“线条”选项区域中，在“颜色”列表中选择标准色中的“浅蓝”色，在“样式”列表框中选择粗点划线（第 3 行第 2 列），在“预置”选项区域单击“外边框”按钮；在“线条”选项区域中，从“颜色”列表中选择“白色”，在“样式”列表框中选择双实线（第 7 行第 2 列），在“边框”选项区域单击“内部横线”按钮；在“样式”列表框中选择粗虚线（第 4 行第 2 列），在“边框”选项区域单击“内部竖线”按钮；单击“确定”按钮。

3. 表格的插入设置

第 13 步：在“农作物产量表”工作表中选中文本“15000”所在的单元格（J6），单击“审阅”选项卡下“批注”组中的“新建批注”按钮，即可在该单元格附近打开一个批注框，在框内输入文本“人口总数最多”即可。

第 14 步：在“农作物产量表”工作表中表格的下方选中任一单元格，单击“插入”选项卡下“符号”组中的“公式”按钮，在功能区中将会显示“公式工具”选项卡，参照【样文 6-9A】，在该选项卡的“结构”组中单击“大型运算符”按钮，从弹出的列表框中选择“常用大型运算符”中的“并集”，完成后在公式编辑区域外的任意位置单击鼠标。

第 15 步：选中已插入的公式，在“绘图工具”的“格式”选项卡下，单击“形状样式”组中的“其他”按钮，在弹出的库中选择“细微效果 - 水绿色，强调颜色 5”的形状样式。

二、建立图表

第 16 步：在“农作物产量表”工作表中选中单元格区域 C4:H13，单击“插入”选项卡下“图表”组的“柱形图”按钮，在弹出的下拉列表中选择“簇状圆锥图”。

第 17 步：选中所创建的图表，在“图表工具”的“设计”选项卡下，单击“数据”组中的“切换行/列”按钮。

第 18 步：在“图表工具”的“设计”选项卡下单击“位置”组中的“移动图表”按钮，在弹出的“移动图表”对话框中，在“对象位于”下拉列表中选择 Sheet3 工作表，单击“确定”按钮。

第 19 步：在“图表工具”的“布局”选项卡下单击“标签”组中的“图表标题”按钮，在弹出的下拉列表中选择“图表上方”，在图表标题中输入文本“各地全年农作物产量图”。

第 20 步：在“图表工具”的“布局”选项卡下，单击“标签”组中的“图例”按钮，在弹出的下拉列表中选择“在顶部显示图例”选项。

三、工作表的打印设置

第 21 步：在“农作物产量表”工作表中选中第 11 行，单击“页面布局”选项卡下“页面设置”组中的“分隔符”按钮，在弹出的下拉列表中执行“插入分页符”命令，即可在该行的上方插入分页符。

第 22 步：在“农作物产量表”工作表中单击“页面布局”选项卡下“页面设置”组中的“打印标题”按钮，弹出“页面设置”对话框。

第 23 步：在“页面设置”对话框的“工作表”选项卡下，单击“顶端标题行”后的折叠按钮，在工作表中选择表格的标题区域；返回至“页面设置”对话框，再单击“打印区域”后的折叠按钮，在工作表中选择单元格区域 A1:J18；返回至“页面设置”对话框，单击“打印预览”按钮进入到预览界面。

第 24 步：退出打印预览界面，单击“快速访问工具栏”中的“保存”按钮。

6.10　第 10 题解答

在“文件”选项卡下执行“打开”命令，在“查找范围”文本框中找到指定路径，选择 A6.xlsx 文件，单击“打开”按钮。

一、设置工作表及表格

1. 工作表的基本操作

第 1 步：在 Sheet1 工作表中，按下 Ctrl + A 组合键选中整个工作表，单击“开始”选项卡下“剪贴板”组中的“复制”按钮，切换至 Sheet2 工作表，选中 A1 单元格，单击“剪贴板”中的“粘贴”按钮。

第 2 步：在 Sheet2 工作表的标签上右击，在弹出的快捷菜单中执行“重命名”命令，此时的标签会显示黑色背景，此时输入新的工作表名称“花店进货情况表”。再次在标签上右击，在弹出的快捷菜单中执行“工作表标签颜色”命令，在打开的列表中单击“其他颜色”按钮。弹出“颜色”对话框。在“自定义”选项卡下的“颜色模式”下拉列表中选择“RGB”，在“红色”后的微调框中输入“102”，在“绿色”后的微调框中输入“255”，在“蓝色”后的微调框中输入“153”，单击“确定”按钮即可。

第 3 步：在“花店进货情况表”工作表中第 2 行的行号上右击，在弹出的快捷菜单中执行“插入”命令，即可在标题行的下方插入一空行。

第 4 步：在“花店进货情况表”工作表中第 2 行的行号上右击，在弹出的快捷菜单中执行“行高”命令，打开“行高”对话框，在“行高”文本框中输入数值“5”，单击“确定”按钮即可。

第 5 步：在文本“六月份”所在列的列标上右击，在弹出的快捷菜单中执行“剪切”命令，将该行内容暂时存放在剪贴板上。在第 H 列的列标上右击，再在弹出的快捷菜单中执行“插入剪切的单元格”命令，即可完成列的插入操作。

第 6 步：在“花店进货情况表”工作表中第 1 行的行号上右击，在弹出的快捷菜单中执行“行高”命令，打开“行高”对话框，在“行高”文本框中输入数值“33”，单击“确定”按钮。

第 7 步：在第 3 行的行号上按住鼠标左键不放，同时拖拽到第 11 行上，释放鼠标，并在选中的任意行号上右击，在弹出的快捷菜单中执行“行高”命令，打开“行高”对话框，在“行高”文本框中输入数值“20”，单击“确定”按钮。

第 8 步：在第 A 列的列标上按住鼠标左键不放，同时拖拽到第 G 列上，释放鼠标，并在选中的任意列标上右击，在弹出的快捷菜单中执行“列宽”命令，打开“列宽”对话框，在“列宽”文本框中输入数值“10”，单击“确定”按钮即可。

2. 单元格格式的设置

第 9 步：在“花店进货情况表”工作表中，选中单元格区域 A1:G1，单击“开始”选项卡下“对齐方式”组中的“合并后居中”按钮。

第 10 步：在“开始”选项卡下单击“字体”组右下角的“对话框启动器”按钮，弹出“设置单元格格式”对话框。在“字体”选项卡下的“字体”列表框中选择“华文楷体”，在“字号”列表框中选择“22”磅，“字形”列表框中选择“加粗”，在“颜色”列表框中选择标准色中的“深蓝”色。

第 11 步：在“设置单元格格式”对话框的“填充”选项卡下，单击“填充效果”按钮，弹出“填充效果”对话框。

第 12 步：在“渐变”选项卡下的“颜色”区域中点选“双色”单选按钮，在“颜色 1”下拉列表中单击“其他颜色”按钮，弹出“颜色”对话框。在“自定义”选项卡下的“颜色模式”下拉列表中选择“RGB”，在“红色”后的微调框中输入“147”，在“绿色”后的微调框中输入“206”，在“蓝色”后的微调框中输入“221”，单击“确定”按钮，返回到“填充效果”对话框。在“颜色 2”下拉列表中单击“其他颜色”按钮，弹出“颜色”对话框。在“自定义”选项卡下的“颜色模式”下拉列表中选择“RGB”，在“红色”后的微调框中输入“252”，在“绿色”后的微调框中输入“213”，在“蓝色”后的微调框中输入“180”，单击“确定”按钮，返回到“填充效果”对话框；在“底纹样式”区域中点选“斜下”单选按钮，在“变形”区域中选中第 3 种变形效果，如图 6-33 所示，单击“确定”按钮。返回到“设置单元格格式”对话框，单击“确定”按钮即可。

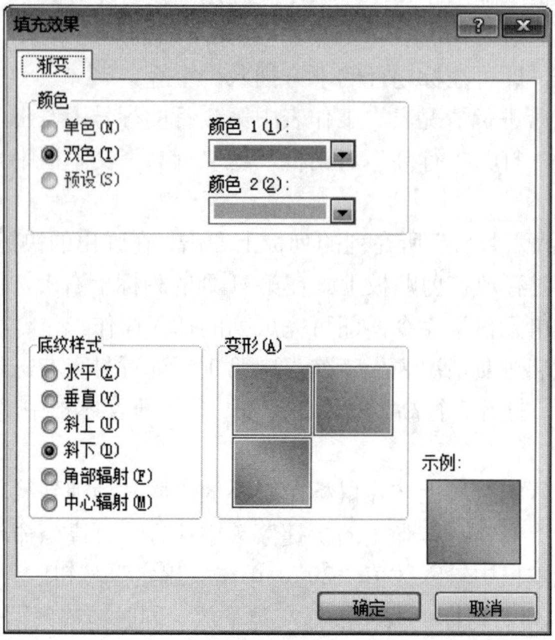

图 6-33

第 13 步：选中单元格区域 A1:G11，在“开始”选项卡下，分别选中“对齐方式”组中的“居中”按钮和“垂直居中”按钮。

第 14 步：选中单元格区域 A3:G3，打开“设置单元格格式”对话框，在“字体”选项卡下的“字体”列表框中选择“幼圆”，在“字号”列表框中选择“12”磅，“字形”列表框中选择“加粗”；在“填充”选项卡下，单击“其他颜色”按钮，弹出“颜色”对话框。在“自定义”选项卡下的“颜色模式”下拉列表中选择“RGB”，在“红色”后的微调框中输入“255”，在“绿色”后的微调框中输入“204”，在“蓝色”后的微调框中输入“255”，单击“确定”按钮。返回到“设置单元格格式”对话框，单击“确定”按钮即可。

第 15 步：选中单元格区域 A4:G11，打开“设置单元格格式”对话框，在“字体”选项卡下的“字体”列表框中选择“华文行楷”，在“字号”列表框中选择“14”磅，在“颜色”列表框中选择“深红”色；在“填充”选项卡下的“图案样式”下拉列表中选择“25% 灰色”，在“图案颜色”下拉列表中单击“其他颜色”按钮，弹出“颜色”对话框。在“自定义”选项卡下的“颜色模式”下拉列表中选择“RGB”，在“红色”后的微调框中输入“155”，在“绿色”后的微调框中输入“187”，在“蓝色”后的微调框中输入“89”，单击“确定”按钮。返回到“设置单元格格式”对话框，单击“确定”按钮即可。

第 16 步：选中单元格区域 A3:G3，打开“设置单元格格式”对话框，在“边框”选项卡下的“线条”选项区域中，从“颜色”列表中选择“黑色”，在“样式”列表框中选择粗实线（第 5 行第 2 列），在“预置”选项区域单击“外边框”按钮，单击“确定”按钮。

第 17 步：选中单元格区域 A4:G11，打开“设置单元格格式”对话框，在“边框”选项卡下的“线条”选项区域中，从“颜色”列表中选择“黑色”，在“样式”列表框中选择粗虚线（第 4 行第 2 列），在“边框”选项区域分别单击“下框线”按钮、“左框线”按钮和“右框线”按钮；在“线条”选项区域中，从“颜色”列表中单击“其他颜色”按钮，弹出“颜色”对话框。在“自定义”选项卡下的“颜色模式”下拉列表中选择“RGB”，在“红色”后的微调框中输入“0”，在“绿色”后的微调框中输入“0”，在“蓝色”后的微调框中输入“255”，单击“确定”按钮。返回到“设置单元格格式”对话框的“边框”选项卡下，在“样式”列表框中选择细虚线（第 3 行第 1 列），在“预置”选项区域单击“内部”按钮；单击“确定”按钮。

3. 表格的插入设置

第 18 步：在“花店进货情况表”工作表中选中文本“玫瑰”所在的单元格（A5），单击“审阅”选项卡下“批注”组中的“新建批注”按钮，即可在该单元格附近打开一个批注框，在框内输入文本“此花上半年进货数量最多”即可。

第 19 步：在“花店进货情况表”工作表中表格的下方选中任一单元格，单击“插入”选项卡下“插图”组中的“SmartArt”按钮。

第 20 步：打开“选择 SmartArt 图形”对话框，在左侧分类区域中选择“关系”选项，在选项区域中选择“堆积维恩图”布局，单击“确定”按钮。

第 21 步：选中已插入的 SmartArt 图形，在“SmartArt 工具”的“设计”选项卡下，单击“SmartArt 样式”组中的“更改颜色”按钮，在弹出的库中选择“彩色 - 强调文字颜色”的形状颜色。

第 22 步：在“SmartArt 工具”的“设计”选项卡下，单击“SmartArt 样式”组中的“其他”按钮，在弹出的库中选择“卡通”的三维效果。

二、建立图表

第 23 步：在“花店进货情况表”工作表中选中单元格区域 A3:D11，单击“插入”选项卡下“图表”组的“折线图”按钮，在弹出的下拉列表中选择“三维折线图”。

第 24 步：选中所创建的图表，在“图表工具”的“设计”选项卡下单击“位置”组中的“移动图表”按钮，在弹出的“移动图表”对话框中，在“对象位于”下拉列表中选择“Sheet3”工作表，单击“确定”按钮。

第 25 步：在“图表工具”的“布局”选项卡下单击“标签”组中的“图表标题”按钮，在弹出的下拉列表中选择“图表上方”，在图表标题中输入文本“花店第一季度进货情况图”。

第 26 步：在“图表工具”的“格式”选项卡下，单击“形状样式”组中的“其他”按钮，在弹出的库中选择“细微效果 - 紫色，强调颜色 4”的形状样式。

三、工作表的打印设置

第 27 步：在“花店进货情况表”工作表中选中第 9 行，单击“页面布局”选项卡下“页面设置”组中的“分隔符”按钮，在弹出的下拉列表中执行“插入分页符”命令，即可在第 8 行的下方插入分页符。

第 28 步：在“花店进货情况表”工作表中单击“页面布局”选项卡下“页面设置”组中的“打印标题”按钮，弹出“页面设置”对话框。

第 29 步：在“页面设置”对话框的“工作表”选项卡下，单击“顶端标题行”后的折叠按钮，在工作表中选择表格的标题区域；返回至“页面设置”对话框，再单击“打印区域”后的折叠按钮，在工作表中选择单元格区域 A1:G29；返回至“页面设置”对话框，单击“打印预览”按钮进入到预览界面。

第 30 步：退出打印预览界面，单击“快速访问工具栏”中的“保存”按钮。

6.11　第 11 题解答

在“文件”选项卡下执行“打开”命令，在“查找范围”文本框中找到指定路径，选择 A6.xlsx 文件，单击“打开”按钮。

一、设置工作表及表格

1. 工作表的基本操作

第 1 步：在 Sheet1 工作表中，按下 Ctrl + A 组合键选中整个工作表，单击“开始”选项卡下“剪贴板”组中的“复制”按钮，切换至 Sheet2 工作表，选中 A1 单元格，单击“剪贴板”中的“粘贴”按钮。

第 2 步：在 Sheet2 工作表的标签上右击，在弹出的快捷菜单中执行“重命名”命令，此时的标签会显示黑色背景，此时输入新的工作表名称“期末成绩表”。再次在标签上右击，在弹出的快捷菜单中执行“工作表标签颜色”命令，在打开的列表中选择标准色中的“紫色”。

第 3 步：在“期末成绩表”工作表中第 6 行的行号上右击，在弹出的快捷菜单中执行“插入”命令，即可在“宋国强”所在行的上方插入一空行，并按【样文 6-11A】所示，输入相应的内容“4、唐琳、94、88、85、93、88、448”。

第 4 步：在第 E 列的列标上右击，在弹出的快捷菜单中执行“删除”命令，即可删除该空列。

第 5 步：在第 1 行的行号上右击，在弹出的快捷菜单中执行“行高”命令，打开“行高”对话框，在“行高”文本框中输入数值“25”，单击“确定”按钮即可。

2. 单元格格式的设置

第 6 步：在“期末成绩表”工作表中，选中单元格区域 A1:H1，单击“开始”选项卡下“对齐方式”组中的“合并后居中”按钮。

第 7 步：在“开始”选项卡下单击“字体”组右下角的“对话框启动器”按钮，弹出“设置单元格格式”对话框。在“字体”选项卡下的“字体”列表框中选择“华文行楷”，在“字号”列表框中选择“22”磅，在“颜色”列表框中选择标准色中的“红色”。

第 8 步：在“设置单元格格式”对话框的“填充”选项卡下，单击“其他颜色”按钮，弹出“颜色”对话框。在“自定义”选项卡下的“颜色模式”下拉列表中选择“RGB”，在“红色”后的微调框中输入“204”，在“绿色”后的微调框中输入“255”，在“蓝色”后的微调框中输入“255”，单击“确定”按钮。返回到“设置单元格格式”对话框，单击“确定”按钮即可。

第 9 步：选中单元格区域 A2:H2，打开“设置单元格格式”对话框，在“字体”选项卡下的“字体”列表框中选择“方正姚体”，在“字号”列表框中选择“14”磅，在“颜色”列表框中选择标准色中的“蓝色”；在“对齐”选项卡下的“水平对齐”下拉列表中选择“居中”；在“填充”选项卡下的“背景色”区域中选择“橙色”，单击“确定”按钮即可。

第 10 步：选中单元格区域 A3:H12，打开“设置单元格格式”对话框，在“字体”选项卡下的“字体”列表框中选择“华文细黑”，在“字号”列表框中选择“12”磅；在“对齐”选项卡下的“水平对齐”下拉列表中选择“居中”；在“填充”选项卡下，单击“其他颜色”按钮，弹出“颜色”对话框。在“自定义”选项卡下的“颜色模式”下拉列表中选择“RGB”，在“红色”后的微调框中输入“252”，在“绿色”后的微调框中输入“213”，在“蓝色”后的微调框中输入“180”，单击“确定”按钮。返回到“设置单元格格式”对话框，单击“确定”按钮即可。

第 11 步：选中单元格区域 A2:H12，打开“设置单元格格式”对话框，在“边框”选项卡下的“线条”选项区域中，从“颜色”列表中单击“其他颜色”按钮，弹出“颜色”对话框。在“自定义”选项卡下的“颜色模式”下拉列表中选择“RGB”，在“红色”后的微调框中输入“128”，在“绿色”后的微调框中输入“128”，在“蓝色”后的微调框中输入“128”，单击“确定”按钮。返回到“设置单元格格式”对话框的“边框”选项卡下，在“样式”列表框中选择细虚线（第 6 行第 1 列），在“预置”选项区域分别单击“外边框”按钮和“内部”按钮；单击“确定”按钮。

3. 表格的插入设置

第 12 步：在“期末成绩表”工作表中选中文本“472”所在的单元格（H11），单击“审阅”选项卡下“批注”组中的“新建批注”按钮，即可在该单元格附近打开一个批注框，在框内输入文本“总分最高”即可。

第 13 步：在“期末成绩表”工作表中表格的下方选中任一单元格，单击“插入”选项卡下“符号”组中的“公式”按钮，在功能区中将会显示“公式工具”选项卡，在该选项卡的“结构”组中选择正确的结构关系，参照【样文 6-11A】输入公式，完成后在公式编辑区域外的任意位置单击。

第 14 步：选中已插入的公式，在“绘图工具”的“格式”选项卡下，单击“形状样式”组中的“其他”按钮，在弹出的库中选择“中等效果 - 紫色，强调颜色 4”的形状样式。

第 15 步：在“绘图工具”的“格式”选项卡下，单击“形状样式”组中的“形状效果”按钮，在弹出的下拉列表中选择“预设”下的“预设 7”的形状效果，如图 6-34 所示。

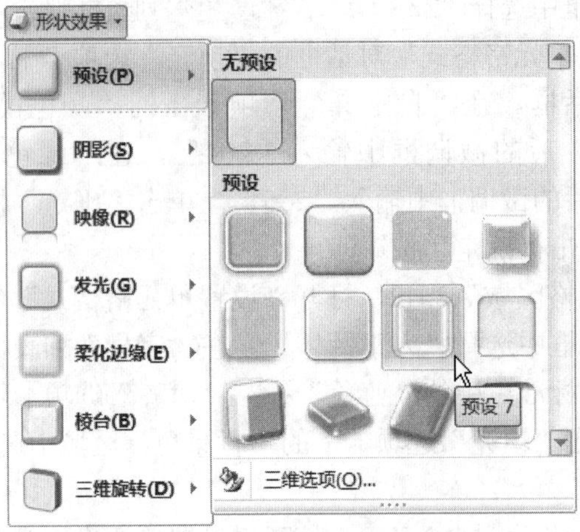

图 6-34

二、建立图表

第 16 步：在“期末成绩表”工作表中选中单元格区域 B2:G12，单击“插入”选项卡下“图表”组的“柱形图”按钮，在弹出的下拉列表中选择“簇状圆柱图”。

第 17 步：在“图表工具”的“设计”选项卡下单击“位置”组中的“移动图表”按钮，在弹出的“移动图表”对话框中，在“对象位于”下拉列表中选择 Sheet3 工作表，单击“确定”按钮。

第 18 步：在“图表工具”的“布局”选项卡下单击“标签”组中的“图表标题”按钮，在弹出的下拉列表中选择“图表上方”，在图表标题中输入文本“学生期末各科成绩表”。

第 19 步：在“图表工具”的“布局”选项卡下单击“标签”组中的“坐标轴标题”按钮，在弹出的下拉列表中选择“主要横坐标轴标题”选项下的“坐标轴下方标题”，在横坐标轴标题中输入文本“姓名”。

第 20 步：在“图表工具”的“布局”选项卡下单击“标签”组中的“坐标轴标题”按钮，在弹出的下拉列表中选择“主要纵坐标轴标题”选项下的“竖排标题”，在纵坐标轴标题中输入文本“成绩”。

三、工作表的打印设置

第 21 步：在“期末成绩表”工作表中选中第 8 行，单击“页面布局”选项卡下“页面设置”组中的“分隔符”按钮，在弹出的下拉列表中执行“插入分页符”命令，即可在该行的上方插入分页符。

第 22 步：在“期末成绩表”工作表中单击“页面布局”选项卡下“页面设置”组中的“打印标题”按钮，弹出“页面设置”对话框。

第 23 步：在“页面设置”对话框的“工作表”选项卡下，单击“顶端标题行”后的折叠按钮，在工作表中选择表格的标题区域；返回至“页面设置”对话框，再单击“打印区域”后的折叠按钮，在工作表中选择单元格区域 A1:H18；返回至“页面设置”对话框，单击“打印预览”按钮进入到预览界面。

第 24 步：退出打印预览界面，单击“快速访问工具栏”中的“保存”按钮。

6.12　第 12 题解答

在“文件”选项卡下执行“打开”命令，在“查找范围”文本框中找到指定路径，选择 A6.xlsx 文件，单击“打开”按钮。

一、设置工作表及表格

1. 工作表的基本操作

第 1 步：在 Sheet1 工作表中，按下 Ctrl + A 组合键选中整个工作表，单击“开始”选项卡下“剪贴板”组中的“复制”按钮，切换至 Sheet2 工作表，选中 A1 单元格，单击“剪贴板”中的“粘贴”按钮。

第 2 步：在 Sheet2 工作表的标签上右击，在弹出的快捷菜单中执行“重命名”命令，此时的标签会显示黑色背景，此时输入新的工作表名称“仓库库存情况表”。再次在标签上右击，在弹出的快捷菜单中执行“工作表标签颜色”命令，在打开的列表中选择标准色中的“红色”。

第 3 步：在“仓库库存情况表”工作表中第 2 行的行号上右击，在弹出的快捷菜单中执行“插入”命令，即可在标题行的下方插入一空行。

第 4 步：在“仓库库存情况表”工作表中第 2 行的行号上右击，在弹出的快捷菜单中执行“行高”命令，打开“行高”对话框，在“行高”文本框中输入数值“10”，单击“确定”按钮即可。

第 5 步：在文本“簸箕”所在行的行号上右击，在弹出的快捷菜单中执行“剪切”命令，将该行内容暂时存放在剪贴板上。在文本“扫帚”所在行的行号上右击，再在弹出的快捷菜单中执行“插入剪切的单元格”命令，即可完成行的插入操作。

第 6 步：在第 10 行的行号上右击，在弹出的快捷菜单中执行“删除”命令，即可删除该空行。

2. 单元格格式的设置

第 7 步：在“仓库库存情况表”工作表中，选中单元格区域 A1:G2，单击“开始”选项卡下“对齐方式”组中的“合并后居中”按钮。

第 8 步：在“开始”选项卡下单击“字体”组右下角的“对话框启动器”按钮，弹出“设置单元格格式”对话框。在“字体”选项卡下的“字体”列表框中选择“华文隶书”，在“字号”列表框中选择“22”磅，在“颜色”列表框中选择“绿色”。

第 9 步：在“设置单元格格式”对话框的“填充”选项卡下，单击“其他颜色”按钮，弹出“颜色”对话框。在“自定义”选项卡下的“颜色模式”下拉列表中选择

“RGB”，在“红色”后的微调框中输入“255”，在“绿色”后的微调框中输入“153”，在“蓝色”后的微调框中输入“204”，单击“确定”按钮。返回到“设置单元格格式”对话框，单击“确定”按钮即可。

第 10 步：选中单元格区域 A3:G3，打开“设置单元格格式”对话框，在“字体”选项卡下的“字体”列表框中选择“黑体”，在“字号”列表框中选择“12”磅，在“颜色”列表框中选择“深红”色。

第 11 步：选中单元格区域 A3:A13，打开“设置单元格格式”对话框，在“填充”选项卡下，单击“其他颜色”按钮，弹出“颜色”对话框。在“自定义”选项卡下的“颜色模式”下拉列表中选择“RGB”，在“红色”后的微调框中输入“255”，在“绿色”后的微调框中输入“153”，在“蓝色”后的微调框中输入“204”，单击“确定”按钮。返回到“设置单元格格式”对话框，单击“确定”按钮即可。

第 12 步：选中单元格区域 B3:G13，打开“设置单元格格式”对话框，在“填充”选项卡下，单击“其他颜色”按钮，弹出“颜色”对话框。在“自定义”选项卡下的“颜色模式”下拉列表中选择“RGB”，在“红色”后的微调框中输入“204”，在“绿色”后的微调框中输入“255”，在“蓝色”后的微调框中输入“153”，单击“确定”按钮。返回到“设置单元格格式”对话框，单击“确定”按钮即可。

第 13 步：选中单元格区域 A1:G13，在“开始”选项卡下，分别选中“对齐方式”组中的“居中”按钮和“垂直居中”按钮。

第 14 步：选中单元格区域 A1:G13，打开“设置单元格格式”对话框，在“边框”选项卡下的“线条”选项区域中，在“颜色”列表中选择标准色中的“深蓝”色，在“样式”列表框中选择粗实线（第 6 行第 2 列），在“预置”选项区域单击“外边框”按钮；在“线条”选项区域中，在“颜色”列表中选择标准色中的“紫色”，在“样式”列表框中选择细虚线（第 6 行第 1 列），在“预置”选项区域单击“内部”按钮；单击“确定”按钮。

3. 表格的插入设置

第 15 步：在“仓库库存情况表”工作表中选中文本“2”所在的单元格（G10），单击“审阅”选项卡下“批注”组中的“新建批注”按钮，即可在该单元格附近打开一个批注框，在框内输入文本“剩余数量最少”即可。

第 16 步：在“仓库库存情况表”工作表中表格的下方选中任一单元格，单击“插入”选项卡下“插图”组中的“SmartArt”按钮。

第 17 步：打开“选择 SmartArt 图形”对话框，在左侧分类区域中选择“棱锥图”选项，在选项区域中选择“基本棱锥图”布局，单击“确定”按钮。

第 18 步：选中已插入的 SmartArt 图形，在“SmartArt 工具”的“设计”选项卡下的“创建图形”组中单击“添加形状”按钮，使其图形为四级，如图 6-35 所示。

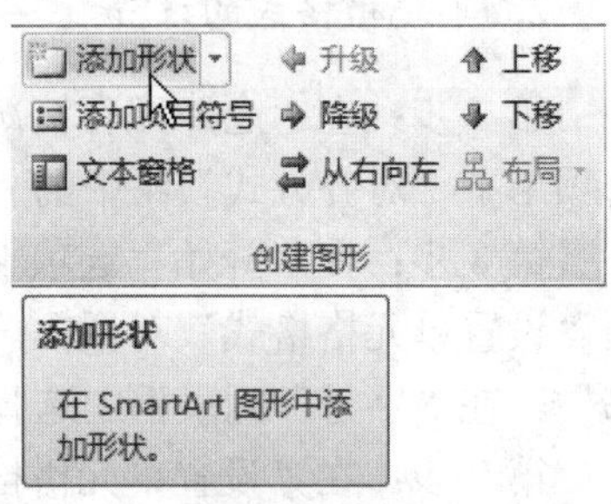

图 6-35

第 19 步：在“SmartArt 工具”的“设计”选项卡

下，单击“SmartArt 样式”组中的“更改颜色”按钮，在弹出的库中选择“彩色 - 强调文字颜色”的形状颜色。

第 20 步：在“SmartArt 工具”的“设计”选项卡下，单击“SmartArt 样式”组中的“其他”按钮，在弹出的库中选择“嵌入”的三维效果。

二、建立图表

第 21 步：在“仓库库存情况表”工作表中同时选中单元格区域 A3:A13 和 E3:G13，单击“插入”选项卡下“图表”组的“柱形图”按钮，在弹出的下拉列表中选择“三维簇状柱形图”。

第 22 步：选中所创建的图表，在“图表工具”的“设计”选项卡下单击“位置”组中的“移动图表”按钮，在弹出的“移动图表”对话框中，在“对象位于”下拉列表中选择 Sheet3 工作表，单击“确定”按钮。

第 23 步：在“图表工具”的“布局”选项卡下单击“标签”组中的“图表标题”按钮，在弹出的下拉列表中选择“图表上方”，在图表标题中输入文本“仓库库存情况表”。

第 24 步：在“图表工具”的“布局”选项卡下单击“标签”组中的“坐标轴标题”按钮，在弹出的下拉列表中选择“主要横坐标轴标题”选项下的“坐标轴下方标题”，在横坐标轴标题中输入文本“品名”。

第 25 步：在“图表工具”的“布局”选项卡下单击“标签”组中的“坐标轴标题”按钮，在弹出的下拉列表中选择“主要纵坐标轴标题”选项下的“竖排标题”，在纵坐标轴标题中输入文本“数量”。

三、工作表的打印设置

第 26 步：在“仓库库存情况表”工作表中选中第 10 行，单击“页面布局”选项卡下“页面设置”组中的“分隔符”按钮，在弹出的下拉列表中执行“插入分页符”命令，即可在该行的上方插入分页符。

第 27 步：在“仓库库存情况表”工作表中单击“页面布局”选项卡下“页面设置”组中的“打印标题”按钮，弹出“页面设置”对话框。

第 28 步：在“页面设置”对话框的“工作表”选项卡下，单击“顶端标题行”后的折叠按钮，在工作表中选择表格的标题区域；返回至“页面设置”对话框，再单击“打印区域”后的折叠按钮，在工作表中选择单元格区域 A1:G32；返回至“页面设置”对话框，单击“打印预览”按钮进入到预览界面。

第 29 步：退出打印预览界面，单击“快速访问工具栏”中的“保存”按钮。

6.13 第 13 题解答

在“文件”选项卡下执行“打开”命令，在“查找范围”文本框中找到指定路径，选择 A6.xlsx 文件，单击“打开”按钮。

一、设置工作表及表格

1. 工作表的基本操作

第 1 步：在 Sheet1 工作表中，按下 Ctrl + A 组合键选中整个工作表，单击“开始”选项卡下“剪贴板”组中的“复制”按钮，切换至 Sheet2 工作表，选中 A1 单元格，单击“剪贴板”中的“粘贴”按钮。

第 2 步：在 Sheet2 工作表的标签上右击，在弹出的快捷菜单中执行“重命名”命令，此时的标签会显示黑色背景，此时输入新的工作表名称“工资核算表”。再次在标签上右击，在弹出的快捷菜单中执行“工作表标签颜色”命令，在打开的列表中选择标准色中的“橙色”。

第 3 步：在“工资核算表”工作表中，在文本“5”所在行的行号上右击，在弹出的快捷菜单中执行“剪切”命令，将该行内容暂时存放在剪贴板上。在文本“6”所在行的行号上右击，再在弹出的快捷菜单中执行“插入剪切的单元格”命令，即可完成行的插入操作。

第 4 步：在第 F 列的列标上右击，在弹出的快捷菜单中执行“删除”命令，即可删除该空列。

第 5 步：在“工资核算表”工作表中第 2 行的行号上右击，在弹出的快捷菜单中执行“行高”命令，打开“行高”对话框，在“行高”文本框中输入数值“30”，单击“确定”按钮即可。

第 6 步：在“工资核算表”工作表中，选中单元格区域 B2:I12，单击“开始”选项卡下“单元格”组中的“格式”按钮，在弹出的下拉列表中执行“列宽”命令。打开“列宽”对话框，在“列宽”文本框中输入数值“8”，单击“确定”按钮即可。

2. 单元格格式的设置

第 7 步：在“工资核算表”工作表中，选中单元格区域 B2:I2，单击“开始”选项卡下“对齐方式”组中的“合并后居中”按钮。

第 8 步：在“开始”选项卡下单击“字体”组右下角的“对话框启动器”按钮，弹出“设置单元格格式”对话框。在“字体”选项卡下的“字体”列表框中选择“华文琥珀”，在“字号”列表框中选择“24”磅，在“颜色”列表框中单击“其他颜色”按钮，弹出“颜色”对话框。在“自定义”选项卡下的“颜色模式”下拉列表中选择“RGB”，在“红色”后的微调框中输入“0”，在“绿色”后的微调框中输入“255”，在“蓝色”后的微调框中输入“204”，单击“确定”按钮。返回到“设置单元格格式”对话框。

第 9 步：在“设置单元格格式”对话框的“填充”选项卡下，在“背景色”区域中选择“蓝色”，单击“确定”按钮即可。

第 10 步：选中单元格区域 B3:I3，打开“设置单元格格式”对话框，在“字体”选项卡下的“字体”列表框中选择“华文细黑”，在“字号”列表框中选择“12”磅，“字形”列表框中选择“加粗”，在“颜色”列表框中选择“蓝色”；在“填充”选项卡下的“图案样式”下拉列表中选择“6.25% 灰色”，单击“确定”按钮即可。

第 11 步：选中单元格区域 B4:I12，打开“设置单元格格式”对话框，在“填充”选项卡下，单击“其他颜色”按钮，弹出“颜色”对话框。在“自定义”选项卡下的“颜色模式”下拉列表中选择“RGB”，在“红色”后的微调框中输入“255”，在“绿色”后的微调框中输入“204”，在“蓝色”后的微调框中输入“255”，单击“确定”按钮。返回到“设置单元格格式”对话框，单击“确定”按钮即可。

第 12 步：选中单元格区域 B2:I12，在“开始”选项卡下，分别选中“对齐方式”组中的“居中”按钮和“垂直居中”按钮。

第 13 步：选中单元格区域 E4:I12，打开“设置单元格格式”对话框，在“数字”选项卡下的“分类”列表框中选择“货币”，在“小数位数”文本框中选择或输入“0”，单击“确定”按钮即可。

第 14 步：选中单元格区域 B3:I12，打开“设置单元格格式”对话框，在“边框”选项卡下的“线条”选项区域中，在“颜色”列表中选择标准色中的“蓝色”，在“样式”列表框中选择粗实线（第 5 行第 2 列），在“预置”选项区域单击“外边框”按钮；在“样式”列表框中选择细实线（第 7 行第 1 列），在“预置”选项区域单击“内部”按钮；单击“确定”按钮。

3. 表格的插入设置

第 15 步：在“工资核算表”工作表中选中文本“￥2,475”所在的单元格（I9），单击“审阅”选项卡下“批注”组中的“新建批注”按钮，即可在该单元格附近打开一个批注框，在框内输入文本“实发工资最少者”即可。

第 16 步：在“工资核算表”工作表中表格的下方选中任一单元格，单击“插入”选项卡下“符号”组中的“公式”按钮，在功能区中将会显示“公式工具”选项卡，参照【样文 6-13A】，在该选项卡的“结构”组中单击“括号”按钮，从弹出的列表框中选择“常用方括号”中的“事例示例”，插入完成后在公式编辑区域外的任意位置单击。

第 17 步：选中已插入的公式，在“绘图工具”的“格式”选项卡下，单击“形状样式”组中的“其他”按钮，在弹出的库中选择“细微效果 - 紫色，强调颜色 4”的形状样式。

第 18 步：在“绘图工具”的“格式”选项卡下，单击“形状样式”组中的“形状效果”按钮，在弹出的下拉列表中选择“棱台”下的“艺术装饰”的形状效果。

二、建立图表

第 19 步：在“工资核算表”工作表中同时选中单元格区域 C3:C12 和 E3:I12，单击“插入”选项卡下“图表”组的“柱形图”按钮，在弹出的下拉列表中选择“三维簇状柱形图”。

第 20 步：选中所创建的图表，在“图表工具”的“设计”选项卡下，单击“数据”组中的“切换行/列”按钮。

第 21 步：在“图表工具”的“设计”选项卡下单击“位置”组中的“移动图表”按钮，在弹出的“移动图表”对话框中，在“对象位于”下拉列表中选择 Sheet3 工作表，单击“确定”按钮。

第 22 步：在“图表工具”的“设计”选项卡下，单击“图表样式”组中的“其他”按钮，在弹出的库中选择“样式 26”的图表样式，如图 6-36 所示。

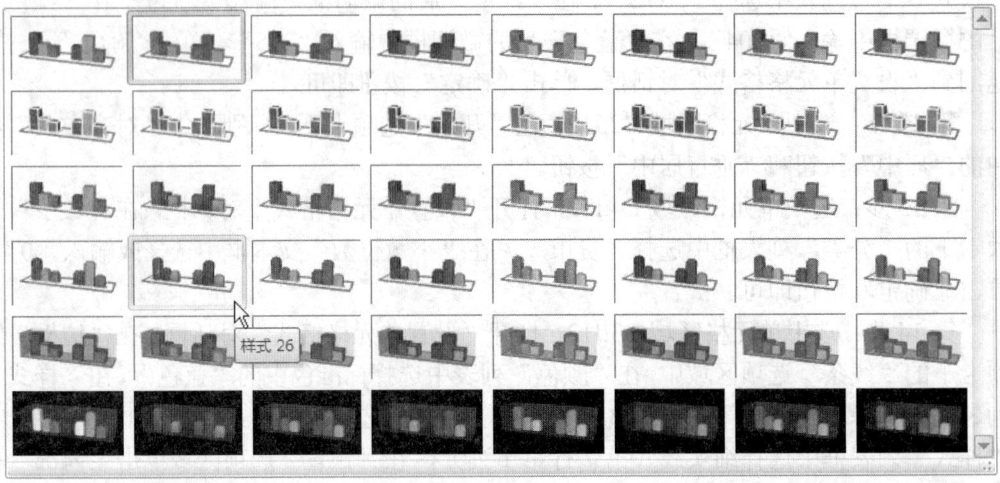

图 6-36

第 23 步：在“图表工具”的“布局”选项卡下单击“标签”组中的“图表标题”按钮，在弹出的下拉列表中选择“图表上方”，在图表标题中输入文本“工资核算表”。

第 24 步：在“图表工具”的“布局”选项卡下，单击“标签”组中的“图例”按钮，在弹出的下拉列表中选择“在顶部显示图例”选项。

三、工作表的打印设置

第 25 步：在“工资核算表”工作表中选中第 8 行，单击“页面布局”选项卡下“页面设置”组中的“分隔符”按钮，在弹出的下拉列表中执行“插入分页符”命令，即可在该行的上方插入分页符。

第 26 步：在“工资核算表”工作表中单击“页面布局”选项卡下“页面设置”组中的“打印标题”按钮，弹出“页面设置”对话框。

第 27 步：在“页面设置”对话框的“工作表”选项卡下，单击“顶端标题行”后的折叠按钮，在工作表中选择表格的标题区域；返回至“页面设置”对话框，再单击“打印区域”后的折叠按钮，在工作表中选择单元格区域 B2:I16；返回至“页面设置”对话框，单击“打印预览”按钮进入到预览界面。

第 28 步：退出打印预览界面，单击“快速访问工具栏”中的“保存”按钮。

6.14 第 14 题解答

在“文件”选项卡下执行“打开”命令，在“查找范围”文本框中找到指定路径，选择 A6.xlsx 文件，单击“打开”按钮。

一、设置工作表及表格

1. 工作表的基本操作

第 1 步：在 Sheet1 工作表中，按下 Ctrl + A 组合键选中整个工作表，单击“开始”选项卡下“剪贴板”组中的“复制”按钮，切换至 Sheet2 工作表，选中 A1 单元格，单击“剪贴板”中的“粘贴”按钮。

第 2 步：在 Sheet2 工作表的标签上右击，在弹出的快捷菜单中执行“重命名”命令，此时的标签会显示黑色背景，此时输入新的工作表名称“销售量统计表”。再次在标签上右击，在弹出的快捷菜单中执行“工作表标签颜色”命令，在打开的列表中选择标准色中的“浅蓝”色。

第 3 步：在“销售量统计表”工作表中的第 F 列的列标上右击，在弹出的快捷菜单中执行“删除”命令，即可删除该空列。

第 4 步：在第 4 行的行号上右击，在弹出的快捷菜单中执行“插入”命令，即可在“南街农贸市场”所在行的上方插入一空行，并按【样文 6-14A】所示，输入相应的内容“北街农贸市场、36000、360、72000、18000、7200、360、600”。

第 5 步：在第 A 列的列标上右击，在弹出的快捷菜单中执行“列宽”命令，打开“列宽”对话框，在“列宽”文本框中输入数值“16”，单击“确定”按钮即可。

2. 单元格格式的设置

第 6 步：在“销售量统计表”工作表中，选中单元格区域 A1:H1，单击“开始”选项卡下“对齐方式”组中的“合并后居中”按钮。

第 7 步：在“开始”选项卡下单击“字体”组右下角的“对话框启动器”按钮，弹出“设置单元格格式”对话框。在“字体”选项卡下的“字体”列表框中选择“华文隶书”，在“字号”列表框中选择“22”磅，在“颜色”列表框中选择“橙色”。

第 8 步：在“设置单元格格式”对话框的“填充”选项卡下的“背景色”区域中选择“绿色”，单击“确定”按钮即可。

第 9 步：选中单元格区域 A2:A3，单击“开始”选项卡下“对齐方式”组中的“合并后居中”后面的下三角头按钮，在弹出的下拉列表中执行“合并单元格”命令，如图 6-37 所示。

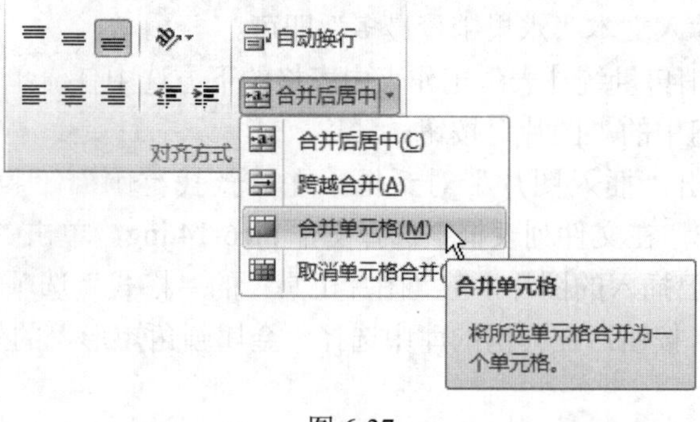

图 6-37

第 10 步：选中单元格区域 B2:H2，单击“开始”选项卡下“对齐方式”组中的“合并后居中”后面的下三角头按钮，在弹出的下拉列表中执行“合并单元格”命令。

第 11 步：选中单元格区域 A2:H3，打开“设置单元格格式”对话框，在“字体”选项卡下的“字体”列表框中选择“黑体”，在“字号”列表框中选择“12”磅，“颜色”列表框中选择“紫色”；在“对齐”选项卡下的“水平对齐”下拉列表中选择“居中”；在“填充”选项卡下，单击“其他颜色”按钮，弹出“颜色”对话框。在“自定义”选项卡下的“颜色模式”下拉列表中选择“RGB”，在“红色”后的微调框中输入“204”，在“绿色”后的微调框中输入“255”，在“蓝色”后的微调框中输入“204”，单击“确定”按钮。返回到“设置单元格格式”对话框，单击“确定”按钮即可。

第 12 步：选中单元格区域 A4:H9，打开“设置单元格格式”对话框，在“字体”选项卡下的“字体”列表框中选择“华文新魏”，在“字号”列表框中选择“12”磅；在“填充”选项卡下，单击“其他颜色”按钮，弹出“颜色”对话框。在“自定义”选项卡下的“颜色模式”下拉列表中选择“RGB”，在“红色”后的微调框中输入“216”，在“绿色”后的微调框中输入“228”，在“蓝色”后的微调框中输入“188”，单击“确定”按钮。返回到“设置单元格格式”对话框，单击“确定”按钮即可。

第 13 步：选中单元格区域 B4:H9，在“开始”选项卡下，分别选中“对齐方式”组中的“居中”按钮和“垂直居中”按钮。

第 14 步：选中单元格区域 A1:H9，打开“设置单元格格式”对话框，在“边框”选项卡下的“线条”选项区域中，在“颜色”列表框中选择标准色中的“橙色”，在“样式”列表框中选择双实线（第 7 行第 2 列），在“预置”选项区域单击“外边框”按钮；在“线条”选项区域中，从“颜色”列表框中单击“其他颜色”按钮，弹出“颜色”对话框。在“自定义”选项卡下的“颜色模式”下拉列表中选择“RGB”，在“红色”后的微调框中输入“226”，在“绿色”后的微调框中输入“107”，在“蓝色”后的微调框中输入“10”，单击“确定”按钮。返回到“设置单元格格式”对话框的“边框”选项卡下，在“样式”列表框中选择细实线（第 7 行第 1 列），在“预置”选项区域单击“内部”按钮；单击“确定”按钮。

3. 表格的插入设置

第 15 步：在“销售量统计表”工作表中选中文本“34000”所在的单元格（E7），单击“审阅”选项卡下“批注”组中的“新建批注”按钮，即可在该单元格附近打开一个批注框，在框内输入文本“水果销量最多”即可。

第 16 步：在“销售量统计表”工作表中表格的下方选中任一单元格，单击“插入”选项卡下“插图”组中的“图片”按钮。

第 17 步：弹出“插入图片”对话框，在“查找范围”下拉列表中选择文件夹 C:\2010KSW\DATA2，在文件列表框中选择文件 pic6-14.jpg，单击“插入”按钮即可。

第 18 步：选中已插入的图片，在“图片工具”的“格式”选项卡下，单击“图片样式”组中的“其他”按钮，在弹出的库中选择“金属圆角矩形”的外观样式。

二、建立图表

第 19 步：在“销售量统计表”工作表中选中单元格区域 A2:H9，单击“插入”选项卡下“图表”组的“条形图”按钮，在弹出的下拉列表中选择“三维堆积条形图”。

第 20 步：选中所创建的图表，在“图表工具”的“设计”选项卡下，单击“数据”组中的“切换行/列”按钮。

第 21 步：选中所创建的图表，在“图表工具”的“设计”选项卡下单击“位置”组中的“移动图表”按钮，在弹出的“移动图表”对话框的“对象位于”下拉列表中选择 Sheet3 工作表，单击“确定”按钮。

第 22 步：在“图表工具”的“布局”选项卡下单击“标签”组中的“图表标题”按钮，在弹出的下拉列表中选择“图表上方”，在图表标题中输入文本“市场农产品销售量统计表”。

第 23 步：在“图表工具”的“格式”选项卡下，单击“大小”组右下角的“对话框启动器”按钮，弹出“设置图表区格式”对话框。在“缩放比例”区域下，取消勾选“锁定纵横比”复选框，在“宽度”文本框中选择或输入“130%”，如图 6-38 所示，单击“关闭”按钮。

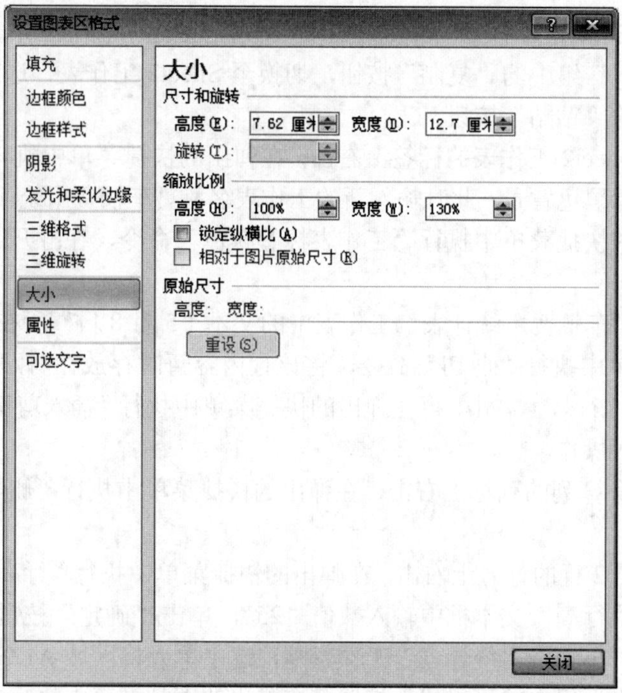

图 6-38

三、工作表的打印设置

第 24 步：在“销售量统计表”工作表中选中第 8 行，单击“页面布局”选项卡下“页面设置”组中的“分隔符”按钮，在弹出的下拉列表中执行“插入分页符”命令，即可在第 7 行的下方插入分页符。

第 25 步：在“销售量统计表”工作表中单击“页面布局”选项卡下“页面设置”组中的“打印标题”按钮，弹出“页面设置”对话框。

第 26 步：在“页面设置”对话框的“工作表”选项卡下，单击“顶端标题行”后的折叠按钮，在工作表中选择表格的标题区域；返回至“页面设置”对话框，再单击“打印区域”后的折叠按钮，在工作表中选择单元格区域 A1:H30；返回至“页面设置”对话框，单击“打印预览”按钮进入到预览界面。

第 27 步：退出打印预览界面，单击“快速访问工具栏”中的“保存”按钮。

6.15 第 15 题解答

在“文件”选项卡下执行“打开”命令，在“查找范围”文本框中找到指定路径，选择 A6.xlsx 文件，单击“打开”按钮。

一、设置工作表及表格

1. 工作表的基本操作

第 1 步：在 Sheet1 工作表中，按下 Ctrl + A 组合键选中整个工作表，单击“开始”选项卡下“剪贴板”组中的“复制”按钮，切换至 Sheet2 工作表，选中 A1 单元格，单击“剪贴板”中的“粘贴”按钮。

第 2 步：在 Sheet2 工作表的标签上右击，在弹出的快捷菜单中执行“重命名”命令，此时的标签会显示黑色背景，此时输入新的工作表名称“车辆费用统计表”。再次在标签上右击，在弹出的快捷菜单中执行“工作表标签颜色”命令，在打开的列表中选择标准色中的“黄色”。

第 3 步：在“车辆费用统计表”工作表中的文本“5 月 8 日”所在行的行号上右击，在弹出的快捷菜单中执行“剪切”命令，将该行内容暂时存放在剪贴板上。在文本“5 月 15 日”所在行的行号上右击，再在弹出的快捷菜单中执行“插入剪切的单元格”命令，即可完成行的插入操作。

第 4 步：在第 C 列的列标上右击，在弹出的快捷菜单中执行“删除”命令，即可删除该空列。

第 5 步：在第 2 行的行号上右击，在弹出的快捷菜单中执行“行高”命令，打开“行高”对话框，在“行高”文本框中输入数值“25”，单击“确定”按钮即可。

第 6 步：在“车辆费用统计表”工作表中，选中单元格区域 A1:G11，单击“开始”选项卡下“单元格”组中的“格式”按钮，在弹出的下拉列表中执行“列宽”命令，打开“列宽”对话框，在“列宽”文本框中输入数值“11”，单击“确定”按钮即可。

2. 单元格格式的设置

第 7 步：在“车辆费用统计表”工作表中，选中单元格区域 A1:G1，单击“开始”选项卡下“对齐方式”组中的“合并后居中”按钮。

第 8 步：在“开始”选项卡下单击“字体”组右下角的“对话框启动器”按钮，弹出“设置单元格格式”对话框。在“字体”选项卡下的“字体”列表框中选择“华文隶书”，在“字号”列表框中选择“28”磅，在“颜色”列表框中选择标准色中的“浅蓝”色。

第 9 步：在“设置单元格格式”对话框的“填充”选项卡下，在“背景色”区域中选择“黄色”，单击“确定”按钮即可。

第 10 步：选中单元格区域 A2:A11，打开“设置单元格格式”对话框，在“字体”选项卡下的“字体”列表框中选择“华文中宋”，在“字号”列表框中选择“12”磅；在“填充”选项卡下，单击“其他颜色”按钮，弹出“颜色”对话框。在“自定义”选项卡下的“颜色模式”下拉列表中选择“RGB”，在“红色”后的微调框中输入“255”，在“绿色”后的微调框中输入“153”，在“蓝色”后的微调框中输入“204”，单击“确定”按钮。返回到“设置单元格格式”对话框，单击“确定”按钮即可。

第 11 步：选中单元格区域 A1:G11，在“开始”选项卡下，分别选中“对齐方式”组中的“居中”按钮和“垂直居中”按钮。

第 12 步：选中单元格区域 A1:G11，打开“设置单元格格式”对话框，在“边框”选项卡下的“线条”选项区域中，在“颜色”列表中选择标准色中的“绿色”，在“样式”列表框中选择粗实线（第 5 行第 2 列），在“预置”选项区域单击“外边框”按钮；在“线条”选项区域中，在“颜色”列表中选择标准色中的“浅绿”色，在“样式”列表框中选择细实线（第 7 行第 1 列），在“预置”选项区域单击“内部”按钮；单击“确定”按钮。

3. 表格的插入设置

第 13 步：在“车辆费用统计表”工作表中选中文本“0”所在的单元格（C6），单击“审阅”选项卡下“批注”组中的“新建批注”按钮，即可在该单元格附近打开一个批注框，在框内输入文本“今日车辆状态良好”即可。

第 14 步：在“车辆费用统计表”工作表中表格的下方选中任一单元格，单击“插入”选项卡下“符号”组中的“公式”按钮，在功能区中将会显示“公式工具”选项卡，在该选项卡的“结构”组中选择正确的结构关系，参照【样文 6-15A】输入公式，完成后在公式编辑区域外的任意位置单击。

第 15 步：选中已插入的公式，在“绘图工具”的“格式”选项卡下，单击“形状样式”组中的“其他”按钮，在弹出的库中选择“彩色填充 - 蓝色，强调颜色 1”的形状样式。

第 16 步：在“绘图工具”的“格式”选项卡下，单击“形状样式”组中的“形状效果”按钮，在弹出的下拉列表中选择“发光”下的“蓝色，5 pt 发光，强调文字颜色 1”的发光变体效果，如图 6-39 所示。

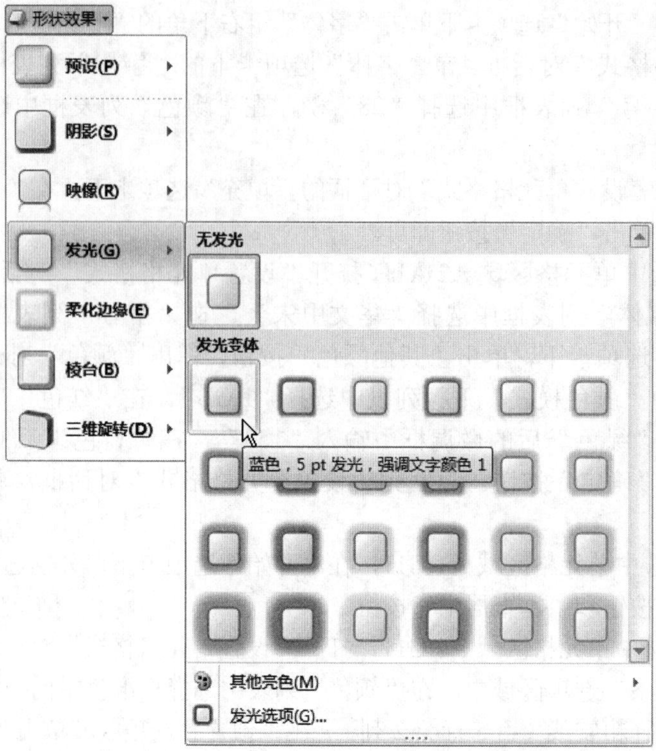

图 6-39

二、建立图表

第 17 步：在“车辆费用统计表”工作表中选中单元格区域 A2:F11，单击“插入”选项卡下“图表”组的“折线图”按钮，在弹出的下拉列表中选择“折线图”。

第 18 步：选中所创建的图表，在“图表工具”的“设计”选项卡下单击“位置”组中的“移动图表”按钮，在弹出的“移动图表”对话框中，在“对象位于”下拉列表中选择 Sheet3 工作表，单击“确定”按钮。

第 19 步：在“图表工具”的“布局”选项卡下单击“标签”组中的“图表标题”按钮，在弹出的下拉列表中选择“图表上方”，在图表标题中输入文本“车辆费用统计表”。

第 20 步：在“图表工具”的“布局”选项卡下单击“标签”组中的“坐标轴标题”按钮，在弹出的下拉列表中选择“主要横坐标轴标题”选项下的“坐标轴下方标题”，在横坐标轴标题中输入文本“日期”。

第 21 步：在“图表工具”的“布局”选项卡下单击“标签”组中的“坐标轴标题”按钮，在弹出的下拉列表中选择“主要纵坐标轴标题”选项下的“竖排标题”，在纵坐标轴标题中输入文本“费用”。

三、工作表的打印设置

第 22 步：在“车辆费用统计表”工作表中选中第 7 行，单击“页面布局”选项卡下

“页面设置”组中的“分隔符”按钮，在弹出的下拉列表中执行“插入分页符”命令，即可在该行的上方插入分页符。

第 23 步：在“车辆费用统计表”工作表中单击“页面布局”选项卡下“页面设置”组中的“打印标题”按钮，弹出“页面设置”对话框。

第 24 步：在“页面设置”对话框的“工作表”选项卡下，单击“顶端标题行”后的折叠按钮，在工作表中选择表格的标题区域；返回至“页面设置”对话框，再单击“打印区域”后的折叠按钮，在工作表中选择单元格区域 A1:G15；返回至“页面设置”对话框，单击“打印预览”按钮进入到预览界面。

第 25 步：退出打印预览界面，单击“快速访问工具栏”中的“保存”按钮。

6.16　第 16 题解答

在“文件”选项卡下执行“打开”命令，在“查找范围”文本框中找到指定路径，选择 A6.xlsx 文件，单击“打开”按钮。

一、设置工作表及表格

1. 工作表的基本操作

第 1 步：在 Sheet1 工作表中，按下 Ctrl + A 组合键选中整个工作表，单击“开始”选项卡下“剪贴板”组中的“复制”按钮，切换至 Sheet2 工作表，选中 A1 单元格，单击“剪贴板”中的“粘贴”按钮。

第 2 步：在 Sheet2 工作表的标签上右击，在弹出的快捷菜单中执行“重命名”命令，此时的标签会显示黑色背景，此时输入新的工作表名称“维修费用表”。再次在标签上右击，在弹出的快捷菜单中执行“工作表标签颜色”命令，在打开的列表中选择标准色中的“浅蓝”色。

第 3 步：在“维修费用表”工作表中的文本“四月份”所在列的列标上右击，在弹出的快捷菜单中执行“剪切”命令，将该行内容暂时存放在剪贴板上。在文本“五月份”所在列的列标上右击，再在弹出的快捷菜单中执行“插入剪切的单元格”命令，即可完成列的插入操作。

第 4 步：在“维修费用表”工作表中第 7 行的行号上右击，在弹出的快捷菜单中执行“删除”命令，即可删除该空行。

第 5 步：在第 1 行的行号上右击，在弹出的快捷菜单中执行“行高”命令，打开“行高”对话框，在“行高”文本框中输入数值“30”，单击“确定”按钮即可。

第 6 步：选中单元格区域 A1:G10，单击“开始”选项卡下“单元格”组中的“格式”按钮，在弹出的下拉列表中执行“列宽”命令，打开“列宽”对话框，在“列宽”文本框中输入数值“8”，单击“确定”按钮即可。

2. 单元格格式的设置

第 7 步：在“维修费用表”工作表中，选中单元格区域 A1:G1，单击“开始”选项项卡下“对齐方式”组中的“合并后居中”按钮。

第 8 步：在“开始”选项卡下单击“字体”组右下角的“对话框启动器”按钮，弹出“设置单元格格式”对话框。在“字体”选项卡下的“字体”列表框中选择“方正舒体”，在“字号”列表框中选择“18”磅，“字形”列表框中选择“加粗”，在“颜色”列表框中选择“深蓝”色。

第 9 步：在“设置单元格格式”对话框的“填充”选项卡下，单击“其他颜色”按钮，弹出“颜色”对话框。在“自定义”选项卡下的“颜色模式”下拉列表中选择“RGB”，在“红色”后的微调框中输入“255”，在“绿色”后的微调框中输入“153”，在“蓝色”后的微调框中输入“153”，单击“确定”按钮。返回到“设置单元格格式”对话框，单击“确定”按钮即可。

第 10 步：同时选中单元格区域 A2:G2 和 A3:A10，打开“设置单元格格式”对话框，在“字体”选项卡下的“字体”列表框中选择“华文中宋”，在“字号”文本框中输入“13”磅，在“颜色”列表框中选择“白色”；在“对齐”选项卡下的“水平对齐”下拉列表中选择“居中”，单击“确定”按钮即可。

第 11 步：选中单元格区域 B3:G10，打开“设置单元格格式”对话框，在“字体”选项卡下的“字体”列表框中选择“微软雅黑”，在“字号”列表框中选择“12”磅，在“颜色”列表框中选择标准色中的“黄色”；在“对齐”选项卡下的“水平对齐”下拉列表中选择“居中”，单击“确定”按钮即可。

第 12 步：同时选中单元格区域 A2:A10、C2:C10、E2:E10 和 G2:G10，打开“设置单元格格式”对话框，在“填充”选项卡下，单击“其他颜色”按钮，弹出“颜色”对话框。在“自定义”选项卡下的“颜色模式”下拉列表中选择“RGB”，在“红色”后的微调框中输入“153”，在“绿色”后的微调框中输入“102”，在“蓝色”后的微调框中输入“255”，单击“确定”按钮。返回到“设置单元格格式”对话框，单击“确定”按钮即可。

第 13 步：同时选中单元格区域 B2:B10、D2:D10 和 F2:F10，打开“设置单元格格式”对话框，在“填充”选项卡下，单击“其他颜色”按钮，弹出“颜色”对话框。在“自定义”选项卡下的“颜色模式”下拉列表中选择“RGB”，在“红色”后的微调框中输入“51”，在“绿色”后的微调框中输入“204”，在“蓝色”后的微调框中输入“255”，单击“确定”按钮。返回到“设置单元格格式”对话框，单击“确定”按钮即可。

第 14 步：选中单元格区域 A1:G10，打开“设置单元格格式”对话框，在“边框”选项卡下的“线条”选项区域中，从“颜色”列表中选择“黑色”，在“样式”列表框中选择粗实线（第 6 行第 2 列），在“预置”选项区域单击“外边框”按钮；在“样式”列表框中选择粗虚线（第 4 行第 2 列），在“预置”选项区域单击“内部”按钮；单击“确定”按钮。

3. 表格的插入设置

第 15 步：在“维修费用表”工作表中选中文本“销售科”所在的单元格（A10），单击“审阅”选项卡下“批注”组中的“新建批注”按钮，即可在该单元格附近打开一个批注框，在框内输入文本“销售科上半年维修费用最少”即可。

第 16 步：在“维修费用表”工作表中表格的下方选中任一单元格，单击“插入”选项卡下“符号”组中的“公式”按钮，在功能区中将会显示“公式工具”选项卡，在该选项卡的“结构”组中选择正确的结构关系，参照【样文 6-16A】输入公式，完成后在公式编辑区域外的任意位置单击鼠标。

第 17 步：选中已插入的公式，在“绘图工具”的“格式”选项卡下，单击“形状样式”组中的“其他”按钮，在弹出的库中选择“细微效果 - 蓝色，强调颜色 1”的形状样式。

第 18 步：在“绘图工具”的“格式”选项卡下，单击“形状样式”组中的“形状效果”按钮，在弹出的下拉列表中选择“棱台”下的“艺术装饰”的形状效果。

二、建立图表

第 19 步：在“维修费用表”工作表中选中单元格区域 A2:G10，单击“插入”选项卡下“图表”组的“柱形图”按钮，在弹出的下拉列表中选择“簇状圆柱图”。

第 20 步：选中所创建的图表，在“图表工具”的“设计”选项卡下，单击“数据”组中的“切换行/列”按钮。

第 21 步：在“图表工具”的“设计”选项卡下单击“位置”组中的“移动图表”按钮，在弹出的“移动图表”对话框中，在“对象位于”下拉列表中选择“Sheet3”工作表，单击“确定”按钮。

第 22 步：在“图表工具”的“布局”选项卡下单击“标签”组中的“图表标题”按钮，在弹出的下拉列表中选择“图表上方”，在图表标题中输入文本“各部门上半年设备维修费用支出表”。

第 23 步：在“图表工具”的“布局”选项卡下单击“标签”组中的“坐标轴标题”按钮，在弹出的下拉列表中选择“主要横坐标轴标题”选项下的“坐标轴下方标题”，在横坐标轴标题中输入文本“月份”。

第 24 步：在“图表工具”的“布局”选项卡下单击“标签”组中的“坐标轴标题”按钮，在弹出的下拉列表中选择“主要纵坐标轴标题”选项下的“竖排标题”，在纵坐标轴标题中输入文本“费用金额”。

三、工作表的打印设置

第 25 步：在“维修费用表”工作表中选中第 8 行，单击“页面布局”选项卡下“页面设置”组中的“分隔符”按钮，在弹出的下拉列表中执行“插入分页符”命令，即可在第 7 行的下方插入分页符。

第 26 步：在“维修费用表”工作表中单击“页面布局”选项卡下“页面设置”组中的“打印标题”按钮，弹出“页面设置”对话框。

第 27 步：在“页面设置”对话框的“工作表”选项卡下，单击“顶端标题行”后的折叠按钮，在工作表中选择表格的标题区域；返回至“页面设置”对话框，再单击“打印区域”后的折叠按钮，在工作表中选择单元格区域 A1:G15；返回至“页面设置”对话框，单击“打印预览”按钮进入到预览界面。

第 28 步：退出打印预览界面，单击“快速访问工具栏”中的“保存”按钮。

6.17　第 17 题解答

在“文件”选项卡下执行“打开”命令，在“查找范围”文本框中找到指定路径，选择 A6.xlsx 文件，单击“打开”按钮。

一、设置工作表及表格

1. 工作表的基本操作

第 1 步：在 Sheet1 工作表中，按下 Ctrl + A 组合键选中整个工作表，单击“开始”选项卡下“剪贴板”组中的“复制”按钮，切换至 Sheet2 工作表，选中 A1 单元格，单击“剪贴板”中的“粘贴”按钮。

第 2 步：在 Sheet2 工作表的标签上右击，在弹出的快捷菜单中执行“重命名”命令，此时的标签会显示黑色背景，此时输入新的工作表名称“运动会金牌榜”。再次在标签上右击，在弹出的快捷菜单中执行“工作表标签颜色”命令，在打开的列表中选择标准色中的“橙色”。

第 3 步：在“运动会金牌榜”工作表中第 2 行的行号上右击，在弹出的快捷菜单中执行“插入”命令，即可在标题行的下方插入一空行。

第 4 步：在第 2 行的行号上右击，在弹出的快捷菜单中执行“行高”命令，打开“行高”对话框，在“行高”文本框中输入数值“15”，单击“确定”按钮即可。

第 5 步：在“运动会金牌榜”工作表中的文本“阳光小学”所在行的行号上右击，在弹出的快捷菜单中执行“剪切”命令，将该行内容暂时存放在剪贴板上。在文本“博源小学”所在行的行号上右击，再在弹出的快捷菜单中执行“插入剪切的单元格”命令，即可完成行的插入操作。

第 6 步：选中单元格区域 A1:E11，单击“开始”选项卡下“单元格”组中的“格式”按钮，在弹出的下拉列表中执行“列宽”命令，打开“列宽”对话框，在“列宽”文本框中输入数值“11”，单击“确定”按钮即可。

2. 单元格格式的设置

第 7 步：在“运动会金牌榜”工作表中，选中单元格区域 A1:E2，单击“开始”选项卡下“对齐方式”组中的“合并后居中”按钮。

第 8 步：在“开始”选项卡下单击“字体”组右下角的“对话框启动器”按钮，弹出“设置单元格格式”对话框。在“字体”选项卡下的“字体”列表框中选择“方正姚体”，在“字号”列表框中选择“18”磅，在“颜色”列表框中选择标准色中的“深红”色，“字形”列表框中选择“加粗”。

第 9 步：在“设置单元格格式”对话框的“填充”选项卡下，在“背景色”区域中选择“黄色”，单击“确定”按钮即可。

第 10 步：选中单元格区域 A3:E3，打开“设置单元格格式”对话框，在“字体”选项卡下的“字体”列表框中选择“华文中宋”，在“字号”列表框中选择“14”磅；在

“对齐”选项卡下的“水平对齐”下拉列表中选择“居中”；在“填充”选项卡下的“图案样式”下拉列表中选择“25% 灰色”，在“图案颜色”下拉列表中选择标准色中的“浅蓝”色，单击“确定”按钮即可。

第 11 步：选中单元格区域 B4:E11，在“开始”选项卡下，单击“对齐方式”组中的“居中”按钮。

第 12 步：选中单元格区域 A4:E11，打开“设置单元格格式”对话框，在“字体”选项卡下的“字体”列表框中选择“华文隶书”，在“字号”文本框中输入“13”磅，在“颜色”列表框中选择标准色中的“紫色”；在“填充”选项卡下的“背景色”区域中选择“浅绿”色，单击“确定”按钮即可。

第 13 步：选中单元格区域 A3:E3，打开“设置单元格格式”对话框，在“边框”选项卡下的“线条”选项区域中，在“颜色”列表中选择标准色中的“红色”，在“样式”列表框中选择粗虚线（第 4 行第 2 列），在“边框”选项区域分别单击“上框线”按钮、“左框线”按钮和“右框线”按钮，单击“确定”按钮。

第 14 步：选中单元格区域 A4:E11，打开“设置单元格格式”对话框，在“边框”选项卡下的“线条”选项区域中，在“颜色”列表中选择标准色中的“红色”，在“样式”列表框中选择粗实线（第 6 行第 2 列），在“预置”选项区域单击“外边框”按钮；在“样式”列表框中选择双实线（第 7 行第 2 列），在“预置”选项区域单击“内部”按钮；单击“确定”按钮。

3. *表格的插入设置*

第 15 步：在“运动会金牌榜”工作表中选中文本“35”所在的单元格（B4），单击“审阅”选项卡下“批注”组中的“新建批注”按钮，即可在该单元格附近打开一个批注框，在框内输入文本“荣获金牌数最多”即可。

第 16 步：在“运动会金牌榜”工作表中表格的下方选中任一单元格，单击“插入”选项卡下“符号”组中的“公式”按钮，在功能区中将会显示“公式工具”选项卡，在该选项卡的“结构”组中选择正确的结构关系，参照【样文 6-17A】输入公式，完成后在公式编辑区域外的任意位置单击。

第 17 步：选中已插入的公式，在“绘图工具”的“格式”选项卡下，单击“形状样式”组中的“其他”按钮，在弹出的库中选择“中等效果 - 红色，强调颜色 2”的形状样式。

第 18 步：在“绘图工具”的“格式”选项卡下，单击“形状样式”组中的“形状效果”按钮，在弹出的下拉列表中选择“棱台”下的“松散嵌入”的形状效果。

二、建立图表

第 19 步：在“运动会金牌榜”工作表中选中单元格区域 A3:B11，单击“插入”选项卡下“图表”组的“其他图表”按钮，在弹出的下拉列表中选择“分离型圆环图”。

第 20 步：选中所创建的图表，在“图表工具”的“设计”选项卡下单击“位置”组中的“移动图表”按钮，在弹出的“移动图表”对话框中，在“对象位于”下拉列表中选择“Sheet3”工作表，单击“确定”按钮。

第 21 步：选中自动创建的图表标题，在图表标题文本框中输入文本“各小学金牌数量统计图”即可。

第 22 步：在“图表工具”的“布局”选项卡下，单击“标签”组中的“数据标签”按钮，在弹出的下拉列表中选择“其他数据标签选项”，如图 6-40 所示。弹出“设置数据标签格式”对话框，在“标签包括”区域中只勾选“百分比”复选框，如图 6-41 所示，单击“确定”按钮即可。

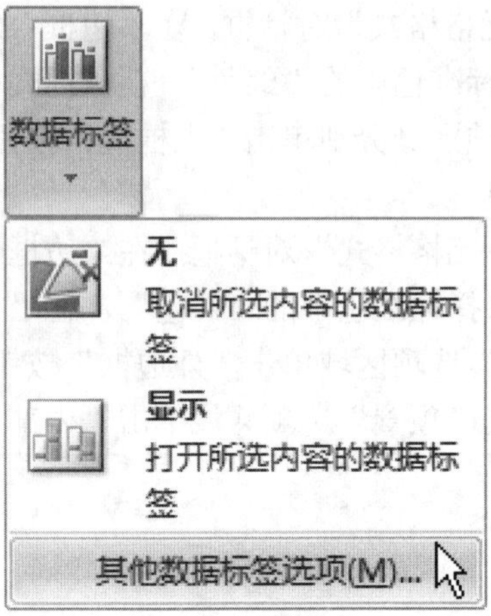

图 6-40

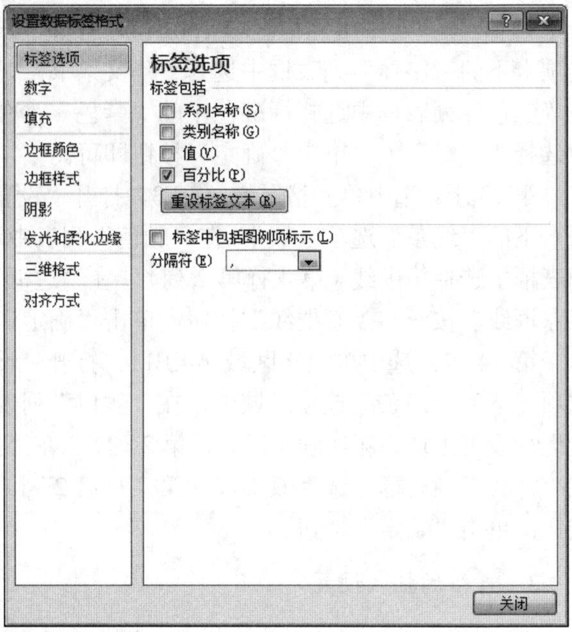

图 6-41

三、工作表的打印设置

第 23 步：在“运动会金牌榜”工作表中选中第 8 行，单击“页面布局”选项卡下“页面设置”组中的“分隔符”按钮，在弹出的下拉列表中执行“插入分页符”命令，即可在该行的上方插入分页符。

第 24 步：在“运动会金牌榜”工作表中单击“页面布局”选项卡下“页面设置”组中的“打印标题”按钮，弹出“页面设置”对话框。

第 25 步：在“页面设置”对话框的“工作表”选项卡下，单击“顶端标题行”后的折叠按钮，在工作表中选择表格的标题区域；返回至“页面设置”对话框，再单击“打印区域”后的折叠按钮，在工作表中选择单元格区域 A1:E16；返回至“页面设置”对话框，单击“打印预览”按钮进入到预览界面。

第 26 步：退出打印预览界面，单击“快速访问工具栏”中的“保存”按钮。

6.18　第 18 题解答

在“文件”选项卡下执行“打开”命令，在“查找范围”文本框中找到指定路径，选择 A6.xlsx 文件，单击“打开”按钮。

一、设置工作表及表格

1. 工作表的基本操作

第 1 步：在 Sheet1 工作表中，按下 Ctrl + A 组合键选中整个工作表，单击“开始”选项卡下“剪贴板”组中的“复制”按钮，切换至 Sheet2 工作表，选中 A1 单元格，单击“剪贴板”中的“粘贴”按钮。

第 2 步：在 Sheet2 工作表的标签上右击，在弹出的快捷菜单中执行“重命名”命令，此时的标签会显示黑色背景，此时输入新的工作表名称“气温平均值”。再次在标签上右击，在弹出的快捷菜单中执行“工作表标签颜色”命令，在打开的列表中单击“其他颜色”按钮，弹出“颜色”对话框。在“自定义”选项卡下的“颜色模式”下拉列表中选择“RGB”，在“红色”后的微调框中输入“0”，在“绿色”后的微调框中输入“51”，在“蓝色”后的微调框中输入“0”，单击“确定”按钮即可。

第 3 步：在“气温平均值”工作表中第 C 列的列标上右击，在弹出的快捷菜单中执行“插入”命令，即可在“北京”所在列的前方插入一空列，并按【样文 6-18A】所示，输入相应的内容“最高/最低、最高、最低、最高、最低、最高、最低、最高、最低、最高、最低”。

第 4 步：选中新插入的空列，单击“开始”选项卡下“单元格”组中的“格式”按钮，在弹出的下拉列表中执行“列宽”命令，打开“列宽”对话框，在“列宽”文本框中输入数值“10”，单击“确定”按钮即可。

第 5 步：在第 4 行的行号上右击，在弹出的快捷菜单中执行“删除”命令，即可删除该空行。

第 6 步：在“气温平均值”工作表中第 2 行的行号上右击，在弹出的快捷菜单中执行“行高”命令，打开“行高”对话框，在“行高”文本框中输入数值“28”，单击“确定”按钮。

第 7 步：选中单元格区域 D4:I15，单击“开始”选项卡下“单元格”组中的“格式”按钮，在弹出的下拉列表中执行“列宽”命令，打开“列宽”对话框，在“列宽”文本框中输入数值“7”，单击“确定”按钮即可。

2. 单元格格式的设置

第 8 步：在“气温平均值”工作表中，选中单元格区域 B2:I2，单击“开始”选项卡下“对齐方式”组中的“合并后居中”按钮。

第 9 步：在“开始”选项卡下单击“字体”组右下角的“对话框启动器”按钮，弹出“设置单元格格式”对话框。在“字体”选项卡下的“字体”列表框中选择“华文仿宋”，在“字号”列表框中选择“18”磅，“字形”列表框中选择“加粗”，在“颜色”列表框中选择“深蓝”色。

第 10 步：在“设置单元格格式”对话框的“填充”选项卡下，单击“其他颜色”按钮，弹出“颜色”设置对话框。在“自定义”选项卡下的“颜色模式”下拉列表中选择“RGB”，在“红色”后的微调框中输入“255”，在“绿色”后的微调框中输入

“204”，在“蓝色”后的微调框中输入“102”，单击“确定”按钮。返回到“设置单元格格式”对话框，单击“确定”按钮即可。

第 11 步：选中单元格区域 B3:I3，打开“设置单元格格式”对话框，在“字体”选项卡下的“字体”列表框中选择“微软雅黑”，在“字号”文本框中输入“13”磅，在“颜色”列表框中选择“黄色”；在“对齐”选项卡下的“水平对齐”下拉列表中选择“居中”；在“填充”选项卡下单击“其他颜色”按钮，弹出“颜色”对话框。在“自定义”选项卡下的“颜色模式”下拉列表中选择“RGB”，在“红色”后的微调框中输入“255”，在“绿色”后的微调框中输入“80”，在“蓝色”后的微调框中输入“80”，单击“确定”按钮。返回到“设置单元格格式”对话框，单击“确定”按钮即可。

第 12 步：选中单元格区域 B4:I15，打开“设置单元格格式”对话框，在“字体”选项卡下的“字体”列表框中选择“幼圆”，在“颜色”列表框中单击“其他颜色”按钮，弹出“颜色”对话框。在“自定义”选项卡下的“颜色模式”下拉列表中选择“RGB”，在“红色”后的微调框中输入“95”，在“绿色”后的微调框中输入“95”，在“蓝色”后的微调框中输入“95”，单击“确定”按钮，返回到“设置单元格格式”对话框。在“对齐”选项卡下的“水平对齐”下拉列表中选择“居中”。在“填充”选项卡下，单击“其他颜色”按钮，弹出“颜色”对话框。在“自定义”选项卡下的“颜色模式”下拉列表中选择“RGB”，在“红色”后的微调框中输入“204”，在“绿色”后的微调框中输入“255”，在“蓝色”后的微调框中输入“204”，单击“确定”按钮。返回到“设置单元格格式”对话框，单击“确定”按钮即可。

第 13 步：选中单元格区域 B2:I15，打开“设置单元格格式”对话框，在“边框”选项卡下的“线条”选项区域中，在“颜色”列表中选择标准色中的“紫色”，在“样式”列表框中选择斜点划线（第 2 行第 2 列），在“预置”选项区域单击“外边框”按钮，单击“确定”按钮。

第 14 步：选中单元格区域 B3:I3，打开“设置单元格格式”对话框，在“边框”选项卡下的“线条”选项区域中，在“颜色”列表中选择标准色中的“紫色”，在“样式”列表框中选择粗实线（第 5 行第 2 列），在“边框”选项区域分别单击“上框线”按钮和“下框线”按钮，单击“确定”按钮。

第 15 步：选中单元格区域 B4:I15，打开“设置单元格格式”对话框，在“边框”选项卡下的“线条”选项区域中，在“颜色”列表中选择标准色中的“深红”色，在“样式”列表框中选择双点划线（第 4 行第 1 列），在“预置”选项区域单击“内部”按钮；单击“确定”按钮。

3. 表格的插入设置

第 16 步：在“气温平均值”工作表中选中文本“31”所在的单元格（D14），单击“审阅”选项卡下“批注”组中的“新建批注”按钮，即可在该单元格附近打开一个批注框，在框内输入文本“北京 6 月白天温度最高”即可。

第 17 步：在“气温平均值”工作表中表格的下方选中任一单元格，单击“插入”选项卡下“符号”组中的“公式”按钮，在功能区中将会显示“公式工具”选项卡，在该选项卡的“结构”组中选择正确的结构关系，参照【样文 6-18A】输入公式，完成后在公式编辑区域外的任意位置单击。

第 18 步：选中已插入的公式，在“绘图工具”的“格式”选项卡下，单击“形状样式”组中的“其他”按钮，在弹出的库中选择“细微效果 - 橙色，强调颜色 6”的形状样式。

二、建立图表

第 19 步：在“气温平均值”工作表中同时选中 B3:B4、D3:I4、B6、D6:I6、B8、D8:I8、B10、D10:I10、B12、D12:I12、B14、D14:I14 单元格区域，单击“插入”选项卡下“图表”组的“折线图”按钮，在弹出的下拉列表中选择“折线图”。

第 20 步：选中所创建的图表，在“图表工具”的“设计”选项卡下单击“位置”组中的“移动图表”按钮，在弹出的“移动图表”对话框的“对象位于”下拉列表中选择“Sheet3”工作表，单击“确定”按钮。

第 21 步：在“图表工具”的“布局”选项卡下单击“标签”组中的“图表标题”按钮，在弹出的下拉列表中选择“图表上方”，在图表标题中输入文本“各大城市上半年白天温度最高值”。

第 22 步：选中所创建的图表，在“图表工具”的“布局”选项卡下，单击“分析”组中的“趋势线”按钮，在弹出的下拉列表中执行“线性趋势线”命令，如图 6-42 所示。弹出“添加趋势线”对话框，在“添加基于系列的趋势线”列表框中选中“六月”，如图 6-43 所示，单击“确定”按钮即可。

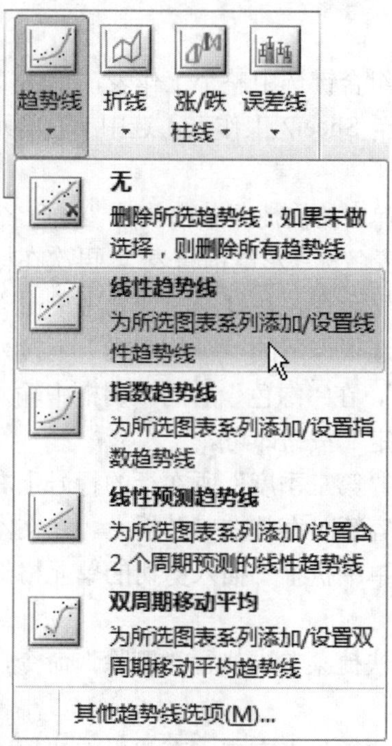

图 6-42

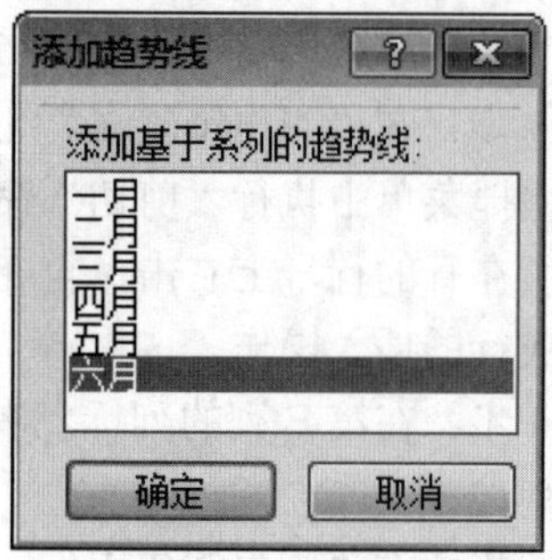

图 6-43

三、工作表的打印设置

第 23 步：在“气温平均值”工作表中选中第 10 行，单击“页面布局”选项卡下“页面设置”组中的“分隔符”按钮，在弹出的下拉列表中执行“插入分页符”命令，即可在该行的上方插入分页符。

第 24 步：在“气温平均值”工作表中单击“页面布局”选项卡下“页面设置”组中的“打印标题”按钮，弹出“页面设置”对话框。

第 25 步：在“页面设置”对话框的“工作表”选项卡下，单击“顶端标题行”后的折叠按钮，在工作表中选择表格的标题区域；返回至“页面设置”对话框，再单击“打印区域”后的折叠按钮，在工作表中选择单元格区域 A1:I20；返回至“页面设置”对话框，单击“打印预览”按钮进入到预览界面。

第 26 步：退出打印预览界面，单击“快速访问工具栏”中的“保存”按钮。

6.19 第 19 题解答

在“文件”选项卡下执行“打开”命令，在“查找范围”文本框中找到指定路径，选择 A6.xlsx 文件，单击“打开”按钮。

一、设置工作表及表格

1. 工作表的基本操作

第 1 步：在 Sheet1 工作表中，按下 Ctrl + A 组合键选中整个工作表，单击“开始”选项卡下“剪贴板”组中的“复制”按钮，切换至 Sheet2 工作表，选中 A1 单元格，单击“剪贴板”中的“粘贴”按钮。

第 2 步：在 Sheet2 工作表的标签上右击，在弹出的快捷菜单中执行“重命名”命令，此时的标签会显示黑色背景，此时输入新的工作表名称“彩电销售表”。再次在标签上右击，在弹出的快捷菜单中执行“工作表标签颜色”命令，在打开的列表中单击“其他颜色”按钮，弹出“颜色”对话框。在“自定义”选项卡下的“颜色模式”下拉列表中选择“RGB”，在“红色”后的微调框中输入“255”，在“绿色”后的微调框中输入“51”，在“蓝色”后的微调框中输入“153”，单击“确定”按钮即可。

第 3 步：在“彩电销售表”工作表中的文本“第三季度”所在行的行号上右击，在弹出的快捷菜单中执行“剪切”命令，将该行内容暂时存放在剪贴板上。在文本“第四季度”所在行的行号上右击，再在弹出的快捷菜单中执行“插入剪切的单元格”命令，即可完成行的插入操作。

第 4 步：在第 E 列的列标上右击，在弹出的快捷菜单中执行“删除”命令，即可删除该空列。

第 5 步：在“彩电销售表”工作表中第 2 行的行号上右击，在弹出的快捷菜单中执行“行高”命令，打开“行高”对话框，在“行高”文本框中输入数值“28”，单击“确定”按钮即可。

第 6 步：选中单元格区域 B3:F7，单击“开始”选项卡下“单元格”组中的“格式”按钮，在弹出的下拉列表中执行“自动调整行高”命令。

2. 单元格格式的设置

第 7 步：在“彩电销售表”工作表中，选中单元格区域 B2:F2，单击“开始”选项卡下“对齐方式”组中的“合并后居中”按钮。

第 8 步：在“开始”选项卡下单击“字体”组右下角的“对话框启动器”按钮，弹出“设置单元格格式”对话框。在“字体”选项卡下的“字体”列表框中选择“黑体”，在“字号”文本框中输入“17”磅，“字形”列表框中选择“加粗”，在“颜色”列表框中单击“其他颜色”按钮，弹出“颜色”对话框。在“自定义”选项卡下的“颜色模式”下拉列表中选择“RGB”，在“红色”后的微调框中输入“255”，在“绿色”后的微调框中输入“0”，在“蓝色”后的微调框中输入“102”，单击“确定”按钮。返回到“设置单元格格式”对话框。

第 9 步：在“设置单元格格式”对话框的“填充”选项卡下，在“背景色”区域中选择“黄色”，单击“确定”按钮即可。

第 10 步：同时选中单元格区域 B3:F3 和 B4:B7，打开“设置单元格格式”对话框，在“字体”选项卡下的“字体”列表框中选择“华文中宋”，在“字号”列表框中选择“12”磅，在“颜色”列表框中单击“其他颜色”按钮，弹出“颜色”对话框。在“自定义”选项卡下的“颜色模式”下拉列表中选择“RGB”，在“红色”后的微调框中输入“204”，在“绿色”后的微调框中输入“255”，在“蓝色”后的微调框中输入“51”，单击“确定”按钮。返回到“设置单元格格式”对话框；在“对齐”选项卡下的“水平对齐”下拉列表中选择“居中”；在“填充”选项卡下，单击“其他颜色”按钮，弹出“颜色”对话框。在“自定义”选项卡下的“颜色模式”下拉列表中选择“RGB”，在“红色”后的微调框中输入“255”，在“绿色”后的微调框中输入“102”，在“蓝色”后的微调框中输入“153”，单击“确定”按钮。返回到“设置单元格格式”对话框，单击“确定”按钮即可。

第 11 步：选中单元格区域 C4:F7，打开“设置单元格格式”对话框，在“字体”选项卡下的“字体”列表框中选择“微软雅黑”；在“对齐”选项卡下的“水平对齐”下拉列表中选择“居中”；在“填充”选项卡下的“图案样式”下拉列表中选择“对角线剖面线”，在“图案颜色”下拉列表中单击“其他颜色”按钮，弹出“颜色”对话框。在“自定义”选项卡下的“颜色模式”下拉列表中选择“RGB”，在“红色”后的微调框中输入“153”，在“绿色”后的微调框中输入“255”，在“蓝色”后的微调框中输入“153”，单击“确定”按钮。返回到“设置单元格格式”对话框，单击“确定”按钮即可。

第 12 步：选中单元格区域 B2:F7，打开“设置单元格格式”对话框，在“边框”选项卡下的“线条”选项区域中，在“颜色”列表中选择标准色中的“蓝色”，在“样式”列表框中选择粗虚线（第 4 行第 2 列），在“预置”选项区域单击“外边框”按钮；在“线条”选项区域中，在“颜色”列表中选择标准色中的“紫色”，在“样式”列表框中选择粗实线（第 5 行第 2 列），在“边框”选项区域单击“内部横线”按钮；在“样式”列表框中选择双实线（第 7 行第 2 列），在“边框”选项区域单击“内部竖线”按钮；单击“确定”按钮。

3. 表格的插入设置

第 13 步：在“彩电销售表”工作表中选中文本“630”所在的单元格（C7），单击“审阅”选项卡下“批注”组中的“新建批注”按钮，即可在该单元格附近打开一个批注框，在框内输入文本“第四季度销售数量最高”即可。

第 14 步：在“彩电销售表”工作表中表格的下方选中任一单元格，单击“插入”选项卡下“插图”组中的“SmartArt”按钮。

第 15 步：打开“选择 SmartArt 图形”对话框，在左侧分类区域中选择“列表”选项，在选项区域中选择“交替六边形”布局，单击“确定”按钮。

第 16 步：选中已插入的 SmartArt 图形，在“SmartArt 工具”的“设计”选项卡下，单击“SmartArt 样式”组中的“更改颜色”按钮，在弹出的库中选择“彩色范围 - 强调文字颜色 5 至 6”的形状颜色。

第 17 步：在“SmartArt 工具”的“设计”选项卡下，单击“SmartArt 样式”组中的“其他”按钮，在弹出的库中选择“嵌入”的三维效果。

二、建立图表

第 18 步：在“彩电销售表”工作表中选中单元格区域 B3:C7，单击“插入”选项卡下“图表”组的“饼图”按钮，在弹出的下拉列表中选择“复合条饼图”。

第 19 步：选中所创建的图表，在“图表工具”的“设计”选项卡下单击“位置”组中的“移动图表”按钮，在弹出的“移动图表”对话框中，在“对象位于”下拉列表中选择 Sheet3 工作表，单击“确定”按钮。

第 20 步：选中自动创建的图表标题，在图表标题文本框中输入文本“彩电销售数量统计图”即可。

第 21 步：在“图表工具”的“布局”选项卡下，单击“标签”组中的“数据标签”按钮，在弹出的下拉列表中选择“居中”。

三、工作表的打印设置

第 22 步：在“彩电销售表”工作表中选中第 7 行，单击“页面布局”选项卡下“页面设置”组中的“分隔符”按钮，在弹出的下拉列表中执行“插入分页符”命令，即可在该行的上方插入分页符。

第 23 步：在“彩电销售表”工作表中单击“页面布局”选项卡下“页面设置”组中的“打印标题”按钮，弹出“页面设置”对话框。

第 24 步：在“页面设置”对话框的“工作表”选项卡下，单击“顶端标题行”后的折叠按钮，在工作表中选择表格的标题区域；返回至“页面设置”对话框，再单击“打印区域”后的折叠按钮，在工作表中选择单元格区域 A1:F24；返回至“页面设置”对话框，单击“打印预览”按钮进入到预览界面。

第 25 步：退出打印预览界面，单击“快速访问工具栏”中的“保存”按钮。

6.20　第 20 题解答

在“文件”选项卡下执行“打开”命令，在“查找范围”文本框中找到指定路径，选择 A6.xlsx 文件，单击“打开”按钮。

一、设置工作表及表格

1. 工作表的基本操作

第 1 步：在 Sheet1 工作表中，按下 Ctrl + A 组合键选中整个工作表，单击“开始”选项卡下“剪贴板”组中的“复制”按钮，切换至 Sheet2 工作表，选中 A1 单元格，单击“剪贴板”中的“粘贴”按钮。

第 2 步：在 Sheet2 工作表的标签上右击，在弹出的快捷菜单中执行“重命名”命令，此时的标签会显示黑色背景，此时输入新的工作表名称“财政预算表”。再次在标签上右击，在弹出的快捷菜单中执行“工作表标签颜色”命令，在打开的列表中选择标准色中的“深蓝”色。

第 3 步：在“财政预算表”工作表中第 2 行的行号上右击，在弹出的快捷菜单中执行“插入”命令，即可在标题行的下方插入一空行。

第 4 步：在“财政预算表”工作表中第 2 行的行号上右击，在弹出的快捷菜单中执行“行高”命令，打开“行高”对话框，在“行高”文本框中输入数值“7”，单击“确定”按钮即可。

第 5 步：在文本“三亚”所在行的行号上右击，在弹出的快捷菜单中执行“剪切”命令，将该行内容暂时存放在剪贴板上。在“平海”所在行的行号上右击，再在弹出的快捷菜单中执行“插入剪切的单元格”命令，即可完成“三亚”所在行的插入操作。

第 6 步：在文本“平海”所在行的行号上右击，在弹出的快捷菜单中执行“剪切”命令，将该行内容暂时存放在剪贴板上。在“石家庄”所在行的行号上右击，再在弹出的快捷菜单中执行“插入剪切的单元格”命令，即可完成“平海”所在行的插入操作。

第 7 步：在“财政预算表”工作表中第 1 行的行号上右击，在弹出的快捷菜单中执行“行高”命令，打开“行高”对话框，在“行高”文本框中输入数值“30”，单击“确定”按钮。

第 8 步：在第 A 列的列标上右击，在弹出的快捷菜单中执行“列宽”命令，打开“列宽”对话框，在“列宽”文本框中输入数值“7”，单击“确定”按钮。选中单元格区域 B1:H11，单击“开始”选项卡下“单元格”组中的“格式”按钮，在弹出的下拉列表中执行“列宽”命令，打开“列宽”对话框，在“列宽”文本框中输入数值“10”，单击“确定”按钮。

2. 单元格格式的设置

第 9 步：在“财政预算表”工作表中，选中单元格区域 A1:H1，单击“开始”选项卡下“对齐方式”组中的“合并后居中”按钮。

第 10 步：在“开始”选项卡下单击“字体”组右下角的“对话框启动器”按钮，弹出

“设置单元格格式”对话框。在“字体”选项卡下的“字体”列表框中选择“华文琥珀”，在“字号”列表框中选择“20”磅，在“颜色”列表框中选择标准色中的“深蓝”色。

第 11 步：在“设置单元格格式”对话框的“填充”选项卡下，单击“填充效果”按钮，弹出“填充效果”对话框。

第 12 步：在“渐变”选项卡下的“颜色”区域中点选“双色”单选按钮，在“颜色 1”下拉列表中单击“其他颜色”按钮，弹出“颜色”对话框。在“自定义”选项卡下的“颜色模式”下拉列表中选择“RGB”，在“红色”后的微调框中输入“255”，在“绿色”后的微调框中输入“153”，在“蓝色”后的微调框中输入“255”，单击“确定”按钮，返回到“填充效果”对话框。在“颜色 2”下拉列表中单击“其他颜色”按钮，弹出“颜色”对话框。在“自定义”选项卡下的“颜色模式”下拉列表中选择“RGB”，在“红色”后的微调框中输入“204”，在“绿色”后的微调框中输入“255”，在“蓝色”后的微调框中输入“153”，单击“确定”按钮，返回到“填充效果”对话框。在“底纹样式”区域中点选“水平”单选按钮，在“变形”区域中选中第 3 种变形效果，单击“确定”按钮，返回到“设置单元格格式”对话框，单击“确定”按钮即可。

第 13 步：选中单元格区域 A3:H3，打开“设置单元格格式”对话框，在“字体”选项卡下的“字体”列表框中选择“隶书”，在“字号”列表框中选择“14”磅，在“颜色”列表框中选择“紫色”；在“对齐”选项卡下的“水平对齐”下拉列表中选择“居中”；在“填充”选项卡下，单击“其他颜色”按钮，弹出“颜色”对话框。在“自定义”选项卡下的“颜色模式”下拉列表中选择“RGB”，在“红色”后的微调框中输入“102”，在“绿色”后的微调框中输入“204”，在“蓝色”后的微调框中输入“255”，单击“确定”按钮。返回到“设置单元格格式”对话框，单击“确定”按钮即可。

第 14 步：选中单元格区域 A4:H11，打开“设置单元格格式”对话框，在“字体”选项卡下的“字体”列表框中选择“微软雅黑”，在“字号”列表框中选择“11”磅，在“颜色”列表框中单击“其他颜色”按钮，弹出“颜色”对话框。在“自定义”选项卡下的“颜色模式”下拉列表中选择“RGB”，在“红色”后的微调框中输入“0”，在“绿色”后的微调框中输入“102”，在“蓝色”后的微调框中输入“0”，单击“确定”按钮，返回到“设置单元格格式”对话框。在“填充”选项卡下，单击“其他颜色”按钮，弹出“颜色”对话框。在“自定义”选项卡下的“颜色模式”下拉列表中选择“RGB”，在“红色”后的微调框中输入“255”，在“绿色”后的微调框中输入“204”，在“蓝色”后的微调框中输入“0”，单击“确定”按钮。返回到“设置单元格格式”对话框，单击“确定”按钮即可。

第 15 步：选中单元格区域 A3:H11，打开“设置单元格格式”对话框，在“边框”选项卡下的“线条”选项区域中，在“颜色”列表中选择标准色中的“红色”，在“样式”列表框中选择粗双点划线（第 1 行第 2 列），在“预置”选项区域单击“外边框”按钮；在“线条”选项区域中，从“颜色”列表中单击“其他颜色”按钮，弹出“颜色”对话框。在“自定义”选项卡下的“颜色模式”下拉列表中选择“RGB”，在“红色”后的微调框中输入“153”，在“绿色”后的微调框中输入“51”，在“蓝色”后的微调框中输入“0”，单击“确定”按钮。返回到“设置单元格格式”对话框的“边框”选项卡下，在“样式”列表框中选择单实线（第 7 行第 1 列），在“预置”选项区域单击“内部”按钮；单击“确定”按钮。

3. 表格的插入设置

第 16 步：在“财政预算表”工作表中选中文本“4185.50”所在的单元格（H10），单击“审阅”选项卡下“批注”组中的“新建批注”按钮，即可在该单元格附近打开一个批注框，在框内输入文本“黑龙江预算最高”即可。

第 17 步：在“财政预算表”工作表中表格的下方选中任一单元格，单击“插入”选项卡下“插图”组中的“图片”按钮。

第 18 步：弹出“插入图片”对话框，在“查找范围”下拉列表中选择文件夹 C:\2010KSW\DATA2，在文件列表框中选择文件 pic6-20.jpg，单击“插入”按钮即可。

第 19 步：选中已插入的图片，在“图片工具”的“格式”选项卡下，单击“大小”组右下角的“对话框启动器”按钮，弹出“设置图片格式”对话框。在“缩放比例”区域下，勾选“锁定纵横比”前面的复选框，在“高度”文本框中选择或输入“70%”，此时在“宽度”文本框中将自动调整为“70%”，单击“关闭”按钮。

第 20 步：在“图片工具”的“格式”选项卡下，单击“图片样式”组中的“其他”按钮，在弹出的库中选择“金属椭圆”的外观样式。

二、建立图表

第 21 步：在“财政预算表”工作表中选中单元格区域 A3:G11，单击“插入”选项卡下“图表”组的“柱形图”按钮，在弹出的下拉列表中选择“三维圆柱图”。

第 22 步：选中所创建的图表，在“图表工具”的“设计”选项卡下单击“位置”组中的“移动图表”按钮，在弹出的“移动图表”对话框中，在“对象位于”下拉列表中选择“Sheet3”工作表，单击“确定”按钮。

第 23 步：在“图表工具”的“布局”选项卡下单击“标签”组中的“图表标题”按钮，在弹出的下拉列表中选择“图表上方”，在图表标题中输入文本“各地区财政预算表”。

第 24 步：在“图表工具”的“格式”选项卡下，单击“形状样式”组中的“其他”按钮，在弹出的库中选择“细微效果 - 橄榄色，强调颜色 3”的形状样式。

三、工作表的打印设置

第 25 步：在“财政预算表”工作表中选中第 10 行，单击“页面布局”选项卡下“页面设置”组中的“分隔符”按钮，在弹出的下拉列表中执行“插入分页符”命令，即可在第 9 行的下方插入分页符。

第 26 步：在“财政预算表”工作表中单击“页面布局”选项卡下“页面设置”组中的“打印标题”按钮，弹出“页面设置”对话框。

第 27 步：在“页面设置”对话框的“工作表”选项卡下，单击“顶端标题行”后的折叠按钮，在工作表中选择表格的标题区域；返回至“页面设置”对话框，再单击“打印区域”后的折叠按钮，在工作表中选择单元格区域 A1:H27；返回至“页面设置”对话框，单击“打印预览”按钮进入到预览界面。

第 28 步：退出打印预览界面，单击“快速访问工具栏”中的“保存”按钮。

第七单元　电子表格中的数据处理

7.1　第 1 题解答

执行“文件”→“打开”命令，在“查找范围”文本框中找到指定路径，选择 A7.xlsx 文件，单击“打开”按钮。

1. 数据的查找与替换

第 1 步：在 Sheet1 工作表中，单击“开始”选项卡下“编辑”组中的“查找和选择”按钮，在弹出的下拉列表中执行“替换”命令，如图 7-1 所示。

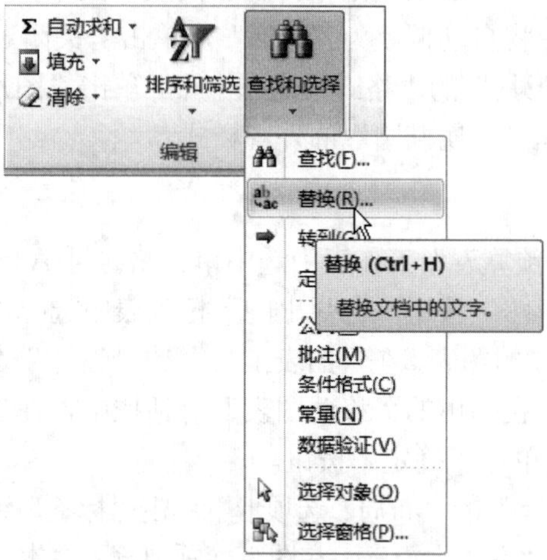

图 7-1

第 2 步：弹出“查找和替换”对话框，在“查找内容”文本框中输入“88”，在“替换为”文本框中输入“80”，单击“全部替换”按钮，如图 7-2 所示。

第 3 步：Sheet1 工作表中的所有数值 88 均被替换为 80，并弹出确认对话框，单击该对话框中的“确定”按钮，如图 7-3 所示。最后，关闭“查找和替换”对话框即可。

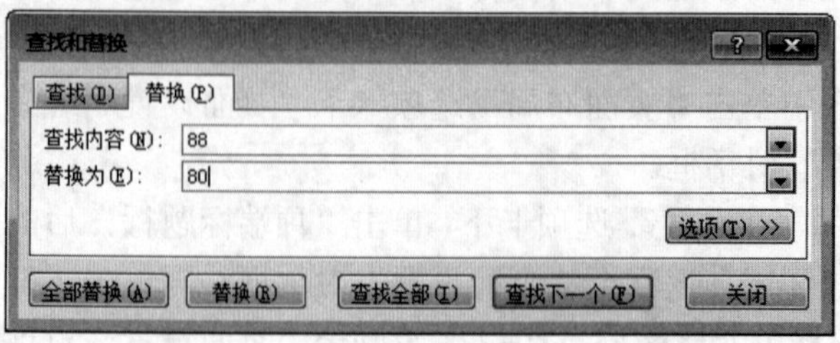

图 7-2

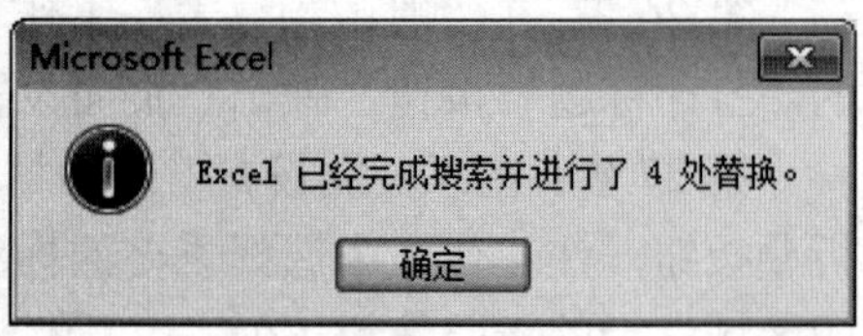

图 7-3

2. 公式、函数的应用

第 4 步：在 Sheet1 工作表中选中 G3 单元格，单击“开始”选项卡下“编辑”组中“自动求和”下拉按钮，在弹出的下拉列表中执行“求和”命令，如图 7-4 所示。

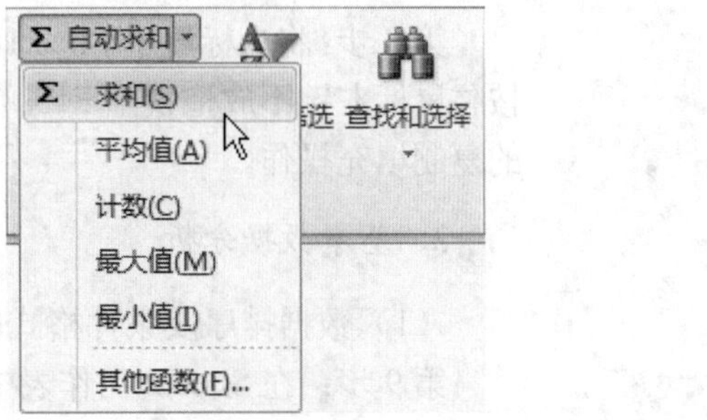

图 7-4

第 5 步：在 Sheet1 工作表的 G3 单元格中会自动插入 SUM 求和函数，根据试题要求调整求和区域为 C3:F3 单元格区域，按 Enter 键即可，如图 7-5 所示。

	A	B	C	D	E	F	G	H
1	恒大中学高二考试成绩表							
2	姓名	班级	语文	数学	英语	政治	总分	
3	李平	高二（一）班	72	75	69	80	=SUM(C3:F3)	
4	麦孜	高二（二）班	85	80	73		SUM(**number1**, [number2], ...)	
5	张江	高二（一）班	97	83	89	80		
6	王硕	高二（三）班	76	80	84	82		
7	刘梅	高二（三）班	72	75	69	63		
8	江海	高二（一）班	92	86	74	84		
9	李朝	高二（三）班	76	85	84	83		
10	许如润	高二（一）班	87	83	90	80		

图 7-5

第 6 步：将光标置于 Sheet1 工作表中 G3 单元格的右下角处，当指针变为✚形状时，按住鼠标左键不放拖拽至 G14 单元格处，释放鼠标左键，即可完成 G3:G14 单元格函数的复制填充操作，如图 7-6 所示。

	A	B	C	D	E	F	G
1	恒大中学高二考试成绩表						
2	姓名	班级	语文	数学	英语	政治	总分
3	李平	高二（一）班	72	75	69	80	296
4	麦孜	高二（二）班	85	80	73	83	
5	张江	高二（一）班	97	83	89	80	
6	王硕	高二（三）班	76	80	84	82	
7	刘梅	高二（三）班	72	75	69	63	
8	江海	高二（一）班	92	86	74	84	
9	李朝	高二（三）班	76	85	84	83	
10	许如润	高二（一）班	87	83	90	80	
11	张玲铃	高二（三）班	89	67	92	87	
12	赵丽娟	高二（二）班	76	67	78	97	
13	高峰	高二（二）班	92	87	74	84	
14	刘小丽	高二（三）班	76	67	90	95	
15	各科平均分						

图 7-6

第 7 步：在 Sheet1 工作表中选中 C15 单元格，单击“开始”选项卡下“编辑”组中“自动求和”下拉按钮，在弹出的下拉列表中执行“平均值”命令，该单元格中会自动插入 AVERAGE 求平均值函数，根据试题要求调整求平均值区域为 C3:C14 单元格区域，按下 Enter 键即可。

第 8 步：将光标置于 Sheet1 工作表中 C15 单元格的右下角处，当指针变为✚形状时，按住鼠标左键不放拖拽至 F15 单元格处，释放鼠标左键，即可完成 C15:F15 单元格函数的复制填充操作。

3. 基本数据分析

（1）数据排序及条件格式的应用：

第 9 步：在 Sheet2 工作表中，选定数据区域的任意单元格，单击“开始”选项卡下“编辑”组中的“排序和筛选”按钮，在弹出的下拉列表中执行“自定义排序”命令，如图 7-7 所示。

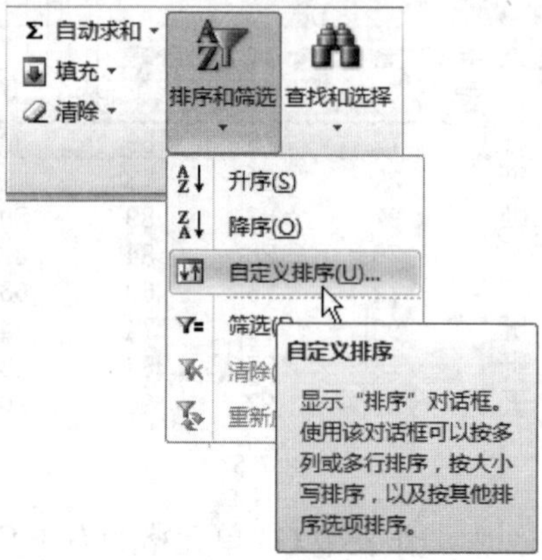

图 7-7

第 10 步：在弹出的“排序”对话框中，单击“添加条件”按钮，下方显示区域会增加“次要关键字”列。在“主要关键字”下拉列表中选择“总分”选项，在“次要关键字”下拉列表中选择“数学”选项，在“次序”下拉列表中均选择“升序”选项，单击“确定”按钮，如图 7-8 所示。

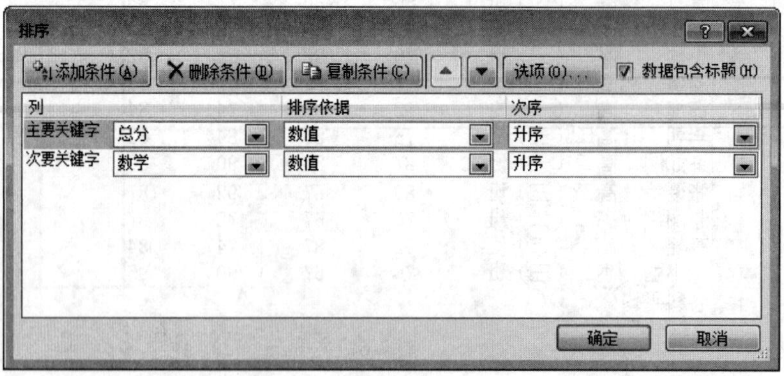

图 7-8

第 11 步：在 Sheet2 工作表中选中 C3:F14 单元格区域，单击“开始”选项卡下“样式”组中的“条件格式”按钮，在弹出的下拉列表中选择“图标集”选项下的“四等级”条件格式，如图 7-9 所示。

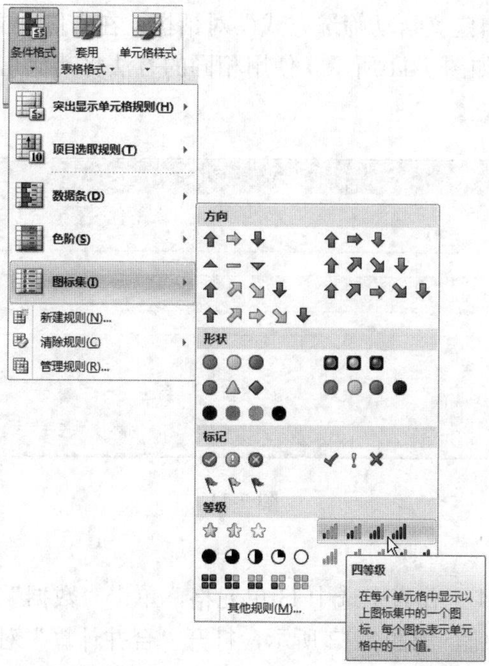

图 7-9

（2）数据筛选：

第 12 步：在 Sheet3 工作表中选定数据区域的任意单元格，单击“开始”选项卡下“编辑”组中的“排序和筛选”按钮，在弹出的下拉列表中执行“筛选”命令，即可在每个列字段后出现一个下拉按钮▼。单击“语文”后的下拉按钮，在打开的下拉列表框中执行“数字筛选”选项下的“大于或等于”命令，如图 7-10 所示。

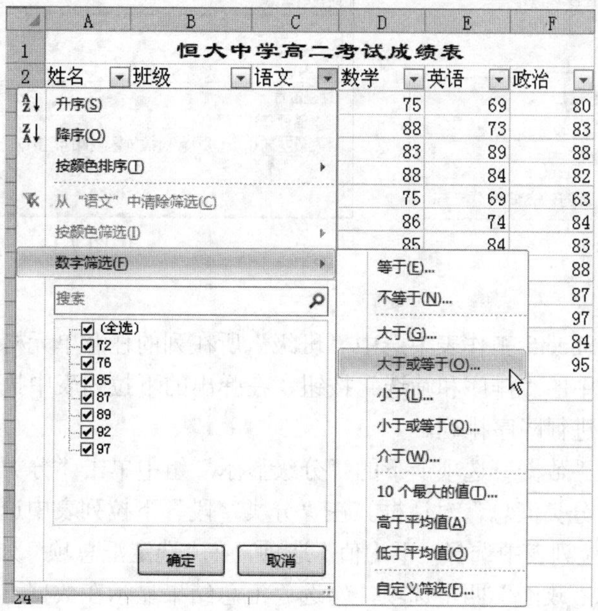

图 7-10

第 13 步：打开“自定义自动筛选方式”对话框，在右侧的文本框中输入“80”，单击“确定”按钮即可，如图 7-11 所示。使用相同的方法将其他几科的分数“大于或等于 80”的记录筛选出来。

图 7-11

（3）合并计算：

第 14 步：在 Sheet4 工作表中选中 I3 单元格，单击“数据”选项卡下“数据工具”组中的“合并计算”按钮，如图 7-12 所示，打开“合并计算”对话框。在“函数”下拉列表中选择“平均值”选项，单击“引用位置”文本框后面的折叠按钮，选定要进行合并计算的数据区域 B3:F14 并返回，勾选“最左列”复选框，如图 7-13 所示，单击“确定”按钮即可。

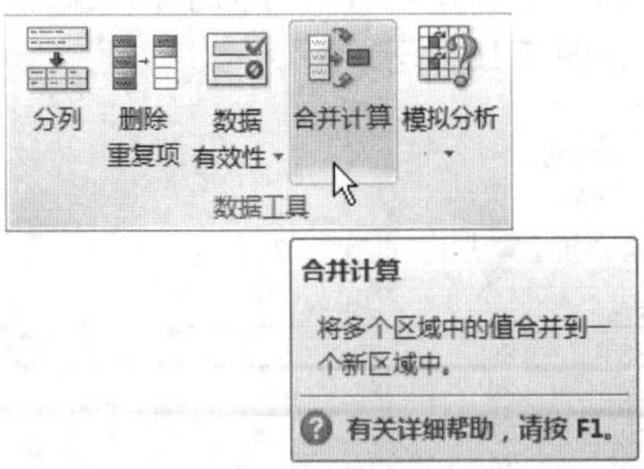

图 7-12

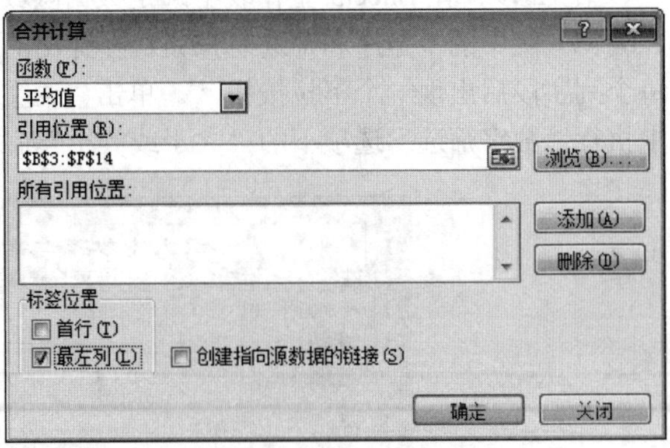

图 7-13

（4）分类汇总：

第 15 步：在 Sheet5 工作表中选中“班级”所在列的任意单元格，单击“开始”选项卡下“编辑”组中的“排序和筛选”按钮，在弹出的下拉列表中执行“降序”命令，将“班级”字段列进行降序排列。

第 16 步：在“数据”选项卡下的“分级显示”组中单击“分类汇总”按钮，如图 7-14 所示，打开“分类汇总”对话框。在“分类字段”下拉列表中选择“班级”选项，在“汇总方式”下拉列表中选择“平均值”选项，在“选定汇总项”列表中选中“语文”、“数学”、“英语”、“政治”四个选项，勾选“汇总结果显示在数据下方”复选框，如图 7-15 所示。最后，单击“确定”按钮即可。

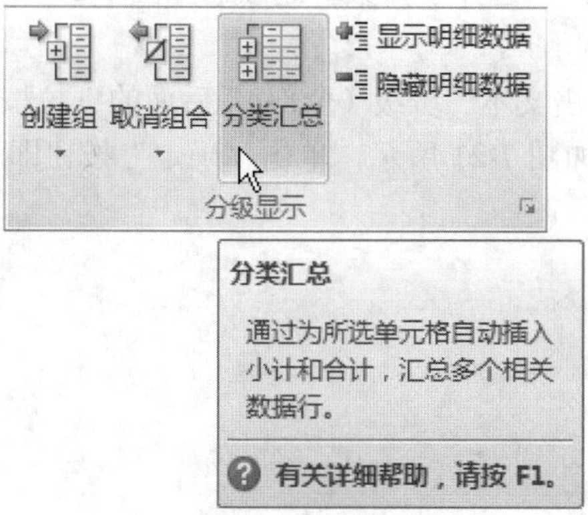

图 7-14

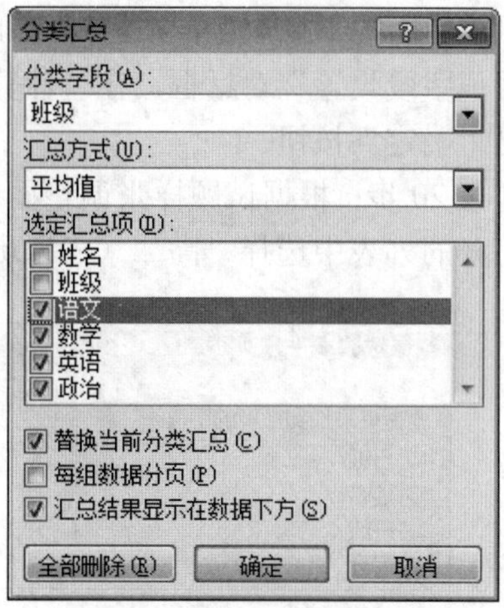

图 7-15

4. 数据的透视分析

第 17 步：在 Sheet6 工作表中选中 A1 单元格，单击“插入”选项卡下“表格”组中的“数据透视表”按钮，如图 7-16 所示，打开“创建数据透视表”对话框。单击“表/区域”文本框后面的折叠按钮，选择要分析的数据为“数据源”工作表中的 A2:D23 单元格区域并返回，如图 7-17 所示，单击“确定”按钮。

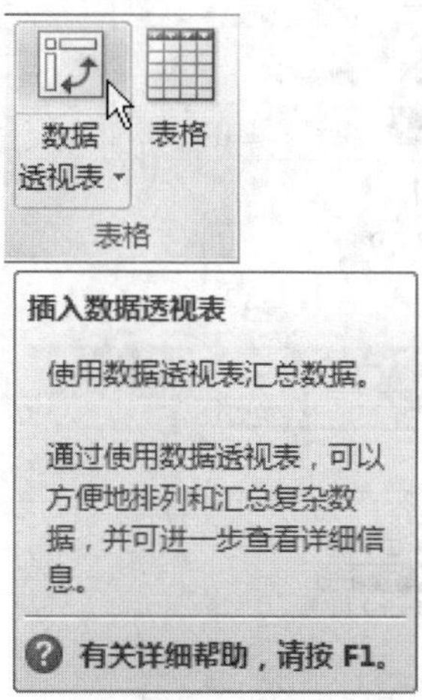

图 7-16

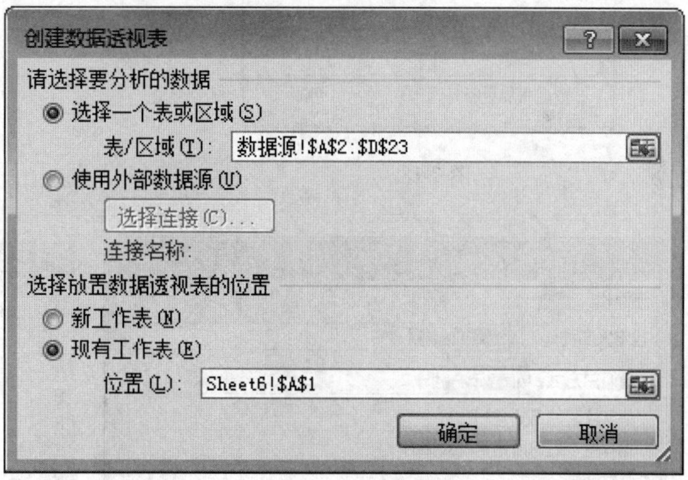

图 7-17

第 18 步：在 Sheet6 工作表中，将自动创建新的空白数据透视表，表格右侧会显示“数据透视表字段列表”任务窗格。在“选择要添加到报表的字段”列表中拖动“班级”字段至“报表筛选”列表框中，将“姓名”字段拖动至“列标签”列表框中，将“日期”字段拖动至“行标签”列表框中，将“迟到”字段拖动至“数值”列表框中，如图 7-18 所示。

第 19 步：在“数据透视表字段列表”任务窗格的“数值”列表框中，单击“求和项：

迟到”后面的下拉按钮，在打开的列表中执行“值字段设置”命令，如图 7-19 所示。打开“值字段设置”对话框，在“计算类型”列表中选择“计数”选项，如图 7-20 所示，单击“确定”按钮。

第 20 步：根据试题样张调整显示项目，单击文本“班级（全部）”后面的下拉按钮，在打开的列表中选择“高二（三）班”选项，如图 7-21 所示，单击“确定”按钮即可。

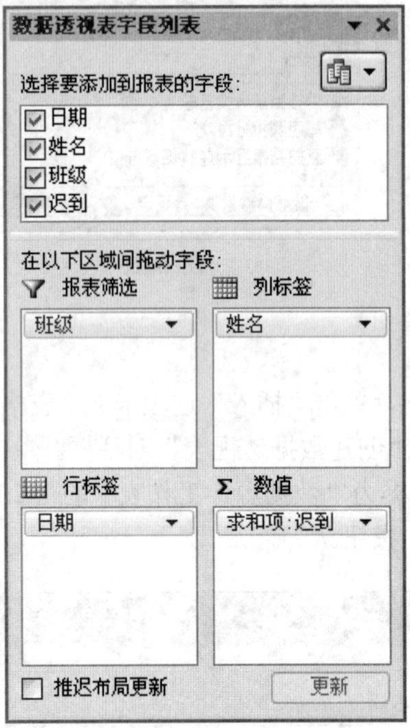

图 7-18

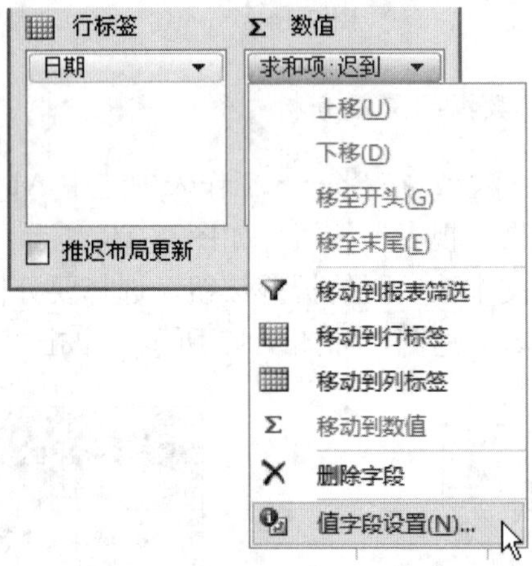

图 7-19

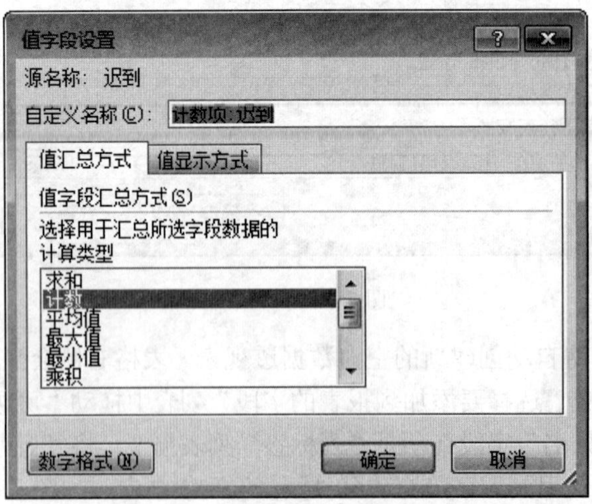

图 7-20

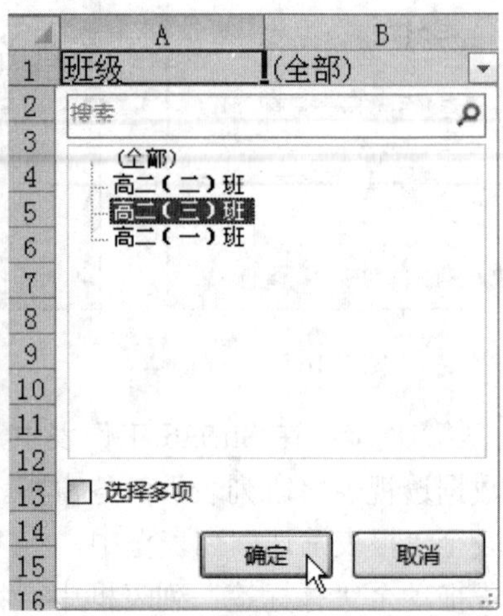

图 7-21

第 21 步：执行“文件”→“保存”命令。

7.2 第2题解答

执行“文件”→“打开”命令，在“查找范围”文本框中找到指定路径，选择 A7.xlsx 文件，单击“打开”按钮。

1. 数据的查找与替换

第1步：在 Sheet1 工作表中，单击“开始”选项卡下“编辑”组中的“查找和选择”按钮，在弹出的下拉列表中执行“替换”命令。

第2步：弹出“查找和替换”对话框，在“查找内容”文本框中输入“100”，在“替换为”文本框中输入“150”，单击“全部替换”按钮。

第3步：Sheet1 工作表中的所有数值 100 均被替换为 150，并弹出确认对话框，单击该对话框中的“确定”按钮。最后，关闭“查找和替换”对话框即可。

2. 公式、函数的应用

第4步：在 Sheet1 工作表中选中 G3 单元格，单击“开始”选项卡下“编辑”组中“自动求和”下拉按钮，在弹出的下拉列表中执行“求和”命令。

第5步：在 Sheet1 工作表的 G3 单元格中会自动插入 SUM 求和函数，根据试题要求调整求和区域为 D3:F3 单元格区域，按 Enter 键即可。

第6步：将光标置于 Sheet1 工作表中 G3 单元格的右下角处，当指针变为+形状时，按住鼠标左键不放拖拽至 G14 单元格处，释放鼠标左键，即可完成 G3:G14 单元格函数的复制填充操作。

3. 基本数据分析

（1）数据排序及条件格式的应用：

第7步：在 Sheet2 工作表中，选定数据区域的任意单元格，单击“开始”选项卡下“编辑”组中的“排序和筛选”按钮，在弹出的下拉列表中执行“自定义排序”命令。

第8步：在弹出的“排序”对话框中，单击“添加条件”按钮，下方显示区域会增加“次要关键字”列。在“主要关键字”下拉列表中选择“基本工资”选项，在“次要关键字”下拉列表中选择“津贴”选项，在“次序”下拉列表中均选择“降序”选项，单击“确定”按钮。

第9步：在 Sheet2 工作表中选中 D3:F14 单元格区域，单击“开始”选项卡下“样式”组中的“条件格式”按钮，在弹出的下拉列表中选择“图标集”选项下的“三色旗”条件格式。

（2）数据筛选：

第10步：在 Sheet3 工作表中选定数据区域的任意单元格，单击“开始”选项卡下“编辑”组中的“排序和筛选”按钮，在弹出的下拉列表中执行“筛选”命令，即可在每个列字段后出现一个下拉按钮。单击“部门”后的下拉按钮，在打开的下拉列表框中仅勾选“工程部”复选框，如图 7-22 所示，单击“确定”按钮。

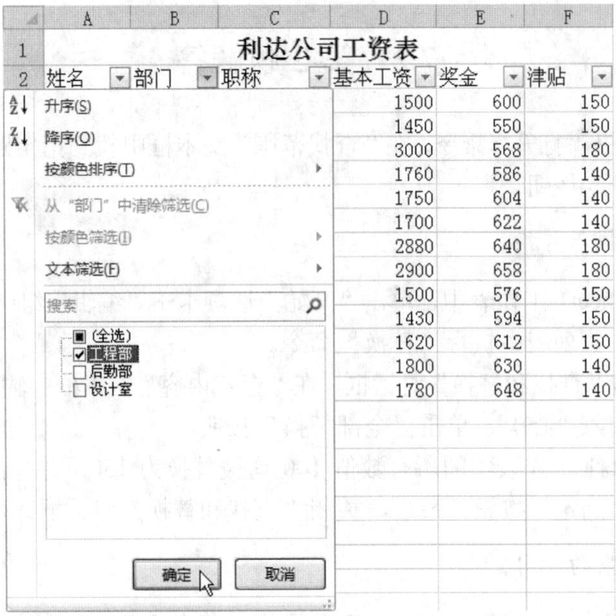

图 7-22

第 11 步：再次单击“基本工资”后的下拉按钮，在打开的下拉列表框中选择“数字筛选”选项下的“大于”选项。

第 12 步：打开“自定义自动筛选方式”对话框，在右侧的文本框中输入“1700”，单击“确定”按钮即可。

（3）合并计算：

第 13 步：在 Sheet4 工作表中选中 A20 单元格，单击“数据”选项卡下“数据工具”组中的“合并计算”按钮，打开“合并计算”对话框。在“函数”下拉列表中选择“求和”选项，单击“引用位置”文本框后面的折叠按钮，选定要进行合并计算的数据区域 A3:E7 并返回，单击“添加”按钮，并将其添加到“所有引用位置”下面的文本框中。再次单击“引用位置”文本框后面的折叠按钮，选定要进行合并计算的数据区域 A11:E16 并返回，单击“添加”按钮，并将其添加到“所有引用位置”下面的文本框中，勾选“最左列”复选框，如图 7-23 所示，单击“确定”按钮即可。

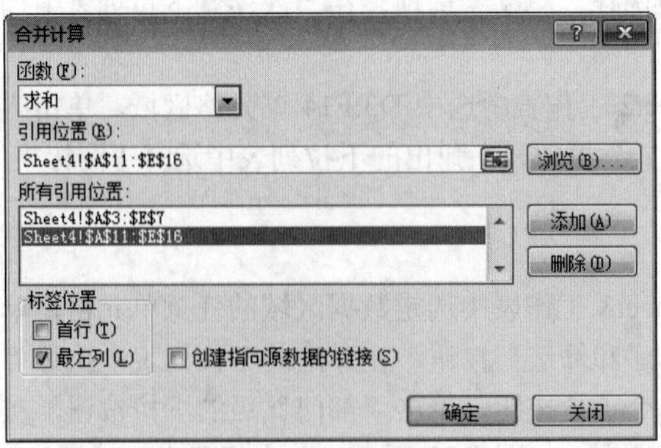

图 7-23

（4）分类汇总：

第 14 步：在 Sheet5 工作表中选中“部门”所在列的任意单元格，单击“开始”选项卡下“编辑”组中的“排序和筛选”按钮，在弹出的下拉列表中执行“升序”命令，将“部门”字段列进行升序排列。

第 15 步：在“数据”选项卡下的“分级显示”组中单击“分类汇总”按钮，打开“分类汇总”对话框。在“分类字段”下拉列表中选择“部门”选项，在“汇总方式”下拉列表中选择“平均值”选项，在“选定汇总项”列表中选中“基本工资”和“实发工资”两个选项，勾选“汇总结果显示在数据下方”复选框。最后，单击“确定”按钮即可。

4. 数据的透视分析

第 16 步：在 Sheet6 工作表中选中 A1 单元格，单击“插入”选项卡下“表格”组中的“数据透视表”按钮，打开“创建数据透视表”对话框。单击“表/区域”文本框后面的折叠按钮，选择要分析的数据为“数据源”工作表中的 A2:D22 单元格区域并返回，单击“确定”按钮。

第 17 步：在 Sheet6 工作表中，将自动创建新的空白数据透视表，表格右侧会显示“数据透视表字段列表”任务窗格。在“选择要添加到报表的字段”列表中拖动“项目工程”字段至“报表筛选”列表框中，将“日期”字段拖动至“列标签”列表框中，将“原料”字段拖动至“行标签”列表框中，将“金额（元）”字段拖动至“数值”列表框中，即可完成“创建数据透视表”操作。

第 18 步：执行“文件”→“保存”命令。

7.3　第 3 题解答

执行“文件”→“打开”命令，在“查找范围”文本框中找到指定路径，选择 A7.xlsx 文件，单击“打开”按钮。

1. 数据的查找与替换

第 1 步：在 Sheet1 工作表中，单击“开始”选项卡下“编辑”组中的“查找和选择”按钮，在弹出的下拉列表中选择“替换”命令。

第 2 步：弹出“查找和替换”对话框，在“查找内容”文本框中输入“J-06”，在“替换为”文本框中输入“G-06”，单击“全部替换”按钮。

第 3 步：Sheet1 工作表中的所有“J-06”均被替换为“G-06”，并弹出确认对话框，单击该对话框中的“确定”按钮。最后，关闭“查找和替换”对话框即可。

2. 公式、函数的应用

第 4 步：在 Sheet1 工作表中选中 F3 单元格，并在其中输入公式文本“=D3/E3”，按 Enter 键即可，如图 7-24 所示。

	A	B	C	D	E	F
1	各车间产品合格情况表					
2	车间	产品型号	不合格产品(个)	合格产品(个)	总数(个)	合格率
3	第一车间	G-06	132	4856	4988	=D3/E3
4	第二车间	G-06	65	6235	6300	
5	第三车间	G-07	238	4953	5191	
6	第四车间	G-07	252	5364	5616	
7	第五车间	G-05	342	6245	6587	
8	第六车间	G-05	108	6874	6982	
9	第七车间	G-06	154	9854	10008	
10	第八车间	G-07	55	5666	5721	

图 7-24

第 5 步：将光标置于 Sheet1 工作表中 F3 单元格的右下角处，当指针变为＋形状时，按住鼠标左键不放拖拽至 F10 单元格处，释放鼠标左键，即可完成 F3:F10 单元格公式的复制填充操作。

3. 基本数据分析

（1）数据排序及条件格式的应用：

第 6 步：在 Sheet2 工作表中，选定数据区域的任意单元格，单击“开始”选项卡下“编辑”组中的“排序和筛选”按钮，在弹出的下拉列表中执行“自定义排序”命令。

第 7 步：在弹出的“排序”对话框中，单击“添加条件”按钮，下方显示区域会增加“次要关键字”列。在“主要关键字”下拉列表中选择“总数（个）”选项，在“次要关键字”下拉列表中选择“产品型号”选项，在“次序”下拉列表中均选择“降序”选项，单击“确定”按钮。

第 8 步：在 Sheet2 工作表中选中 C3:E10 单元格区域，单击“开始”选项卡下“样式”组中的“条件格式”按钮，在弹出的下拉列表中选择“图标集”选项下的“3 个三角形”条件格式。

（2）数据筛选：

第 9 步：在 Sheet3 工作表中选定数据区域的任意单元格，单击“开始”选项卡下“编辑”组中的“排序和筛选”按钮，在弹出的下拉列表中执行“筛选”命令，即可在每个列字段后出现一个下拉按钮。单击“不合格产品（个）”后的下拉按钮，在打开的下拉列表框中选择“数字筛选”选项下的“小于”选项。

第 10 步：打开“自定义自动筛选方式”对话框，在右侧的文本框中输入“200”，单击“确定”按钮即可。

第 11 步：再次单击“合格产品（个）”后的下拉按钮，在打开的下拉列表框中选择“数字筛选”选项下的“大于”选项。

第 12 步：打开“自定义自动筛选方式”对话框，在右侧的文本框中输入“5000”，单击“确定”按钮即可。

（3）合并计算：

第 13 步：在 Sheet4 工作表中选中 C25 单元格，单击“数据”选项卡下“数据工具”

组中的“合并计算”按钮，打开“合并计算”对话框。在“函数”下拉列表中选择“求和”选项，单击“引用位置”文本框后面的折叠按钮，选定要进行合并计算的数据区域C3:E10并返回，单击“添加”按钮，并将其添加到“所有引用位置”下面的文本框中。再次单击“引用位置”文本框后面的折叠按钮，选定要进行合并计算的数据区域C14:E21并返回，单击“添加”按钮，并将其添加到“所有引用位置”下面的文本框中，单击“确定”按钮即可。

（4）分类汇总：

第14步：在Sheet5工作表中选中“产品型号”所在列的任意单元格，单击“开始”选项卡下“编辑”组中的“排序和筛选”按钮，在弹出的下拉列表中执行“升序”命令，将“产品型号”字段列进行升序排列。

第15步：在“数据”选项卡下的“分级显示”组中单击“分类汇总”按钮，打开“分类汇总”对话框。在“分类字段”下拉列表中选择“产品型号”选项，在“汇总方式”下拉列表中选择“求和”选项，在“选定汇总项”列表中选中“不合格产品（个）”、“合格产品（个）”和“总数（个）”三个选项，勾选“汇总结果显示在数据下方”复选框。最后，单击“确定”按钮即可。

4. 数据的透视分析

第16步：在Sheet6工作表中选中A1单元格，单击“插入”选项卡下“表格”组中的“数据透视表”按钮，打开“创建数据透视表”对话框。单击“表/区域”文本框后面的折叠按钮，选择要分析的数据为“数据源”工作表中的A2:F34单元格区域并返回，单击“确定”按钮。

第17步：在Sheet6工作表中，将自动创建新的空白数据透视表，表格右侧会显示“数据透视表字段列表”任务窗格。在“选择要添加到报表的字段”列表中拖动“产品规格”字段至“报表筛选”列表框中，将“车间”字段拖动至“列标签”列表框中，将“季度”字段拖动至“行标签”列表框中，将“不合格产品（个）”、“合格产品（个）”和“总数（个）”字段拖动至“数值”列表框中。

第18步：在“数据透视表字段列表”任务窗格的“列标签”列表框中，将“列标签”列表框中自动出现的“数值”字段拖动至“行标签”列表框中“季度”字段的下方，如图7-25所示。

第19步：根据试题样张调整显示项目，单击文本“产品规格（全部）”后面的下拉按钮，在打开的列表中选择“G-05”选项，单击“确定”按钮即可。

第20步：执行“文件”→“保存”命令。

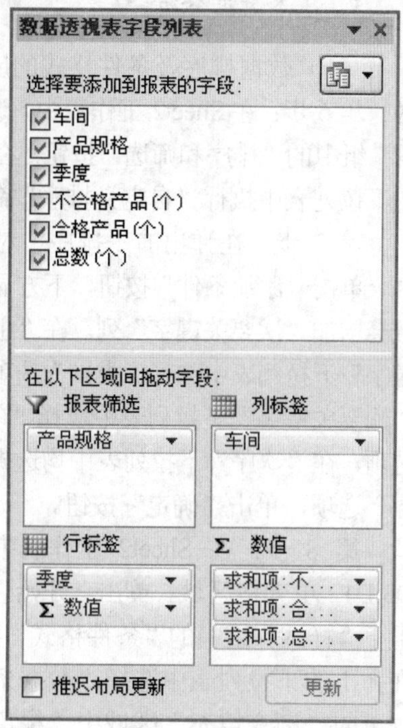

图7-25

7.4 第 4 题解答

执行“文件”→“打开”命令，在“查找范围”文本框中找到指定路径，选择 A7.xlsx 文件，单击“打开”按钮。

1. 数据的查找与替换

第 1 步：在 Sheet1 工作表中，单击“开始”选项卡下“编辑”组中的“查找和选择”按钮，在弹出的下拉列表中执行“替换”命令。

第 2 步：弹出“查找和替换”对话框，在“查找内容”文本框中输入“12.5”，在“替换为”文本框中输入“16.5”，单击“全部替换”按钮。

第 3 步：Sheet1 工作表中的所有数值 12.5 均被替换为 16.5，并弹出确认对话框，单击该对话框中的“确定”按钮。最后，关闭“查找和替换”对话框即可。

2. 公式、函数的应用

第 4 步：在 Sheet1 工作表中选中 E3 单元格，并在其中输入公式文本“=C3*D3”，按 Enter 键即可。

第 5 步：将光标置于 Sheet1 工作表中 E3 单元格的右下角处，当指针变为╋形状时，按住鼠标左键不放拖拽至 E12 单元格处，释放鼠标左键，即可完成 E3:E12 单元格公式的复制填充操作。

3. 基本数据分析

（1）数据排序及条件格式的应用：

第 6 步：在 Sheet2 工作表中，选定数据区域的任意单元格，单击“开始”选项卡下“编辑”组中的“排序和筛选”按钮，在弹出的下拉列表中执行“自定义排序”命令。

第 7 步：在弹出的“排序”对话框中，单击“添加条件”按钮，下方显示区域会增加“次要关键字”列。在“主要关键字”下拉列表中选择“类别”选项，在“次要关键字”下拉列表中选择“单价”选项，在“次序”下拉列表中均选择“降序”选项，单击“确定”按钮。

第 8 步：在 Sheet2 工作表中选中 D3:D12 单元格区域，单击“开始”选项卡下“样式”组中的“条件格式”按钮，在弹出的下拉列表中选择“数据条”选项下的“渐变填充”区域中“绿色数据条”条件格式，如图 7-26 所示。

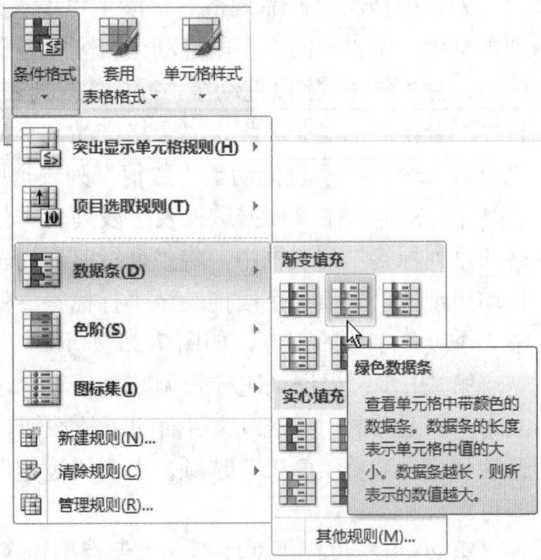

图 7-26

（2）数据筛选：

第 9 步：在 Sheet3 工作表中选定数据区域的任意单元格，单击“开始”选项卡下“编辑”组中的“排序和筛选”按钮，在弹出的下拉列表中执行“筛选”命令，即可在每个列字段后出现一个下拉按钮。单击“销售数量（本）”后的下拉按钮，在打开的下拉列表框中选择“数字筛选”选项下的“大于”选项。

第 10 步：打开“自定义自动筛选方式”对话框，在右侧的文本框中输入“5000”，点选“或”单选按钮，在第 2 行空白的下拉列表中选择“小于”选项，并在右侧的文本框中输入“4000”，如图 7-27 所示，单击“确定”按钮即可。

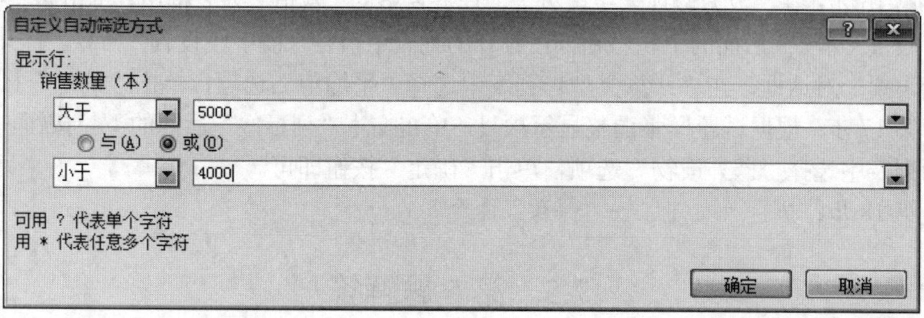

图 7-27

（3）合并计算：

第 11 步：在 Sheet4 工作表中选中 A16 单元格，单击“数据”选项卡下“数据工具”组中的“合并计算”按钮，打开“合并计算”对话框。在“函数”下拉列表中选择“求和”选项，单击“引用位置”文本框后面的折叠按钮，选定要进行合并计算的数据区域 A3:B12 并返回，单击“添加”按钮，并将其添加到“所有引用位置”下面的文本框中。再次单击“引用位置”文本框后面的折叠按钮，选定要进行合并计算的数据区域 D3:E10 并返回，单击“添加”按钮，并将其添加到“所有引用位置”下面的文本框中。再单击“引用位置”文本框后面的折叠按钮，选定要进行合并计算的数据区域 G3:H10 并返回，单击“添加”按钮，并将其添加到“所有引用位置”下面的文本框中，勾选“最左列”复选框，单击“确定”按钮即可。

（4）分类汇总：

第 12 步：在 Sheet5 工作表中选中“类别”所在列的任意单元格，单击“开始”选项卡下“编辑”组中的“排序和筛选”按钮，在弹出的下拉列表中执行“升序”命令，将“类别”字段列进行升序排列。

第 13 步：在“数据”选项卡下的“分级显示”组中单击“分类汇总”按钮，打开“分类汇总”对话框。在“分类字段”下拉列表中选择“类别”选项，在“汇总方式”下拉列表中选择“平均值”选项，在“选定汇总项”列表中仅选中“销售数量（本）”一个选项，勾选“汇总结果显示在数据下方”复选框。最后，单击“确定”按钮即可。

4. 数据的透视分析

第 14 步：在 Sheet6 工作表中选中 A1 单元格，单击“插入”选项卡下“表格”组中的“数据透视表”按钮，打开“创建数据透视表”对话框。单击“表/区域”文本框后面的折叠按钮，选择要分析的数据为“数据源”工作表中的 A2:D28 单元格区域并返回，单击“确定”按钮。

第 15 步：在 Sheet6 工作表中，将自动创建新的空白数据透视表，表格右侧会显示“数据透视表字段列表”任务窗格。在“选择要添加到报表的字段”列表中拖动“书店名称”字段至“报表筛选”列表框中，将“类别”字段拖动至“列标签”列表框中，将“书籍名称”字段拖动至“行标签”列表框中，将“销售数量（本）”字段拖动至“数值”列表框中。

第 16 步：在“数据透视表字段列表”任务窗格的“数值”列表框中，单击“求和项：销售数量（本）”后面的下拉按钮，在打开的列表中执行“值字段设置”命令。打开“值字段设置”对话框，在“计算类型”列表中选择“平均值”选项，单击“确定”按钮。

第 17 步：根据试题样张调整显示项目，单击文本“列标签”后面的下拉按钮，在打开的列表中选择“课外读物”选项，单击“确定”按钮即可。

第 18 步：执行“文件”→“保存”命令。

7.5 第 5 题解答

执行“文件”→“打开”命令，在“查找范围”文本框中找到指定路径，选择 A7.xlsx 文件，单击“打开”按钮。

1. 数据的查找与替换

第 1 步：在 Sheet1 工作表中，单击“开始”选项卡下“编辑”组中的“查找和选择”按钮，在弹出的下拉列表中执行“替换”命令。

第 2 步：弹出“查找和替换”对话框，在“查找内容”文本框中输入“4863”，在“替换为”文本框中输入“4835”，单击“全部替换”按钮。

第 3 步：Sheet1 工作表中的所有数值 4863 均被替换为 4835，并弹出确认对话框，单击该对话框中的“确定”按钮。最后，关闭“查找和替换”对话框即可。

2. 公式、函数的应用

第 4 步：在 Sheet1 工作表中选中 G3 单元格，单击“开始”选项卡下“编辑”组中“自动求和”下拉按钮，在弹出的下拉列表中执行“求和”命令。

第 5 步：在 Sheet1 工作表的 G3 单元格中会自动插入 SUM 求和函数，根据试题要求调整求和区域为 B3:F3 单元格区域，按 Enter 键即可。

第 6 步：将光标置于 Sheet1 工作表中 G3 单元格的右下角处，当指针变为+形状时，按住鼠标左键不放拖拽至 G8 单元格处，释放鼠标左键，即可完成 G3:G8 单元格函数的复制填充操作。

第 7 步：在 Sheet1 工作表中选中 B9 单元格，单击“开始”选项卡下“编辑”组中“自动求和”下拉按钮，在弹出的下拉列表中执行“平均值”命令，该单元格中会自动插入 AVERAGE 求平均值函数，根据试题要求调整求平均值区域为 B3:B8 单元格区域，按 Enter 键即可。

第 8 步：将光标置于 Sheet1 工作表中 B9 单元格的右下角处，当指针变为✚形状时，按住鼠标左键不放拖拽至 F9 单元格处，释放鼠标左键，即可完成 B9:F9 单元格函数的复制填充操作。

3. 基本数据分析

（1）数据排序及条件格式的应用：

第 9 步：在 Sheet2 工作表中，选定数据区域的任意单元格，单击“开始”选项卡下“编辑”组中的“排序和筛选”按钮，在弹出的下拉列表中执行“自定义排序”命令。

第 10 步：在弹出的“排序”对话框中的“主要关键字”下拉列表中选择“搅拌机”选项，在“次序”下拉列表中均选择“升序”选项，单击“确定”按钮。

第 11 步：在 Sheet2 工作表中选中 B3:F8 单元格区域，单击“开始”选项卡下“样式”组中的“条件格式”按钮，在弹出的下拉列表中选择“色阶”选项下的“蓝 - 白 - 红色阶”条件格式，如图 7-28 所示。

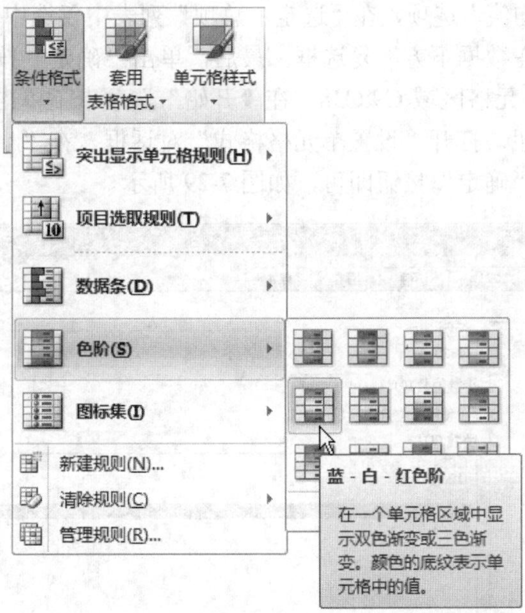

图 7-28

（2）数据筛选：

第 12 步：在 Sheet3 工作表中选定数据区域的任意单元格，单击“开始”选项卡下“编辑”组中的“排序和筛选”按钮，在弹出的下拉列表中执行“筛选”命令，即可在每个列字段后出现一个下拉按钮。单击“塑料”后的下拉按钮，在打开的下拉列表框中选择“数字筛选”选项下的“大于或等于”选项。

第 13 步：打开“自定义自动筛选方式”对话框，在右侧的文本框中输入“6000”，点选“或”单选按钮，在第 2 行空白的下拉列表中选择“小于或等于”选项，并在右侧的文本框中输入“4000”，单击“确定”按钮即可。

（3）合并计算：

第 14 步：在 Sheet4 工作表中选中 A12 单元格，单击“数据”选项卡下“数据工具”组中的“合并计算”按钮，打开“合并计算”对话框。在“函数”下拉列表中选择“求和”选项，单击“引用位置”文本框后面的折叠按钮，选定要进行合并计算的数据区域 A3:B7 并返回，单击“添加”按钮，并将其添加到“所有引用位置”下面的文本框中。再次单击“引用位置”文本框后面的折叠按钮，选定要进行合并计算的数据区域 D3:E7 并返回，单击“添加”按钮，并将其添加到“所有引用位置”下面的文本框中。勾选“最左列”复选框，单击“确定”按钮即可。

（4）分类汇总：

第 15 步：在 Sheet5 工作表中选中“产品名称”所在列的任意单元格，单击“开始”选项卡下“编辑”组中的“排序和筛选”按钮，在弹出的下拉列表中执行“降序”命令，将“产品名称”字段列进行降序排列。

第 16 步：在“数据”选项卡下的“分级显示”组中单击“分类汇总”按钮，打开“分类汇总”对话框。在“分类字段”下拉列表中选择“产品名称”选项，在“汇总方式”下拉列表中选择“平均值”选项，在“选定汇总项”列表中仅选中“销售额”一个选项，勾选“汇总结果显示在数据下方”复选框。最后，单击“确定”按钮即可。

第 17 步：选中单元格区域 C9:C38，在“开始”选项卡下单击“数字”组右下角的“对话框启动器”按钮，打开“设置单元格格式”对话框，在“小数位数”文本框中选择或输入“1”，单击“确定”按钮即可，如图 7-29 所示。

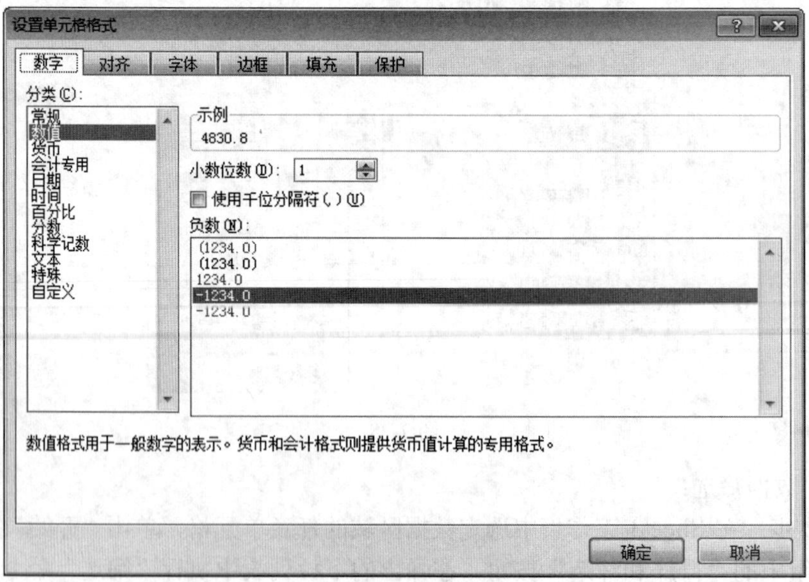

图 7-29

4. 数据的透视分析

第 18 步：在 Sheet6 工作表中选中 A1 单元格，单击“插入”选项卡下“表格”组中的“数据透视表”按钮，打开“创建数据透视表”对话框。单击“表/区域”文本框后面的折叠按钮，选择要分析的数据为“数据源”工作表中的 A2:C32 单元格区域并返回，单击“确定”按钮。

第 19 步：在 Sheet6 工作表中，将自动创建新的空白数据透视表，表格右侧会显示“数据透视表字段列表”任务窗格。在“选择要添加到报表的字段”列表中拖动“产品名称”字段至“列标签”列表框中，将“销售地区”字段拖动至“行标签”列表框中，将“销售额”字段拖动至“数值”列表框中，即可完成“创建数据透视表”操作。

第 20 步：执行“文件”→“保存”命令。

7.6　第 6 题解答

执行“文件”→“打开”命令，在“查找范围”文本框中找到指定路径，选择 A7.xlsx 文件，单击“打开”按钮。

1. 数据的查找与替换

第 1 步：在 Sheet1 工作表中，单击“开始”选项卡下“编辑”组中的“查找和选择”按钮，在弹出的下拉列表中执行“替换”命令。

第 2 步：弹出“查找和替换”对话框，在“查找内容”文本框中输入“1.3”，在“替换为”文本框中输入“1.5”，单击“全部替换”按钮。

第 3 步：Sheet1 工作表中的所有数值 1.3 均被替换为 1.5，并弹出确认对话框，单击该对话框中的“确定”按钮。最后，关闭“查找和替换”对话框即可。

2. 公式、函数的应用

第 4 步：在 Sheet1 工作表中选中 E3 单元格，并在其中输入公式文本“=C3*D3”，按 Enter 键即可。

第 5 步：将光标置于 Sheet1 工作表中 E3 单元格的右下角处，当指针变为✚形状时，按住鼠标左键不放拖拽至 E21 单元格处，释放鼠标左键，即可完成 E3:E21 单元格公式的复制填充操作。

3. 基本数据分析

（1）数据排序及条件格式的应用：

第 6 步：在 Sheet2 工作表中，选定数据区域的任意单元格，单击“开始”选项卡下“编辑”组中的“排序和筛选”按钮，在弹出的下拉列表中执行“自定义排序”命令。

第 7 步：在弹出的“排序”对话框中，单击“添加条件”按钮，下方显示区域会增加“次要关键字”列。在“主要关键字”下拉列表中选择“进货产量（公斤）”选项，在“次要关键字”下拉列表中选择“进货单价（元）”选项，在“次序”下拉列表中均选择“降序”选项，单击“确定”按钮。

第 8 步：在 Sheet2 工作表中选中 C3:D21 单元格区域，单击“开始”选项卡下“样式”组中的“条件格式”按钮，在弹出的下拉列表中选择“图标集”选项下的“三标志”条件格式。

（2）数据筛选：

第 9 步：在 Sheet3 工作表中选定数据区域的任意单元格，单击“开始”选项卡下“编辑”组中的“排序和筛选”按钮，在弹出的下拉列表中执行“筛选”命令，即可在每个列字段后出现一个下拉按钮。单击“进货地区”后的下拉按钮，在打开的下拉列表框中仅勾选“北京市”复选框，单击“确定”按钮。

第 10 步：再次单击“进货单价（元）”后的下拉按钮，在打开的下拉列表框中选择“数字筛选”选项下的“大于”选项。

第 11 步：打开“自定义自动筛选方式”对话框，在右侧的文本框中输入“2”，单击“确定”按钮即可。

（3）合并计算：

第 12 步：在 Sheet4 工作表中选中 A19 单元格，单击“数据”选项卡下“数据工具”组中的“合并计算”按钮，打开“合并计算”对话框。在“函数”下拉列表中选择“求和”选项，单击“引用位置”文本框后面的折叠按钮，选定要进行合并计算的数据区域 A3:B14 并返回，单击“添加”按钮，并将其添加到“所有引用位置”下面的文本框中。再次单击“引用位置”文本框后面的折叠按钮，选定要进行合并计算的数据区域 D3:E14 并返回，单击“添加”按钮，并将其添加到“所有引用位置”下面的文本框中。再单击“引用位置”文本框后面的折叠按钮，选定要进行合并计算的数据区域 G3:H14 并返回，单击“添加”按钮，并将其添加到“所有引用位置”下面的文本框中，勾选“最左列”复选框，单击“确定”按钮即可。

（4）分类汇总：

第 13 步：在 Sheet5 工作表中选中“进货地区”所在列的任意单元格，单击“开始”选项卡下“编辑”组中的“排序和筛选”按钮，在弹出的下拉列表中执行“升序”命令，将“进货地区”字段列进行升序排列。

第 14 步：在“数据”选项卡下的“分级显示”组中单击“分类汇总”按钮，打开“分类汇总”对话框。在“分类字段”下拉列表中选择“进货地区”选项，在“汇总方式”下拉列表中选择“最大值”选项，在“选定汇总项”列表中选中“进货产量（公斤）”和“进货单价（元）”两个选项，勾选“汇总结果显示在数据下方”复选框。最后，单击“确定”按钮即可。

4. 数据的透视分析

第 15 步：在 Sheet6 工作表中选中 A3 单元格，单击“插入”选项卡下“表格”组中的“数据透视表”按钮，打开“创建数据透视表”对话框。单击“表/区域”文本框后面的折叠按钮，选择要分析的数据为“数据源”工作表中的 A2:D34 单元格区域并返回，单击“确定”按钮。

第 16 步：在 Sheet6 工作表中，将自动创建新的空白数据透视表，表格右侧会显示“数据透视表字段列表”任务窗格。在“选择要添加到报表的字段”列表中拖动“进货地区”字段至“列标签”列表框中，将“品种”字段拖动至“行标签”列表框中，将“进货产量（公斤）”字段拖动至“数值”列表框中，即可完成“创建数据透视表”操作。

第 17 步：执行“文件”→“保存”命令。

7.7　第 7 题解答

执行“文件”→“打开”命令，在“查找范围”文本框中找到指定路径，选择 A7.xlsx 文件，单击“打开”按钮。

1. 数据的查找与替换

第 1 步：在 Sheet1 工作表中，单击“开始”选项卡下“编辑”组中的“查找和选择”按钮，在弹出的下拉列表中执行“替换”命令。

第 2 步：弹出“查找和替换”对话框，在“查找内容”文本框中输入“8100”，在“替换为”文本框中输入“8200”，单击“全部替换”按钮。

第 3 步：Sheet1 工作表中的所有数值 8100 均被替换为 8200，并弹出确认对话框，单击该对话框中的“确定”按钮。最后，关闭“查找和替换”对话框即可。

2. 公式、函数的应用

第 4 步：在 Sheet1 工作表中选中 G3 单元格，单击“开始”选项卡下“编辑”组中“自动求和”下拉按钮，在弹出的下拉列表中执行“求和”命令。

第 5 步：在 Sheet1 工作表的 G3 单元格中会自动插入 SUM 求和函数，根据试题要求调整求和区域为 C3:F3 单元格区域，按 Enter 键即可。

第 6 步：将光标置于 Sheet1 工作表中 G3 单元格的右下角处，当指针变为＋形状时，按住鼠标左键不放拖拽至 G16 单元格处，释放鼠标左键，即可完成 G3:G16 单元格函数的复制填充操作。

第 7 步：在 Sheet1 工作表中选中 C17 单元格，单击“开始”选项卡下“编辑”组中“自动求和”下拉按钮，在弹出的下拉列表中执行“平均值”命令，该单元格中会自动插入 AVERAGE 求平均值函数，根据试题要求调整求平均值区域为 C3:C16 单元格区域，按 Enter 键即可。

第 8 步：将光标置于 Sheet1 工作表中 C17 单元格的右下角处，当指针变为＋形状时，按住鼠标左键不放拖拽至 G17 单元格处，释放鼠标左键，即可完成 C17:G17 单元格函数的复制填充操作。

3. 基本数据分析

（1）数据排序及条件格式的应用：

第 9 步：在 Sheet2 工作表中，选定数据区域的任意单元格，单击“开始”选项卡下“编辑”组中的“排序和筛选”按钮，在弹出的下拉列表中执行“自定义排序”命令。

第 10 步：在弹出的“排序”对话框中，单击“添加条件”按钮，下方显示区域会增加“次要关键字”列。在“主要关键字”下拉列表中选择“第一季度”选项，在“次要关键字”下拉列表中选择“第四季度”选项，在“次序”下拉列表中均选择“升序”选项，单击“确定”按钮。

第 11 步：在 Sheet2 工作表中选中 C3:F16 单元格区域，单击“开始”选项卡下“样式”组中的“条件格式”按钮，在弹出的下拉列表中选择“色阶”选项下的“红 - 白 - 绿色阶”条件格式。

（2）数据筛选：

第 12 步：在 Sheet3 工作表中选定数据区域的任意单元格，单击“开始”选项卡下“编辑”组中的“排序和筛选”按钮，在弹出的下拉列表中执行“筛选”命令，即可在每个列字段后出现一个下拉按钮。单击“第一季度”后的下拉按钮，在打开的下拉列表框中选择“数字筛选”选项下的“大于”选项。

第 13 步：打开“自定义自动筛选方式”对话框，在右侧的文本框中输入“6000”，单击“确定”按钮即可。使用相同的方法将其他三个季度“大于 6000”的记录筛选出来。

（3）合并计算：

第 14 步：在 Sheet4 工作表中选中 A33 单元格，单击“数据”选项卡下“数据工具”组中的“合并计算”按钮，打开“合并计算”对话框。在“函数”下拉列表中选择“平均值”选项，单击“引用位置”文本框后面的折叠按钮，选定要进行合并计算的数据区域 A3:E9 并返回，单击“添加”按钮，并将其添加到“所有引用位置”下面的文本框中。再次单击“引用位置”文本框后面的折叠按钮，选定要进行合并计算的数据区域 A13:E19 并返回，单击“添加”按钮，并将其添加到“所有引用位置”下面的文本框中。再单击“引用位置”文本框后面的折叠按钮，选定要进行合并计算的数据区域 A23:E29 并返回，单击“添加”按钮，并将其添加到“所有引用位置”下面的文本框中，勾选“最左列”复选框，单击“确定”按钮即可。

（4）分类汇总：

第 15 步：在 Sheet5 工作表中选中“类别”所在列的任意单元格，单击“开始”选项卡下“编辑”组中的“排序和筛选”按钮，在弹出的下拉列表中执行“升序”命令，将“类别”字段列进行升序排列。

第 16 步：在“数据”选项卡下的“分级显示”组中单击“分类汇总”按钮，打开“分类汇总”对话框。在“分类字段”下拉列表中选择“类别”选项，在“汇总方式”下拉列表中选择“求和”选项，在“选定汇总项”列表中选中“第一季度”、“第二季度”、“第三季度”和“第四季度”四个选项，勾选“汇总结果显示在数据下方”复选框。最后，单击“确定”按钮即可。

4. 数据的透视分析

第 17 步：在 Sheet6 工作表中选中 A1 单元格，单击“插入”选项卡下“表格”组中的“数据透视表”按钮，打开“创建数据透视表”对话框。单击“表/区域”文本框后面的折叠按钮，选择要分析的数据为“数据源”工作表中的 A2:D26 单元格区域并返回，单击“确定”按钮。

第 18 步：在 Sheet6 工作表中，将自动创建新的空白数据透视表，表格右侧会显示“数据透视表字段列表”任务窗格。在“选择要添加到报表的字段”列表中拖动“产品型号”字段至“报表筛选”列表框中，将“代理公司”字段拖动至“列标签”列表框中，将“类别”字段拖动至“行标签”列表框中，将“销售额”字段拖动至“数值”列表框中。

第 19 步：在“数据透视表字段列表”任务窗格的“数值”列表框中，单击“求和项：销售额”后面的下拉按钮，在打开的列表中执行“值字段设置”命令。打开“值字段设置”对话框，在“计算类型”列表中选择“最小值”选项，单击“确定”按钮。

第 20 步：执行“文件”→“保存”命令。

7.8　第 8 题解答

执行“文件”→“打开”命令，在“查找范围”文本框中找到指定路径，选择 A7.xlsx 文件，单击“打开”按钮。

1. 数据的查找与替换

第 1 步：在 Sheet1 工作表中，单击“开始”选项卡下“编辑”组中的“查找和选择”按钮，在弹出的下拉列表中执行“替换”命令。

第 2 步：弹出“查找和替换”对话框，在“查找内容”文本框中输入“230”，在“替换为”文本框中输入“215”，单击“全部替换”按钮。

第 3 步：Sheet1 工作表中的所有数值 230 均被替换为 215，并弹出确认对话框，单击该对话框中的“确定”按钮。最后，关闭“查找和替换”对话框即可。

2. 公式、函数的应用

第 4 步：在 Sheet1 工作表中选中 F3 单元格，并在其中输入公式文本“=D3*E3”，按 Enter 键即可。

第 5 步：将光标置于 Sheet1 工作表中 F3 单元格的右下角处，当指针变为✚形状时，按住鼠标左键不放拖拽至 F17 单元格处，释放鼠标左键，即可完成 F3:F17 单元格公式的复制填充操作。

3. 基本数据分析

（1）数据排序及条件格式的应用：

第 6 步：在 Sheet2 工作表中，选定数据区域的任意单元格，单击“开始”选项卡下“编辑”组中的“排序和筛选”按钮，在弹出的下拉列表中执行“自定义排序”命令。

第 7 步：在弹出的“排序”对话框中，单击“添加条件”按钮，下方显示区域会增加“次要关键字”列。在“主要关键字”下拉列表中选择“数量”选项，在“次要关键字”下拉列表中选择“单价（元）”选项，在“次序”下拉列表中均选择“降序”选项，单击“确定”按钮。

第 8 步：在 Sheet2 工作表中选中 E3:E17 单元格区域，单击“开始”选项卡下“样式”组中的“条件格式”按钮，在弹出的下拉列表中执行“突出显示单元格规则”选项下的“大于”选项，如图 7-30 所示。弹出“大于”对话框，在“为大于以下值的单元格设置格式”下面的文本框中输入“2000”，在“设置为”后面的下拉列表中选择“绿填充色深绿色文本”选项，如图 7-31 所示，单击“确定”按钮即可。

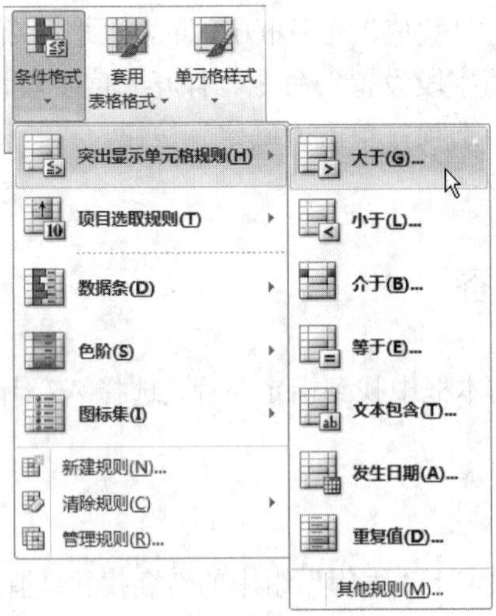

图 7-30

图 7-31

（2）数据筛选：

第 9 步：在 Sheet3 工作表中选定数据区域的任意单元格，单击“开始”选项卡下“编辑”组中的“排序和筛选”按钮，在弹出的下拉列表中执行“筛选”命令，即可在每个列字段后出现一个下拉按钮。单击“进货地区”后的下拉按钮，在打开的下拉列表框中仅勾选“上海市”复选框，单击“确定”按钮。

第 10 步：再次单击“数量”后的下拉按钮，在打开的下拉列表框中选择“数字筛选”选项下的“大于”选项。

第 11 步：打开“自定义自动筛选方式”对话框，在右侧的文本框中输入“100”，单击“确定”按钮即可。

（3）合并计算：

第 12 步：在 Sheet4 工作表中选中 C22 单元格，单击“数据”选项卡下“数据工具”组中的“合并计算”按钮，打开“合并计算”对话框。在“函数”下拉列表中选择“平均值”选项，单击“引用位置”文本框后面的折叠按钮，选定要进行合并计算的数据区域 C3:C17 并返回，单击“添加”按钮，并将其添加到“所有引用位置”下面的文本框中。再次单击“引用位置”文本框后面的折叠按钮，选定要进行合并计算的数据区域 G3:G17 并返回，单击“添加”按钮，并将其添加到“所有引用位置”下面的文本框中，单击“确定”按钮即可。

（4）分类汇总：

第 13 步：在 Sheet5 工作表中选中“类别”所在列的任意单元格，单击“开始”选项卡下“编辑”组中的“排序和筛选”按钮，在弹出的下拉列表中执行“升序”命令，将“类别”字段列进行升序排列。

第 14 步：在“数据”选项卡下的“分级显示”组中单击“分类汇总”按钮，打开“分类汇总”对话框。在“分类字段”下拉列表中选择“类别”选项，在“汇总方式”下拉列表中选择“求和”选项，在“选定汇总项”列表中选中“数量”和“单价（元）”两个选项，勾选“汇总结果显示在数据下方”复选框。最后，单击“确定”按钮即可。

4. 数据的透视分析

第 15 步：在 Sheet6 工作表中选中 A1 单元格，单击“插入”选项卡下“表格”组中的“数据透视表”按钮，打开“创建数据透视表”对话框。单击“表/区域”文本框后面的折叠按钮，选择要分析的数据为“数据源”工作表中的 A2:E35 单元格区域并返回，单击“确定”按钮。

第 16 步：在 Sheet6 工作表中，将自动创建新的空白数据透视表，表格右侧会显示“数据透视表字段列表”任务窗格。在“选择要添加到报表的字段”列表中拖动“名称”字段至“报表筛选”列表框中，将“进货地区”字段拖动至“列标签”列表框中，将“类别”字段拖动至“行标签”列表框中，将“数量”和“单价（元）”字段拖动至“数值”列表框中。

第 17 步：在“数据透视表字段列表”任务窗格的“列标签”列表框中，将“数值”字段拖动至“行标签”列表框中“类别”字段的下方，即可完成“创建数据透视表”操作。

第 18 步：执行“文件”→“保存”命令。

7.9　第 9 题解答

执行“文件”→“打开”命令，在“查找范围”文本框中找到指定路径，选择 A7.xlsx 文件，单击“打开”按钮。

1. 数据的查找与替换

第 1 步：在 Sheet1 工作表中，单击“开始”选项卡下“编辑”组中的“查找和选择”按钮，在弹出的下拉列表中执行“替换”命令。

第 2 步：弹出“查找和替换”对话框，在“查找内容”文本框中输入“8010”，在“替换为”文本框中输入“8500”，单击“全部替换”按钮。

第 3 步：Sheet1 工作表中的所有数值 8010 均被替换为 8500，并弹出确认对话框，单击该对话框中的“确定”按钮。最后，关闭“查找和替换”对话框即可。

2. 公式、函数的应用

第 4 步：在 Sheet1 工作表中选中 F3 单元格，单击“开始”选项卡下“编辑”组中“自动求和”下拉按钮，在弹出的下拉列表中执行“求和”命令。

第 5 步：在 Sheet1 工作表的 F3 单元格中会自动插入 SUM 求和函数，根据试题要求调整求和区域为 C3:E3 单元格区域，按 Enter 键即可。

第 6 步：将光标置于 Sheet1 工作表中 F3 单元格的右下角处，当指针变为╋形状时，按住鼠标左键不放拖拽至 F16 单元格处，释放鼠标左键，即可完成 F3:F16 单元格函数的复制填充操作。

第 7 步：在 Sheet1 工作表中选中 C17 单元格，单击“开始”选项卡下“编辑”组中“自动求和”下拉按钮，在弹出的下拉列表中选择“最大值”选项，该单元格中会自动插入 MAX 求最大值函数，根据试题要求调整求最大值区域为 C3:C16 单元格区域，按 Enter 键即可。

第 8 步：将光标置于 Sheet1 工作表中 C17 单元格的右下角处，当指针变为+形状时，按住鼠标左键不放拖拽至 E17 单元格处，释放鼠标左键，即可完成 C17:E17 单元格函数的复制填充操作。

3. 基本数据分析

（1）数据排序及条件格式的应用：

第 9 步：在 Sheet2 工作表中，选定数据区域的任意单元格，单击“开始”选项卡下“编辑”组中的“排序和筛选”按钮，在弹出的下拉列表中执行“自定义排序”命令。

第 10 步：在弹出的“排序”对话框中，单击“添加条件”按钮，下方显示区域会增加“次要关键字”列。在“主要关键字”下拉列表中选择“一月份”选项，在“次要关键字”下拉列表中选择“二月份”选项，在“次序”下拉列表中均选择“降序”选项，单击“确定”按钮。

第 11 步：在 Sheet2 工作表中选中 C3:E16 单元格区域，单击“开始”选项卡下“样式”组中的“条件格式”按钮，在弹出的下拉列表中选择“图标集”选项下的“四色交通灯”条件格式。

（2）数据筛选：

第 12 步：在 Sheet3 工作表中选定数据区域的任意单元格，单击“开始”选项卡下“编辑”组中的“排序和筛选”按钮，在弹出的下拉列表中执行“筛选”命令，即可在每个列字段后出现一个下拉按钮。单击“二月份”后的下拉按钮，在打开的下拉列表框中选择“数字筛选”选项下的“大于”选项。

第 13 步：打开“自定义自动筛选方式”对话框，在右侧的文本框中输入“9000”，点选“或”单选按钮，在第 2 行空白的下拉列表中选择“小于”选项，并在右侧的文本框中输入“6000”，单击“确定”按钮即可。

（3）合并计算：

第 14 步：在 Sheet4 工作表中选中 C21 单元格，单击“数据”选项卡下“数据工具”组中的“合并计算”按钮，打开“合并计算”对话框。在“函数”下拉列表中选择“求和”选项，单击“引用位置”文本框后面的折叠按钮，选定要进行合并计算的数据区域 C3:C16 并返回，单击“添加”按钮，并将其添加到“所有引用位置”下面的文本框中。再次单击“引用位置”文本框后面的折叠按钮，选定要进行合并计算的数据区域 G3:G16 并返回，单击“添加”按钮，并将其添加到“所有引用位置”下面的文本框中，单击“确定”按钮即可。

（4）分类汇总：

第 15 步：在 Sheet5 工作表中选中“品牌”所在列的任意单元格，单击“开始”选项卡下“编辑”组中的“排序和筛选”按钮，在弹出的下拉列表中执行“升序”命令，将“品牌”字段列进行升序排列。

第 16 步：在“数据”选项卡下的“分级显示”组中单击“分类汇总”按钮，打开“分类汇总”对话框。在“分类字段”下拉列表中选择“品牌”选项，在“汇总方式”下拉列表中选择“最小值”选项，在“选定汇总项”列表中选中“一月份”、“二月份”和“三月份”三个选项，勾选“汇总结果显示在数据下方”复选框。最后，单击“确定”按钮即可。

4. 数据的透视分析

第 17 步：在 Sheet6 工作表中选中 A1 单元格，单击“插入”选项卡下“表格”组中的“数据透视表”按钮，打开“创建数据透视表”对话框。单击“表/区域”文本框后面的折叠按钮，选择要分析的数据为“数据源”工作表中的 A2:E30 单元格区域并返回，单击“确定”按钮。

第 18 步：在 Sheet6 工作表中，将自动创建新的空白数据透视表，表格右侧会显示“数据透视表字段列表”任务窗格。在“选择要添加到报表的字段”列表中拖动“型号”字段至“报表筛选”列表框中，将“品牌”字段拖动至“行标签”列表框中，将“一月份”、“二月份”和“三月份”字段拖动至“数值”列表框中，“数值”字段将自动出现在“列标签”列表框中，即可完成“创建数据透视表”操作。

第 19 步：执行“文件”→“保存”命令。

7.10　第 10 题解答

执行“文件”→“打开”命令，在“查找范围”文本框中找到指定路径，选择 A7.xlsx 文件，单击“打开”按钮。

1. 数据的查找与替换

第 1 步：在 Sheet1 工作表中，单击“开始”选项卡下“编辑”组中的“查找和选择”按钮，在弹出的下拉列表中执行“替换”命令。

第 2 步：弹出“查找和替换”对话框，在“查找内容”文本框中输入“84”，在“替换为”文本框中输入“80”，单击“全部替换”按钮。

第 3 步：Sheet1 工作表中的所有数值 84 均被替换为 80，并弹出确认对话框，单击该对话框中的“确定”按钮。最后，关闭“查找和替换”对话框即可。

2. 公式、函数的应用

第 4 步：在 Sheet1 工作表中选中 I3 单元格，单击“开始”选项卡下“编辑”组中“自动求和”下拉按钮，在弹出的下拉列表中执行“求和”命令。

第 5 步：在 Sheet1 工作表的 I3 单元格中会自动插入 SUM 求和函数，根据试题要求调整求和区域为 D3:H3 单元格区域，按 Enter 键即可。

第 6 步：将光标置于 Sheet1 工作表中 I3 单元格的右下角处，当指针变为✚形状时，按住鼠标左键不放拖拽至 I18 单元格处，释放鼠标左键，即可完成 I3:I18 单元格函数的复制填充操作。

3. 基本数据分析

（1）数据排序及条件格式的应用：

第 7 步：在 Sheet2 工作表中，选定数据区域的任意单元格，单击“开始”选项卡下“编辑”组中的“排序和筛选”按钮，在弹出的下拉列表中执行“自定义排序”命令。

第 8 步：在弹出的“排序”对话框中，单击“添加条件”按钮，下方显示区域会增加“次要关键字”列。在“主要关键字”下拉列表中选择“取暖费”选项，在“次要关键字”下拉列表中选择“电费”选项，在“次序”下拉列表中均选择“升序”选项，单击“确定”按钮。

第 9 步：在 Sheet2 工作表中选中 D3:H18 单元格区域，单击“开始”选项卡下“样式”组中的“条件格式”按钮，在弹出的下拉列表中选择“数据条”选项下的“渐变填充”区域中“浅蓝色数据条”条件格式。

（2）数据筛选：

第 10 步：在 Sheet3 工作表中选定数据区域的任意单元格，单击“开始”选项卡下“编辑”组中的“排序和筛选”按钮，在弹出的下拉列表中执行“筛选”命令，即可在每个列字段后出现一个下拉按钮。单击“取暖费”后的下拉按钮，在打开的下拉列表框中选择“数字筛选”选项下的“大于或等于”按钮。

第 11 步：打开“自定义自动筛选方式”对话框，在右侧的文本框中输入“300”，单击“确定”按钮即可。

第 12 步：再次单击“物业管理费”后的下拉按钮，在打开的下拉列表框中选择“数字筛选”选项下的“小于或等于”选项。

第 13 步：打开“自定义自动筛选方式”对话框，在右侧的文本框中输入“50”，单击“确定”按钮即可。

（3）合并计算：

第 14 步：在 Sheet4 工作表中选中 A23 单元格，单击“数据”选项卡下“数据工具”组中的“合并计算”按钮，打开“合并计算”对话框。在“函数”下拉列表中选择“求和”选项，单击“引用位置”文本框后面的折叠按钮，选定要进行合并计算的数据区域 A3:F18 并返回，单击“添加”按钮，并将其添加到“所有引用位置”下面的文本框中。再次单击“引用位置”文本框后面的折叠按钮，选定要进行合并计算的数据区域 H3:M18 并返回，单击“添加”按钮，并将其添加到“所有引用位置”下面的文本框中，勾选“最左列”复选框，单击“确定”按钮即可。

（4）分类汇总：

第 15 步：在 Sheet5 工作表中选中表格的任意单元格，在“数据”选项卡下的“分级显示”组中单击“分类汇总”按钮，打开“分类汇总”对话框。在“分类字段”下拉列表中选择“单元”选项，在“汇总方式”下拉列表中选择“平均值”选项，在“选定汇总项”列表中选中“电费”和“取暖费”两个选项，勾选“汇总结果显示在数据下方”复选框。最后，单击“确定”按钮即可。

4. 数据的透视分析

第 16 步：在 Sheet6 工作表中选中 A1 单元格，单击“插入”选项卡下“表格”组中的“数据透视表”按钮，打开“创建数据透视表”对话框。单击“表/区域”文本框后面的折叠按钮，选择要分析的数据为“数据源”工作表中的 A2:F31 单元格区域并返回，单击“确定”按钮。

第 17 步：在 Sheet6 工作表中，将自动创建新的空白数据透视表，表格右侧会显示“数据透视表字段列表”任务窗格。在“选择要添加到报表的字段”列表中拖动“户主”

字段至“报表筛选”列表框中，将“单元”字段拖动至“列标签”列表框中，将“楼号”字段拖动至“行标签”列表框中，将“水费”、“电费”和“天然气费”字段拖动至“数值”列表框中，将“列标签”列表框中自动出现的“数值”字段拖动至“行标签”列表框中“楼号”字段的下方。

第 18 步：在“数据透视表字段列表”任务窗格的“数值”列表框中，单击“求和项：水费”后面的下拉按钮，在打开的列表中执行“值字段设置”命令。打开“值字段设置”对话框，在“计算类型”列表中选择“最大值”选项，单击“确定”按钮。使用相同的方法将“求和项：电费”和“求和项：天然气费”的“计算类型”均选择“最大值”选项。

第 19 步：根据试题样张调整显示项目，单击文本“列标签”后面的下拉按钮，在打开的列表中选择“五”选项，单击“确定”按钮即可。

第 20 步：执行“文件”→“保存”命令。

7.11　第 11 题解答

执行“文件”→“打开”命令，在“查找范围”文本框中找到指定路径，选择 A7.xlsx 文件，单击“打开”按钮。

1. 数据的查找与替换

第 1 步：在 Sheet1 工作表中，单击“开始”选项卡下“编辑”组中的“查找和选择”按钮，在弹出的下拉列表中执行“替换”命令。

第 2 步：弹出“查找和替换”对话框，在“查找内容”文本框中输入“64500”，在“替换为”文本框中输入“65000”，单击“全部替换”按钮。

第 3 步：Sheet1 工作表中的所有数值 64500 均被替换为 65000，并弹出确认对话框，单击该对话框中的“确定”按钮。最后，关闭“查找和替换”对话框即可。

2. 公式、函数的应用

第 4 步：在 Sheet1 工作表中选中 G3 单元格，单击“开始”选项卡下“编辑”组中“自动求和”下拉按钮，在弹出的下拉列表中执行“求和”命令。

第 5 步：在 Sheet1 工作表的 G3 单元格中会自动插入 SUM 求和函数，根据试题要求调整求和区域为 D3:F3 单元格区域，按 Enter 键即可。

第 6 步：将光标置于 Sheet1 工作表中 G3 单元格的右下角处，当指针变为**+**形状时，按住鼠标左键不放拖拽至 G14 单元格处，释放鼠标左键，即可完成 G3:G14 单元格函数的复制填充操作。

3. 基本数据分析

（1）数据排序及条件格式的应用：

第 7 步：在 Sheet2 工作表中，选定数据区域的任意单元格，单击“开始”选项卡下“编辑”组中的“排序和筛选”按钮，在弹出的下拉列表中执行“自定义排序”命令。

第 8 步：在弹出的“排序”对话框中，单击“添加条件”按钮，下方显示区域会增加“次要关键字”列。在“主要关键字”下拉列表中选择“总销售额”选项，在“次要关键字”下拉列表中选择“三月份”选项，在“次序”下拉列表中均选择“降序”选项，单击“确定”按钮。

第 9 步：在 Sheet2 工作表中选中 D3:G14 单元格区域，单击“开始”选项卡下“样式”组中的“条件格式”按钮，在弹出的下拉列表中选择“图标集”选项下的“三色旗”条件格式。

（2）数据筛选：

第 10 步：在 Sheet3 工作表中选定数据区域的任意单元格，单击“开始”选项卡下“编辑”组中的“排序和筛选”按钮，在弹出的下拉列表中执行“筛选”命令，即可在每个列字段后出现一个下拉按钮。单击“一月份”后的下拉按钮，在打开的下拉列表框中选择“数字筛选”选项下的“大于”选项。

第 11 步：打开“自定义自动筛选方式”对话框，在右侧的文本框中输入“80000”，单击“确定”按钮即可。使用相同的方法将“二月份”和“三月份”中“大于 80000”的记录筛选出来。

（3）合并计算：

第 12 步：在 Sheet4 工作表中选中 B19 单元格，单击“数据”选项卡下“数据工具”组中的“合并计算”按钮，打开“合并计算”对话框。在“函数”下拉列表中选择“求和”选项，单击“引用位置”文本框后面的折叠按钮，选定要进行合并计算的数据区域 B3:B14 并返回，单击“添加”按钮，并将其添加到“所有引用位置”下面的文本框中。再次单击“引用位置”文本框后面的折叠按钮，选定要进行合并计算的数据区域 F3:F14 并返回，单击“添加”按钮，并将其添加到“所有引用位置”下面的文本框中。再单击“引用位置”文本框后面的折叠按钮，选定要进行合并计算的数据区域 J3:J14 并返回，单击“添加”按钮，并将其添加到“所有引用位置”下面的文本框中，单击“确定”按钮即可。

（4）分类汇总：

第 13 步：在 Sheet5 工作表中选中“部门”所在列的任意单元格，单击“开始”选项卡下“编辑”组中的“排序和筛选”按钮，在弹出的下拉列表中执行“升序”命令，将“部门”字段列进行升序排列。

第 14 步：在“数据”选项卡下的“分级显示”组中单击“分类汇总”按钮，打开“分类汇总”对话框。在“分类字段”下拉列表中选择“部门”选项，在“汇总方式”下拉列表中选择“求和”选项，在“选定汇总项”列表中选中“一月份”、“二月份”和“三月份”三个选项，勾选“汇总结果显示在数据下方”复选框。最后，单击“确定”按钮即可。

4. 数据的透视分析

第 15 步：在 Sheet6 工作表中选中 A1 单元格，单击“插入”选项卡下“表格”组中的“数据透视表”按钮，打开“创建数据透视表”对话框。单击“表/区域”文本框后面的折叠按钮，选择要分析的数据为“数据源”工作表中的 A2:D24 单元格区域并返回，单击“确定”按钮。

第 16 步：在 Sheet6 工作表中，将自动创建新的空白数据透视表，表格右侧会显示“数据透视表字段列表”任务窗格。在“选择要添加到报表的字段”列表中拖动“职务”

字段至“报表筛选”列表框中，将“部门”字段拖动至“列标签”列表框中，将“姓名”字段拖动至“行标签”列表框中，将“全年销售额”字段拖动至“数值”列表框中。

第 17 步：根据试题样张调整显示项目，单击文本“职务（全部）”后面的下拉按钮，在打开的列表中选择“高级销售顾问”选项，单击“确定”按钮即可。

第 18 步：执行“文件”→“保存”命令。

7.12　第 12 题解答

执行“文件”→“打开”命令，在“查找范围”文本框中找到指定路径，选择 A7.xlsx 文件，单击“打开”按钮。

1. 数据的查找与替换

第 1 步：在 Sheet1 工作表中，单击“开始”选项卡下“编辑”组中的“查找和选择”按钮，在弹出的下拉列表中执行“替换”命令。

第 2 步：弹出“查找和替换”对话框，在“查找内容”文本框中输入“150”，在“替换为”文本框中输入“160”，单击“全部替换”按钮。

第 3 步：Sheet1 工作表中的所有数值 150 均被替换为 160，并弹出确认对话框，单击该对话框中的“确定”按钮。最后，关闭“查找和替换”对话框即可。

2. 公式、函数的应用

第 4 步：在 Sheet1 工作表中选中 F3 单元格，并在其中输入公式文本“=C3*E3”，按 Enter 键即可。

第 5 步：将光标置于 Sheet1 工作表中 F3 单元格的右下角处，当指针变为✚形状时，按住鼠标左键不放拖拽至 F15 单元格处，释放鼠标左键，即可完成 F3:F15 单元格公式的复制填充操作。

3. 基本数据分析

（1）数据排序及条件格式的应用：

第 6 步：在 Sheet2 工作表中，选定数据区域的任意单元格，单击“开始”选项卡下“编辑”组中的“排序和筛选”按钮，在弹出的下拉列表中执行“自定义排序”命令。

第 7 步：在弹出的“排序”对话框中，单击“添加条件”按钮，下方显示区域会增加“次要关键字”列。在“主要关键字”下拉列表中选择“销售数量”选项，在“次要关键字”下拉列表中选择“单价（元）”选项，在“次序”下拉列表中均选择“降序”选项，单击“确定”按钮。

第 8 步：在 Sheet2 工作表中同时选中 C3:C15 和 E3:E15 单元格区域，单击“开始”选项卡下“样式”组中的“条件格式”按钮，在弹出的下拉列表中选择“图标集”选项下的“三标志”条件格式。

（2）数据筛选：

第 9 步：在 Sheet3 工作表中选定数据区域的任意单元格，单击“开始”选项卡下“编辑”组中的“排序和筛选”按钮，在弹出的下拉列表中执行“筛选”命令，即可在每个列字段后出现一个下拉按钮。单击“销售人群”后的下拉按钮，在打开的下拉列表框中仅勾选“青年”复选框，单击“确定”按钮。

第 10 步：再次单击“销售数量”后的下拉按钮，在打开的下拉列表框中选择“数字筛选”选项下的“大于”选项。

第 11 步：打开“自定义自动筛选方式”对话框，在右侧的文本框中输入“150”，单击“确定”按钮即可。

（3）合并计算：

第 12 步：在 Sheet4 工作表中选中 A20 单元格，单击“数据”选项卡下“数据工具”组中的“合并计算”按钮，打开“合并计算”对话框。在“函数”下拉列表中选择“求和”选项，单击“引用位置”文本框后面的折叠按钮，选定要进行合并计算的数据区域 A3:B15 并返回，单击“添加”按钮，并将其添加到“所有引用位置”下面的文本框中。再次单击“引用位置”文本框后面的折叠按钮，选定要进行合并计算的数据区域 E3:F12 并返回，单击“添加”按钮，并将其添加到“所有引用位置”下面的文本框中。再单击“引用位置”文本框后面的折叠按钮，选定要进行合并计算的数据区域 I3:J14 并返回，单击“添加”按钮，并将其添加到“所有引用位置”下面的文本框中，勾选“最左列”复选框，单击“确定”按钮即可。

（4）分类汇总：

第 13 步：在 Sheet5 工作表中选中“销售人群”所在列的任意单元格，单击“开始”选项卡下“编辑”组中的“排序和筛选”按钮，在弹出的下拉列表中执行“升序”命令，将“销售人群”字段列进行升序排列。

第 14 步：在“数据”选项卡下的“分级显示”组中单击“分类汇总”按钮，打开“分类汇总”对话框。在“分类字段”下拉列表中选择“销售人群”选项，在“汇总方式”下拉列表中选择“求和”选项，在“选定汇总项”列表中选中“销售数量”一个选项，勾选“汇总结果显示在数据下方”复选框。最后，单击“确定”按钮即可。

4. 数据的透视分析

第 15 步：在 Sheet6 工作表中选中 A1 单元格，单击“插入”选项卡下“表格”组中的“数据透视表”按钮，打开“创建数据透视表”对话框。单击“表/区域”文本框后面的折叠按钮，选择要分析的数据为“数据源”工作表中的 A2:E37 单元格区域并返回，单击“确定”按钮。

第 16 步：在 Sheet6 工作表中，将自动创建新的空白数据透视表，表格右侧会显示“数据透视表字段列表”任务窗格。在“选择要添加到报表的字段”列表中拖动“销售人群”和“单位”字段至“报表筛选”列表框中，将“商品名称”字段拖动至“列标签”列表框中，将“超市名称”字段拖动至“行标签”列表框中，将“销售数量”字段拖动至“数值”列表框中。

第 17 步：根据试题样张调整显示项目，单击文本“销售人群（全部）”后面的下拉按钮，在打开的列表中选择“青年”选项，单击“确定”按钮即可。

第 18 步：执行“文件”→“保存”命令。

7.13　第 13 题解答

执行“文件”→“打开”命令，在“查找范围”文本框中找到指定路径，选择 A7.xlsx 文件，单击“打开”按钮。

1. 数据的查找与替换

第 1 步：在 Sheet1 工作表中，单击“开始”选项卡下“编辑”组中的“查找和选择”按钮，在弹出的下拉列表中执行“替换”命令。

第 2 步：弹出“查找和替换”对话框，在“查找内容”文本框中输入“85”，在“替换为”文本框中输入“90”，单击“全部替换”按钮。

第 3 步：Sheet1 工作表中的所有数值 85 均被替换为 90，并弹出确认对话框，单击该对话框中的“确定”按钮。最后，关闭“查找和替换”对话框即可。

2. 公式、函数的应用

第 4 步：在 Sheet1 工作表中选中 E3 单元格，单击“开始”选项卡下“编辑”组中“自动求和”下拉按钮，在弹出的下拉列表中执行“求和”命令。

第 5 步：在 Sheet1 工作表的 E3 单元格中会自动插入 SUM 求和函数，根据试题要求调整求和区域为 C3:D3 单元格区域，按 Enter 键即可。

第 6 步：将光标置于 Sheet1 工作表中 E3 单元格的右下角处，当指针变为＋形状时，按住鼠标左键不放拖拽至 E14 单元格处，释放鼠标左键，即可完成 E3:E14 单元格函数的复制填充操作。

3. 基本数据分析

（1）数据排序及条件格式的应用：

第 7 步：在 Sheet2 工作表中，选定数据区域的任意单元格，单击“开始”选项卡下“编辑”组中的“排序和筛选”按钮，在弹出的下拉列表中执行“自定义排序”命令。

第 8 步：在弹出的“排序”对话框中，单击“添加条件”按钮，下方显示区域会增加“次要关键字”列。在“主要关键字”下拉列表中选择“上机成绩”选项，在“次要关键字”下拉列表中选择“理论成绩”选项，在“次序”下拉列表中均选择“升序”选项，单击“确定”按钮。

第 9 步：在 Sheet2 工作表中选中 C3:D14 单元格区域，单击“开始”选项卡下“样式”组中的“条件格式”按钮，在弹出的下拉列表中选择“色阶”选项下的“红 - 黄 - 绿色阶”条件格式。

（2）数据筛选：

第 10 步：在 Sheet3 工作表中选定数据区域的任意单元格，单击“开始”选项卡下“编辑”组中的“排序和筛选”按钮，在弹出的下拉列表中执行“筛选”命令，即可在每个列字段后出现一个下拉按钮。单击“上机成绩”后的下拉按钮，在打开的下拉列表框中选择“数字筛选”选项下的“大于”选项。

第 11 步：打开“自定义自动筛选方式”对话框，在右侧的文本框中输入“85”，单击“确定”按钮即可。

第 12 步：再次单击“理论成绩”后的下拉按钮，在打开的下拉列表框中选择“数字筛选”选项下的“大于”选项。

第 13 步：打开“自定义自动筛选方式”对话框，在右侧的文本框中输入“85”，单击“确定”按钮即可。

（3）合并计算：

第 14 步：在 Sheet4 工作表中选中 B19 单元格，单击“数据”选项卡下“数据工具”组中的“合并计算”按钮，打开“合并计算”对话框。在“函数”下拉列表中选择“求和”选项，单击“引用位置”文本框后面的折叠按钮，选定要进行合并计算的数据区域 B3:D14 并返回，单击“添加”按钮，并将其添加到“所有引用位置”下面的文本框中。再次单击“引用位置”文本框后面的折叠按钮，选定要进行合并计算的数据区域 G3:I14 并返回，单击“添加”按钮，并将其添加到“所有引用位置”下面的文本框中，单击“确定”按钮即可。

（4）分类汇总：

第 15 步：在 Sheet5 工作表中选中“车间”所在列的任意单元格，单击“开始”选项卡下“编辑”组中的“排序和筛选”按钮，在弹出的下拉列表中执行“降序”命令，将“车间”字段列进行降序排列。

第 16 步：在“数据”选项卡下的“分级显示”组中单击“分类汇总”按钮，打开“分类汇总”对话框。在“分类字段”下拉列表中选择“车间”选项，在“汇总方式”下拉列表中选择“最大值”选项，在“选定汇总项”列表中选中“上机成绩”和“理论成绩”两个选项，勾选“汇总结果显示在数据下方”复选框。最后，单击“确定”按钮即可。

4. 数据的透视分析

第 17 步：在 Sheet6 工作表中选中 A1 单元格，单击“插入”选项卡下“表格”组中的“数据透视表”按钮，打开“创建数据透视表”对话框。单击“表/区域”文本框后面的折叠按钮，选择要分析的数据为“数据源”工作表中的 A2:D24 单元格区域并返回，单击“确定”按钮。

第 18 步：在 Sheet6 工作表中，将自动创建新的空白数据透视表，表格右侧会显示“数据透视表字段列表”任务窗格。在“选择要添加到报表的字段”列表中拖动“职位”字段至“报表筛选”列表框中，将“车间”字段拖动至“列标签”列表框中，将“姓名”字段拖动至“行标签”列表框中，将“总成绩”字段拖动至“数值”列表框中。

第 19 步：在“数据透视表字段列表”任务窗格的“数值”列表框中，单击“求和项：总成绩”后面的下拉按钮，在打开的列表中执行“值字段设置”命令。打开“值字段设置”对话框，在“计算类型”列表中选择“最大值”选项，单击“确定”按钮。

第 20 步：根据试题样张调整显示项目，单击文本“职位（全部）”后面的下拉按钮，在打开的列表中选择“普工”选项，单击“确定”按钮即可。

第 21 步：执行“文件”→“保存”命令。

7.14　第 14 题解答

执行"文件"→"打开"命令，在"查找范围"文本框中找到指定路径，选择 A7.xlsx 文件，单击"打开"按钮。

1. 数据的查找与替换

第 1 步：在 Sheet1 工作表中，单击"开始"选项卡下"编辑"组中的"查找和选择"按钮，在弹出的下拉列表中执行"替换"命令。

第 2 步：弹出"查找和替换"对话框，在"查找内容"文本框中输入"1.5"，在"替换为"文本框中输入"2"，单击"全部替换"按钮。

第 3 步：Sheet1 工作表中的所有数值 1.5 均被替换为 2，并弹出确认对话框，单击该对话框中的"确定"按钮。最后，关闭"查找和替换"对话框即可。

2. 公式、函数的应用

第 4 步：在 Sheet1 工作表中选中 E3 单元格，并在其中输入公式文本"=C3*D3"，按 Enter 键即可。

第 5 步：将光标置于 Sheet1 工作表中 E3 单元格的右下角处，当指针变为**＋**形状时，按住鼠标左键不放拖拽至 E14 单元格处，释放鼠标左键，即可完成 E3:E14 单元格公式的复制填充操作。

3. 基本数据分析

（1）数据排序及条件格式的应用：

第 6 步：在 Sheet2 工作表中，选定数据区域的任意单元格，单击"开始"选项卡下"编辑"组中的"排序和筛选"按钮，在弹出的下拉列表中执行"自定义排序"命令。

第 7 步：在弹出的"排序"对话框中，单击"添加条件"按钮，下方显示区域会增加"次要关键字"列。在"主要关键字"下拉列表中选择"进货单价（元）"选项，在"次要关键字"下拉列表中选择"进货产量（公斤）"选项，在"次序"下拉列表中均选择"降序"选项，单击"确定"按钮。

第 8 步：在 Sheet2 工作表中选中 C3:D14 单元格区域，单击"开始"选项卡下"样式"组中的"条件格式"按钮，在弹出的下拉列表中选择"数据条"选项下的"实心填充"区域中"红色数据条"条件格式。

（2）数据筛选：

第 9 步：在 Sheet3 工作表中选定数据区域的任意单元格，单击"开始"选项卡下"编辑"组中的"排序和筛选"按钮，在弹出的下拉列表中执行"筛选"命令，即可在每个列字段后出现一个下拉按钮。单击"进货单价（元）"后的下拉按钮，在打开的下拉列表框中选择"数字筛选"选项下的"大于"选项。

第 10 步：打开"自定义自动筛选方式"对话框，在右侧的文本框中输入"0.5"，点选"与"单选按钮，在第 2 行空白的下拉列表中选择"小于"选项，并在右侧的文本框中输入“1”，单击“确定”按钮即可。

（3）合并计算：

第 11 步：在 Sheet4 工作表中选中 A19 单元格，单击“数据”选项卡下“数据工具”组中的“合并计算”按钮，打开“合并计算”对话框。在“函数”下拉列表中选择“求和”选项，单击“引用位置”文本框后面的折叠按钮，选定要进行合并计算的数据区域 A3:B14 并返回，单击“添加”按钮，并将其添加到“所有引用位置”下面的文本框中。再次单击“引用位置”文本框后面的折叠按钮，选定要进行合并计算的数据区域 E3:F12 并返回，单击“添加”按钮，并将其添加到“所有引用位置”下面的文本框中，勾选“最左列”复选框，单击“确定”按钮即可。

（4）分类汇总：

第 12 步：在 Sheet5 工作表中选中“进货地区”所在列的任意单元格，单击“开始”选项卡下“编辑”组中的“排序和筛选”按钮，在弹出的下拉列表中执行“升序”命令，将“进货地区”字段列进行升序排列。

第 13 步：在“数据”选项卡下的“分级显示”组中单击“分类汇总”按钮，打开“分类汇总”对话框。在“分类字段”下拉列表中选择“进货地区”选项，在“汇总方式”下拉列表中选择“最小值”选项，在“选定汇总项”列表中选中“进货产量（公斤）”和“进货单价（元）”两个选项，勾选“汇总结果显示在数据下方”复选框。最后，单击“确定”按钮即可。

4. 数据的透视分析

第 14 步：在 Sheet6 工作表中选中 A1 单元格，单击“插入”选项卡下“表格”组中的“数据透视表”按钮，打开“创建数据透视表”对话框。单击“表/区域”文本框后面的折叠按钮，选择要分析的数据为“数据源”工作表中的 A2:E24 单元格区域并返回，单击“确定”按钮。

第 15 步：在 Sheet6 工作表中，将自动创建新的空白数据透视表，表格右侧会显示“数据透视表字段列表”任务窗格。在“选择要添加到报表的字段”列表中拖动“进货地区”字段至“报表筛选”列表框中，将“店名”字段拖动至“列标签”列表框中，将“品种”字段拖动至“行标签”列表框中，将“进货产量（公斤）”字段拖动至“数值”列表框中，即可完成“创建数据透视表”操作。

第 16 步：执行“文件”→“保存”命令。

7.15 第 15 题解答

执行“文件”→“打开”命令，在“查找范围”文本框中找到指定路径，选择 A7.xlsx 文件，单击“打开”按钮。

1. 数据的查找与替换

第 1 步：在 Sheet1 工作表中，单击“开始”选项卡下“编辑”组中的“查找和选择”按钮，在弹出的下拉列表中执行“替换”命令。

第 2 步：弹出“查找和替换”对话框，在“查找内容”文本框中输入“75”，在“替换为”文本框中输入“76”，单击“全部替换”按钮。

第 3 步：Sheet1 工作表中的所有数值 75 均被替换为 76，并弹出确认对话框，单击该对话框中的“确定”按钮。最后，关闭“查找和替换”对话框即可。

2. 公式、函数的应用

第 4 步：在 Sheet1 工作表中选中 I3 单元格，单击“开始”选项卡下“编辑”组中“自动求和”下拉按钮，在弹出的下拉列表中执行“平均值”命令。

第 5 步：在 Sheet1 工作表的 I3 单元格中会自动插入 AVERAGE 求平均值函数，根据试题要求调整求平均值区域为 C3:H3 单元格区域，按 Enter 键即可。

第 6 步：将光标置于 Sheet1 工作表中 I3 单元格的右下角处，当指针变为✚形状时，按住鼠标左键不放拖拽至 I12 单元格处，释放鼠标左键，即可完成 I3:I12 单元格函数的复制填充操作。

3. 基本数据分析

（1）数据排序及条件格式的应用：

第 7 步：在 Sheet2 工作表中，选定数据区域的任意单元格，单击“开始”选项卡下“编辑”组中的“排序和筛选”按钮，在弹出的下拉列表中执行“自定义排序”命令。

第 8 步：在弹出的“排序”对话框中，单击“添加条件”按钮，下方显示区域会增加“次要关键字”列。在“主要关键字”下拉列表中选择“1 月”选项，在“次要关键字”下拉列表中选择“6 月”选项，在“次序”下拉列表中均选择“升序”选项，单击“确定”按钮。

第 9 步：在 Sheet2 工作表中选中 C3:H12 单元格区域，单击“开始”选项卡下“样式”组中的“条件格式”按钮，在弹出的下拉列表中选择“图标集”选项下的“红 - 黑渐变”条件格式。

（2）数据筛选：

第 10 步：在 Sheet3 工作表中选定数据区域的任意单元格，单击“开始”选项卡下“编辑”组中的“排序和筛选”按钮，在弹出的下拉列表中执行“筛选”命令，即可在每个列字段后出现一个下拉按钮。单击“气候类型”后的下拉按钮，在打开的下拉列表框中仅勾选“温带”复选框，单击“确定”按钮。

第 11 步：再次单击“4 月”后的下拉按钮，在打开的下拉列表框中选择“数字筛选”选项下的“大于或等于”选项。

第 12 步：打开“自定义自动筛选方式”对话框，在右侧的文本框中输入“70”，单击“确定”按钮即可。

（3）合并计算：

第 13 步：在 Sheet4 工作表中选中 A16 单元格，单击“数据”选项卡下“数据工具”组中的“合并计算”按钮，打开“合并计算”对话框。在“函数”下拉列表中选择“平均值”选项，单击“引用位置”文本框后面的折叠按钮，选定要进行合并计算的数据区域 B3:H12 并返回，勾选“最左列”复选框，单击“确定”按钮即可。

（4）分类汇总：

第 14 步：在 Sheet5 工作表中选中“气候类型”所在列的任意单元格，单击“开始”选项卡下“编辑”组中的“排序和筛选”按钮，在弹出的下拉列表中执行“升序”命令，将“气候类型”字段列进行升序排列。

第 15 步：在“数据”选项卡下的“分级显示”组中单击“分类汇总”按钮，打开“分类汇总”对话框。在“分类字段”下拉列表中选择“气候类型”选项，在“汇总方式”下拉列表中选择“平均值”选项，在“选定汇总项”列表中选中“1 月”、“2 月”、“3 月”、“4 月”、“5 月”和“6 月”六个选项，勾选“汇总结果显示在数据下方”复选框。最后，单击“确定”按钮即可。

4. 数据的透视分析

第 16 步：在 Sheet6 工作表中选中 A1 单元格，单击“插入”选项卡下“表格”组中的“数据透视表”按钮，打开“创建数据透视表”对话框。单击“表/区域”文本框后面的折叠按钮，选择要分析的数据为“数据源”工作表中的 A2:D20 单元格区域并返回，单击“确定”按钮。

第 17 步：在 Sheet6 工作表中，将自动创建新的空白数据透视表，表格右侧会显示“数据透视表字段列表”任务窗格。在“选择要添加到报表的字段”列表中拖动“气候类型”字段至“报表筛选”列表框中，将“所在区域”字段拖动至“列标签”列表框中，将“城市”字段拖动至“行标签”列表框中，将“最高气温”字段拖动至“数值”列表框中。

第 18 步：在“数据透视表字段列表”任务窗格的“数值”列表框中，单击“求和项：最高气温”后面的下拉按钮，在打开的列表中执行“值字段设置”命令。打开“值字段设置”对话框，在“计算类型”列表中选择“最大值”选项，单击“确定”按钮。

第 19 步：根据试题样张调整显示项目，单击文本“气候类型（全部）”后面的下拉按钮，在打开的列表中选择“温带”选项，单击“确定”按钮即可。

第 20 步：执行“文件”→“保存”命令。

7.16　第 16 题解答

执行“文件”→“打开”命令，在“查找范围”文本框中找到指定路径，选择 A7.xlsx 文件，单击“打开”按钮。

1. 数据的查找与替换

第 1 步：在 Sheet1 工作表中，单击“开始”选项卡下“编辑”组中的“查找和选择”按钮，在弹出的下拉列表中执行“替换”命令。

第 2 步：弹出“查找和替换”对话框，在“查找内容”文本框中输入“600”，在“替换为”文本框中输入“500”，单击“全部替换”按钮。

第 3 步：Sheet1 工作表中的所有数值 600 均被替换为 500，并弹出确认对话框，单击该对话框中的“确定”按钮。最后，关闭“查找和替换”对话框即可。

2. 公式、函数的应用

第 4 步：在 Sheet1 工作表中选中 H3 单元格，并在其中输入公式文本“=D3+E3+F3-G3”，按 Enter 键即可。

第 5 步：将光标置于 Sheet1 工作表中 H3 单元格的右下角处，当指针变为✚形状时，按住鼠标左键不放拖拽至 H17 单元格处，释放鼠标左键，即可完成 H3:H17 单元格公式的复制填充操作。

3. 基本数据分析

（1）数据排序及条件格式的应用：

第 6 步：在 Sheet2 工作表中，选定数据区域的任意单元格，单击“开始”选项卡下“编辑”组中的“排序和筛选”按钮，在弹出的下拉列表中执行“自定义排序”命令。

第 7 步：在弹出的“排序”对话框中，单击“添加条件”按钮，下方显示区域会增加“次要关键字”列。在“主要关键字”下拉列表中选择“基本工资”选项，在“次要关键字”下拉列表中选择“奖金”选项，在“次序”下拉列表中均选择“升序”选项，单击“确定”按钮。

第 8 步：在 Sheet2 工作表中选中 D3:G17 单元格区域，单击“开始”选项卡下“样式”组中的“条件格式”按钮，在弹出的下拉列表中选择“图标集”选项下的“三个符号（无圆圈）”条件格式。

（2）数据筛选：

第 9 步：在 Sheet3 工作表中选定数据区域的任意单元格，单击“开始”选项卡下“编辑”组中的“排序和筛选”按钮，在弹出的下拉列表中执行“筛选”命令，即可在每个列字段后出现一个下拉按钮。单击“职称”后的下拉按钮，在打开的下拉列表框中仅勾选“讲师”复选框，单击“确定”按钮。

第 10 步：再次单击“基本工资”后的下拉按钮，在打开的下拉列表框中选择“数字筛选”选项下的“大于”选项。

第 11 步：打开“自定义自动筛选方式”对话框，在右侧的文本框中输入“3000”，单击“确定”按钮即可。

（3）合并计算：

第 12 步：在 Sheet4 工作表中选中 B21 单元格，单击“数据”选项卡下“数据工具”组中的“合并计算”按钮，打开“合并计算”对话框。在“函数”下拉列表中选择“平均值”选项，单击“引用位置”文本框后面的折叠按钮，选定要进行合并计算的数据区域 B3:C17 并返回，单击“添加”按钮，并将其添加到“所有引用位置”下面的文本框中。再次单击“引用位置”文本框后面的折叠按钮，选定要进行合并计算的数据区域 F3:G17 并返回，单击“添加”按钮，并将其添加到“所有引用位置”下面的文本框中。再单击“引用位置”文本框后面的折叠按钮，选定要进行合并计算的数据区域 J3:K17 并返回，单击“添加”按钮，并将其添加到“所有引用位置”下面的文本框中，勾选“最左列”复选框，单击“确定”按钮即可。

第 13 步：选中单元格区域 C21:C35，在“开始”选项卡下单击“数字”组右下角的

“对话框启动器”按钮，打开“设置单元格格式”对话框，在“数字”选项卡下的“分类”列表框中选择“数值”，在“小数位数”文本框中选择或输入“2”，单击“确定”按钮即可。

（4）分类汇总：

第 14 步：在 Sheet5 工作表中选中“部门”所在列的任意单元格，单击“开始”选项卡下“编辑”组中的“排序和筛选”按钮，在弹出的下拉列表中执行“升序”命令，将“部门”字段列进行升序排列。

第 15 步：在“数据”选项卡下的“分级显示”组中单击“分类汇总”按钮，打开“分类汇总”对话框。在“分类字段”下拉列表中选择“部门”选项，在“汇总方式”下拉列表中选择“最小值”选项，在“选定汇总项”列表中选中“基本工资”和“扣款”两个选项，勾选“汇总结果显示在数据下方”复选框。最后，单击“确定”按钮即可。

4. 数据的透视分析

第 16 步：在 Sheet6 工作表中选中 A1 单元格，单击“插入”选项卡下“表格”组中的“数据透视表”按钮，打开“创建数据透视表”对话框。单击“表/区域”文本框后面的折叠按钮，选择要分析的数据为“数据源”工作表中的 A2:H27 单元格区域并返回，单击“确定”按钮。

第 17 步：在 Sheet6 工作表中，将自动创建新的空白数据透视表，表格右侧会显示“数据透视表字段列表”任务窗格。在“选择要添加到报表的字段”列表中拖动“姓名”字段至“报表筛选”列表框中，将“职称”字段拖动至“列标签”列表框中，将“部门”字段拖动至“行标签”列表框中，将“基本工资”字段拖动至“数值”列表框中，即可完成“创建数据透视表”操作。

第 18 步：执行“文件”→“保存”命令。

7.17 第 17 题解答

执行“文件”→“打开”命令，在“查找范围”文本框中找到指定路径，选择 A7.xlsx 文件，单击“打开”按钮。

1. 数据的查找与替换

第 1 步：在 Sheet1 工作表中，单击“开始”选项卡下“编辑”组中的“查找和选择”按钮，在弹出的下拉列表中执行“替换”命令。

第 2 步：弹出“查找和替换”对话框，在“查找内容”文本框中输入“590”，在“替换为”文本框中输入“580”，单击“全部替换”按钮。

第 3 步：Sheet1 工作表中的所有数值 590 均被替换为 580，并弹出确认对话框，单击该对话框中的“确定”按钮。最后，关闭“查找和替换”对话框即可。

2. 公式、函数的应用

第 4 步：在 Sheet1 工作表中选中 F3 单元格，并在其中输入公式文本“=D3*E3”，按 Enter 键即可。

第 5 步：将光标置于 Sheet1 工作表中 F3 单元格的右下角处，当指针变为✚形状时，按住鼠标左键不放拖拽至 F17 单元格处，释放鼠标左键，即可完成 F3:F17 单元格公式的复制填充操作。

3. 基本数据分析

（1）数据排序及条件格式的应用：

第 6 步：在 Sheet2 工作表中，选定数据区域的任意单元格，单击“开始”选项卡下“编辑”组中的“排序和筛选”按钮，在弹出的下拉列表中执行“自定义排序”命令。

第 7 步：在弹出的“排序”对话框中，单击“添加条件”按钮，下方显示区域会增加“次要关键字”列。在“主要关键字”下拉列表中选择“产品名称”选项，在“次要关键字”下拉列表中选择“进货数量”选项，在“次序”下拉列表中均选择“降序”选项，单击“确定”按钮。

第 8 步：在 Sheet2 工作表中选中 D3:D17 单元格区域，单击“开始”选项卡下“样式”组中的“条件格式”按钮，在弹出的下拉列表中选择“图标集”选项下的“五向箭头（彩色）”条件格式。

（2）数据筛选：

第 9 步：在 Sheet3 工作表中选定数据区域的任意单元格，单击“开始”选项卡下“编辑”组中的“排序和筛选”按钮，在弹出的下拉列表中执行“筛选”命令，即可在每个列字段后出现一个下拉按钮。单击“进货地区”后的下拉按钮，在打开的下拉列表框中仅勾选“华北”复选框，单击“确定”按钮。

第 10 步：再次单击“进货数量”后的下拉按钮，在打开的下拉列表框中选择“数字筛选”选项下的“小于”选项。

第 11 步：打开“自定义自动筛选方式”对话框，在右侧的文本框中输入“700”，单击“确定”按钮即可。

（3）合并计算：

第 12 步：在 Sheet4 工作表中选中 A11 单元格，单击“数据”选项卡下“数据工具”组中的“合并计算”按钮，打开“合并计算”对话框。在“函数”下拉列表中选择“最大值”选项，单击“引用位置”文本框后面的折叠按钮，选定要进行合并计算的数据区域 A3:C7 并返回，单击“添加”按钮，并将其添加到“所有引用位置”下面的文本框中。再次单击“引用位置”文本框后面的折叠按钮，选定要进行合并计算的数据区域 E3:G7 并返回，单击“添加”按钮，并将其添加到“所有引用位置”下面的文本框中。再单击“引用位置”文本框后面的折叠按钮，选定要进行合并计算的数据区域 I3:K7 并返回，单击“添加”按钮，并将其添加到“所有引用位置”下面的文本框中，勾选“最左列”复选框，单击“确定”按钮即可。

（4）分类汇总：

第 13 步：在 Sheet5 工作表中选中“产品名称”所在列的任意单元格，单击“开始”选项卡下“编辑”组中的“排序和筛选”按钮，在弹出的下拉列表中执行“升序”命令，将“产品名称”字段列进行升序排列。

第 14 步：在“数据”选项卡下的“分级显示”组中单击“分类汇总”按钮，打开“分类汇总”对话框。在“分类字段”下拉列表中选择“产品名称”选项，在“汇总方式”下拉列表中选择“平均值”选项，在“选定汇总项”列表中选中“进货数量”和“进货单价”两个选项，勾选“汇总结果显示在数据下方”复选框。最后，单击“确定”按钮即可。

4. 数据的透视分析

第 15 步：在 Sheet6 工作表中选中 A1 单元格，单击“插入”选项卡下“表格”组中的“数据透视表”按钮，打开“创建数据透视表”对话框。单击“表/区域”文本框后面的折叠按钮，选择要分析的数据为“数据源”工作表中的 A2:E22 单元格区域并返回，单击“确定”按钮。

第 16 步：在 Sheet6 工作表中，将自动创建新的空白数据透视表，表格右侧会显示“数据透视表字段列表”任务窗格。在“选择要添加到报表的字段”列表中拖动“日期”字段至“报表筛选”列表框中，将“产品名称”字段拖动至“列标签”列表框中，将“进货地区”字段拖动至“行标签”列表框中，将“进货数量”和“进货单价”字段拖动至“数值”列表框中，将“列标签”列表框中自动出现的“数值”字段拖动至“行标签”列表框中“进货地区”字段的下方。

第 17 步：在“数据透视表字段列表”任务窗格的“数值”列表框中，单击“求和项：进货数量”后面的下拉按钮，在打开的列表中执行“值字段设置”命令。打开“值字段设置”对话框，在“计算类型”列表中选择“最小值”选项，单击“确定”按钮。使用相同的方法将“求和项：进货单价”的“计算类型”选择“最小值”选项。

第 18 步：执行“文件”→“保存”命令。

7.18 第 18 题解答

执行“文件”→“打开”命令，在“查找范围”文本框中找到指定路径，选择 A7.xlsx 文件，单击“打开”按钮。

1. 数据的查找与替换

第 1 步：在 Sheet1 工作表中，单击“开始”选项卡下“编辑”组中的“查找和选择”按钮，在弹出的下拉列表中执行“替换”命令。

第 2 步：弹出“查找和替换”对话框，在“查找内容”文本框中输入“2750”，在“替换为”文本框中输入“2500”，单击“全部替换”按钮。

第 3 步：Sheet1 工作表中的所有数值 2750 均被替换为 2500，并弹出确认对话框，单击该对话框中的“确定”按钮。最后，关闭“查找和替换”对话框即可。

2. 公式、函数的应用

第 4 步：在 Sheet1 工作表中选中 C22 单元格，单击“开始”选项卡下“编辑”组中“自动求和”按钮右侧的下拉按钮，在弹出的下拉列表中选择“最大值”选项。

第 5 步：在 Sheet1 工作表的 C22 单元格中会自动插入 MAX 求最大值函数，根据试题要求调整求最大值区域为 G3:G20 单元格区域，按 Enter 即可。

第 6 步：在 Sheet1 工作表中选中 G22 单元格，单击“开始”选项卡下“编辑”组中“自动求和”下拉按钮，在弹出的下拉列表中执行“平均值”命令，该单元格中会自动插入 AVERAGE 求平均值函数，根据试题要求调整求平均值区域为 H3:H20 单元格区域，按 Enter 键即可。

3. 基本数据分析

（1）数据排序及条件格式的应用：

第 7 步：在 Sheet2 工作表中，选定数据区域的任意单元格，单击“开始”选项卡下“编辑”组中的“排序和筛选”按钮，在弹出的下拉列表中执行“自定义排序”命令。

第 8 步：在弹出的“排序”对话框中，单击“添加条件”按钮，下方显示区域会增加“次要关键字”列。在“主要关键字”下拉列表中选择“部门”选项，在“次要关键字”下拉列表中选择“工资”选项，在“次序”下拉列表中均选择“降序”选项，单击“确定”按钮。

第 9 步：在 Sheet2 工作表中选中 H3:H20 单元格区域，单击“开始”选项卡下“样式”组中的“条件格式”按钮，在弹出的下拉列表中执行“突出显示单元格规则”选项下的“大于”命令。弹出“大于”对话框，在“为大于以下值的单元格设置格式”下面的文本框中输入“2000”，在“设置为”后面的下拉列表中选择“黄填充色深黄色文本”，单击“确定”按钮即可。

第 10 步：在 Sheet2 工作表中选中 G3:G20 单元格区域，单击“开始”选项卡下“样式”组中的“条件格式”按钮，在弹出的下拉列表中执行“突出显示单元格规则”选项下的“小于”命令。弹出“小于”对话框，在“为小于以下值的单元格设置格式”下面的文本框中输入“4”，在“设置为”后面的下拉列表中选择“黄填充色深黄色文本”，单击“确定”按钮即可。

（2）数据筛选：

第 11 步：在 Sheet3 工作表中选定数据区域的任意单元格，单击“开始”选项卡下“编辑”组中的“排序和筛选”按钮，在弹出的下拉列表中选择“筛选”命令，即可在每个列字段后出现一个下拉按钮。单击“性别”后的下拉按钮，在打开的下拉列表框中仅勾选“男”复选框，单击“确定”按钮。

第 12 步：再次单击“部门”后的下拉按钮，在打开的下拉列表框中仅勾选“测试部”复选框，单击“确定”按钮即可。

（3）合并计算：

第 13 步：在 Sheet4 工作表中选中 F3 单元格，单击“数据”选项卡下“数据工具”组中的“合并计算”按钮，打开“合并计算”对话框。在“函数”下拉列表中选择“平均值”选项，单击“引用位置”文本框后面的折叠按钮，选定要进行合并计算的数据区域 C3:D20 并返回，勾选“最左列”复选框，单击“确定”按钮即可。

（4）分类汇总：

第 14 步：在 Sheet5 工作表中选中“部门”所在列的任意单元格，单击“开始”选项卡下“编辑”组中的“排序和筛选”按钮，在弹出的下拉列表中执行“升序”命令，将“部门”字段列进行升序排列。

第 15 步：在“数据”选项卡下的“分级显示”组中单击“分类汇总”按钮，打开“分类汇总”对话框。在“分类字段”下拉列表中选择“部门”选项，在“汇总方式”下拉列表中选择“求和”选项，在“选定汇总项”列表中仅选中“工资”一个选项，勾选“汇总结果显示在数据下方”复选框。最后，单击“确定”按钮即可。

4. 数据的透视分析

第 16 步：在 Sheet6 工作表中选中 A1 单元格，单击“插入”选项卡下“表格”组中的“数据透视表”按钮，打开“创建数据透视表”对话框。单击“表/区域”文本框后面的折叠按钮，选择要分析的数据为“数据源”工作表中的 A2:H20 单元格区域并返回，单击“确定”按钮。

第 17 步：在 Sheet6 工作表中，将自动创建新的空白数据透视表，表格右侧会显示“数据透视表字段列表”任务窗格。在“选择要添加到报表的字段”列表中拖动“姓名”字段至“报表筛选”列表框中，将“部门”字段拖动至“列标签”列表框中，将“籍贯”字段拖动至“行标签”列表框中，将“工资”字段拖动至“数值”列表框中，即可完成“创建数据透视表”操作。

第 18 步：执行“文件”→“保存”命令。

7.19 第 19 题解答

执行“文件”→“打开”命令，在“查找范围”文本框中找到指定路径，选择 A7.xlsx 文件，单击“打开”按钮。

1. 数据的查找与替换

第 1 步：在 Sheet1 工作表中，单击“开始”选项卡下“编辑”组中的“查找和选择”按钮，在弹出的下拉列表中执行“替换”命令。

第 2 步：弹出“查找和替换”对话框，在“查找内容”文本框中输入“370”，在“替换为”文本框中输入“350”，单击“全部替换”按钮。

第 3 步：Sheet1 工作表中的所有数值 370 均被替换为 350，并弹出确认对话框，单击该对话框中的“确定”按钮。最后，关闭“查找和替换”对话框即可。

2. 公式、函数的应用

第 4 步：在 Sheet1 工作表中选中 F3 单元格，并在其中输入公式文本“=D3*E3”，按 Enter 键即可。

第 5 步：将光标置于 Sheet1 工作表中 F3 单元格的右下角处，当指针变为✚形状时，按住鼠标左键不放拖拽至 F14 单元格处，释放鼠标左键，即可完成 F3:F14 单元格公式的复制填充操作。

3. 基本数据分析

（1）数据排序及条件格式的应用：

第 6 步：在 Sheet2 工作表中，选定数据区域的任意单元格，单击“开始”选项卡下“编辑”组中的“排序和筛选”按钮，在弹出的下拉列表中执行“自定义排序”命令。

第 7 步：在弹出的“排序”对话框中，单击“添加条件”按钮，下方显示区域会增加“次要关键字”列。在“主要关键字”下拉列表中选择“放映时间”选项，在“次要关键字”下拉列表中选择“售票数量”选项，在“次序”下拉列表中均选择“升序”选项，单击“确定”按钮。

第 8 步：在 Sheet2 工作表中选中 D3:E14 单元格区域，单击“开始”选项卡下“样式”组中的“条件格式”按钮，在弹出的下拉列表中选择“数据条”选项下的“实心填充”区域中“橙色数据条”条件格式。

（2）数据筛选：

第 9 步：在 Sheet3 工作表中选定数据区域的任意单元格，单击“开始”选项卡下“编辑”组中的“排序和筛选”按钮，在弹出的下拉列表中执行“筛选”命令，即可在每个列字段后出现一个下拉按钮。单击“影片类型”后的下拉按钮，在打开的下拉列表框中仅勾选“喜剧片”复选框，单击“确定”按钮。

第 10 步：再次单击“售票单价”后的下拉按钮，在打开的下拉列表框中选择“数字筛选”选项下的“小于”选项。

第 11 步：打开“自定义自动筛选方式”对话框，在右侧的文本框中输入“300”，单击“确定”按钮即可。

（3）合并计算：

第 12 步：在 Sheet4 工作表中选中 A16 单元格，单击“数据”选项卡下“数据工具”组中的“合并计算”按钮，打开“合并计算”对话框。在“函数”下拉列表中选择“最小值”选项，单击“引用位置”文本框后面的折叠按钮，选定要进行合并计算的数据区域 A3:B12 并返回，单击“添加”按钮，并将其添加到“所有引用位置”下面的文本框中。再次单击“引用位置”文本框后面的折叠按钮，选定要进行合并计算的数据区域 D3:E12 并返回，单击“添加”按钮，并将其添加到“所有引用位置”下面的文本框中。再单击“引用位置”文本框后面的折叠按钮，选定要进行合并计算的数据区域 G3:H12 并返回，单击“添加”按钮，并将其添加到“所有引用位置”下面的文本框中，勾选“最左列”复选框，单击“确定”按钮即可。

（4）分类汇总：

第 13 步：在 Sheet5 工作表中选中“影院名称”所在列的任意单元格，单击“开始”选项卡下“编辑”组中的“排序和筛选”按钮，在弹出的下拉列表中执行“升序”命令，将“影院名称”字段列进行升序排列。

第 14 步：在“数据”选项卡下的“分级显示”组中单击“分类汇总”按钮，打开“分类汇总”对话框。在“分类字段”下拉列表中选择“影院名称”选项，在“汇总方式”下拉列表中选择“求和”选项，在“选定汇总项”列表中仅选中“售票总价”一个选项，勾选“汇总结果显示在数据下方”复选框。最后，单击“确定”按钮即可。

4. 数据的透视分析

第 15 步：在 Sheet6 工作表中选中 A1 单元格，单击“插入”选项卡下“表格”组中的“数据透视表”按钮，打开“创建数据透视表”对话框。单击“表/区域”文本框后面的折叠按钮，选择要分析的数据为“数据源”工作表中的 A2:D32 单元格区域并返回，单击“确定”按钮。

第 16 步：在 Sheet6 工作表中，将自动创建新的空白数据透视表，表格右侧会显示“数据透视表字段列表”任务窗格。在“选择要添加到报表的字段”列表中拖动“影院名称”字段至“列标签”列表框中，将“影片类型”字段拖动至“行标签”列表框中，将“售票数量”字段拖动至“数值”列表框中，即可完成“创建数据透视表”操作。

第 17 步：执行“文件”→“保存”命令。

7.20　第 20 题解答

执行“文件”→“打开”命令，在“查找范围”文本框中找到指定路径，选择 A7.xlsx 文件，单击“打开”按钮。

1. 数据的查找与替换

第 1 步：在 Sheet1 工作表中，单击“开始”选项卡下“编辑”组中的“查找和选择”按钮，在弹出的下拉列表中执行“替换”命令。

第 2 步：弹出“查找和替换”对话框，在“查找内容”文本框中输入“100”，在“替换为”文本框中输入“240”，单击“全部替换”按钮。

第 3 步：Sheet1 工作表中的所有数值 100 均被替换为 240，并弹出确认对话框，单击该对话框中的“确定”按钮。最后，关闭“查找和替换”对话框即可。

2. 公式、函数的应用

第 4 步：在 Sheet1 工作表中选中 F3 单元格，单击“开始”选项卡下“编辑”组中“自动求和”下拉按钮，在弹出的下拉列表中执行“求和”命令。

第 5 步：在 Sheet1 工作表的 F3 单元格中会自动插入 SUM 求和函数，根据试题要求调整求和区域为 B3:E3 单元格区域，按 Enter 即可。

第 6 步：将光标置于 Sheet1 工作表中 F3 单元格的右下角处，当指针变为✚形状时，按住鼠标左键不放拖拽至 F10 单元格处，释放鼠标左键，即可完成 F3:F10 单元格函数的复制填充操作。

第 7 步：在 Sheet1 工作表中选中 B11 单元格，单击“开始”选项卡下“编辑”组中“自动求和”下拉按钮，在弹出的下拉列表中选择“最小值”选项，该单元格中会自动插入 MIN 求最小值函数，根据试题要求调整求最小值区域为 B3:B10 单元格区域，按 Enter 键即可。

第 8 步：将光标置于 Sheet1 工作表中 B11 单元格的右下角处，当指针变为✚形状时，按住鼠标左键不放拖拽至 E11 单元格处，释放鼠标左键，即可完成 B11:E11 单元格函数的复制填充操作。

3. 基本数据分析

（1）数据排序及条件格式的应用：

第 9 步：在 Sheet2 工作表中，选定数据区域的任意单元格，单击“开始”选项卡下“编辑”组中的“排序和筛选”按钮，在弹出的下拉列表中执行“自定义排序”命令。

第 10 步：在弹出的“排序”对话框中，单击“添加条件”按钮，下方显示区域会增加“次要关键字”列。在“主要关键字”下拉列表中选择“第一季度”选项，在“次要关键字”下拉列表中选择“第四季度”选项，在“次序”下拉列表中均选择“升序”选项，单击“确定”按钮。

第 11 步：在 Sheet2 工作表中选中 D3:G23 单元格区域，单击“开始”选项卡下“样式”组中的“条件格式”按钮，在弹出的下拉列表中选择“色阶”选项下的“黄 - 绿色阶”条件格式。

（2）数据筛选：

第 12 步：在 Sheet3 工作表中选定数据区域的任意单元格，单击“开始”选项卡下“编辑”组中的“排序和筛选”按钮，在弹出的下拉列表中执行“筛选”命令，即可在每个列字段后出现一个下拉按钮。单击“第一季度”后的下拉按钮，在打开的下拉列表框中选择“数字筛选”选项下的“大于”选项。

第 13 步：打开“自定义自动筛选方式”对话框，在右侧的文本框中输入“20”，单击“确定”按钮即可。使用相同的方法将其他三个季度“大于 20”的记录筛选出来。

（3）合并计算：

第 14 步：在 Sheet4 工作表中选中 A14 单元格，单击“数据”选项卡下“数据工具”组中的“合并计算”按钮，打开“合并计算”对话框。在“函数”下拉列表中选择“求和”选项，单击“引用位置”文本框后面的折叠按钮，选定要进行合并计算的数据区域 A3:B10 并返回，单击“添加”按钮，并将其添加到“所有引用位置”下面的文本框中。再次单击“引用位置”文本框后面的折叠按钮，选定要进行合并计算的数据区域 D3:E10 并返回，单击“添加”按钮，并将其添加到“所有引用位置”下面的文本框中。再单击“引用位置”文本框后面的折叠按钮，选定要进行合并计算的数据区域 G3:H10 并返回，单击“添加”按钮，并将其添加到“所有引用位置”下面的文本框中，勾选“最左列”复选框，单击“确定”按钮即可。

（4）分类汇总：

第 15 步：在 Sheet5 工作表中选中“店面”所在列的任意单元格，单击“开始”选项卡下“编辑”组中的“排序和筛选”按钮，在弹出的下拉列表中执行“降序”命令，将“店面”字段列进行降序排列。

第 16 步：在“数据”选项卡下的“分级显示”组中单击“分类汇总”按钮，打开“分类汇总”对话框。在“分类字段”下拉列表中选择“店面”选项，在“汇总方式”下拉列表中选择“最大值”选项，在“选定汇总项”列表中选中“第一季度”和“第二季度”两个选项，勾选“汇总结果显示在数据下方”复选框。最后，单击“确定”按钮即可。

4. 数据的透视分析

第 17 步：在 Sheet6 工作表中选中 A1 单元格，单击“插入”选项卡下“表格”组中的“数据透视表”按钮，打开“创建数据透视表”对话框。单击“表/区域”文本框后面的折叠按钮，选择要分析的数据为“数据源”工作表中的 A2:G23 单元格区域并返回，单击“确定”按钮。

第 18 步：在 Sheet6 工作表中，将自动创建新的空白数据透视表，表格右侧会显示“数据透视表字段列表”任务窗格。在“选择要添加到报表的字段”列表中拖动“销售员”字段至“报表筛选”列表框中，将“名称”字段拖动至“列标签”列表框中，将“店面”字段拖动至“行标签”列表框中，将“第一季度”、“第二季度”、“第三季度”和“第四季度”字段拖动至“数值”列表框中，将“列标签”列表框中自动出现的“数值”字段拖动至“行标签”列表框中“店面”字段的下方。

第 19 步：在“数据透视表字段列表”任务窗格的“数值”列表框中，单击“求和项：第一季度”后面的下拉按钮，在打开的列表中执行“值字段设置”命令。打开“值字段设置”对话框，在“计算类型”列表中选择“最大值”选项，单击“确定”按钮。使用相同的方法将“求和项：第二季度”、“求和项：第三季度”和“求和项：第四季度”的“计算类型”均选择“最大值”选项。

第 20 步：执行“文件”→“保存”命令。

第八单元　Word 和 Excel 的进阶应用

8.1　第 1 题解答

执行“文件”→“打开”命令，在“查找范围”文本框中找到指定路径，选择 A8.docx 文件，单击“打开”按钮。

1．选择性粘贴

第 1 步：打开文件 C:\2010KSW\DATA2\TF8-1A.xlsx，选中 Sheet1 工作表中的表格区域 B2:H8，单击“开始”选项卡下“剪贴板”组中的“复制”按钮，如图 8-1 所示。

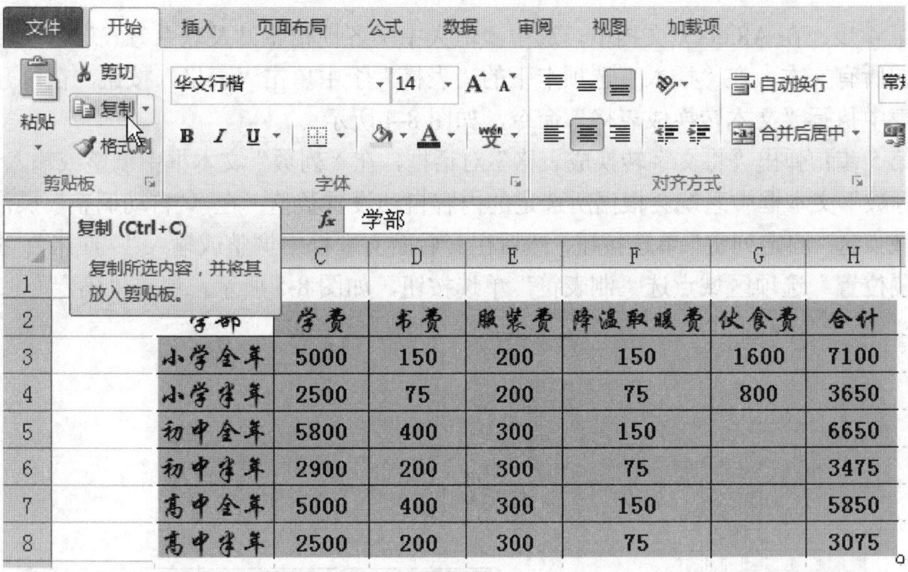

学部	学费	书费	服装费	降温取暖费	伙食费	合计
小学全年	5000	150	200	150	1600	7100
小学半年	2500	75	200	75	800	3650
初中全年	5800	400	300	150		6650
初中半年	2900	200	300	75		3475
高中全年	5000	400	300	150		5850
高中半年	2500	200	300	75		3075

图 8-1

第 2 步：在 A8.docx 文档中，将光标定位在文本“恒大中学 2010 年秋季招生收费标准（元）”下，在“开始”选项卡下的“剪贴板”组中单击“粘贴”下拉按钮，在打开的下拉菜单中执行“选择性粘贴”命令，如图 8-2 所示，弹出“选择性粘贴”对话框。

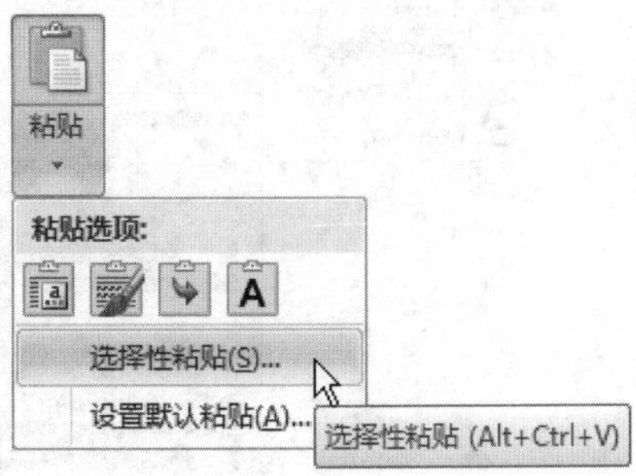

图 8-2

第 3 步：在弹出的“选择性粘贴”对话框中点选“粘贴”单选按钮，然后在“形式”列表中选中“Microsoft Excel 工作表 对象”选项，如图 8-3 所示，单击“确定”按钮。

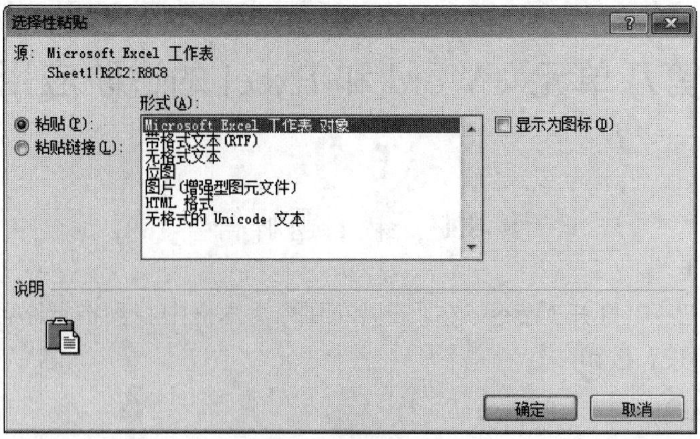

图 8-3

2. 文本与表格间的相互转换

第 4 步：在 A8.docx 文档中，选中“恒大中学各地招生站及联系方式”下要转换为表格的所有文本，在“插入”选项卡下的“表格”组中单击“表格”按钮，在打开的下拉列表中执行“文本转换成表格”命令，如图 8-4 所示。

第 5 步：弹出“将文字转换成表格”对话框，在“列数”文本框中调整或输入“3”，在“行数”文本框中系统会根据所选定的内容自动设置数值；在“‘自动调整’操作”选项区域点选“固定列宽”单选按钮，然后在其后面文本框中调整或输入“4 厘米”；在“文字分隔位置”选项区域点选“制表符”单选按钮，如图 8-5 所示，单击“确定”按钮。

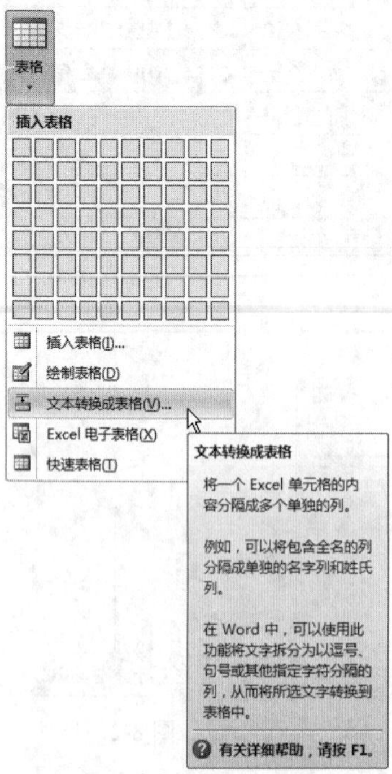

图 8-4

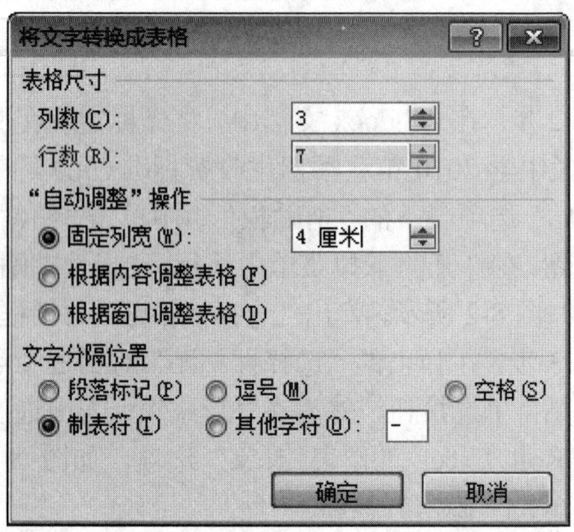

图 8-5

第 6 步：选中整个表格，打开“表格工具”的“设计”选项卡，在“表格样式”组中单击“其他”按钮，在弹出的库中选择“中等深浅底纹 1 - 强调文字颜色 4”表格样式，如图 8-6 所示。

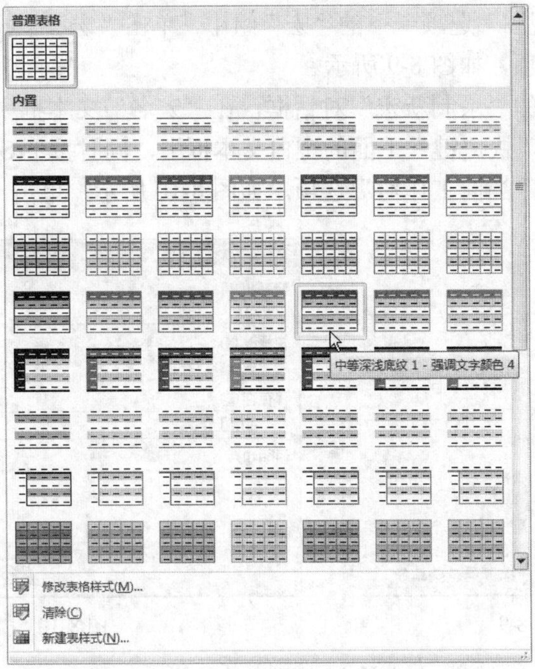

图 8-6

第 7 步：选中整个表格，打开“表格工具”的“布局”选项卡，在“表”组中单击“属性”按钮，如图 8-7 所示，打开“表格属性”对话框。

第 8 步：在“表格属性”对话框的“表格”选项卡下，在“对齐方式”选项区域选中“居中”，如图 8-8 所示，单击“确定”按钮。

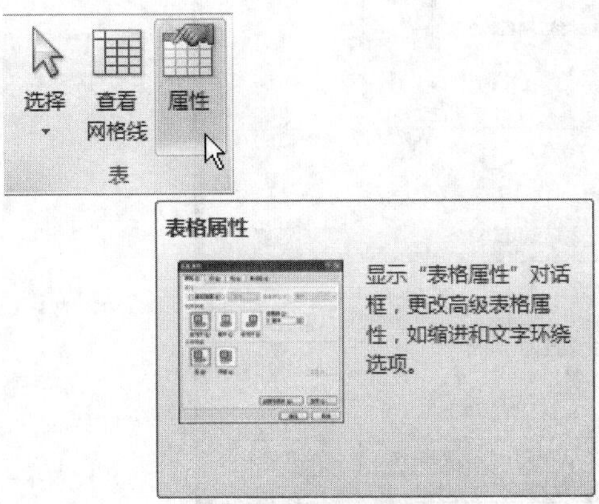

图 8-7

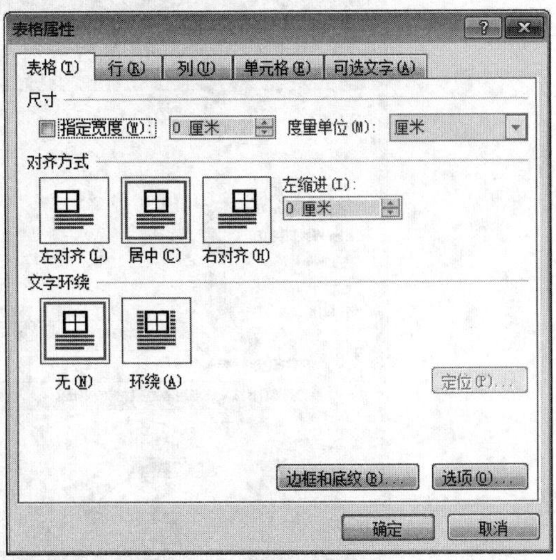

图 8-8

3. 录制新宏

第 9 步：执行“开始”→“所有程序”→“Microsoft Office”→“Microsoft Excel 2010”命令，创建一个新的 Excel 文件。

第 10 步：在“视图”选项卡下的“宏”组中，单击“宏”下拉按钮，在打开的列表中选择“录制宏”选项，如图 8-9 所示。

第 11 步：弹出的“录制新宏”对话框，在“宏名”文本框中输入新录制宏的名称 A8A，将鼠标定位在“快捷键”下面的空白文本框中，同时按下 Shift + F 键，在“保存在”下拉列表中选择“当前工作簿”选项，如图 8-10 所示，单击“确定”按钮。

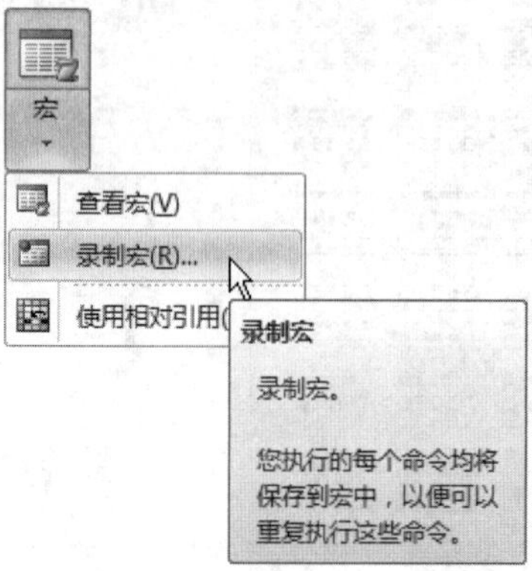

图 8-9

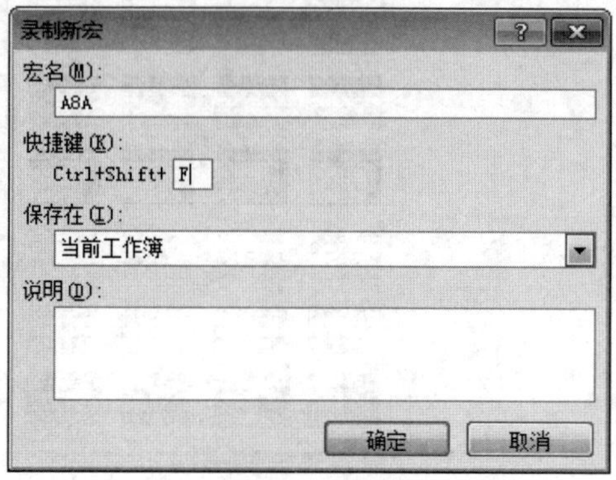

图 8-10

第 12 步：开始录制宏，在表格任意单元格中输入公式“=5+7*20”，在“视图”选项卡下的“宏”组中，单击“宏”下拉按钮，在打开的列表中执行“停止录制”命令。

第 13 步：执行“文件”→“另存为”命令，弹出“另存为”对话框，在“保存位置”列表中选择考生文件夹所在位置，在“文件名”文本框中输入文件名“A8-A”，在“保存类型”列表中选择“Excel 启用宏的工作簿”选项，如图 8-11 所示，单击“保存”按钮。

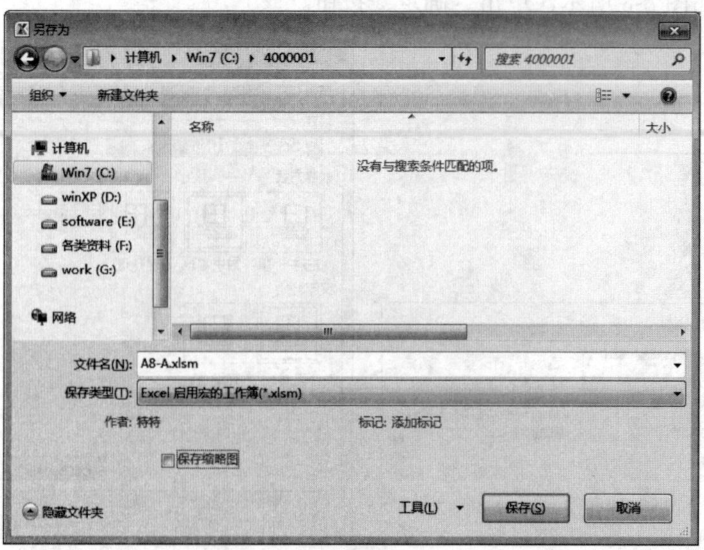

图 8-11

4. 邮件合并

第 14 步：打开文件 C:\2010KSW\DATA2\TF8-1B.docx，执行“文件”→“另存为”命令。弹出“另存为”对话框，在“保存位置”列表中选择考生文件夹所在位置，在“文件名”文本框中输入文件名“A8-B”，单击“保存”按钮。

第 15 步：在 A8-B.docx 文档中，单击“邮件”选项卡下“开始邮件合并”组中的“开始邮件合并”按钮，在打开的下拉列表中选择“信函”文档类型，如图 8-12 所示。再单击该组中的“选择收件人”按钮，在打开的下拉列表中选择“使用现有列表”选项，如图 8-13 所示。

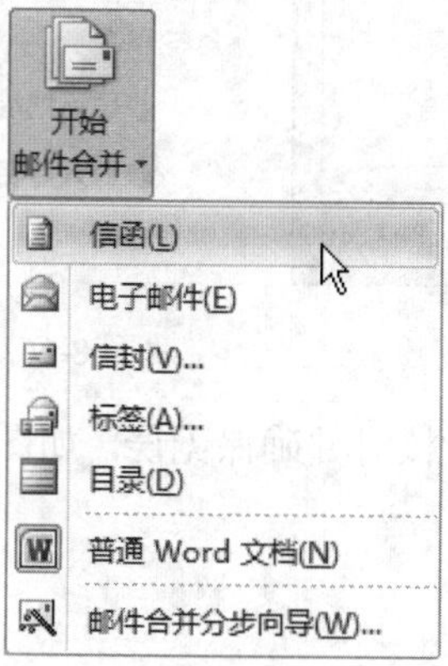

图 8-12

图 8-13

第 16 步：弹出“选取数据源”对话框，从中选择 C:\2010KSW\DATA2\TF8-1C.xlsx 文件，如图 8-14 所示，单击“打开”按钮。

图 8-14

第 17 步：弹出“选择表格”对话框，选中 Sheet1 工作表，如图 8-15 所示，单击“确定”按钮。

第 18 步：将光标定位在“邮编：”后面，在“邮件”选项卡下“编写和插入域”组中单击“插入合并域”下拉按钮，从拉开的下拉列表中选择“邮编”，如图 8-16 所示，依次类推，分别将“收信人地址”、“收信人姓名”和“称谓”插入到相应的位置处。

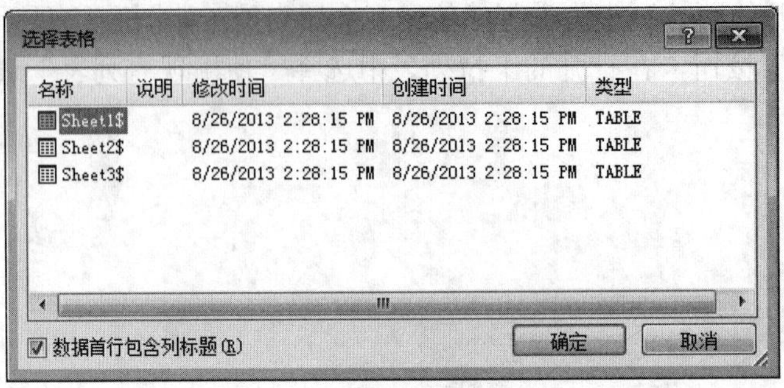

图 8-15

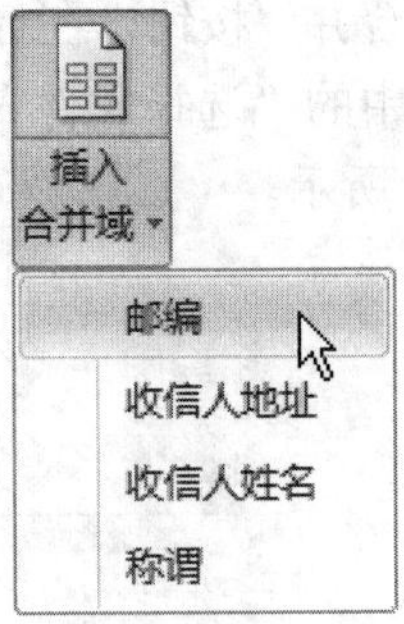

图 8-16

第 19 步：完成“插入合并域”操作，并依次进行核对并确保无误，如图 8-17 所示。

邮编：«邮编»

寄：«收信人地址»

«收信人姓名» «称谓»〈收〉

北京市海淀区中关村 168 号

邮政编码：100866

图 8-17

第 20 步：通过预览功能核对邮件内容无误后，在“邮件”选项下的“完成”组中单击“完成并合并”下拉按钮，在打开的下拉列表中选择“编辑单个文档”选项，如图 8-18 所示。

第 21 步：弹出“合并到新文档”对话框，选择“全部”单选按钮，如图 8-19 所示，单击“确定”按钮，即可完成邮件合并操作，并自动生成新文档“信函 1”。

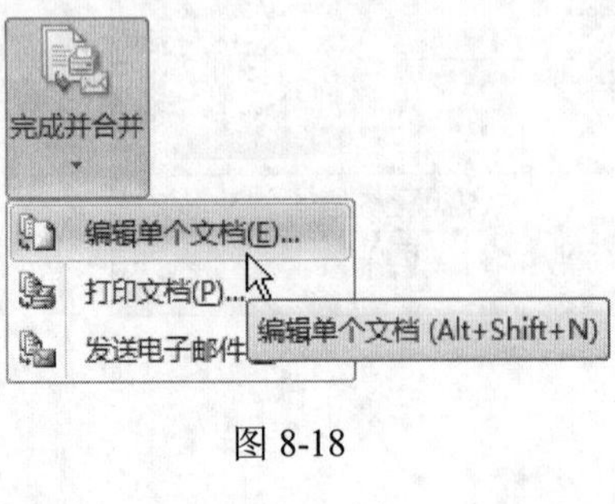

图 8-18

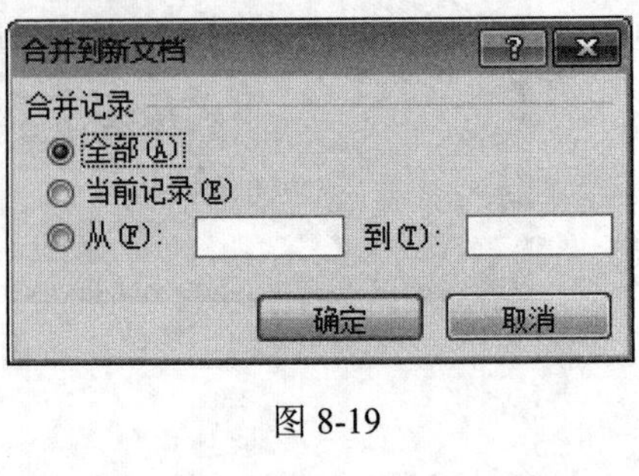

图 8-19

第 22 步：在新文档“信函 1”中，执行“文件”→“另存为”命令，弹出“另存为”对话框，在“保存位置”列表中选择考生文件夹所在位置，在“文件名”文本框中输入文件名“A8-C”，单击“保存”按钮。

8.2　第 2 题解答

执行“文件”→“打开”命令，在“查找范围”文本框中找到指定路径，选择 A8.docx 文件，单击“打开”按钮。

1. 选择性粘贴

第 1 步：打开文件 C:\2010KSW\DATA2\TF8-2A.xlsx，选中 Sheet1 工作表中的表格区域 A1:F6，单击“开始”选项卡下“剪贴板”组中的“复制”按钮。

第 2 步：在 A8.docx 文档中，将光标定位在文本“2010 年南平市市场调查表”下，在“开始”选项卡下的“剪贴板”组中单击“粘贴”下拉按钮，在打开的下拉菜单中执行“选择性粘贴”命令，弹出“选择性粘贴”对话框。

第 3 步：在弹出的“选择性粘贴”对话框中点选“粘贴”单选按钮，然后在“形式”列表中选择“Microsoft Excel 工作表 对象”选项，单击“确定”按钮。

2. 文本与表格间的相互转换

第 4 步：在 A8.docx 文档中，选中“北极星手机公司员工一览表”文本下的整个表格，在“表格工具”的“布局”选项下，单击“数据”组中的“转换为文本”按钮，如图 8-20 所示。

第 5 步：在弹出的“表格转换成文本”对话框中，在“文字分隔符”区域中点选“制表符”单选按钮，单击“确定”按钮即可将表格转换成文本，如图 8-21 所示。

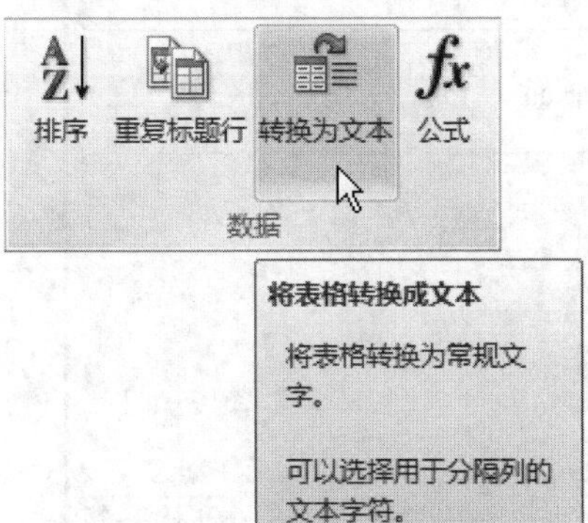

图 8-20

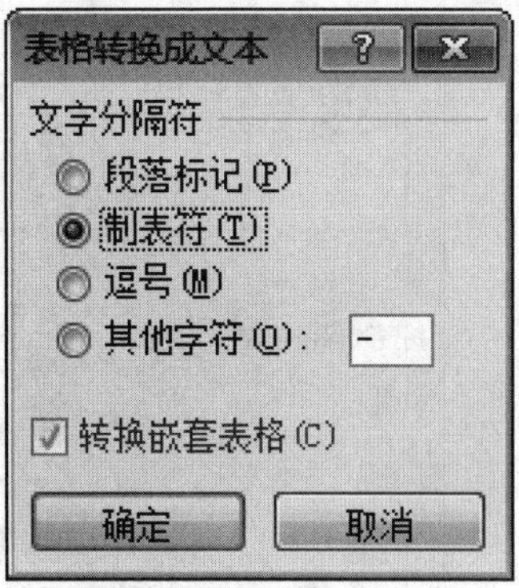

图 8-21

3. 录制新宏

第 6 步：执行“开始”→“所有程序”→“Microsoft Office”→“Microsoft Word 2010”命令，创建一个新的 Word 文件。

第 7 步：在光标当前位置处，在“视图”选项卡下的“宏”组中，单击“宏”下拉按钮，在打开的列表中选择“录制宏”选项。

第 8 步：弹出“录制宏”对话框，在“宏名”文本框中输入新录制宏的名称 A8A，在“将宏保存在”下拉列表中选择当前文档，如图 8-22 所示，单击“键盘”按钮。

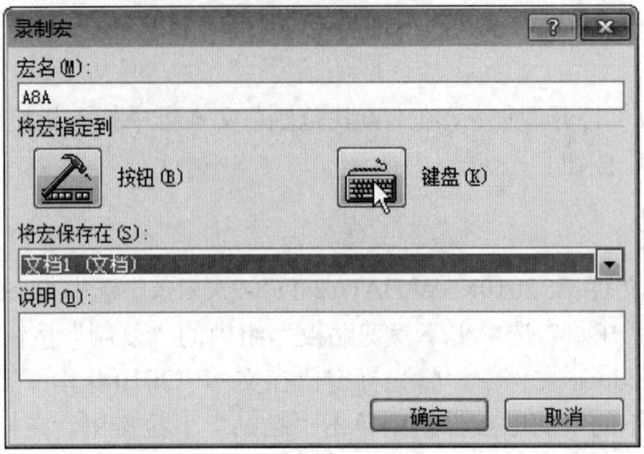

图 8-22

第 9 步：弹出“自定义键盘”对话框，在“请按新快捷键”文本框中按下 Ctrl + Shift + F 快捷键，然后单击“指定”按钮，即可指定运行该宏的快捷键了，如图 8-23 所示，最后单击“关闭”按钮。

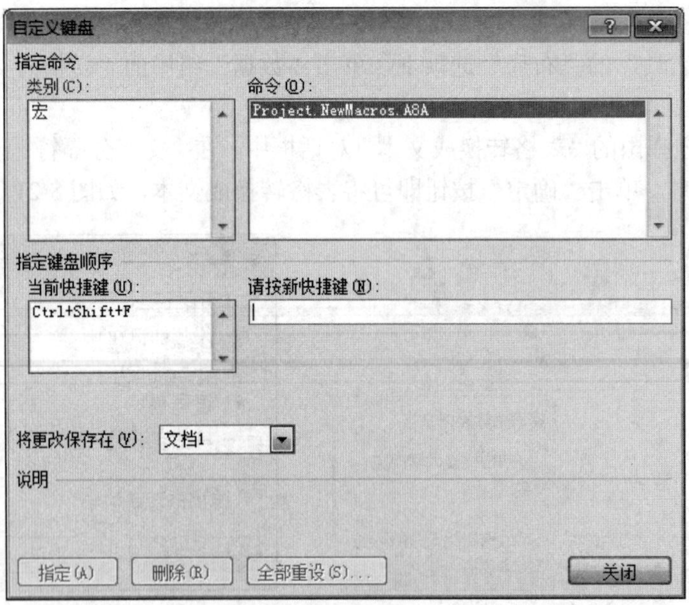

图 8-23

第 10 步：开始录制宏，单击“页面布局”选项卡下“页面设置”组中的“分隔符”按钮，在弹出的下拉列表中执行“分页符”命令，即可将光标切换至下一页。录制完毕后，在“视图”选项卡下的“宏”组中，单击“宏”下拉按钮，在打开的列表中执行“停止录制”命令。

第 11 步：执行“文件”→“另存为”命令，弹出“另存为”对话框，在“保存位置”列表中选择考生文件夹所在位置，在“文件名”文本框中输入文件名“A8-A”，在“保存类型”列表中选择“启用宏的 Word 文档”，单击“保存”按钮。

4. 邮件合并

第 12 步：打开文件 C:\2010KSW\DATA2\TF8-2B.docx，执行“文件”→“另存为”命令。弹出“另存为”对话框，在“保存位置”列表中选择考生文件夹所在位置，在“文件名”文本框中输入文件名“A8-B”，单击“保存”按钮。

第 13 步：在 A8-B.docx 文档中，单击“邮件”选项卡下“开始邮件合并”组中的“开始邮件合并”按钮，在打开的下拉列表中选择“信函”。再单击该组中的“选择收件人”按钮，在打开的下拉列表中选择“使用现有列表”选项。

第 14 步：弹出“选取数据源”对话框，从中选择 C:\2010KSW\DATA2\TF8-2C.xlsx 文件，单击“打开”按钮。

第 15 步：弹出“选择表格”对话框，选中 Sheet1 工作表，单击“确定”按钮。

第 16 步：将光标定位在“考生编号”下方的单元格中，在“邮件”选项卡下“编写和插入域”组中单击“插入合并域”下拉按钮，从拉开的下拉列表中选择“考生编号”，依次类推，分别将“第 1 单元”、“第 2 单元”、“第 3 单元”、“第 4 单元”、“第 5 单元”和“第 6 单元”各域插入到相应的位置处。

第 17 步：完成“插入合并域”操作，通过预览功能核对邮件内容无误后，在“邮件”选项下的“完成”组中单击“完成并合并”按钮，在打开的下拉列表中选择“编辑单个文档”选项。

第 18 步：弹出“合并到新文档”对话框，选择“全部”选项，单击“确定”按钮，即可完成邮件合并操作，并自动生成新文档“信函 1”。

第 19 步：在新文档“信函 1”中，执行“文件”→“另存为”命令，弹出“另存为”对话框，在“保存位置”列表中选择考生文件夹所在位置，在“文件名”文本框中输入文件名“A8-C”，单击“保存”按钮。

8.3　第 3 题解答

执行“文件”→“打开”命令，在“查找范围”文本框中找到指定路径，选择 A8.docx 文件，单击“打开”按钮。

1. 选择性粘贴

第 1 步：打开文件 C:\2010KSW\DATA2\TF8-3A.xlsx，选中 Sheet1 工作表中的表格区域 B2:F9，单击“开始”选项卡下“剪贴板”组中的“复制”按钮。

第 2 步：在 A8.docx 文档中，将光标定位在文本“大明公司员工政治面貌统计表”下，在“开始”选项卡下的“剪贴板”组中单击“粘贴”下拉按钮，在打开的下拉菜单中执行“选择性粘贴”命令，弹出“选择性粘贴”对话框。

第 3 步：在弹出的“选择性粘贴”对话框中点选“粘贴”单选按钮，然后在“形式”

列表中选中“Microsoft Excel 工作表 对象”选项，单击“确定”按钮。

2. 文本与表格间的相互转换

第 4 步：在 A8.docx 文档中，选中“部分商品利润分析表”下要转换为表格的所有文本，在“插入”选项卡下的“表格”组中单击“表格”按钮，在打开的下拉列表中执行“文本转换成表格”命令。

第 5 步：弹出“将文字转换成表格”对话框，在“列数”文本框中调整或输入“6”，在“行数”文本框中系统会根据所选定的内容自动设置数值；在“‘自动调整’操作”选项区域点选“固定列宽”单选按钮，然后在其后面文本框中调整或输入“2.3 厘米”；在“文字分隔位置”选项区域点选“制表符”单选按钮，单击“确定”按钮。

第 6 步：选中整个表格，打开“表格工具”的“设计”选项卡，在“表格样式”组中单击“其他”按钮，在弹出的库中选择“中等深浅列表 2”表格样式。

第 7 步：选中整个表格，打开“表格工具”的“布局”选项卡，在“表”组中单击“属性”按钮，打开“表格属性”对话框。

第 8 步：在“表格属性”对话框的“表格”选项卡下，在“对齐方式”选项区域选中“居中”按钮，单击“确定”按钮。

3. 录制新宏

第 9 步：执行“开始”→“所有程序”→“Microsoft Office”→“Microsoft Excel 2010”命令，创建一个新的 Excel 文件。

第 10 步：选中表格的任意单元格，在“视图”选项卡下的“宏”组中，单击“宏”下拉按钮，在打开的列表中执行“录制宏”命令。

第 11 步：弹出的“录制新宏”对话框，在“宏名”文本框中输入新录制宏的名称 A8A，将鼠标定位在“快捷键”下面的空白文本框中，同时按下 Shift + F 键，在“保存在”下拉列表中选择“当前工作簿”，单击“确定”按钮。

第 12 步：开始录制宏，在“开始”选项卡的“字体”组中，在打开的“字体”下拉列表中选择“方正姚体”，在打开的“字号”下拉列表中选择“20”磅，在“字体颜色”下拉列表中选择“标准色”中的“红色”。录制完毕后，在“视图”选项卡下的“宏”组中，单击“宏”下拉按钮，在打开的列表中执行“停止录制”命令。

第 13 步：执行“文件”→“另存为”命令，弹出“另存为”对话框，在“保存位置”列表中选择考生文件夹所在位置，在“文件名”文本框中输入文件名“A8-A”，在“保存类型”列表中选择“Excel 启用宏的工作簿”，单击“保存”按钮。

4. 邮件合并

第 14 步：打开文件 C:\2010KSW\DATA2\TF8-3B.docx，执行“文件”→“另存为”命令。弹出“另存为”对话框，在“保存位置”列表中选择考生文件夹所在位置，在“文件名”文本框中输入文件名“A8-B”，单击“保存”按钮。

第 15 步：在 A8-B.docx 文档中，单击“邮件”选项卡下“开始邮件合并”组中的“开始邮件合并”按钮，在打开的下拉列表中选择“信函”。再单击该组中的“选择收件人”

按钮，在打开的下拉列表中执行“使用现有列表”命令。

第 16 步：弹出“选取数据源”对话框，从中选择 C:\2010KSW\DATA2\TF8-3C.xlsx 文件，单击“打开”按钮。

第 17 步：弹出“选择表格”对话框，选中 Sheet1 工作表，单击“确定”按钮。

第 18 步：将光标定位在“序号：”后面，在“邮件”选项卡下“编写和插入域”组中单击“插入合并域”下拉按钮，从拉开的下拉列表中选择“序号”，依次类推，分别将“姓名”、“部门”、“基本工资”、“奖金”和“福利”各域插入到相应的位置处。

第 19 步：完成“插入合并域”操作，通过预览功能核对邮件内容无误后，在“邮件”选项下的“完成”组中单击“完成并合并”按钮，在打开的下拉列表中，执行“编辑单个文档”命令。

第 20 步：弹出“合并到新文档”对话框，选择“全部”选项，单击“确定”按钮，即可完成邮件合并操作，并自动生成新文档“信函 1”。

第 21 步：在新文档“信函 1”中，执行“文件”→“另存为”命令，弹出“另存为”对话框，在“保存位置”列表中选择考生文件夹所在位置，在“文件名”文本框中输入文件名“A8-C”，单击“保存”按钮。

8.4　第 4 题解答

执行“文件”→“打开”命令，在“查找范围”文本框中找到指定路径，选择 A8.docx 文件，单击“打开”按钮。

1. 选择性粘贴

第 1 步：打开文件 C:\2010KSW\DATA2\TF8-4A.xlsx，选中 Sheet1 工作表中的表格区域 B2:H7，单击“开始”选项卡下“剪贴板”组中的“复制”按钮。

第 2 步：在 A8.docx 文档中，将光标定位在文本“宏达公司市场部 2010 年销售情况统计”下，在“开始”选项卡下的“剪贴板”组中单击“粘贴”下拉按钮，在打开的下拉菜单中执行“选择性粘贴”命令，弹出“选择性粘贴”对话框。

第 3 步：在弹出的“选择性粘贴”对话框中点选“粘贴”单选按钮，然后在“形式”列表中选择“Microsoft Excel 工作表 对象”选项，单击“确定”按钮。

2. 文本与表格间的相互转换

第 4 步：在 A8.docx 文档中，选中“宏发公司上半年各部门销售情况表”文本下的整个表格，在“表格工具”的“布局”选项下，单击“数据”组中的“转换为文本”按钮。

第 5 步：在弹出的“表格转换成文本”对话框中，在“文字分隔符”区域中点选“制表符”单选按钮，单击“确定”按钮即可将表格转换成文本。

3. 录制新宏

第 6 步：执行“开始”→“所有程序”→“Microsoft Office”→“Microsoft Word 2010”

命令，创建一个新的 Word 文件。

第 7 步：选中一个字符，在“视图”选项卡下的“宏”组中，单击“宏”下拉按钮，在打开的列表中执行“录制宏”命令。

第 8 步：弹出“录制宏”对话框，在“宏名”文本框中输入新录制宏的名称“A8A”，在“将宏保存在”下拉列表中选择当前文档，单击“键盘”按钮。

第 9 步：弹出“自定义键盘”对话框，在“请按新快捷键”文本框中按下 Ctrl + Shift + F 快捷键，然后单击“指定”按钮，即可指定运行该宏的快捷键了，最后单击“关闭”按钮。

第 10 步：开始录制宏，在“开始”选项卡下“字体”组中的“字体”下拉列表中选择“方正姚体”，在“字号”下拉列表中选择“四号”，单击“加粗”按钮。

第 11 步：录制完毕后，在“视图”选项卡下的“宏”组中，单击“宏”下拉按钮，在打开的列表中执行“停止录制”命令。

第 12 步：执行“文件”→“另存为”命令，弹出“另存为”对话框，在“保存位置”列表中选择考生文件夹所在位置，在“文件名”文本框中输入文件名“A8-A”，在“保存类型”列表中选择“启用宏的 Word 文档”，单击“保存”按钮。

4. 邮件合并

第 13 步：打开文件 C:\2010KSW\DATA2\TF8-4B.docx，执行“文件”→“另存为”命令。弹出“另存为”对话框，在“保存位置”列表中选择考生文件夹所在位置，在“文件名”文本框中输入文件名“A8-B”，单击“保存”按钮。

第 14 步：在 A8-B.docx 文档中，单击“邮件”选项卡下“开始邮件合并”组中的“开始邮件合并”按钮，在打开的下拉列表中选择“信函”。再单击该组中的“选择收件人”按钮，在打开的下拉列表中执行“使用现有列表”命令。

第 15 步：弹出“选取数据源”对话框，从中选择 C:\2010KSW\DATA2\TF8-4C.xlsx 文件，单击“打开”按钮。

第 16 步：弹出“选择表格”对话框，选中 Sheet1 工作表，单击“确定”按钮。

第 17 步：将光标定位在“目的地”下方的单元格中，在“邮件”选项卡下“编写和插入域”组中单击“插入合并域”下拉按钮，从拉开的下拉列表中选择“目的地”，依次类推，分别将“起飞”、“到达”和“航行时间”各域插入到相应的位置处。

第 18 步：完成“插入合并域”操作，通过预览功能核对邮件内容无误后，在“邮件”选项下的“完成”组中单击“完成并合并”按钮，在打开的下拉列表中，执行“编辑单个文档”命令。

第 19 步：弹出“合并到新文档”对话框，选择“全部”选项，单击“确定”按钮，即可完成邮件合并操作，并自动生成新文档“信函 1”。

第 20 步：在新文档“信函 1”中，执行“文件”→“另存为”命令，弹出“另存为”对话框，在“保存位置”列表中选择考生文件夹所在位置，在“文件名”文本框中输入文件名“A8-C”，单击“保存”按钮。

8.5 第 5 题解答

执行“文件”→“打开”命令，在“查找范围”文本框中找到指定路径，选择 A8.docx 文件，单击“打开”按钮。

1. 选择性粘贴

第 1 步：打开文件 C:\2010KSW\DATA2\TF8-5A.xlsx，选中 Sheet1 工作表中的表格区域 B2:F6，单击“开始”选项卡下“剪贴板”组中的“复制”按钮。

第 2 步：在 A8.docx 文档中，将光标定位在文本“华联家电城商品销售统计表（2010 年第 3 季度）”下，在“开始”选项卡下的“剪贴板”组中单击“粘贴”下拉按钮，在打开的下拉菜单中执行“选择性粘贴”命令，弹出“选择性粘贴”对话框。

第 3 步：在弹出的“选择性粘贴”对话框中点选“粘贴”单选按钮，然后在“形式”列表中选择“Microsoft Excel 工作表 对象”选项，单击“确定”按钮。

2. 文本与表格间的相互转换

第 4 步：在 A8.docx 文档中，选中“2010 年自来水公司员工登记表”下要转换为表格的所有文本，在“插入”选项卡下的“表格”组中单击“表格”按钮，在打开的下拉列表中执行“文本转换成表格”命令。

第 5 步：弹出“将文字转换成表格”对话框，在“列数”文本框中调整或输入“5”，在“行数”文本框中系统会根据所选定的内容自动设置数值；在“‘自动调整’操作”选项区域点选“固定列宽”单选按钮，然后在其后面文本框中调整或输入“2 厘米”；在“文字分隔位置”选项区域点选“制表符”单选按钮，单击“确定”按钮。

第 6 步：选中整个表格，打开“表格工具”的“设计”选项卡，在“表格样式”组中单击“其他”按钮，在弹出的库中选择“深色列表 - 强调文字颜色 4”表格样式。

第 7 步：选中整个表格，打开“表格工具”的“布局”选项卡，在“表”组中单击“属性”按钮，打开“表格属性”对话框。

第 8 步：在“表格属性”对话框的“表格”选项卡下，在“对齐方式”选项区域选中“居中”按钮，单击“确定”按钮。

3. 录制新宏

第 9 步：执行“开始”→“所有程序”→“Microsoft Office”→“Microsoft Excel 2010”命令，创建一个新的 Excel 文件。

第 10 步：选中任意单元格，在“视图”选项卡下的“宏”组中，单击“宏”下拉按钮，在打开的列表中执行“录制宏”命令。

第 11 步：弹出的“录制新宏”对话框，在“宏名”文本框中输入新录制宏的名称“A8A”，将光标定位在“快捷键”下面的空白文本框中，同时按下 Shift + F 键，在“保存在”下拉列表中选择“当前工作簿”，单击“确定”按钮。

第 12 步：开始录制宏，在“开始”选项卡的“剪贴板”组中，单击“复制”按钮，选定 G8 单元格，在“开始”选项卡的“剪贴板”组中，单击“粘贴”按钮。

第 13 步：录制完毕后，在“视图”选项卡下的“宏”组中，单击“宏”下拉按钮，在打开的列表中执行“停止录制”命令。

第 14 步：执行“文件”→“另存为”命令，弹出“另存为”对话框，在“保存位置”列表中选择考生文件夹所在位置，在“文件名”文本框中输入文件名“A8-A”，在“保存类型”列表中选择“Excel 启用宏的工作簿”，单击“保存”按钮。

4. 邮件合并

第 15 步：打开文件 C:\2010KSW\DATA2\TF8-5B.docx，执行“文件”→“另存为”命令。弹出“另存为”对话框，在“保存位置”列表中选择考生文件夹所在位置，在“文件名”文本框中输入文件名“A8-B”，单击“保存”按钮。

第 16 步：在 A8-B.docx 文档中，单击“邮件”选项卡下“开始邮件合并”组中的“开始邮件合并”按钮，在打开的下拉列表中选择“信函”。再单击该组中的“选择收件人”按钮，在打开的下拉列表中执行“使用现有列表”命令。

第 17 步：弹出“选取数据源”对话框，从中选择 C:\2010KSW\DATA2\TF8-5C.xlsx 文件，单击“打开”按钮。

第 18 步：弹出“选择表格”对话框，选中 Sheet1 工作表，单击“确定”按钮。

第 19 步：将光标定位在“教师：”前面，在“邮件”选项卡下“编写和插入域”组中单击“插入合并域”下拉按钮，从拉开的下拉列表中选择“教师姓名”，依次类推，分别将“代课班级”和“代课名称”各域插入到相应的位置处。

第 20 步：完成“插入合并域”操作，通过预览功能核对邮件内容无误后，在“邮件”选项下的“完成”组中单击“完成并合并”按钮，在打开的下拉列表中执行“编辑单个文档”命令。

第 21 步：弹出“合并到新文档”对话框，选择“全部”选项，单击“确定”按钮，即可完成邮件合并操作，并自动生成新文档“信函 1”。

第 22 步：在新文档“信函 1”中，执行“文件”→“另存为”命令，弹出“另存为”对话框，在“保存位置”列表中选择考生文件夹所在位置，在“文件名”文本框中输入文件名“A8-C”，单击“保存”按钮。

8.6 第 6 题解答

执行“文件”→“打开”命令，在“查找范围”文本框中找到指定路径，选择 A8.docx 文件，单击“打开”按钮。

1. 选择性粘贴

第 1 步：打开文件 C:\2010KSW\DATA2\TF8-6A.xlsx，选中 Sheet1 工作表中的表格区域 B3:E9，单击“开始”选项卡下“剪贴板”组中的“复制”按钮。

第 2 步：在 A8.docx 文档中，将光标定位在文本“阳光小学书本费统计表”下，在“开始”选项卡下的“剪贴板”组中单击“粘贴”下拉按钮，在打开的下拉菜单中执行“选择性粘贴”命令，弹出“选择性粘贴”对话框。

第 3 步：在弹出的“选择性粘贴”对话框中点选“粘贴”单选按钮，然后在“形式”列表中选择“Microsoft Excel 工作表 对象”选项，单击“确定”按钮。

2. 文本与表格间的相互转换

第 4 步：在 A8.docx 文档中，选中“某出版社上半年出版图书情况”下要转换为表格的所有文本，在“插入”选项卡下的“表格”组中单击“表格”按钮，在打开的下拉列表中执行“文本转换成表格”命令。

第 5 步：弹出“将文字转换成表格”对话框，在“列数”文本框中调整或输入“5”，在“行数”文本框中系统会根据所选定的内容自动设置数值；在“‘自动调整’操作”选项区域点选“固定列宽”单选按钮，然后在其后面文本框中调整或输入“2.5 厘米”；在“文字分隔位置”选项区域点选“制表符”单选按钮，单击“确定”按钮。

第 6 步：选中整个表格，打开“表格工具”的“设计”选项卡，在“表格样式”组中单击“其他”按钮，在弹出的库中选择“中等深浅网格 3 - 强调文字颜色 5”表格样式。

第 7 步：选中整个表格，打开“表格工具”的“布局”选项卡，在“表”组中单击“属性”按钮，打开“表格属性”对话框。

第 8 步：在“表格属性”对话框的“表格”选项卡下，在“对齐方式”选项区域选中“居中”按钮，单击“确定”按钮。

3. 录制新宏

第 9 步：执行“开始”→“所有程序”→“Microsoft Office”→“Microsoft Word 2010”命令，创建一个新的 Word 文件。

第 10 步：选中一个字符，在“视图”选项卡下的“宏”组中，单击“宏”下拉按钮，在打开的列表中执行“录制宏”命令。

第 11 步：弹出“录制宏”对话框，在“宏名”文本框中输入新录制宏的名称“A8A”，在“将宏保存在”下拉列表中选择当前文档，单击“键盘”按钮。

第 12 步：弹出“自定义键盘”对话框，在“请按新快捷键”文本框中按下 Ctrl + Shift + F 快捷键，然后单击“指定”按钮，即可指定运行该宏的快捷键了，最后单击“关闭”按钮。

第 13 步：开始录制宏，在“开始”选项卡下单击“字体”组右下角的“对话框启动器”按钮，打开“字体”对话框。在“下划线线型”下拉列表中选择“双波浪线”，在“下划线颜色”下拉列表中选择“标准色”中的“红色”，如图 8-24 所示，单击“确定”按钮。

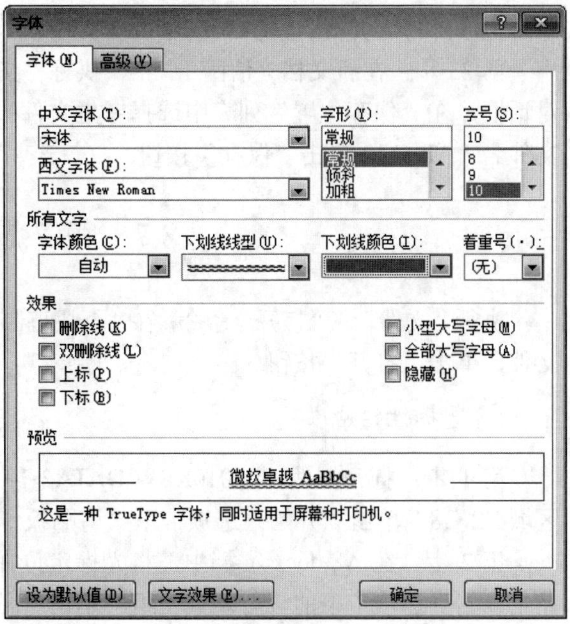

图 8-24

第 14 步：录制完毕后，在“视图”选项卡下的“宏”组中，单击“宏”下拉按钮，在打开的列表中执行“停止录制”命令。

第 15 步：执行“文件”→“另存为”命令，弹出“另存为”对话框，在“保存位置”列表中选择考生文件夹所在位置，在“文件名”文本框中输入文件名“A8-A”，在“保存类型”列表中选择“启用宏的 Word 文档”，单击“保存”按钮。

4. 邮件合并

第 16 步：打开文件 C:\2010KSW\DATA2\TF8-6B.docx，执行“文件”→“另存为”命令。弹出“另存为”对话框，在“保存位置”列表中选择考生文件夹所在位置，在“文件名”文本框中输入文件名“A8-B”，单击“保存”按钮。

第 17 步：在 A8-B.docx 文档中，单击“邮件”选项卡下“开始邮件合并”组中的“开始邮件合并”按钮，在打开的下拉列表中选择“信函”。再单击该组中的“选择收件人”按钮，在打开的下拉列表中执行“使用现有列表”命令。

第 18 步：弹出“选取数据源”对话框，从中选择 C:\2010KSW\DATA2\TF8-6C.xlsx 文件，单击“打开”按钮。

第 19 步：弹出“选择表格”对话框，选中 Sheet1 工作表，单击“确定”按钮。

第 20 步：将光标定位在“同学：”前面，在“邮件”选项卡下“编写和插入域”组中单击“插入合并域”下拉按钮，从拉开的下拉列表中选择“姓名”，依次类推，分别将“题目”和“获奖等级”各域插入到相应的位置处。

第 21 步：完成“插入合并域”操作，通过预览功能核对邮件内容无误后，在“邮件”选项下的“完成”组中单击“完成并合并”按钮，在打开的下拉列表中执行“编辑单个文档”命令。

第 22 步：弹出“合并到新文档”对话框，选择“全部”选项，单击“确定”按钮，即可完成邮件合并操作，并自动生成新文档“信函 1”。

第 23 步：在新文档“信函 1”中，执行“文件”→“另存为”命令，弹出“另存为”对话框，在“保存位置”列表中选择考生文件夹所在位置，在“文件名”文本框中输入文件名“A8-C”，单击“保存”按钮。

8.7 第 7 题解答

执行“文件”→“打开”命令，在“查找范围”文本框中找到指定路径，选择 A8.docx 文件，单击“打开”按钮。

1. 选择性粘贴

第 1 步：打开文件 C:\2010KSW\DATA2\TF8-7A.xlsx，选中 Sheet1 工作表中的表格区域 B2:G8，单击“开始”选项卡下“剪贴板”组中的“复制”按钮。

第 2 步：在 A8.docx 文档中，将光标定位在文本“计算机系学生成绩统计表”下，在“开始”选项卡下的“剪贴板”组中单击“粘贴”下拉按钮，在打开的下拉菜单中执行“选择性粘贴”命令，弹出“选择性粘贴”对话框。

第 3 步：在弹出的“选择性粘贴”对话框中选中“粘贴”单选框，然后在“形式”列表中选中“Microsoft Excel 工作表 对象”选项，单击“确定”按钮。

2. 文本与表格间的相互转换

第 4 步：在 A8.docx 文档中，选中“计算机系教师课程安排表”文本下的整个表格，在“表格工具”的“布局”选项下，单击“数据”组中的“转换为文本”按钮。

第 5 步：在弹出的“表格转换成文本”对话框中，在“文字分隔符”区域中点选“制表符”单选按钮，单击“确定”按钮即可将表格转换成文本。

第 6 步：选中表格转换成的所有文本，在“开始”选项卡下，单击“段落”组中的“居中”按钮。

3. 录制新宏

第 7 步：执行“开始”→“所有程序”→“Microsoft Office”→“Microsoft Excel 2010”命令，创建一个新的 Excel 文件。

第 8 步：选中任意单元格，在“视图”选项卡下的“宏”组中，单击“宏”下拉按钮，在打开的列表中选择“录制宏”命令。

第 9 步：弹出的“录制新宏”对话框，在“宏名”文本框中输入新录制宏的名称“A8A”，将光标定位在“快捷键”下面的空白文本框中，同时按下 Shift + F 键，在“保存在”下拉列表中选择“当前工作簿”，单击“确定”按钮。

第 10 步：开始录制宏，在“开始”选项卡的“字体”组中，单击“填充颜色”下拉按钮，在弹出的下拉列表中选择“标准色”中的“浅蓝”色。

第 11 步：录制完毕后，在“视图”选项卡下的“宏”组中，单击“宏”下拉按钮，在打开的列表中执行“停止录制”命令。

第 12 步：执行“文件”→“另存为”命令，弹出“另存为”对话框，在“保存位置”列表中选择考生文件夹所在位置，在“文件名”文本框中输入文件名“A8-A”，在“保存类型”列表中选择“Excel 启用宏的工作簿”，单击“保存”按钮。

4. 邮件合并

第 13 步：打开文件 C:\2010KSW\DATA2\TF8-7B.docx，执行“文件”→“另存为”命令。弹出“另存为”对话框，在“保存位置”列表中选择考生文件夹所在位置，在“文件名”文本框中输入文件名“A8-B”，单击“保存”按钮。

第 14 步：在 A8-B.docx 文档中，单击“邮件”选项卡下“开始邮件合并”组中的“开始邮件合并”按钮，在打开的下拉列表中选择“信函”。再单击该组中的“选择收件人”按钮，在打开的下拉列表中执行“使用现有列表”命令。

第 15 步：弹出“选取数据源”对话框，从中选择 C:\2010KSW\DATA2\TF8-7C.xlsx 文件，单击“打开”按钮。

第 16 步：弹出“选择表格”对话框，选中 Sheet1 工作表，单击“确定”按钮。

第 17 步：将光标定位在“姓名”下方的单元格中，在“邮件”选项卡下“编写和插入域”组中单击“插入合并域”下拉按钮，从拉开的下拉列表中选择“姓名”，依次类推，分别将“准考证号”、“报考级别”、“成绩”和“显示结果”各域插入到相应的位置处。

第 18 步：完成“插入合并域”操作，通过预览功能核对邮件内容无误后，在“邮件”选项下的“完成”组中单击“完成并合并”按钮，在打开的下拉列表中执行“编辑单个文档”命令。

第 19 步：弹出“合并到新文档”对话框，选择“全部”选项，单击“确定”按钮，即可完成邮件合并操作，并自动生成新文档“信函 1”。

第 20 步：在新文档“信函 1”中，执行“文件”→“另存为”命令，弹出“另存为”对话框，在“保存位置”列表中选择考生文件夹所在位置，在“文件名”文本框中输入文件名“A8-C”，单击“保存”按钮。

8.8 第 8 题解答

执行“文件”→“打开”命令，在“查找范围”文本框中找到指定路径，选择 A8.docx 文件，单击“打开”按钮。

1. 选择性粘贴

第 1 步：打开文件 C:\2010KSW\DATA2\TF8-8A.xlsx，选中 Sheet1 工作表中的表格区域 B2:G9，单击“开始”选项卡下“剪贴板”组中的“复制”按钮。

第 2 步：在 A8.docx 文档中，将光标定位在文本“宏远公司员工基本信息表”下，在“开始”选项卡下的“剪贴板”组中单击“粘贴”下拉按钮，在打开的下拉列表中执行“选择性粘贴”命令，弹出“选择性粘贴”对话框。

第 3 步：在弹出的“选择性粘贴”对话框中点选“粘贴”单选按钮，然后在“形式”列表中选中“Microsoft Excel 工作表 对象”选项，单击“确定”按钮。

2. 文本与表格间的相互转换

第 4 步：在 A8.docx 文档中，选中“宏远公司部分装修材料价格表”下要转换为表格的所有文本，在“插入”选项卡下的“表格”组中单击“表格”按钮，在打开的下拉列表中执行“文本转换成表格”命令。

第 5 步：弹出“将文字转换成表格”对话框，在“列数”文本框中调整或输入“5”，在“行数”文本框中系统会根据所选定的内容自动设置数值；在“‘自动调整’操作”选项区域点选“根据内容调整表格”单选按钮；在“文字分隔位置”选项区域点选“制表符”单选按钮，单击“确定”按钮。

第 6 步：选中整个表格，打开“表格工具”的“设计”选项卡，在“表格样式”组中单击“其他”按钮，在弹出的库中选择“浅色底纹 - 强调文字颜色 1”表格样式。

第 7 步：选中整个表格，打开“表格工具”的“布局”选项卡，在“表”组中单击“属性”按钮，打开“表格属性”对话框。

第 8 步：在“表格属性”对话框的“表格”选项卡下，在“对齐方式”选项区域选中“居中”按钮，单击“确定”按钮。

3. 录制新宏

第 9 步：执行“开始”→“所有程序”→“Microsoft Office”→“Microsoft Word 2010”命令，创建一个新的 Word 文件。

第 10 步：选中一个回车符，在“视图”选项卡下的“宏”组中，单击“宏”下拉按钮，在打开的列表中执行“录制宏”命令。

第 11 步：弹出“录制宏”对话框，在“宏名”文本框中输入新录制宏的名称 A8A，在“将宏保存在”下拉列表中选择当前文档，单击“键盘”按钮。

第 12 步：弹出“自定义键盘”对话框，在“请按新快捷键”文本框中按下 Ctrl + Shift + F 快捷键，然后单击“指定”按钮，即可指定运行该宏的快捷键了，最后单击“关闭”按钮。

第 13 步：开始录制宏，在“开始”选项卡下单击“段落”组右下角的“对话框启动器”按钮，弹出“段落”对话框。在“缩进和间距”选项卡下的“行距”下拉列表中选择“固定值”选项，在“设置值”文本框中选择或输入“20 磅”，在“段前”文本框中选择或输入“0.5 行”，在“段后”文本框中选择或输入“0.5 行”，单击“确定”按钮，如图 8-25 所示。

第 14 步：录制完毕后，在“视图”选项卡下的“宏”组中，单击“宏”下拉按钮，在打开的列表中执行“停止录制”命令。

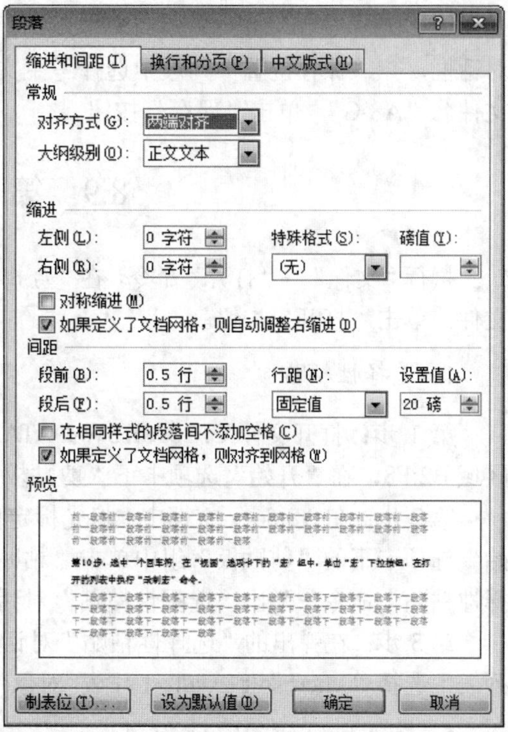

图 8-25

第 15 步：执行“文件”→“另存为”命令，弹出“另存为”对话框，在“保存位置”列表中选择考生文件夹所在位置，在“文件名”文本框中输入文件名“A8-A”，在“保存类型”列表中选择“启用宏的 Word 文档”选项，单击“保存”按钮。

4. 邮件合并

第 16 步：打开文件 C:\2010KSW\DATA2\TF8-8B.docx，执行“文件”→“另存为”命令。弹出“另存为”对话框，在“保存位置”列表中选择考生文件夹所在位置，在“文件名”文本框中输入文件名“A8-B”，单击“保存”按钮。

第 17 步：在 A8-B.docx 文档中，单击“邮件”选项卡下“开始邮件合并”组中的“开始邮件合并”按钮，在打开的下拉列表中选择“信函”。再单击该组中的“选择收件人”按钮，在打开的下拉列表中执行“使用现有列表”命令。

第 18 步：弹出“选取数据源”对话框，从中选择 C:\2010KSW\DATA2\TF8-8C.xlsx

文件，单击“打开”按钮。

第 19 步：弹出“选择表格”对话框，选中 Sheet1 工作表，单击“确定”按钮。

第 20 步：将光标定位在“姓名”右侧的单元格中，在“邮件”选项卡下“编写和插入域”组中单击“插入合并域”下拉按钮，从拉开的下拉列表中选择“姓名”，依次类推，分别将“性别”、“民族”、“编号”、“出生日期”、“社会面貌”、“所学专业”、“户口所在地”和“电子邮箱”各域插入到相应的位置处。

第 21 步：完成“插入合并域”操作，通过预览功能核对邮件内容无误后，在“邮件”选项下的“完成”组中单击“完成并合并”按钮，在打开的下拉列表中执行“编辑单个文档”命令。

第 22 步：弹出“合并到新文档”对话框，选择“全部”选项，单击“确定”按钮，即可完成邮件合并操作，并自动生成新文档“信函 1”。

第 23 步：在新文档“信函 1”中，执行“文件”→“另存为”命令，弹出“另存为”对话框，在“保存位置”列表中选择考生文件夹所在位置，在“文件名”文本框中输入文件名“A8-C”，单击“保存”按钮。

8.9　第 9 题解答

执行“文件”→“打开”命令，在“查找范围”文本框中找到指定路径，选择 A8.docx 文件，单击“打开”按钮。

1. 选择性粘贴

第 1 步：打开文件 C:\2010KSW\DATA2\TF8-9A.xlsx，选中 Sheet1 工作表中的表格区域 B2:F8，在“开始”选项卡下“剪贴板”组中执行“复制”命令。

第 2 步：在 A8.docx 文档中，将光标定位在文本“乡镇蔬菜产量统计表”下，在“开始”选项卡下的“剪贴板”组中单击“粘贴”下拉按钮，在打开的下拉列表中执行“选择性粘贴”命令，弹出“选择性粘贴”对话框。

第 3 步：在弹出的“选择性粘贴”对话框中点选“粘贴”单选按钮，然后在“形式”列表中选择“Microsoft Excel 工作表 对象”选项，单击“确定”按钮。

2. 文本与表格间的相互转换

第 4 步：在 A8.docx 文档中，选中“新华商城家电销售表”文本下的整个表格，在“表格工具”的“布局”选项下，单击“数据”组中的“转换为文本”按钮。

第 5 步：在弹出的“表格转换成文本”对话框中，在“文字分隔符”区域中点选“制表符”单选按钮，单击“确定”按钮即可将表格转换成文本。

第 6 步：选中表格转换成的所有文本，在“开始”选项卡下，单击“段落”组中的“居中”按钮。

3. 录制新宏

第 7 步：执行“开始”→“所有程序”→“Microsoft Office”→“Microsoft Excel 2010”

命令，创建一个新的 Excel 文件。

第 8 步：选中任意单元格，在“视图”选项卡下的“宏”组中，单击“宏”下拉按钮，在打开的列表中执行“录制宏”命令。

第 9 步：弹出的“录制新宏”对话框，在“宏名”文本框中输入新录制宏的名称 A8A，将光标定位在“快捷键”下面的空白文本框中，同时按下 Shift + F 键，在“保存在”下拉列表中选择“当前工作簿”，单击“确定”按钮。

第 10 步：开始录制宏，打开“设置单元格格式”对话框，在“边框”选项卡下的“线条”选项区域中，从“颜色”列表中选择“标准色”中的“橙色”，在“样式”列表框中选择粗虚线（第 4 行第 2 列），在“预置”选项区域单击“外边框”按钮，如图 8-26 所示。

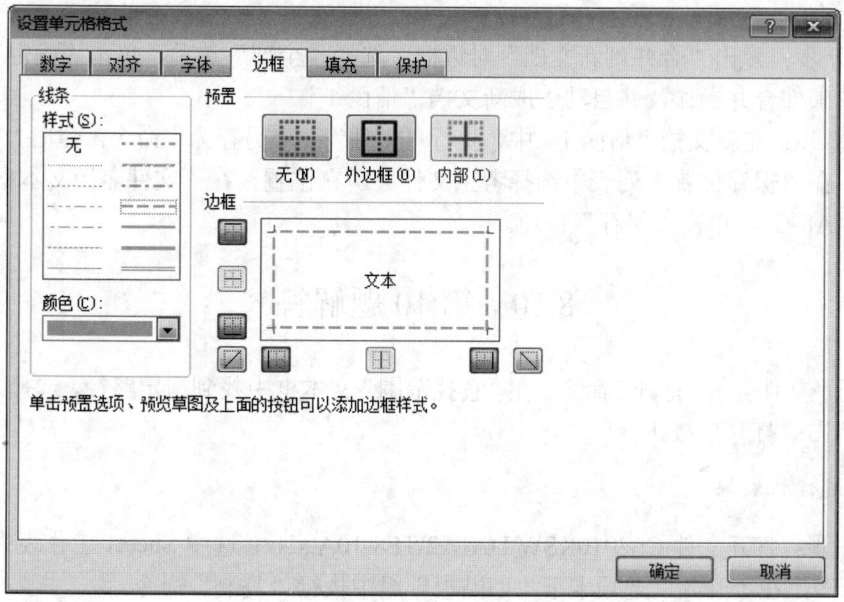

图 8-26

第 11 步：录制完毕后，在“视图”选项卡下的“宏”组中，单击“宏”下拉按钮，在打开的列表中执行“停止录制”命令。

第 12 步：执行“文件”→“另存为”命令，弹出“另存为”对话框，在“保存位置”列表中选择考生文件夹所在位置，在“文件名”文本框中输入文件名“A8-A”，在“保存类型”列表中选择“Excel 启用宏的工作簿”，单击“保存”按钮。

4. 邮件合并

第 13 步：打开文件 C:\2010KSW\DATA2\TF8-9B.docx，执行“文件”→“另存为”命令。弹出“另存为”对话框，在“保存位置”列表中选择考生文件夹所在位置，在“文件名”文本框中输入文件名“A8-B”，单击“保存”按钮。

第 14 步：在 A8-B.docx 文档中，单击“邮件”选项卡下“开始邮件合并”组中的“开始邮件合并”按钮，在打开的下拉列表中选择“信函”。再单击该组中的“选择收件人”

按钮，在打开的下拉列表中执行“使用现有列表”命令。

第 15 步：弹出“选取数据源”对话框，从中选择 C:\2010KSW\DATA2\TF8-9C.xlsx 文件，单击“打开”按钮。

第 16 步：弹出“选择表格”对话框，选中 Sheet1 工作表，单击“确定”按钮。

第 17 步：将光标定位在“姓名”下方的单元格中，在“邮件”选项卡下“编写和插入域”组中单击“插入合并域”下拉按钮，从打开的下拉列表中选择“姓名”，依次类推，分别将“性别”、“年龄”、“民族”、“学历”、“部门”和“工龄”各域插入到相应的位置处。

第 18 步：完成“插入合并域”操作，通过预览功能核对邮件内容无误后，在“邮件”选项下的“完成”组中单击“完成并合并”按钮，在打开的下拉列表中执行“编辑单个文档”命令。

第 19 步：弹出“合并到新文档”对话框，选择“全部”选项，单击“确定”按钮，即可完成邮件合并操作，并自动生成新文档“信函 1”。

第 20 步：在新文档“信函 1”中，执行“文件”→“另存为”命令，弹出“另存为”对话框，在“保存位置”列表中选择考生文件夹所在位置，在“文件名”文本框中输入文件名“A8-C”，单击“保存”按钮。

8.10　第 10 题解答

执行“文件”→“打开”命令，在“查找范围”文本框中找到指定路径，选择 A8.docx 文件，单击“打开”按钮。

1. 选择性粘贴

第 1 步：打开文件 C:\2010KSW\DATA2\TF8-10A.xlsx，选中 Sheet1 工作表中的表格区域 B2:F9，在“开始”选项卡下“剪贴板”组中执行“复制”命令。

第 2 步：在 A8.docx 文档中，将光标定位在文本“花卉养植面积统计表（单位：亩）”下，在“开始”选项卡下的“剪贴板”组中单击“粘贴”下拉按钮，在打开的下拉列表中执行“选择性粘贴”命令，弹出“选择性粘贴”对话框。

第 3 步：在弹出的“选择性粘贴”对话框中点选“粘贴”单选按钮，然后在“形式”列表中选中“Microsoft Excel 工作表 对象”选项，单击“确定”按钮。

2. 文本与表格间的相互转换

第 4 步：在 A8.docx 文档中，选中“易通电脑学校教师学历分布情况”下要转换为表格的所有文本，在“插入”选项卡下的“表格”组中单击“表格”按钮，在打开的下拉列表中执行“文本转换成表格”命令。

第 5 步：弹出“将文字转换成表格”对话框，在“列数”文本框中调整或输入“4”，在“行数”文本框中系统会根据所选定的内容自动设置数值；在“‘自动调整’操作”选项区域点选“固定列宽”单选按钮，然后在其后面文本框中调整或输入“2.5 厘米”；在“文字分隔位置”选项区域点选“制表符”单选按钮，单击“确定”按钮。

第 6 步：选中整个表格，打开“表格工具”的“设计”选项卡，在“表格样式”组中单击“其他”按钮，在弹出的库中选择“彩色列表 - 强调文字颜色 3”表格样式。

第 7 步：选中整个表格，打开“表格工具”的“布局”选项卡，在“表”组中单击“属性”按钮，打开“表格属性”对话框。

第 8 步：在“表格属性”对话框的“表格”选项卡下，在“对齐方式”选项区域选中“居中”按钮，单击“确定”按钮。

3. 录制新宏

第 9 步：执行“开始”→“所有程序”→“Microsoft Office”→“Microsoft Word 2010”命令，创建一个新的 Word 文件。

第 10 步：随意输入几个文本并将其选中，在“视图”选项卡下的“宏”组中，单击“宏”下拉按钮，在打开的列表中执行“录制宏”命令。

第 11 步：弹出“录制宏”对话框，在“宏名”文本框中输入新录制宏的名称 A8A，在“将宏保存在”下拉列表中选择当前文档，单击“键盘”按钮。

第 12 步：弹出“自定义键盘”对话框，在“请按新快捷键”文本框中按下 Ctrl + Shift + F 快捷键，然后单击“指定”按钮，即可指定运行该宏的快捷键了，最后单击“关闭”按钮。

第 13 步：开始录制宏，单击“插入”选项卡下“文本”组的“首字下沉”按钮，在弹出的下拉列表中执行“首字下沉选项”命令，如图 8-27 所示。打开“首字下沉”对话框，在“位置”区域中单击“下沉”按钮，在“选项”区域的“字体”下拉列表中选择“华文行楷”，在“下沉行数”后面的文本框中微调或输入“2”，单击“确定”按钮即可，如图 8-28 所示。

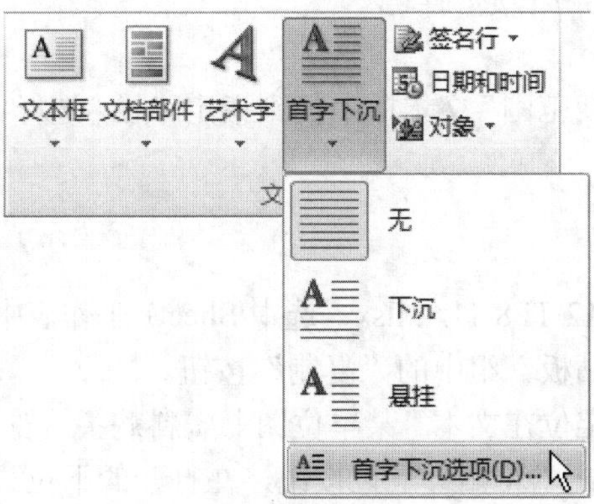

图 8-27

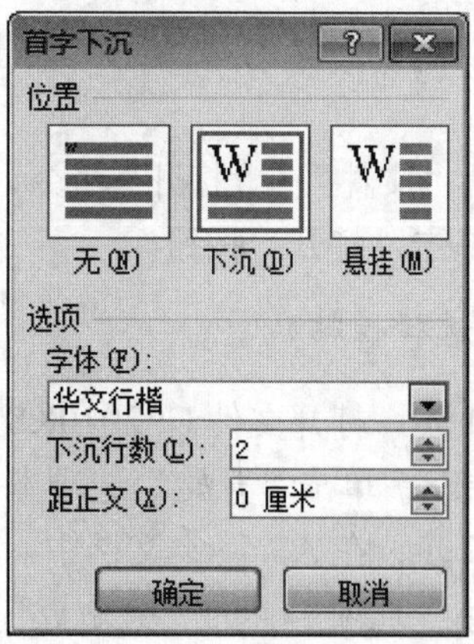

图 8-28

第 14 步：录制完毕后，在“视图”选项卡下的“宏”组中，单击“宏”下拉按钮，在打开的列表中执行“停止录制”命令。

第 15 步：执行“文件”→“另存为”命令，弹出“另存为”对话框，在“保存位置”列表中选择考生文件夹所在位置，在“文件名”文本框中输入文件名“A8-A”，在“保存类型”列表中选择“启用宏的 Word 文档”选项，单击“保存”按钮。

4. 邮件合并

第 16 步：打开文件 C:\2010KSW\DATA2\TF8-10B.docx，执行“文件”→“另存为”命令。弹出“另存为”对话框，在“保存位置”列表中选择考生文件夹所在位置，在“文件名”文本框中输入文件名“A8-B”，单击“保存”按钮。

第 17 步：在 A8-B.docx 文档中，单击“邮件”选项卡下“开始邮件合并”组中的“开始邮件合并”按钮，在打开的下拉列表中选择“信函”。再单击该组中的“选择收件人”按钮，在打开的下拉列表中执行“使用现有列表”命令。

第 18 步：弹出“选取数据源”对话框，从中选择 C:\2010KSW\DATA2\TF8-10C.xlsx 文件，单击“打开”按钮。

第 19 步：弹出“选择表格”对话框，选中 Sheet1 工作表，单击“确定”按钮。

第 20 步：将光标定位在“尊敬的”后面，在“邮件”选项卡下“编写和插入域”组中单击“插入合并域”下拉按钮，从打开的下拉列表中选择“姓名”，依次类推，分别将“品名”、“货号”、“单价”和“数量”各域插入到相应的位置处。

第 21 步：完成“插入合并域”操作，通过预览功能核对邮件内容无误后，在“邮件”选项下的“完成”组中单击“完成并合并”按钮，在打开的下拉列表中执行“编辑单个文档”命令。

第 22 步：弹出“合并到新文档”对话框，选择“全部”选项，单击“确定”按钮，即可完成邮件合并操作，并自动生成新文档“信函 1”。

第 23 步：在新文档“信函 1”中，执行“文件”→“另存为”命令，弹出“另存为”对话框，在“保存位置”列表中选择考生文件夹所在位置，在“文件名”文本框中输入文件名“A8-C”，单击“保存”按钮。

8.11 第 11 题解答

执行“文件”→“打开”命令，在“查找范围”文本框中找到指定路径，选择 A8.docx 文件，单击“打开”按钮。

1. 选择性粘贴

第 1 步：打开文件 C:\2010KSW\DATA2\TF8-11A.xlsx，选中 Sheet1 工作表中的表格区域 B2:F8，单击“开始”选项卡下“剪贴板”组中的“复制”按钮。

第 2 步：在 A8.docx 文档中，将光标定位在文本“某单位图书资料购买一览表”下，在“开始”选项卡下的“剪贴板”组中单击“粘贴”下拉按钮，在打开的下拉菜单中执行“选择性粘贴”命令，弹出“选择性粘贴”对话框。

第 3 步：在弹出的“选择性粘贴”对话框中点选“粘贴”单选按钮，然后在“形式”列表中选中“Microsoft Excel 工作表 对象”选项，单击“确定”按钮。

2. 文本与表格间的相互转换

第 4 步：在 A8.docx 文档中，选中“客户订单信息表”文本下的整个表格，在“表格工具”的“布局”选项下，单击“数据”组中的“转换为文本”按钮。

第 5 步：在弹出的“表格转换成文本”对话框中，在“文字分隔符”区域中点选“制表符”单选按钮，单击“确定”按钮即可将表格转换成文本。

3. 录制新宏

第 6 步：执行“开始”→“所有程序”→“Microsoft Office”→“Microsoft Excel 2010”命令，创建一个新的 Excel 文件。

第 7 步：选中任意单元格，在“视图”选项卡下的“宏”组中，单击“宏”下拉按钮，在打开的列表中执行“录制宏”命令。

第 8 步：弹出“录制新宏”对话框，在“宏名”文本框中输入新录制宏的名称 A8A，将光标定位在“快捷键”下面的空白文本框中，同时按下 Shift + F 键，在“保存在”下拉列表中选择“当前工作簿”，单击“确定”按钮。

第 9 步：开始录制宏，单击“开始”选项卡下“单元格”组中的“格式”按钮，在弹出的下拉列表中执行“列宽”命令。打开“列宽”设置对话框，在“列宽”文本框中输入数值“15”，单击“确定”按钮即可。

第 10 步：录制完毕后，在“视图”选项卡下的“宏”组中，单击“宏”下拉按钮，在打开的列表中执行“停止录制”命令。

第 11 步：执行“文件”→“另存为”命令，弹出“另存为”对话框，在“保存位置”列表中选择考生文件夹所在位置，在“文件名”文本框中输入文件名“A8-A”，在“保存类型”列表中选择“Excel 启用宏的工作簿”选项，单击“保存”按钮。

4. 邮件合并

第 12 步：打开文件 C:\2010KSW\DATA2\TF8-11B.docx，执行“文件”→“另存为”命令。弹出“另存为”对话框，在“保存位置”列表中选择考生文件夹所在位置，在“文件名”文本框中输入文件名“A8-B”，单击“保存”按钮。

第 13 步：在 A8-B.docx 文档中，单击“邮件”选项卡下“开始邮件合并”组中的“开始邮件合并”按钮，在打开的下拉列表中选择“信函”。再单击该组中的“选择收件人”按钮，在打开的下拉列表中执行“使用现有列表”命令。

第 14 步：弹出“选取数据源”对话框，从中选择 C:\2010KSW\DATA2\TF8-11C.xlsx 文件，单击“打开”按钮。

第 15 步：弹出“选择表格”对话框，选中 Sheet1 工作表，单击“确定”按钮。

第 16 步：将光标定位在“同学：”前面，在“邮件”选项卡下“编写和插入域”组中单击“插入合并域”下拉按钮，从打开的下拉列表中选择“学生姓名”，依次类推，分别将“系别”、“专业”和“入学日期”各域插入到相应的位置处。

第 17 步：完成“插入合并域”操作，通过预览功能核对邮件内容无误后，在“邮件”选项下的“完成”组中单击“完成并合并”按钮，在打开的下拉列表中执行“编辑单个文档”命令。

第 18 步：弹出“合并到新文档”对话框，选择“全部”选项，单击“确定”按钮，即可完成邮件合并操作，并自动生成新文档“信函 1”。

第 19 步：在新文档“信函 1”中，执行“文件”→“另存为”命令，弹出“另存为”对话框，在“保存位置”列表中选择考生文件夹所在位置，在“文件名”文本框中输入文件名“A8-C”，单击“保存”按钮。

8.12　第 12 题解答

执行“文件”→“打开”命令，在“查找范围”文本框中找到指定路径，选择 A8.docx 文件，单击“打开”按钮。

1. 选择性粘贴

第 1 步：打开文件 C:\2010KSW\DATA2\TF8-12A.xlsx，选中 Sheet1 工作表中的表格区域 A1:E7，在“开始”选项卡下“剪贴板”组中执行“复制”命令。

第 2 步：在 A8.docx 文档中，将光标定位在文本“差旅费一览表”下，在“开始”选项卡下的“剪贴板”组中单击“粘贴”下拉按钮，在打开的下拉列表中执行“选择性粘贴”命令，弹出“选择性粘贴”对话框。

第 3 步：在弹出的“选择性粘贴”对话框中点选“粘贴”单选按钮，然后在“形式”列表中选中“Microsoft Excel 工作表 对象”选项，单击“确定”按钮。

2. 文本与表格间的相互转换

第 4 步：在 A8.docx 文档中，选中“高一年级参加运动会报名情况”下要转换为表格的所有文本，在“插入”选项卡下的“表格”组中单击“表格”按钮，在打开的下拉列表中执行“文本转换成表格”命令。

第 5 步：弹出“将文字转换成表格”对话框，在“列数”文本框中调整或输入“5”，在“行数”文本框中系统会根据所选定的内容自动设置数值；在“‘自动调整’操作”选项区域点选“固定列宽”单选按钮，然后在其后面文本框中调整或输入“2.5 厘米”；在“文字分隔位置”选项区域点选“制表符”单选按钮，单击“确定”按钮。

第 6 步：选中整个表格，打开“表格工具”的“设计”选项卡，在“表格样式”组中单击“其他”按钮，在弹出的库中选择“浅色网格 - 强调文字颜色 3”表格样式。

第 7 步：选中整个表格，打开“表格工具”的“布局”选项卡，在“表”组中单击“属性”按钮，打开“表格属性”对话框。

第 8 步：在“表格属性”对话框的“表格”选项卡下，在“对齐方式”选项区域选中“居中”按钮，单击“确定”按钮。

3. 录制新宏

第 9 步：执行“开始”→“所有程序”→“Microsoft Office”→“Microsoft Word 2010”命令，创建一个新的 Word 文件。

第 10 步：在“视图”选项卡下的“宏”组中，单击“宏”下拉按钮，在打开的列表中执行“录制宏”命令。

第 11 步：弹出“录制宏”对话框，在“宏名”文本框中输入新录制宏的名称 A8A，在“将宏保存在”下拉列表中选择当前文档，单击“键盘”按钮。

第 12 步：弹出“自定义键盘”对话框，在“请按新快捷键”文本框中按下 Ctrl + Shift+A 快捷键，然后单击“指定”按钮，即可指定运行该宏的快捷键了，最后单击“关闭”按钮。

第 13 步：开始录制宏，在“页面布局”选项卡下单击“页面设置”组的“页边距”按钮，在弹出的下拉列表中执行“宽”命令，如图 8-29 所示。

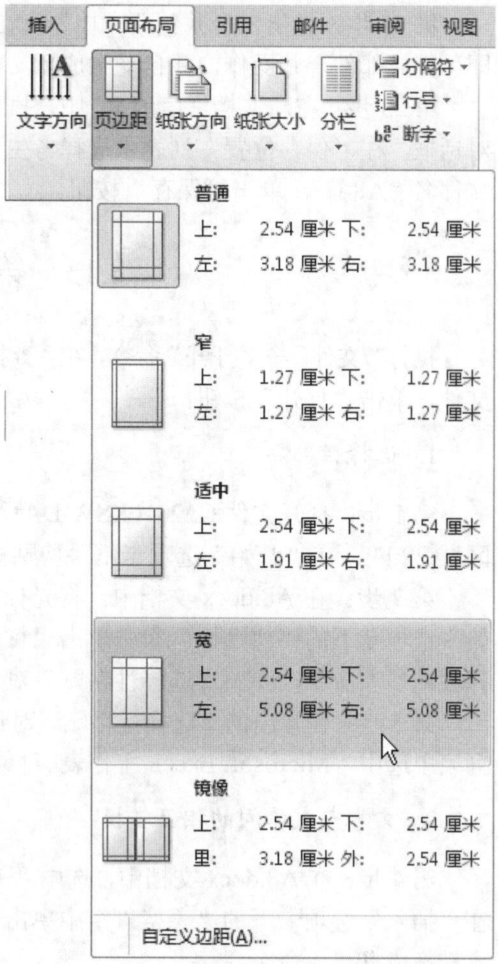

图 8-29

第 14 步：录制完毕后，在“视图”选项卡下的“宏”组中，单击“宏”下拉按钮，在打开的列表中执行“停止录制”命令。

第 15 步：执行“文件”→“另存为”命令，弹出“另存为”对话框，在“保存位置”列表中选择考生文件夹所在位置，在“文件名”文本框中输入文件名“A8-A”，在“保存类型”列表中选择“启用宏的 Word 文档”选项，单击“保存”按钮。

4. 邮件合并

第 16 步：打开文件 C:\2010KSW\DATA2\TF8-12B.docx，执行“文件”→“另存为”命令。弹出“另存为”对话框，在“保存位置”列表中选择考生文件夹所在位置，在“文件名”文本框中输入文件名“A8-B”，单击“保存”按钮。

第 17 步：在 A8-B.docx 文档中，单击“邮件”选项卡下“开始邮件合并”组中的“开始邮件合并”按钮，在打开的下拉列表中选择“信函”。再单击该组中的“选择收件人”按钮，在打开的下拉列表中执行“使用现有列表”命令。

第 18 步：弹出“选取数据源”对话框，从中选择 C:\2010KSW\DATA2\TF8-12C.xlsx 文件，单击“打开”按钮。

第 19 步：弹出“选择表格”对话框，选中 Sheet1 工作表，单击“确定”按钮。

第 20 步：将光标定位在“姓名”后面的单元格中，在“邮件”选项卡下“编写和插入域”组中单击“插入合并域”下拉按钮，从打开的下拉列表中选择“姓名”，依次类推，分别将“班级”、“学号”和“职务”各域插入到相应的位置处。

第 21 步：完成“插入合并域”操作，通过预览功能核对邮件内容无误后，在“邮件”选项下的“完成”组中单击“完成并合并”按钮，在打开的下拉列表中执行“编辑单个文档”命令。

第 22 步：弹出“合并到新文档”对话框，选择“全部”选项，单击“确定”按钮，即可完成邮件合并操作，并自动生成新文档“信函 1”。

第 23 步：在新文档“信函 1”中，执行“文件”→“另存为”命令，弹出“另存为”对话框，在“保存位置”列表中选择考生文件夹所在位置，在“文件名”文本框中输入文件名“A8-C”，单击“保存”按钮。

8.13 第 13 题解答

执行“文件”→“打开”命令，在“查找范围”文本框中找到指定路径，选择 A8.docx 文件，单击“打开”按钮。

1. 选择性粘贴

第 1 步：打开文件 C:\2010KSW\DATA2\TF8-13A.xlsx，选中 Sheet1 工作表中的表格区域 B2:F9，在“开始”选项卡下“剪贴板”组中执行“复制”命令。

第 2 步：在 A8.docx 文档中，将光标定位在文本“职工购房款计算表”下，在“开始”选项卡下的“剪贴板”组中单击“粘贴”下拉按钮，在打开的下拉列表中执行“选择性粘贴”命令，弹出“选择性粘贴”对话框。

第 3 步：在弹出的“选择性粘贴”对话框中点选“粘贴”单选按钮，然后在“形式”列表中选中“Microsoft Excel 工作表 对象”选项，单击“确定”按钮。

2. 文本与表格间的相互转换

第 4 步：在 A8.docx 文档中，选中“工厂出入登记表”下要转换为表格的所有文本，在“插入”选项卡下的“表格”组中单击“表格”按钮，在打开的下拉列表中执行“文本转换成表格”命令。

第 5 步：弹出“将文字转换成表格”对话框，在“列数”文本框中调整或输入“5”，在“行数”文本框中系统会根据所选定的内容自动设置数值；在“‘自动调整’操作”选项区域点选“固定列宽”单选按钮，然后在其后面文本框中调整或输入“2.5 厘米”；在“文字分隔位置”选项区域点选“制表符”单选按钮，单击“确定”按钮。

第 6 步：选中整个表格，打开“表格工具”的“设计”选项卡，在“表格样式”组中单击“其他”按钮，在弹出的库中选择“浅色底纹 - 强调文字颜色 4”表格样式。

第 7 步：选中整个表格，打开“表格工具”的“布局”选项卡，在“表”组中单击“属性”按钮，打开“表格属性”对话框。

第 8 步：在“表格属性”对话框的“表格”选项卡下，在“对齐方式”选项区域选中“居中”按钮，单击“确定”按钮。

3. 录制新宏

第 6 步：执行“开始”→“所有程序”→“Microsoft Office”→“Microsoft Excel 2010”命令，创建一个新的 Excel 文件。

第 7 步：选中任意单元格，在“视图”选项卡下的“宏”组中，单击“宏”下拉按钮，在打开的列表中执行“录制宏”命令。

第 8 步：弹出的“录制新宏”对话框，在“宏名”文本框中输入新录制宏的名称 A8A，将光标定位在“快捷键”下面的空白文本框中，同时按下 Shift＋F 键，在“保存在”下拉列表中选择“当前工作簿”选项，单击“确定”按钮。

第 9 步：开始录制宏，在“开始”选项卡下“对齐方式”组中分别单击“居中”按钮和“垂直居中”按钮。

第 10 步：录制完毕后，在“视图”选项卡下的“宏”组中，单击“宏”下拉按钮，在打开的列表中执行“停止录制”命令。

第 11 步：执行“文件”→“另存为”命令，弹出“另存为”对话框，在“保存位置”列表中选择考生文件夹所在位置，在“文件名”文本框中输入文件名“A8-A”，在“保存类型”列表中选择“Excel 启用宏的工作簿”选项，单击“保存”按钮。

4. 邮件合并

第 12 步：打开文件 C:\2010KSW\DATA2\TF8-13B.docx，执行“文件”→“另存为”命令。弹出“另存为”对话框，在“保存位置”列表中选择考生文件夹所在位置，在“文件名”文本框中输入文件名“A8-B”，单击“保存”按钮。

第 13 步：在 A8-B.docx 文档中，单击“邮件”选项卡下“开始邮件合并”组中的“开始邮件合并”按钮，在打开的下拉列表中选择“信函”。再单击该组中的“选择收件人”按钮，在打开的下拉列表中执行“使用现有列表”命令。

第 14 步：弹出“选取数据源”对话框，从中选择 C:\2010KSW\DATA2\TF8-13C.xlsx 文件，单击“打开”按钮。

第 15 步：弹出“选择表格”对话框，选中 Sheet1 工作表，单击“确定”按钮。

第 16 步：将光标定位在“准考证号”下面的单元格中，在“邮件”选项卡下“编写和插入域”组中单击“插入合并域”下拉按钮，从打开的下拉列表中选择“准考证号”，依次类推，分别将“姓名”、“性别”、“学历”和“工作单位”各域插入到相应的位置处。

第 17 步：完成“插入合并域”操作，通过预览功能核对邮件内容无误后，在“邮件”选项下的“完成”组中单击“完成并合并”按钮，在打开的下拉列表中执行“编辑单个文档”命令。

第 18 步：弹出“合并到新文档”对话框，选择“全部”选项，单击“确定”按钮，即可完成邮件合并操作，并自动生成新文档“信函 1”。

第 19 步：在新文档“信函 1”中，执行“文件”→“另存为”命令，弹出“另存为”对话框，在“保存位置”列表中选择考生文件夹所在位置，在“文件名”文本框中输入文件名“A8-C”，单击“保存”按钮。

8.14 第 14 题解答

执行“文件”→“打开”命令，在“查找范围”文本框中找到指定路径，选择 A8.docx 文件，单击“打开”按钮。

1. 选择性粘贴

第 1 步：打开文件 C:\2010KSW\DATA2\TF8-14A.xlsx，选中 Sheet1 工作表中的表格区域 B2:E9，单击“开始”选项卡下“剪贴板”组中的“复制”按钮。

第 2 步：在 A8.docx 文档中，将光标定位在文本“产品价目表”下，在“开始”选项卡下的“剪贴板”组中单击“粘贴”下拉按钮，在打开的下拉列表中执行“选择性粘贴”命令，弹出“选择性粘贴”对话框。

第 3 步：在弹出的“选择性粘贴”对话框中点选“粘贴”单选按钮，然后在“形式”列表中选中“Microsoft Excel 工作表 对象”选项，单击“确定”按钮。

2. 文本与表格间的相互转换

第 4 步：在 A8.docx 文档中，选中“超市 1 季度蔬菜销售统计表”文本下的整个表格，在“表格工具”的“布局”选项下“数据”组中单击“转换为文本”按钮。

第 5 步：在弹出的“表格转换成文本”对话框中，在“文字分隔符”区域中点选“制表符”单选按钮，单击“确定”按钮即可将表格转换成文本。

3. 录制新宏

第 6 步：执行“开始”→“所有程序”→“Microsoft Office”→“Microsoft Word 2010”命令，创建一个新的 Word 文件。

第 7 步：在光标当前位置处，在“视图”选项卡下的“宏”组中，单击“宏”下拉按钮，在打开的列表中执行“录制宏”命令。

第 8 步：弹出“录制宏”对话框，在“宏名”文本框中输入新录制宏的名称 A8A，在“将宏保存在”下拉列表中选择当前文档，单击“键盘”按钮。

第 9 步：弹出“自定义键盘”对话框，在“请按新快捷键”文本框中按下 Ctrl + Shift+A 组合键，然后单击“指定”按钮，即可指定运行该宏的快捷键了，最后单击“关闭”按钮。

第 10 步：开始录制宏，在“插入”选项卡下“表格”组中单击“表格”按钮，在弹出的下拉列表中的“插入表格”区域中，框选“4×4 表格”，在第 4 行第 4 列单元格处单击即可，如图 8-30 所示。

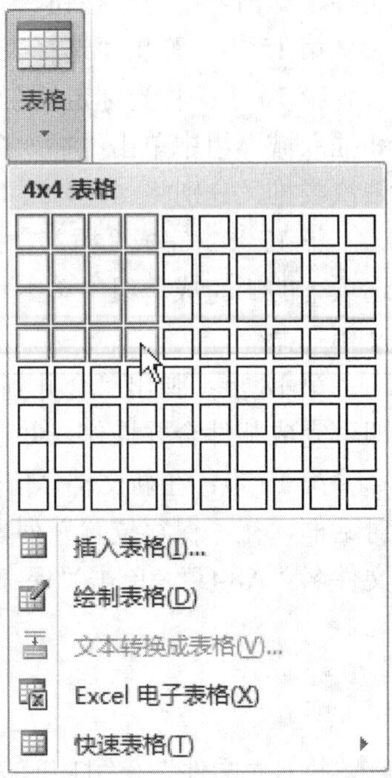

图 8-30

第 11 步：录制完毕后，在“视图”选项卡下的“宏”组中，单击“宏”下拉按钮，在打开的列表中执行“停止录制”命令。

第 12 步：执行“文件”→“另存为”命令，弹出“另存为”对话框，在“保存位置”列表中选择考生文件夹所在位置，在“文件名”文本框中输入文件名“A8-A”，在“保存类型”列表中选择“启用宏的 Word 文档”选项，单击“保存”按钮。

4. 邮件合并

第 13 步：打开文件 C:\2010KSW\DATA2\TF8-14B.docx，执行“文件”→“另存为”命令。弹出“另存为”对话框，在“保存位置”列表中选择考生文件夹所在位置，在“文件名”文本框中输入文件名“A8-B”，单击“保存”按钮。

第 14 步：在 A8-B.docx 文档中，单击“邮件”选项卡下“开始邮件合并”组中的“开始邮件合并”按钮，在打开的下拉列表中选择“信函”。再单击该组中的“选择收件人”按钮，在打开的下拉列表中执行“使用现有列表”命令。

第 15 步：弹出“选取数据源”对话框，从中选择 C:\2010KSW\DATA2\TF8-14C.xlsx 文件，单击“打开”按钮。

第 16 步：弹出“选择表格”对话框，选中 Sheet1 工作表，单击“确定”按钮。

第 17 步：将光标定位在“亲爱的”后面，在“邮件”选项卡下“编写和插入域”组中单击“插入合并域”下拉按钮，从打开的下拉列表中选择“账户名”，依次类推，分别将“店名”、“商品名称”、“发货时间”和“到货时间”各域插入到相应的位置处。

第 18 步：完成“插入合并域”操作，通过预览功能核对邮件内容无误后，在“邮件”选项下的“完成”组中单击“完成并合并”按钮，在打开的下拉列表中执行“编辑单个文档”命令。

第 19 步：弹出“合并到新文档”对话框，选择“全部”选项，单击“确定”按钮，即可完成邮件合并操作，并自动生成新文档“信函 1”。

第 20 步：在新文档“信函 1”中，执行“文件”→“另存为”命令，弹出“另存为”对话框，在“保存位置”列表中选择考生文件夹所在位置，在“文件名”文本框中输入文件名“A8-C”，单击“保存”按钮。

8.15　第 15 题解答

执行“文件”→“打开”命令，在“查找范围”文本框中找到指定路径，选择 A8.docx 文件，单击“打开”按钮。

1. 选择性粘贴

第 1 步：打开文件 C:\2010KSW\DATA2\TF8-15A.xlsx，选中 Sheet1 工作表中的表格区域 B2:G11，在“开始”选项卡下“剪贴板”组中执行“复制”命令。

第 2 步：在 A8.docx 文档中，将光标定位在文本“职工信息表”下，在“开始”选项卡下的“剪贴板”组中单击“粘贴”下拉按钮，在打开的下拉列表中执行“选择性粘贴”命令，弹出“选择性粘贴”对话框。

第 3 步：在弹出的“选择性粘贴”对话框中点选“粘贴”单选按钮，然后在“形式”列表中选中“Microsoft Excel 工作表 对象”选项，单击“确定”按钮。

2. 文本与表格间的相互转换

第 4 步：在 A8.docx 文档中，选中“大学生活费统计表”下要转换为表格的所有文本，在“插入”选项卡下的“表格”组中单击“表格”按钮，在打开的下拉列表中执行

“文本转换成表格”命令。

第 5 步：弹出“将文字转换成表格”对话框，在“列数”文本框中调整或输入“5”，在“行数”文本框中系统会根据所选定的内容自动设置数值；在“‘自动调整’操作”选项区域点选“固定列宽”单选按钮，然后在其后面文本框中调整或输入“3 厘米”；在“文字分隔位置”选项区域点选“制表符”单选按钮，单击“确定”按钮。

第 6 步：选中整个表格，打开“表格工具”的“设计”选项卡，在“表格样式”组中单击“其他”按钮，在弹出的库中选择“浅色网格 - 强调文字颜色 1”表格样式。

第 7 步：选中整个表格，打开“表格工具”的“布局”选项卡，在“表”组中单击“属性”按钮，打开“表格属性”对话框。

第 8 步：在“表格属性”对话框的“表格”选项卡下，在“对齐方式”选项区域选中“居中”按钮，单击“确定”按钮。

3. 录制新宏

第 9 步：执行“开始”→“所有程序”→“Microsoft Office”→“Microsoft Excel 2010”命令，创建一个新的 Excel 文件。

第 10 步：选中任意两个及两个以上单元格，在“视图”选项卡下的“宏”组中，单击“宏”下拉按钮，在打开的列表中执行“录制宏”命令。

第 11 步：弹出的“录制新宏”对话框，在“宏名”文本框中输入新录制宏的名称 A8A，将光标定位在“快捷键”下面的空白文本框中，同时按下 Shift + F 键，在“保存在”下拉列表中选择“当前工作簿”选项，单击“确定”按钮。

第 12 步：开始录制宏，在“开始”选项卡下“对齐方式”组中单击“合并后居中”按钮，如图 8-31 所示。

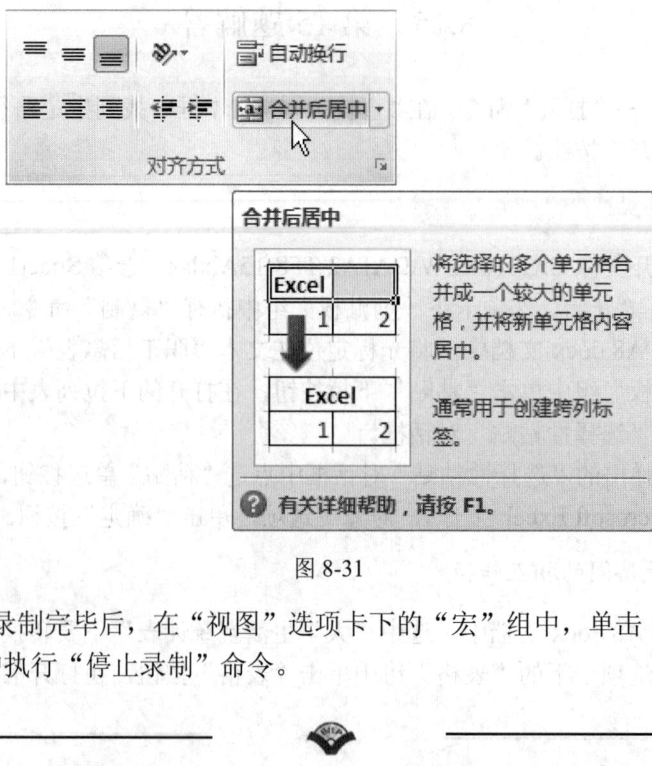

图 8-31

第 13 步：录制完毕后，在“视图”选项卡下的“宏”组中，单击“宏”下拉按钮，在打开的列表中执行“停止录制”命令。

第 14 步：执行“文件”→“另存为”命令，弹出“另存为”对话框，在“保存位置”列表中选择考生文件夹所在位置，在“文件名”文本框中输入文件名“A8-A”，在“保存类型”列表中选择“Excel 启用宏的工作簿”选项，单击“保存”按钮。

4. 邮件合并

第 12 步：打开文件 C:\2010KSW\DATA2\TF8-15B.docx，执行“文件”→“另存为”命令。弹出“另存为”对话框，在“保存位置”列表中选择考生文件夹所在位置，在“文件名”文本框中输入文件名“A8-B”，单击“保存”按钮。

第 13 步：在 A8-B.docx 文档中，单击“邮件”选项卡下“开始邮件合并”组中的“开始邮件合并”按钮，在打开的下拉列表中选择“信函”。再单击该组中的“选择收件人”按钮，在打开的下拉列表中执行“使用现有列表”命令。

第 14 步：弹出“选取数据源”对话框，从中选择 C:\2010KSW\DATA2\TF8-15C.xlsx 文件，单击“打开”按钮。

第 15 步：弹出“选择表格”对话框，选中 Sheet1 工作表，单击“确定”按钮。

第 16 步：将光标定位在“姓名”下面的单元格中，在“邮件”选项卡下“编写和插入域”组中单击“插入合并域”下拉按钮，从打开的下拉列表中选择“姓名”域，依次类推，分别将“班级”、“离校时间”、“就业单位”和“职位”各域插入到相应的位置处。

第 17 步：完成“插入合并域”操作，通过预览功能核对邮件内容无误后，在“邮件”选项下的“完成”组中单击“完成并合并”按钮，在打开的下拉列表中执行“编辑单个文档”命令。

第 18 步：弹出“合并到新文档”对话框，选择“全部”选项，单击“确定”按钮，即可完成邮件合并操作，并自动生成新文档“信函 1”。

第 19 步：在新文档“信函 1”中，执行“文件”→“另存为”命令，弹出“另存为”对话框，在“保存位置”列表中选择考生文件夹所在位置，在“文件名”文本框中输入文件名“A8-C”，单击“保存”按钮。

8.16 第 16 题解答

执行“文件”→“打开”命令，在“查找范围”文本框中找到指定路径，选择 A8.docx 文件，单击“打开”按钮。

1. 选择性粘贴

第 1 步：打开文件 C:\2010KSW\DATA2\TF8-16A.xlsx，选中 Sheet1 工作表中的表格区域 B3:D10，在“开始”选项卡下“剪贴板”组中执行“复制”命令。

第 2 步：在 A8.docx 文档中，将光标定位在文本“家电市场预测表”下，在“开始”选项卡下的“剪贴板”组中单击“粘贴”下拉按钮，在打开的下拉列表中执行“选择性粘贴”命令，弹出“选择性粘贴”对话框。

第 3 步：在弹出的“选择性粘贴”对话框中点选“粘贴”单选按钮，然后在“形式”列表中选中“Microsoft Excel 工作表 对象”选项，单击“确定”按钮。

2. 文本与表格间的相互转换

第 4 步：在 A8.docx 文档中，选中“2010 广州亚运会金牌榜”下要转换为表格的所有文本，在“插入”选项卡下的“表格”组中单击“表格”按钮，在打开的下拉列表中执行“文本转换成表格”命令。

第 5 步：弹出“将文字转换成表格”对话框，在“列数”文本框中调整或输入“5”，在“行数”文本框中系统会根据所选定的内容自动设置数值；在“‘自动调整’操作”选项区域点选“固定列宽”单选按钮，然后在其后面文本框中调整或输入“2.3 厘米”；在“文字分隔位置”选项区域点选“制表符”单选按钮，单击“确定”按钮。

第 6 步：选中整个表格，打开“表格工具”的“设计”选项卡，在“表格样式”组中单击“其他”按钮，在弹出的库中选择“中等深浅底纹 2 - 强调文字颜色 3”表格样式。

第 7 步：选中整个表格，打开“表格工具”的“布局”选项卡，在“表”组中单击“属性”按钮，打开“表格属性”对话框。

第 8 步：在“表格属性”对话框的“表格”选项卡下，在“对齐方式”选项区域选中“居中”按钮，单击“确定”按钮。

3. 录制新宏

第 9 步：执行“开始”→“所有程序”→“Microsoft Office”→“Microsoft Word 2010”命令，创建一个新的 Word 文件。

第 10 步：选中一个回车符，在“视图”选项卡下的“宏”组中，单击“宏”下拉按钮，在打开的列表中执行“录制宏”命令。

第 11 步：弹出“录制宏”对话框，在“宏名”文本框中输入新录制宏的名称 A8A，在“将宏保存在”下拉列表中选择当前文档，单击“键盘”按钮。

第 12 步：弹出“自定义键盘”对话框，在“请按新快捷键”文本框中按下 Ctrl + Shift + F 键，然后单击“指定”按钮，即可指定运行该宏的快捷键了，最后单击“关闭”按钮。

第 13 步：开始录制宏，在“开始”选项卡下单击“段落”组右下角的“对话框启动器”按钮，弹出“段落”对话框。在“缩进和间距”选项卡下的“缩进”区域的“左侧”文本框中选择或输入“3 字符”，在“右侧”文本框中选择或输入“3 字符”，单击“确定”按钮。

第 14 步：录制完毕后，在“视图”选项卡下的“宏”组中，单击“宏”下拉按钮，在打开的列表中执行“停止录制”命令。

第 15 步：执行“文件”→“另存为”命令，弹出“另存为”对话框，在“保存位置”列表中选择考生文件夹所在位置，在“文件名”文本框中输入文件名“A8-A”，在“保存类型”列表中选择“启用宏的 Word 文档”选项，单击“保存”按钮。

4. 邮件合并

第 16 步：打开文件 C:\2010KSW\DATA2\TF8-16B.docx，执行“文件”→“另存为”命令。弹出“另存为”对话框，在“保存位置”列表中选择考生文件夹所在位置，在“文件名”文本框中输入文件名“A8-B”，单击“保存”按钮。

第 17 步：在 A8-B.docx 文档中，单击“邮件”选项卡下“开始邮件合并”组中的“开始邮件合并”按钮，在打开的下拉列表中选择“信函”。再单击该组中的“选择收件人”按钮，在打开的下拉列表中执行“使用现有列表”命令。

第 18 步：弹出“选取数据源”对话框，从中选择 C:\2010KSW\DATA2\TF8-16C.xlsx 文件，单击“打开”按钮。

第 19 步：弹出“选择表格”对话框，选中 Sheet1 工作表，单击“确定”按钮。

第 20 步：将光标定位在“同学：”前面，在“邮件”选项卡下“编写和插入域”组中单击“插入合并域”下拉按钮，从打开的下拉列表中选择“姓名”，依次类推，分别将“语文”、“数学”、“英语”和“总分”各域插入到相应的位置处。

第 21 步：完成“插入合并域”操作，通过预览功能核对邮件内容无误后，在“邮件”选项下的“完成”组中单击“完成并合并”按钮，在打开的下拉列表中执行“编辑单个文档”命令。

第 22 步：弹出“合并到新文档”对话框，选择“全部”选项，单击“确定”按钮，即可完成邮件合并操作，并自动生成新文档“信函 1”。

第 23 步：在新文档“信函 1”中，执行“文件”→“另存为”命令，弹出“另存为”对话框，在“保存位置”列表中选择考生文件夹所在位置，在“文件名”文本框中输入文件名“A8-C”，单击“保存”按钮。

8.17　第 17 题解答

执行“文件”→“打开”命令，在“查找范围”文本框中找到指定路径，选择 A8.docx 文件，单击“打开”按钮。

1. 选择性粘贴

第 1 步：打开文件 C:\2010KSW\DATA2\TF8-17A.xlsx，选中 Sheet1 工作表中的表格区域 B3:G11，在“开始”选项卡下“剪贴板”组中执行“复制”命令。

第 2 步：在 A8.docx 文档中，将光标定位在文本“人体每天氨基酸需要量统计表（毫克/千克体重）”下，在“开始”选项卡下的“剪贴板”组中单击“粘贴”下拉按钮，在打开的下拉列表中执行“选择性粘贴”命令，弹出“选择性粘贴”对话框。

第 3 步：在弹出的“选择性粘贴”对话框中点选“粘贴”单选按钮，然后在“形式”列表中选中“Microsoft Excel 工作表 对象”选项，单击“确定”按钮。

2. 文本与表格间的相互转换

第 4 步：在 A8.docx 文档中，选中“学生学籍管理表”文本下的整个表格，在“表格工具”的“布局”选项下，单击“数据”组中的“转换为文本”按钮。

第 5 步：在弹出的“表格转换成文本”对话框中，在“文字分隔符”区域中点选“制表符”单选按钮，单击“确定”按钮即可将表格转换成文本。

3. 录制新宏

第 6 步：执行“开始”→“所有程序”→“Microsoft Office”→“Microsoft Excel 2010”命令，创建一个新的 Excel 文件。

第 7 步：选中任意一整行，在“视图”选项卡下的“宏”组中，单击“宏”下拉按钮，在打开的列表中执行“录制宏”命令。

第 8 步：弹出的“录制新宏”对话框，在“宏名”文本框中输入新录制宏的名称 A8A，将光标定位在“快捷键”下面的空白文本框中，同时按下 Shift + F 键，在“保存在”下拉列表中选择“当前工作簿”选项，单击“确定”按钮。

第 9 步：开始录制宏，单击“开始”选项卡下“单元格”组中的“格式”按钮，在弹出的下拉列表中执行“行高”命令。打开“行高”对话框，在“行高”文本框中输入数值“30”，单击“确定”按钮即可。

第 10 步：录制完毕后，在“视图”选项卡下的“宏”组中，单击“宏”下拉按钮，在打开的列表中执行“停止录制”命令。

第 11 步：执行“文件”→“另存为”命令，弹出“另存为”对话框，在“保存位置”列表中选择考生文件夹所在位置，在“文件名”文本框中输入文件名“A8-A”，在“保存类型”列表中选择“Excel 启用宏的工作簿”选项，单击“保存”按钮。

4. 邮件合并

第 12 步：打开文件 C:\2010KSW\DATA2\TF8-17B.docx，执行“文件”→“另存为”命令。弹出“另存为”对话框，在“保存位置”列表中选择考生文件夹所在位置，在“文件名”文本框中输入文件名“A8-B”，单击“保存”按钮。

第 13 步：在 A8-B.docx 文档中，单击“邮件”选项卡下“开始邮件合并”组中的“开始邮件合并”按钮，在打开的下拉列表中选择“信函”。再单击该组中的“选择收件人”按钮，在打开的下拉列表中执行“使用现有列表”命令。

第 14 步：弹出“选取数据源”对话框，从中选择 C:\2010KSW\DATA2\TF8-17C.xlsx 文件，单击“打开”按钮。

第 15 步：弹出“选择表格”对话框，选中 Sheet1 工作表，单击“确定”按钮。

第 16 步：将光标定位在“同学：”前面，在“邮件”选项卡下“编写和插入域”组中单击“插入合并域”下拉按钮，从打开的下拉列表中选择“姓名”，依次类推，分别将“课程”、“成绩”、“归属院系”和“补考费”各域插入到相应的位置处。

第 17 步：完成“插入合并域”操作，通过预览功能核对邮件内容无误后，在“邮件”选项下的“完成”组中单击“完成并合并”按钮，在打开的下拉列表中执行“编辑单个文档”命令。

第 18 步：弹出“合并到新文档”对话框，选择“全部”选项，单击“确定”按钮，即可完成邮件合并操作，并自动生成新文档“信函 1”。

第 19 步：在新文档“信函 1”中，执行“文件”→“另存为”命令，弹出“另存为”对话框，在“保存位置”列表中选择考生文件夹所在位置，在“文件名”文本框中输入文件名“A8-C”，单击“保存”按钮。

8.18 第18题解答

执行“文件”→“打开”命令，在“查找范围”文本框中找到指定路径，选择A8.docx文件，单击“打开”按钮。

1. 选择性粘贴

第1步：打开文件C:\2010KSW\DATA2\TF8-18A.xlsx，选中Sheet1工作表中的表格区域B3:D9，在“开始”选项卡下“剪贴板”组中执行“复制”命令。

第2步：在A8.docx文档中，将光标定位在文本“液晶市场份额分析”下，在“开始”选项卡下的“剪贴板”组中单击“粘贴”下拉按钮，在打开的下拉菜单中执行“选择性粘贴”命令，弹出“选择性粘贴”对话框。

第3步：在弹出的“选择性粘贴”对话框中点选“粘贴”单选按钮，然后在“形式”列表中选中“Microsoft Excel 工作表 对象”选项，单击“确定”按钮。

2. 文本与表格间的相互转换

第4步：在A8.docx文档中，选中“客户基本信息表”下要转换为表格的所有文本，在“插入”选项卡下的“表格”组中单击“表格”按钮，在打开的下拉列表中执行“文本转换成表格”命令。

第5步：弹出“将文字转换成表格”对话框，在“列数”文本框中调整或输入“4”，在“行数”文本框中系统会根据所选定的内容自动设置数值；在“‘自动调整’操作”选项区域点选“根据窗口调整表格”单选按钮；在“文字分隔位置”选项区域点选“制表符”单选按钮，单击“确定”按钮。

第6步：选中整个表格，打开“表格工具”的“设计”选项卡，在“表格样式”组中单击“其他”按钮，在弹出的库中选择“中等深浅底纹1 - 强调文字颜色3”表格样式。

第7步：选中整个表格，打开“表格工具”的“布局”选项卡，在“表”组中单击“属性”按钮，打开“表格属性”对话框。

第8步：在“表格属性”对话框的“表格”选项卡下，在“对齐方式”选项区域选中“居中”按钮，单击“确定”按钮。

3. 录制新宏

第9步：执行“开始”→“所有程序”→“Microsoft Office”→“Microsoft Word 2010”命令，创建一个新的Word文件。

第10步：在光标当前位置处，在“视图”选项卡下的“宏”组中，单击“宏”下拉按钮，在打开的列表中执行“录制宏”命令。

第11步：弹出“录制宏”对话框，在“宏名”文本框中输入新录制宏的名称A8A，在“将宏保存在”下拉列表中选择当前文档，单击“键盘”按钮。

第12步：弹出“自定义键盘”对话框，在“请按新快捷键”文本框中按下Ctrl + Shift

+F 快捷键，然后单击“指定”按钮，即可指定运行该宏的快捷键了，最后单击“关闭”按钮。

第 13 步：开始录制宏，在“插入”选项卡下单击“表格”组中的“表格”按钮，在弹出的下拉列表中的“插入表格”区域中，框选“2×2 表格”，在第 2 行第 2 列单元格处单击即可。

第 14 步：选中整个表格，在“表格工具”的“设计”选项卡下，单击“绘图边框”右下角的“对话框启动器”按钮，弹出“边框和底纹”对话框。在“边框”选项卡下的“设置”区域选择“全部”选项，在“样式”下拉列表中选择“双实线”，在“颜色”下拉列表中选择“标准色”中的“红色”，如图 8-32 所示，单击“确定”按钮即可。

图 8-32

第 15 步：录制完毕后，在“视图”选项卡下的“宏”组中，单击“宏”下拉按钮，在打开的列表中选择“停止录制”命令。

第 16 步：执行“文件”→“另存为”命令，弹出“另存为”对话框，在“保存位置”列表中选择考生文件夹所在位置，在“文件名”文本框中输入文件名“A8-A”，在“保存类型”列表中选择“启用宏的 Word 文档”选项，单击“保存”按钮。

4. 邮件合并

第 17 步：打开文件 C:\2010KSW\DATA2\TF8-18B.docx，执行“文件”→“另存为”命令。弹出“另存为”对话框，在“保存位置”列表中选择考生文件夹所在位置，在“文件名”文本框中输入文件名“A8-B”，单击“保存”按钮。

第 18 步：在 A8-B.docx 文档中，单击“邮件”选项卡下“开始邮件合并”组中的“开始邮件合并”按钮，在打开的下拉列表中选择“信函”。再单击该组中的“选择收件人”按钮，在打开的下拉列表中执行“使用现有列表”命令。

第 19 步：弹出“选取数据源”对话框，从中选择 C:\2010KSW\DATA2\TF8-18C.xlsx

文件，单击“打开”按钮。

第 20 步：弹出“选择表格”对话框，选中 Sheet1 工作表，单击“确定”按钮。

第 21 步：将光标定位在“姓名”下面的单元格中，在“邮件”选项卡下“编写和插入域”组中单击“插入合并域”下拉按钮，从打开的下拉列表中选择“姓名”，依次类推，分别将“性别”、“部门”、“学历”、“年龄”、“籍贯”、“工龄”和“工资”各域插入到相应的位置处。

第 22 步：完成“插入合并域”操作，通过预览功能核对邮件内容无误后，在“邮件”选项卡下“完成”组中单击“完成并合并”按钮，在打开的下拉列表中执行“编辑单个文档”命令。

第 23 步：弹出“合并到新文档”对话框，选择“全部”选项，单击“确定”按钮，即可完成邮件合并操作，并自动生成新文档“信函 1”。

第 24 步：在新文档“信函 1”中，执行“文件”→“另存为”命令，弹出“另存为”对话框，在“保存位置”列表中选择考生文件夹所在位置，在“文件名”文本框中输入文件名“A8-C”，单击“保存”按钮。

8.19　第 19 题解答

执行“文件”→“打开”命令，在“查找范围”文本框中找到指定路径，选择 A8.docx 文件，单击“打开”按钮。

1. 选择性粘贴

第 1 步：打开文件 C:\2010KSW\DATA2\TF8-19A.xlsx，选中 Sheet1 工作表中的表格区域 B3:F7，单击“开始”选项卡下“剪贴板”组中的“复制”按钮。

第 2 步：在 A8.docx 文档中，将光标定位在文本“生产、出口能力比较”下，在“开始”选项卡下的“剪贴板”组中单击“粘贴”下拉按钮，在打开的下拉列表中执行“选择性粘贴”命令，弹出“选择性粘贴”对话框。

第 3 步：在弹出的“选择性粘贴”对话框中点选“粘贴”单选按钮，然后在“形式”列表中选中“Microsoft Excel 工作表 对象”选项，单击“确定”按钮。

2. 文本与表格间的相互转换

第 4 步：在 A8.docx 文档中，选中“某大学新生入学情况表”文本下的整个表格，在“表格工具”的“布局”选项下，单击“数据”组中的“转换为文本”按钮。

第 5 步：在弹出的“表格转换成文本”对话框中，在“文字分隔符”区域中点选“制表符”单选按钮，单击“确定”按钮即可将表格转换成文本。

3. 录制新宏

第 6 步：执行“开始”→“所有程序”→“Microsoft Office”→“Microsoft Excel 2010”命令，创建一个新的 Excel 文件。

第 7 步：选中任意单元格，在“视图”选项卡下的“宏”组中，单击“宏”下拉按钮，在打开的列表中执行“录制宏”命令。

第 8 步：弹出的“录制新宏”对话框，在“宏名”文本框中输入新录制宏的名称 A8A，将光标定位在“快捷键”下面的空白文本框中，同时按下 Shift + F 键，在“保存在”下拉列表中选择“当前工作簿”选项，单击“确定”按钮。

第 9 步：开始录制宏，单击“开始”选项卡下“样式”组中的“单元格样式”按钮，在弹出的库中选择“数据和模型”区域中的“输入”单元格样式，如图 8-33 所示，单击“确定”按钮即可。

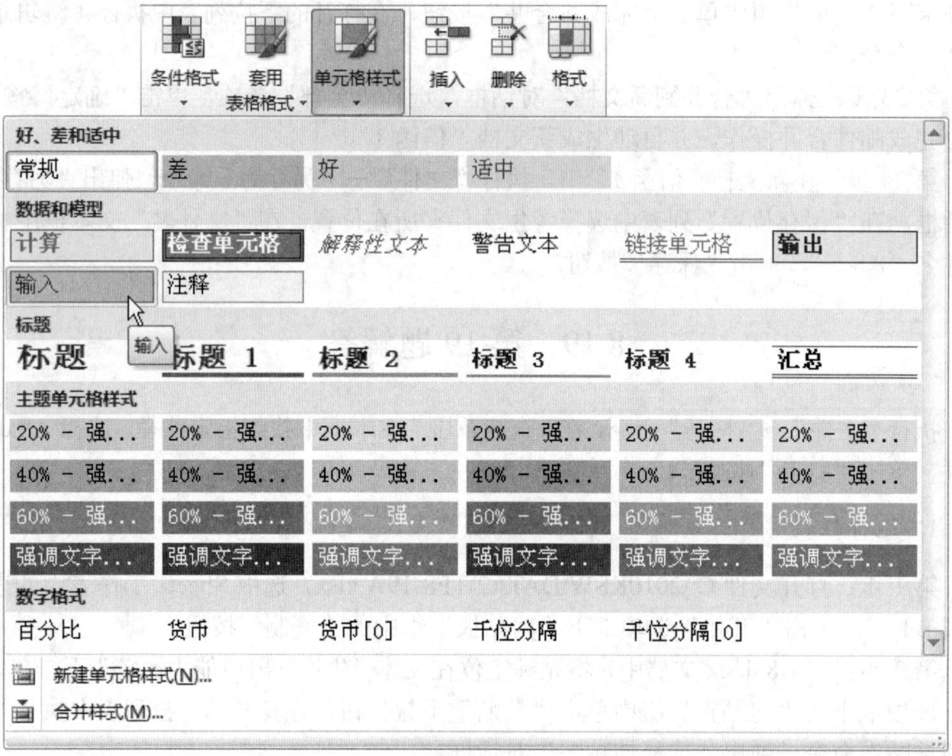

图 8-33

第 10 步：录制完毕后，在“视图”选项卡下的“宏”组中，单击“宏”下拉按钮，在打开的列表中执行“停止录制”命令。

第 11 步：执行“文件”→“另存为”命令，弹出“另存为”对话框，在“保存位置”列表中选择考生文件夹所在位置，在“文件名”文本框中输入文件名“A8-A”，在“保存类型”列表中选择“Excel 启用宏的工作簿”选项，单击“保存”按钮。

4. 邮件合并

第 12 步：打开文件 C:\2010KSW\DATA2\TF8-19B.docx，执行“文件”→“另存为”命令。弹出“另存为”对话框，在“保存位置”列表中选择考生文件夹所在位置，在“文件名”文本框中输入文件名“A8-B”，单击“保存”按钮。

第 13 步：在 A8-B.docx 文档中，单击“邮件”选项卡下“开始邮件合并”组中的“开始邮件合并”按钮，在打开的下拉列表中选择“信函”。再单击该组中的“选择收件人”

按钮，在打开的下拉列表中执行“使用现有列表”命令。

第 14 步：弹出“选取数据源”对话框，从中选择 C:\2010KSW\DATA2\TF8-19C.xlsx 文件，单击“打开”按钮。

第 15 步：弹出“选择表格”对话框，选中 Sheet1 工作表，单击“确定”按钮。

第 16 步：将光标定位在“尊敬的”后面，在“邮件”选项卡下“编写和插入域”组中单击“插入合并域”下拉按钮，从拉开的下拉列表中选择“学校”，依次类推，分别将“金牌”、“银牌”、“铜牌”、“总奖牌数”和“名次”各域插入到相应的位置处。

第 17 步：完成“插入合并域”操作，通过预览功能核对邮件内容无误后，在“邮件”选项卡下“完成”组中单击“完成并合并”按钮，在打开的下拉列表中执行“编辑单个文档”命令。

第 18 步：弹出“合并到新文档”对话框，选择“全部”选项，单击“确定”按钮，即可完成邮件合并操作，并自动生成新文档“信函 1”。

第 19 步：在新文档“信函 1”中，执行“文件”→“另存为”命令，弹出“另存为”对话框，在“保存位置”列表中选择考生文件夹所在位置，在“文件名”文本框中输入文件名“A8-C”，单击“保存”按钮。

8.20　第 20 题解答

执行“文件”→“打开”命令，在“查找范围”文本框中找到指定路径，选择 A8.docx 文件，单击“打开”按钮。

1. 选择性粘贴

第 1 步：打开文件 C:\2010KSW\DATA2\TF8-20A.xlsx，选中 Sheet1 工作表中的表格区域 C4:G11，单击“开始”选项卡下“剪贴板”组中的“复制”按钮。

第 2 步：在 A8.docx 文档中，将光标定位在文本“明洁公司招聘人员信息签到表”下，在“开始”选项卡下的“剪贴板”组中单击“粘贴”下拉按钮，在打开的下拉列表中执行“选择性粘贴”命令，弹出“选择性粘贴”对话框。

第 3 步：在弹出的“选择性粘贴”对话框中点选“粘贴”单选按钮，然后在“形式”列表中选中“Microsoft Excel 工作表 对象”选项，单击“确定”按钮。

2. 文本与表格间的相互转换

第 4 步：在 A8.docx 文档中，选中“明洁公司员工基本信息表”下要转换为表格的所有文本，在“插入”选项卡下的“表格”组中单击“表格”按钮，在打开的下拉列表中执行“文本转换成表格”命令。

第 5 步：弹出“将文字转换成表格”对话框，在“列数”文本框中调整或输入“5”，在“行数”文本框中系统会根据所选定的内容自动设置数值；在“‘自动调整’操作”选项区域点选“固定列宽”单选按钮，然后在其后面文本框中调整或输入“2.3 厘米”；在“文字分隔位置”选项区域点选“制表符”单选按钮，单击“确定”按钮。

第 6 步：选中整个表格，打开“表格工具”的“设计”选项卡，在“表格样式”组中单击“其他”按钮，在弹出的库中选择“中等深浅网格 3 - 强调文字颜色 2”表格样式。

第 7 步：选中整个表格，打开“表格工具”的“布局”选项卡，在“表”组中单击“属性”按钮，打开“表格属性”对话框。

第 8 步：在“表格属性”对话框的“表格”选项卡下，在“对齐方式”选项区域选中“居中”按钮，单击“确定”按钮。

3. 录制新宏

第 9 步：执行“开始”→“所有程序”→“Microsoft Office”→“Microsoft Word 2010”命令，创建一个新的 Word 文件。

第 10 步：选中一个回车符，在“视图”选项卡下的“宏”组中，单击“宏”下拉按钮，在打开的列表中执行“录制宏”命令。

第 11 步：弹出“录制宏”对话框，在“宏名”文本框中输入新录制宏的名称 A8A，在“将宏保存在”下拉列表中选择当前文档，单击“键盘”按钮。

第 12 步：弹出“自定义键盘”对话框，在“请按新快捷键”文本框中按下 Ctrl + Shift + F 快捷键，然后单击“指定”按钮，即可指定运行该宏的快捷键了，最后单击“关闭”按钮。

第 13 步：开始录制宏，在“开始”选项卡下“段落”组中单击“下框线”下拉按钮，在弹出的下拉列表中执行“边框和底纹”命令，如图 8-34 所示。

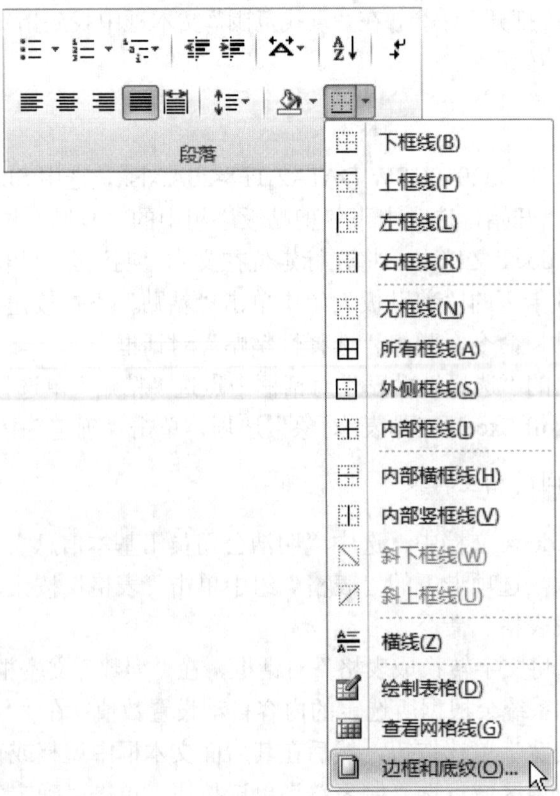

图 8-34

第 14 步：打开“边框和底纹”对话框，在“底纹”选项卡下“图案”区域的“样式”下拉列表中选择“25%”，单击“确定”按钮，如图 8-35 所示。

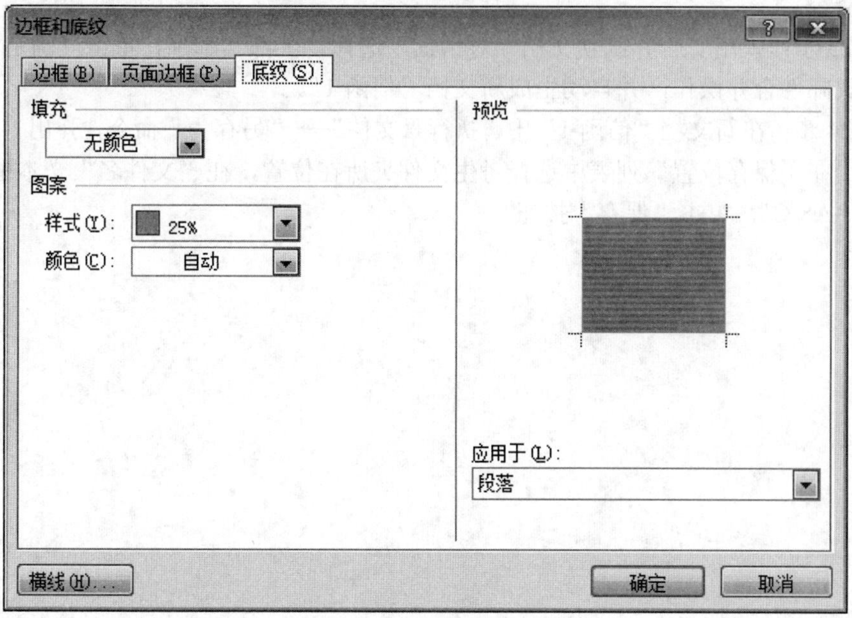

图 8-35

第 15 步：录制完毕后，在“视图”选项卡下的“宏”组中，单击“宏”下拉按钮，在打开的列表中执行“停止录制”命令。

第 16 步：执行“文件”→“另存为”命令，弹出“另存为”对话框，在“保存位置”列表中选择考生文件夹所在位置，在“文件名”文本框中输入文件名“A8-A”，在“保存类型”列表中选择“启用宏的 Word 文档”选项，单击“保存”按钮。

4. 邮件合并

第 17 步：打开文件 C:\2010KSW\DATA2\TF8-20B.docx，执行“文件”→“另存为”命令。弹出“另存为”对话框，在“保存位置”列表中选择考生文件夹所在位置，在“文件名”文本框中输入文件名“A8-B”，单击“保存”按钮。

第 18 步：在 A8-B.docx 文档中，单击“邮件”选项卡下“开始邮件合并”组中的“开始邮件合并”按钮，在打开的下拉列表中选择“信函”。再单击该组中的“选择收件人”按钮，在打开的下拉列表中执行“使用现有列表”命令。

第 19 步：弹出“选取数据源”对话框，从中选择 C:\2010KSW\DATA2\TF8-20C.xlsx 文件，单击“打开”按钮。

第 20 步：弹出“选择表格”对话框，选中 Sheet1 工作表，单击“确定”按钮。

第 21 步：将光标定位在“您的孩子”后面，在“邮件”选项卡下“编写和插入域”组中单击“插入合并域”下拉按钮，从打开的下拉列表中选择“姓名”，依次类推，分别将“学号”、“总分”、“排名”、“语文”、“数学”、“英语”、“政治”、“历史”、“地理”和“生物”各域插入到相应的位置处。

第 22 步：完成“插入合并域”操作，通过预览功能核对邮件内容无误后，在“邮件”选项下的“完成”组中单击“完成并合并”按钮，在打开的下拉列表中执行“编辑单个文档”命令。

第 23 步：弹出“合并到新文档”对话框，选择“全部”选项，单击“确定”按钮，即可完成邮件合并操作，并自动生成新文档“信函 1”。

第 24 步：在新文档“信函 1”中，执行“文件”→“另存为”命令，弹出“另存为”对话框，在“保存位置”列表中选择考生文件夹所在位置，在“文件名”文本框中输入文件名“A8-C”，单击“保存”按钮。